필요충분한 수학유형서

중등 수학 1-1

거인의 어깨가 필요할 때

"

만약 내가 멀리 보았다면, 그것은 거인들의 어깨 위에 서 있었기 때문입니다.

If I have seen farther, it is by standing on the shoulders of giants.

"

오래전부터 인용되어 온 이 경구는, 성취는 혼자서 이룬 것이 아니라
많은 앞선 노력을 바탕으로 한 결과물이라는 의미를 담고 있습니다.
과학적으로 큰 성취를 이룬 뉴턴(Newton, I.; 1642~1727)도
과학적 공로에 관해 언쟁을 벌이며 경쟁자에게 보낸 편지에
이 문장을 인용하여 자신보다 앞서 과학적 발견을 이룬 과학자들의
도움을 많이 받았음을 고백하였다고 합니다.

수학은 어렵고, 잘하기까지 오랜 시간이 걸립니다.
그렇기에 수학을 공부할 때도 거인의 어깨가 필요합니다.

<각 GAK>은 여러분이 오를 수 있는 거인의 어깨가 되어
여러분의 수학 공부 여정을 함께 하겠습니다.
<각 GAK>의 어깨 위에서 여러분이 원하는
수학적 성취를 이루길 진심으로 기원합니다.

Structure

구성과 특장

개념 익히고,

❶ 교과서에서 다루는 기본 개념을 충실히 반영하여 반드시 알아야 할 개념들을 빠짐없이 수록하였습니다.

❷ 개념마다 기본적인 문제를 제시하여 개념을 바르게 이해하였는지 점검할 수 있도록 하였습니다.

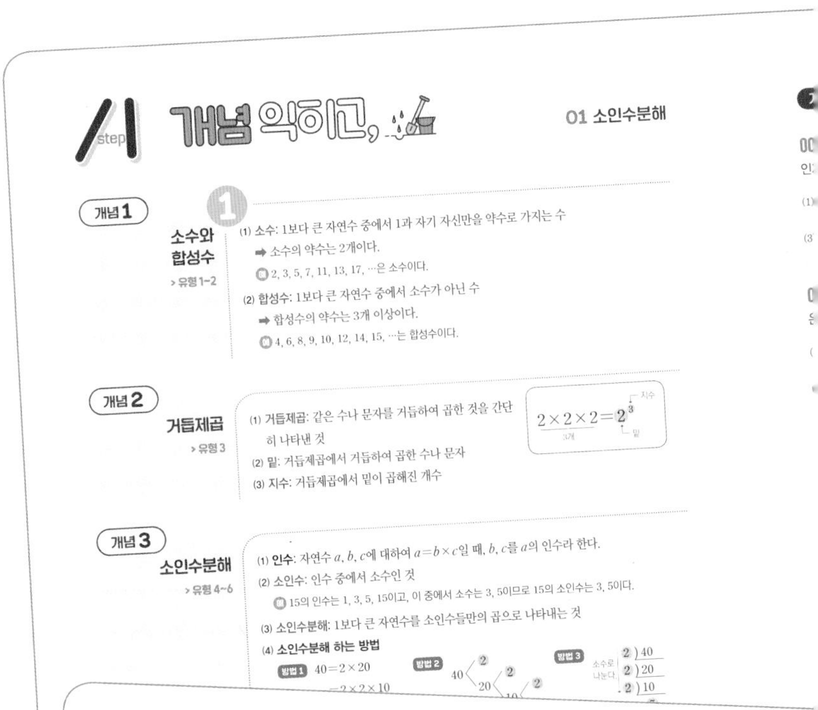
A step 개념 익히고,
01 소인수분해
개념 1 소수와 합성수 > 유형 1~2
(1) 소수: 1보다 큰 자연수 중에서 1과 자기 자신만을 약수로 가지는 수
➡ 소수의 약수는 2개이다.
예 2, 3, 5, 7, 11, 13, 17, …은 소수이다.
(2) 합성수: 1보다 큰 자연수 중에서 소수가 아닌 수
➡ 합성수의 약수는 3개 이상이다.
예 4, 6, 8, 9, 10, 12, 14, 15, …는 합성수이다.
개념 2 거듭제곱 > 유형 3
(1) 거듭제곱: 같은 수나 문자를 거듭하여 곱한 것을 간단히 나타낸 것
(2) 밑: 거듭제곱에서 거듭하여 곱한 수나 문자
(3) 지수: 거듭제곱에서 밑이 곱해진 개수
$2\times2\times2=2^3$
개념 3 소인수분해 > 유형 4~6
(1) 인수: 자연수 a, b, c에 대하여 $a=b\times c$일 때, b, c를 a의 인수라 한다.
(2) 소인수: 인수 중에서 소수인 것
예 15의 인수는 1, 3, 5, 15이고, 이 중에서 소수는 3, 5이므로 15의 소인수는 3, 5이다.
(3) 소인수분해: 1보다 큰 자연수를 소인수들만의 곱으로 나타내는 것
(4) 소인수분해 하는 방법
방법 1 $40=2\times20$
방법 2
방법 3

기출 & 변형하면 …

수학 시험지를 철저하게 분석하여 빼어난 문제를 선별하고 적확한 유형으로 구성하였습니다.
왼쪽에는 기출 문제를 난이도 순으로 배치하고 오른쪽에는 왼쪽 문제의 변형 유사 문제를 배치하여 ❸ 가로로 익히고 ❹ 세로로 반복하는 학습을 할 수 있습니다.
유형마다 시험에서 자주 다뤄지는 문제는 *____로 표시해 두었습니다. 또한 서술형으로 자주 출제되는 문제는 서술형 으로 표시해 두었습니다.

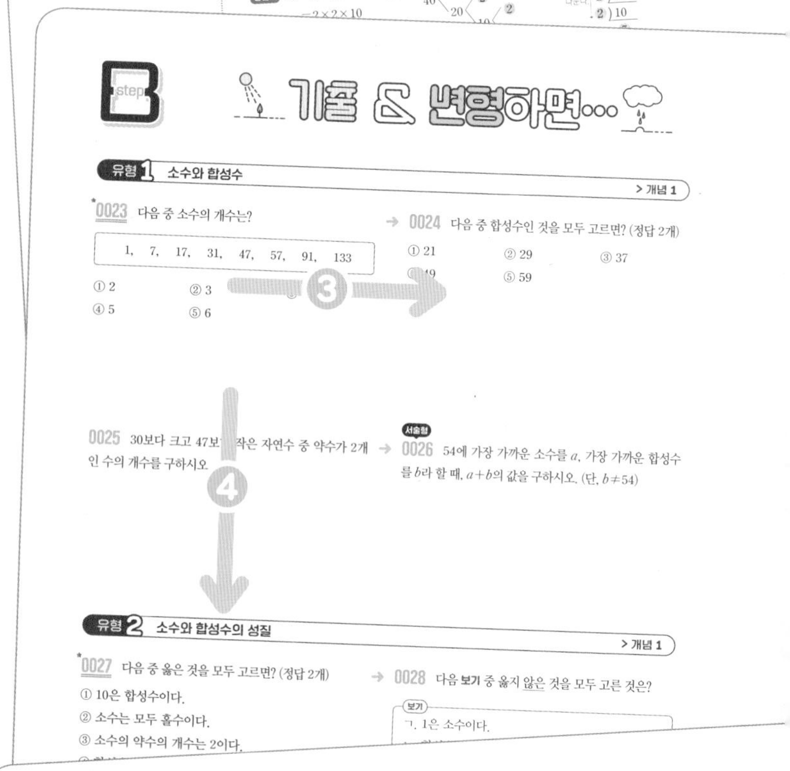
B step 기출 & 변형하면…
유형 1 소수와 합성수 > 개념 1
0023 다음 중 소수의 개수는?
1, 7, 17, 31, 47, 57, 91, 133
① 2 ② 3 ④ 5 ⑤ 6
→ 0024 다음 중 합성수인 것을 모두 고르면? (정답 2개)
① 21 ② 29 ③ 37 ⑤ 59
0025 30보다 크고 47보다 작은 자연수 중 약수가 2개인 수의 개수를 구하시오.
→ 서술형 0026 54에 가장 가까운 소수를 a, 가장 가까운 합성수를 b라 할 때, $a+b$의 값을 구하시오. (단, $b\neq54$)
유형 2 소수와 합성수의 성질 > 개념 1
0027 다음 중 옳은 것을 모두 고르면? (정답 2개)
① 10은 합성수이다.
② 소수는 모두 홀수이다.
③ 소수의 약수의 개수는 2이다.
→ 0028 다음 보기 중 옳지 않은 것을 모두 고른 것은?
보기 ㄱ. 1은 소수이다.

실력 완성!

총정리 학습!
BStep에서 공부했던 유형에 대하여 점검할 수 있도록 구성하였으며, BStep에서 제시한 문항보다 다소 어려운 문항을 단원별로 2~3 문항씩 수록하였습니다.

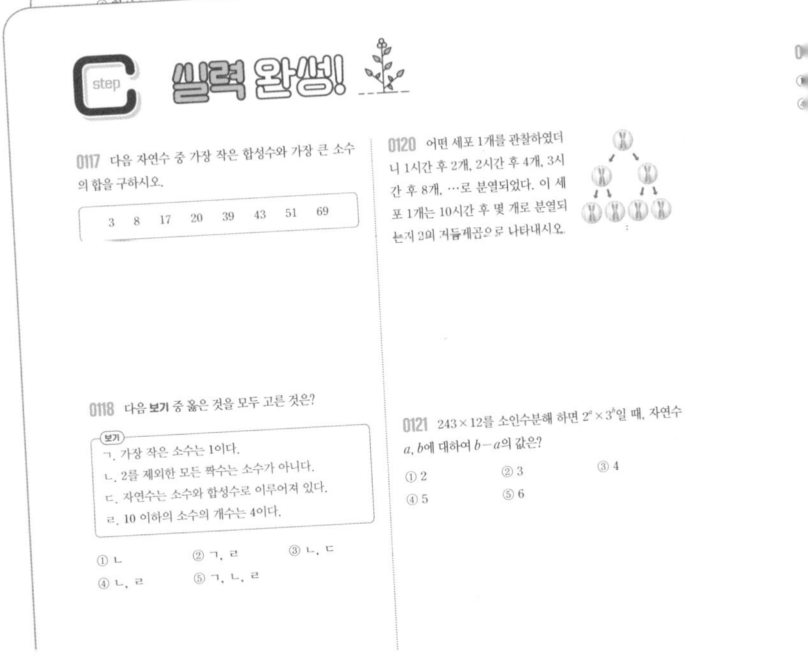
C step 실력 완성!
0117 다음 자연수 중 가장 작은 합성수와 가장 큰 소수의 합을 구하시오.
3 8 17 20 39 43 51 69
0120 어떤 세포 1개를 관찰하였더니 1시간 후 2개, 2시간 후 4개, 3시간 후 8개, …로 분열되었다. 이 세포 1개는 10시간 후 몇 개로 분열되는지 2의 거듭제곱으로 나타내시오.
0118 다음 보기 중 옳은 것을 모두 고른 것은?
보기
ㄱ. 가장 작은 소수는 1이다.
ㄴ. 2를 제외한 모든 짝수는 소수가 아니다.
ㄷ. 자연수는 소수와 합성수로 이루어져 있다.
ㄹ. 10 이하의 소수의 개수는 4이다.
① ㄴ ② ㄱ, ㄹ ③ ㄴ, ㄷ ④ ㄴ, ㄹ ⑤ ㄱ, ㄴ, ㄹ
0121 243×12를 소인수분해 하면 $2^a\times3^b$일 때, 자연수 a, b에 대하여 $b-a$의 값은?
① 2 ② 3 ③ 4 ④ 5 ⑤ 6

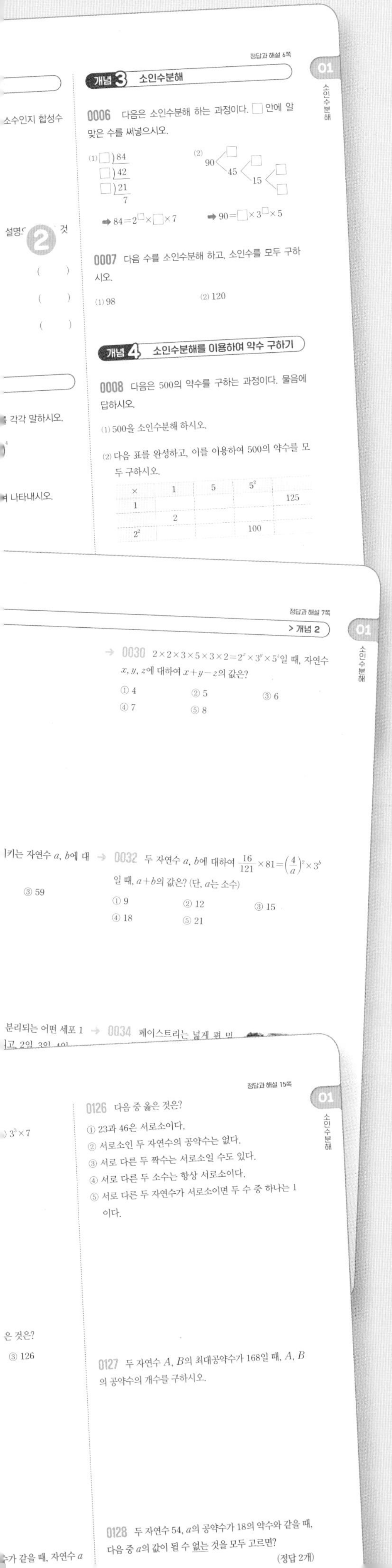
정답과 해설 6쪽

01 소인수분해

개념 3 소인수분해

0006 다음은 소인수분해 하는 과정이다. □ 안에 알맞은 수를 써넣으시오.

(1) □) 84, □) 42, □) 21, 7 ➡ 84 = 2□ × □ × 7

(2) 90 → □, 45 → □, 15 → □, □ ➡ 90 = □ × 3□ × 5

0007 다음 수를 소인수분해 하고, 소인수를 모두 구하시오.

(1) 98 (2) 120

개념 4 소인수분해를 이용하여 약수 구하기

0008 다음은 500의 약수를 구하는 과정이다. 물음에 답하시오.

(1) 500을 소인수분해 하시오.

(2) 다음 표를 완성하고, 이를 이용하여 500의 약수를 모두 구하시오.

×	1	5	5^2	
1				125
	2			
2^2			100	

정답과 해설 7쪽

> 개념 2

01 소인수분해

→ 0030 $2\times2\times3\times5\times3\times2=2^x\times3^y\times5^z$일 때, 자연수 x, y, z에 대하여 $x+y-z$의 값은?

① 4 ② 5 ③ 6 ④ 7 ⑤ 8

→ 0032 두 자연수 a, b에 대하여 $\frac{16}{121}\times81=\left(\frac{4}{a}\right)^2\times3^b$일 때, $a+b$의 값은? (단, a는 소수)

① 9 ② 12 ③ 15 ④ 18 ⑤ 21

→ 0034 페이스트리는 넓게 편 밀 …

정답과 해설 15쪽

01 소인수분해

0126 다음 중 옳은 것은?

① 23과 46은 서로소이다.
② 서로소인 두 자연수의 공약수는 없다.
③ 서로 다른 두 짝수는 서로소일 수도 있다.
④ 서로 다른 두 소수는 항상 서로소이다.
⑤ 서로 다른 두 자연수가 서로소이면 두 수 중 하나는 1이다.

0127 두 자연수 A, B의 최대공약수가 168일 때, A, B의 공약수의 개수를 구하시오.

0128 두 자연수 54, a의 공약수가 18의 약수와 같을 때, 다음 중 a의 값이 될 수 없는 것을 모두 고르면? (정답 2개)

정답과 해설

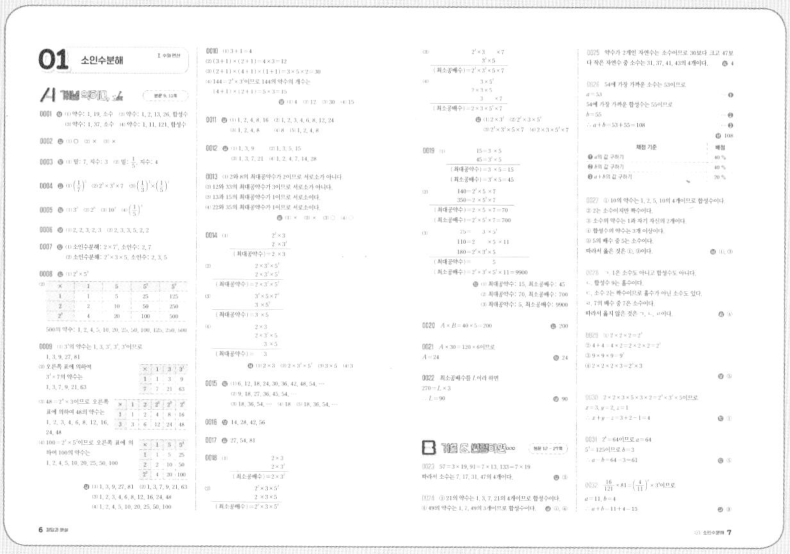

출제 의도에 충실하고 꼼꼼한 해설입니다. 논리적으로 쉽게 설명하였으며, 다각적 사고력 향상을 위하여 다른풀이를 제시하였습니다. 문제 해결에 필요한 보충 내용을 참고로 제시하여 해설의 이해를 도왔습니다.

차례 Contents

Study plan

학습계획표

*DAY별로 학습 성취도를 체크해 보세요. 성취 정도가 △, ×이면 반드시 한번 더 복습합니다.

*복습할 문항 번호를 메모해 두고 2회독 할 때 중점적으로 점검합니다.

학습일			문항 번호	성취도	복습 문항
1주	1일차	/	0001~0044	○ △ ×	
	2일차	/	0045~0080	○ △ ×	
	3일차	/	0081~0116	○ △ ×	
	4일차	/	0117~0138	○ △ ×	
	5일차	/	0139~0175	○ △ ×	
	6일차	/	0176~0205	○ △ ×	
	7일차	/	0206~0227	○ △ ×	
2주	8일차	/	0228~0255	○ △ ×	
	9일차	/	0256~0289	○ △ ×	
	10일차	/	0290~0311	○ △ ×	
	11일차	/	0312~0341	○ △ ×	
	12일차	/	0342~0373	○ △ ×	
	13일차	/	0374~0395	○ △ ×	
	14일차	/	0396~0437	○ △ ×	
3주	15일차	/	0438~0473	○ △ ×	
	16일차	/	0474~0507	○ △ ×	
	17일차	/	0508~0540	○ △ ×	
	18일차	/	0541~0576	○ △ ×	
	19일차	/	0577~0596	○ △ ×	
	20일차	/	0597~0624	○ △ ×	
	21일차	/	0625~0658	○ △ ×	
4주	22일차	/	0659~0678	○ △ ×	
	23일차	/	0679~0702	○ △ ×	
	24일차	/	0703~0730	○ △ ×	
	25일차	/	0731~0750	○ △ ×	
	26일차	/	0751~0782	○ △ ×	
	27일차	/	0783~0816	○ △ ×	
	28일차	/	0817~0836	○ △ ×	

I

수와 연산

01 소인수분해

유형 1 소수와 합성수
유형 2 소수와 합성수의 성질
유형 3 거듭제곱
유형 4 소인수분해
유형 5 소인수 구하기
유형 6 제곱인 수 만들기
유형 7 약수 구하기
유형 8 약수의 개수 구하기
유형 9 약수의 개수가 주어질 때 미지수의 값 구하기
유형 10 서로소
유형 11 최대공약수 구하기
유형 12 공약수와 최대공약수
유형 13 최대공약수가 주어질 때 미지수의 값 구하기
유형 14 최소공배수 구하기
유형 15 공배수와 최소공배수
유형 16 최소공배수가 주어질 때 미지수의 값 구하기
유형 17 최대공약수 또는 최소공배수가 주어질 때 미지수의 값 구하기
유형 18 최대공약수와 최소공배수의 관계
유형 19 분수를 자연수로 만들기

02 정수와 유리수

유형 1 양의 부호와 음의 부호
유형 2 정수의 분류
유형 3 유리수의 분류
유형 4 수를 수직선 위에 나타내기
유형 5 수직선 위에서 같은 거리에 있는 점
유형 6 절댓값
유형 7 절댓값의 성질
유형 8 절댓값의 대소 관계
유형 9 절댓값이 같고 부호가 반대인 두 수
유형 10 절댓값의 범위가 주어진 수
유형 11 수의 대소 관계
유형 12 부등호의 사용
유형 13 주어진 범위에 속하는 수

03 정수와 유리수의 덧셈과 뺄셈

유형 1 유리수의 덧셈
유형 2 덧셈의 계산 법칙
유형 3 유리수의 뺄셈
유형 4 덧셈과 뺄셈의 혼합 계산 (1): 부호가 있는 경우
유형 5 덧셈과 뺄셈의 혼합 계산 (2): 부호가 생략된 경우
유형 6 a보다 b만큼 큰 수 또는 작은 수
유형 7 덧셈과 뺄셈 사이의 관계
유형 8 절댓값이 주어진 두 수의 덧셈과 뺄셈
유형 9 덧셈과 뺄셈의 활용 (1): 수직선
유형 10 덧셈과 뺄셈의 활용 (2): 도형
유형 11 덧셈과 뺄셈의 활용 (3): 실생활

04 정수와 유리수의 곱셈과 나눗셈

유형 1 유리수의 곱셈
유형 2 곱셈의 계산 법칙
유형 3 거듭제곱의 계산
유형 4 $(-1)^n$이 포함된 식의 계산
유형 5 분배법칙
유형 6 역수
유형 7 유리수의 나눗셈
유형 8 곱셈과 나눗셈의 혼합 계산
유형 9 곱셈과 나눗셈 사이의 관계
유형 10 덧셈, 뺄셈, 곱셈, 나눗셈의 혼합 계산
유형 11 바르게 계산한 답 구하기
유형 12 문자로 주어진 수의 부호
유형 13 실생활에서 유리수의 혼합 계산의 활용
유형 14 수직선에서 유리수의 혼합 계산의 활용

step 1 개념 익히고,

개념 1 소수와 합성수

> 유형 1~2

(1) **소수**: 1보다 큰 자연수 중에서 1과 자기 자신만을 약수로 가지는 수

➡ 소수의 약수는 2개이다.

예 2, 3, 5, 7, 11, 13, 17, ⋯은 소수이다.

(2) **합성수**: 1보다 큰 자연수 중에서 소수가 아닌 수

➡ 합성수의 약수는 3개 이상이다.

예 4, 6, 8, 9, 10, 12, 14, 15, ⋯는 합성수이다.

개념 2 거듭제곱

> 유형 3

(1) **거듭제곱**: 같은 수나 문자를 거듭하여 곱한 것을 간단히 나타낸 것

(2) **밑**: 거듭제곱에서 거듭하여 곱한 수나 문자

(3) **지수**: 거듭제곱에서 밑이 곱해진 개수

$\underbrace{2\times2\times2}_{3개}=2^3$ (2: 밑, 3: 지수)

개념 3 소인수분해

> 유형 4~6

(1) **인수**: 자연수 a, b, c에 대하여 $a=b\times c$일 때, b, c를 a의 인수라 한다.

(2) **소인수**: 인수 중에서 소수인 것

예 15의 인수는 1, 3, 5, 15이고, 이 중에서 소수는 3, 5이므로 15의 소인수는 3, 5이다.

(3) **소인수분해**: 1보다 큰 자연수를 소인수들만의 곱으로 나타내는 것

(4) **소인수분해 하는 방법**

방법 1

$40=2\times20$

$=2\times2\times10$

$=2\times2\times2\times5$

$=2^3\times5$

방법 2

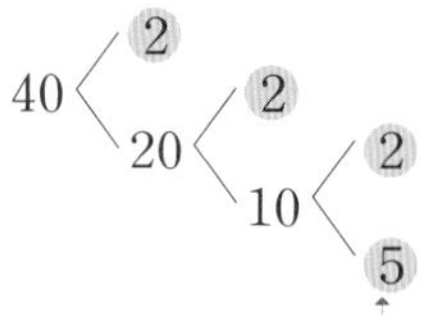

가지의 끝이 소수가 될 때까지 뻗어 나간다.

방법 3

소수로 나눈다.

2) 40
2) 20
2) 10
5

몫이 소수가 될 때까지 나눈다.

➡ 40을 소인수분해 한 결과: $40=2\times2\times2\times5=2^3\times5$

같은 소인수의 곱은 거듭제곱으로 나타내고, 크기가 작은 소인수부터 차례로 쓴다.

개념 4 소인수분해를 이용하여 약수 구하기

> 유형 7~9

자연수 A가 $A=a^m\times b^n$ (a, b는 서로 다른 소수, m, n은 자연수)으로 소인수분해 될 때

(1) **A의 약수**: (a^m의 약수)$\times$(b^n의 약수)

(2) **A의 약수의 개수**: $(m+1)\times(n+1)$ ← 각 소인수의 지수에 1을 더하여 곱한다.

예 $12=2^2\times3$이므로 오른쪽 표에서

(1) 12의 약수: 1, 2, 3, 4, 6, 12

(2) 12의 약수의 개수: $(2+1)\times(1+1)=6$

×	1	2	2^2
1	1	2	4
3	3	6	12

개념 1 소수와 합성수

0001 다음 수의 약수를 모두 구하고, 소수인지 합성수인지 말하시오.

(1) 19 (2) 26

(3) 37 (4) 121

0002 다음 중 소수와 합성수에 대한 설명으로 옳은 것은 ○표, 옳지 않은 것은 ×표를 하시오.

(1) 소수의 약수는 2개이다. ( )

(2) 모든 소수는 홀수이다. ( )

(3) 소수가 아닌 자연수는 합성수이다. ( )

개념 2 거듭제곱

0003 다음 거듭제곱의 밑과 지수를 각각 말하시오.

(1) 7^3 (2) $\left(\frac{1}{5}\right)^4$

0004 다음을 거듭제곱을 이용하여 나타내시오.

(1) $\frac{1}{7}\times\frac{1}{7}\times\frac{1}{7}\times\frac{1}{7}\times\frac{1}{7}$

(2) $2\times2\times3\times3\times7\times3$

(3) $\frac{1}{3}\times\frac{1}{3}\times\frac{1}{3}\times\frac{1}{5}\times\frac{1}{5}$

0005 다음 수를 [ ] 안의 수의 거듭제곱으로 나타내시오.

(1) 27 [3] (2) 64 [2]

(3) 10000 [10] (4) $\frac{1}{125}$ $\left[\frac{1}{5}\right]$

개념 3 소인수분해

0006 다음은 소인수분해 하는 과정이다. □ 안에 알맞은 수를 써넣으시오.

(1) 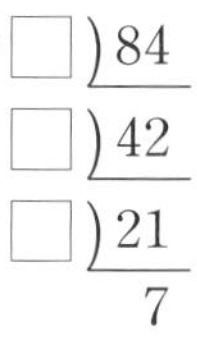

➡ $84=2^{\square}\times\square\times7$

(2) 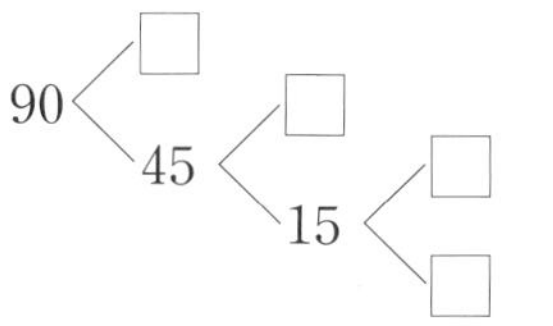

➡ $90=\square\times3^{\square}\times5$

0007 다음 수를 소인수분해 하고, 소인수를 모두 구하시오.

(1) 98 (2) 120

개념 4 소인수분해를 이용하여 약수 구하기

0008 다음은 500의 약수를 구하는 과정이다. 물음에 답하시오.

(1) 500을 소인수분해 하시오.

(2) 다음 표를 완성하고, 이를 이용하여 500의 약수를 모두 구하시오.

×	1	5	5^2	
1				125
	2			
2^2			100	

0009 다음 수의 약수를 모두 구하시오.

(1) 3^4 (2) $3^2\times7$

(3) 48 (4) 100

0010 다음 수의 약수의 개수를 구하시오.

(1) 5^3 (2) $2^3\times7^2$

(3) $3^2\times5^4\times7$ (4) 144

개념 5

공약수와 최대공약수

> 유형 10~13, 17, 19

(1) **공약수**: 두 개 이상의 자연수에서 공통인 약수

(2) **최대공약수**: 공약수 중에서 가장 큰 수

(3) **최대공약수의 성질**: 두 개 이상의 자연수의 공약수는 그 수들의 최대공약수의 약수이다.

예 8과 12의 최대공약수는 4이다.
➡ 8과 12의 공약수는 4의 약수인 1, 2, 4이다.

(4) **서로소**: 최대공약수가 1인 두 자연수 ← 공약수가 1뿐인 두 자연수

예 3과 10은 최대공약수가 1이므로 서로소이다.

(5) **소인수분해를 이용하여 최대공약수 구하기**

❶ 주어진 수를 각각 소인수분해 한다.

❷ 공통인 소인수의 거듭제곱에서 지수가 같으면 그대로, 다르면 작은 것을 택한다.

❸ ❷에서 구한 거듭제곱을 모두 곱한다.

$$\begin{aligned} 18 &= 2\times 3^2 \\ 42 &= 2\times 3\times 7 \\ \hline (\text{최대공약수}) &= 2\times 3 = 6 \end{aligned}$$

공통인 소인수의 거듭제곱에서 지수가 같거나 작은 것

개념 6

공배수와 최소공배수

> 유형 14~17, 19

(1) **공배수**: 두 개 이상의 자연수에서 공통인 배수

(2) **최소공배수**: 공배수 중에서 가장 작은 수

(3) **최소공배수의 성질**

① 두 개 이상의 자연수의 공배수는 그 수들의 최소공배수의 배수이다.

예 3과 4의 최소공배수는 12이다.
➡ 3과 4의 공배수는 12의 배수인 12, 24, 36, ⋯이다.

② 서로소인 두 자연수의 최소공배수는 그 두 자연수의 곱과 같다.

예 3과 4는 서로소이므로 두 수의 최소공배수는 $3\times 4=12$

(4) **소인수분해를 이용하여 최소공배수 구하기**

❶ 주어진 수를 각각 소인수분해 한다.

❷ 공통인 소인수의 거듭제곱에서 지수가 같으면 그대로, 다르면 큰 것을 택하고, 공통이 아닌 소인수의 거듭제곱은 모두 택한다.

❸ ❷에서 구한 거듭제곱을 모두 곱한다.

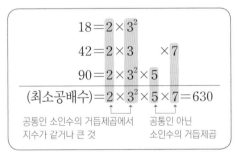

$$\begin{aligned} 18 &= 2\times 3^2 \\ 42 &= 2\times 3\times 7 \\ 90 &= 2\times 3^2\times 5 \\ \hline (\text{최소공배수}) &= 2\times 3^2\times 5\times 7 = 630 \end{aligned}$$

공통인 소인수의 거듭제곱에서 지수가 같거나 큰 것 / 공통인 아닌 소인수의 거듭제곱

개념 7

최대공약수와 최소공배수의 관계

> 유형 18

두 자연수 A, B의 최대공약수가 G이고 최소공배수가 L일 때,

$A=a\times G$, $B=b\times G$ (a, b는 서로소)

라 하면 다음이 성립한다.

(1) $L=a\times b\times G$

(2) $A\times B=L\times G$ ← (두 자연수의 곱)=(두 자연수의 최소공배수)×(두 자연수의 최대공약수)

참고 $A\times B=(a\times G)\times(b\times G)=(a\times b\times G)\times G=L\times G$

개념 5 공약수와 최대공약수

0011 다음을 구하시오.

(1) 16의 약수 (2) 24의 약수

(3) 16과 24의 공약수 (4) 16과 24의 최대공약수

(5) 16과 24의 최대공약수의 약수

0012 최대공약수가 다음과 같은 두 자연수의 공약수를 모두 구하시오.

(1) 9 (2) 15

(3) 21 (4) 28

0013 다음 두 자연수가 서로소인 것은 ○표, 서로소가 아닌 것은 ×표를 하시오.

(1) 2, 8 ( ) (2) 12, 33 ( )

(3) 13, 15 ( ) (4) 22, 35 ( )

0014 다음 수들의 최대공약수를 소인수분해 꼴로 나타내시오.

(1) $2^2\times3$, 2×3^2

(2) $2\times3^3\times5^2$, $2\times3^2\times5^2$

(3) $3^2\times5\times7^2$, 3×5^2

(4) 2×3, $2\times3^2\times5$, 3×5

개념 6 공배수와 최소공배수

0015 다음을 구하시오.

(1) 6의 배수 (2) 9의 배수

(3) 6과 9의 공배수 (4) 6과 9의 최소공배수

(5) 6과 9의 최소공배수의 배수

0016 두 자연수의 최소공배수가 14일 때, 두 수의 공배수를 작은 것부터 4개 구하시오.

0017 두 자연수의 최소공배수가 27일 때, 두 수의 공배수 중 100보다 작은 것을 모두 구하시오.

0018 다음 수들의 최소공배수를 소인수분해 꼴로 나타내시오.

(1) 2×3, 2×3^2

(2) $2^2\times3\times5^2$, $2\times3\times5$

(3) $2^2\times3\times7$, $3^3\times5$

(4) 3×5^2, $2\times3\times5$, 3×7

0019 소인수분해를 이용하여 다음 수들의 최대공약수와 최소공배수를 구하시오.

(1) 15, 45

(2) 140, 350

(3) 75, 110, 180

개념 7 최대공약수와 최소공배수의 관계

0020 두 자연수 A와 B의 최대공약수는 5이고 최소공배수는 40일 때, $A\times B$의 값을 구하시오.

0021 두 자연수 A와 30의 최대공약수는 6이고 최소공배수는 120일 때, A의 값을 구하시오.

0022 곱이 270인 두 자연수 A와 B의 최대공약수가 3일 때, A와 B의 최소공배수를 구하시오.

step 3 기출 & 변형하면…

유형 1 소수와 합성수 > 개념 1

*0023 다음 중 소수의 개수는?

1,	7,	17,	31,	47,	57,	91,	133

① 2 ② 3 ③ 4
④ 5 ⑤ 6

→ 0024 다음 중 합성수인 것을 모두 고르면? (정답 2개)

① 21 ② 29 ③ 37
④ 49 ⑤ 59

0025 30보다 크고 47보다 작은 자연수 중 약수가 2개인 수의 개수를 구하시오.

→ 서술형 0026 54에 가장 가까운 소수를 a, 가장 가까운 합성수를 b라 할 때, $a+b$의 값을 구하시오. (단, $b \neq 54$)

유형 2 소수와 합성수의 성질 > 개념 1

*0027 다음 중 옳은 것을 모두 고르면? (정답 2개)

① 10은 합성수이다.
② 소수는 모두 홀수이다.
③ 소수의 약수의 개수는 2이다.
④ 합성수의 약수는 3개이다.
⑤ 5의 배수 중 소수는 없다.

→ 0028 다음 **보기** 중 옳지 않은 것을 모두 고른 것은?

보기
ㄱ. 1은 소수이다.
ㄴ. 합성수는 모두 짝수이다.
ㄷ. 소수 중에는 홀수가 아닌 수도 있다.
ㄹ. 7의 배수 중 소수는 없다.

① ㄱ, ㄴ ② ㄱ, ㄹ ③ ㄴ, ㄷ
④ ㄱ, ㄴ, ㄹ ⑤ ㄴ, ㄷ, ㄹ

유형 3 거듭제곱

> 개념 2

★0029 다음 중 옳은 것은?

① $2\times2\times2=3^2$

② $4+4=4^2$

③ $9\times9\times9=9\times3$

④ $2\times2\times2\times3=2^3$

⑤ $5\times5\times5\times5\times5=5^5$

→ 0030 $2\times2\times3\times5\times3\times2=2^x\times3^y\times5^z$일 때, 자연수 x, y, z에 대하여 $x+y-z$의 값은?

① 4 ② 5 ③ 6

④ 7 ⑤ 8

0031 $2^6=a$, $5^b=125$를 만족시키는 자연수 a, b에 대하여 $a-b$의 값은?

① 27 ② 29 ③ 59

④ 60 ⑤ 61

→ 0032 두 자연수 a, b에 대하여 $\frac{16}{121}\times81=\left(\frac{4}{a}\right)^2\times3^b$일 때, $a+b$의 값은? (단, a는 소수)

① 9 ② 12 ③ 15

④ 18 ⑤ 21

0033 하루 동안 자라면서 2개로 분리되는 어떤 세포 1개는 배양한 지 1일 후에는 2개가 되고, 2일, 3일, 4일, ⋯ 후에는 각각 4개, 8개, 16개, ⋯가 된다. 배양한 지 20일 후의 이 세포의 개수가 2^a일 때, 자연수 a의 값은?

① 20 ② 21 ③ 22

④ 23 ⑤ 24

→ 0034 페이스트리는 넓게 편 밀가루 반죽 하나에 버터를 바르고 반을 접은 후 다시 버터를 바르고 반으로 접는 과정을 반복하여 여러 겹의 얇은 층과 결이 생기도록 반죽하여 구운 빵이다. 128겹의 페이스트리를 만들려면 반죽을 몇 번 접어야 하는가?

① 4번 ② 5번 ③ 6번

④ 7번 ⑤ 8번

유형 4 소인수분해

> 개념 3

★0035 다음 중 소인수분해 한 것으로 옳지 않은 것은?

① $12=2^2\times3$ ② $30=2\times3\times5$
③ $81=9^2$ ④ $168=2^3\times3\times7$
⑤ $225=3^2\times5^2$

→ 0036 다음 중 792를 소인수분해 한 것은?

① $2^3\times3^4$ ② $2^2\times3^3\times11$ ③ $2^3\times3^2\times7$
④ $2^3\times3^2\times11$ ⑤ $2^3\times3\times33$

0037 189를 소인수분해 하면 $3^a\times7^b$일 때, 자연수 a, b에 대하여 $a+b$의 값은?

① 3 ② 4 ③ 5
④ 6 ⑤ 7

→ 0038 6500을 소인수분해 하면 $2^a\times5^b\times c$일 때, 자연수 a, b, c에 대하여 $a+b+c$의 값은? (단, c는 소수)

① 14 ② 15 ③ 16
④ 17 ⑤ 18

0039 32×50을 소인수분해 하면 $2^a\times5^b$일 때, 자연수 a, b에 대하여 $a-b$의 값은?

① 2 ② 3 ③ 4
④ 5 ⑤ 6

서술형

→ 0040 다음을 만족시키는 자연수 a, b, m, n에 대하여 $m\times n-a\times b$의 값을 구하시오. (단, a, b는 소수)

$$432=a^m\times b^n$$

유형 5 소인수 구하기

> 개념 3

*0041 다음 중 660의 소인수가 아닌 것은?

① 2 ② 3 ③ 5
④ 7 ⑤ 11

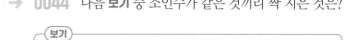

서술형
0042 294의 모든 소인수의 합을 구하시오.

0043 다음 수 중 소인수가 나머지 넷과 다른 하나는?

① 24 ② 36 ③ 108
④ 144 ⑤ 150

0044 다음 **보기** 중 소인수가 같은 것끼리 짝 지은 것은?

보기
ㄱ. 28 ㄴ. 84 ㄷ. 126 ㄹ. 147

① ㄱ, ㄴ ② ㄱ, ㄷ ③ ㄱ, ㄹ
④ ㄴ, ㄷ ⑤ ㄴ, ㄹ

유형 6 제곱인 수 만들기

> 개념 3

0045 45에 자연수를 곱하여 어떤 자연수의 제곱이 되게 하려고 한다. 다음 물음에 답하시오.

(1) 45를 소인수분해 하시오.

(2) 지수가 홀수인 소인수를 구하시오.

(3) 곱할 수 있는 가장 작은 자연수를 구하시오.

→ **0046** 72에 자연수를 곱하여 어떤 자연수의 제곱이 되게 하려고 한다. 곱할 수 있는 가장 작은 자연수를 구하시오.

0047 288을 자연수 a로 나누어 어떤 자연수의 제곱이 되게 하려고 한다. 다음 중 자연수 a의 값이 될 수 <u>없는</u> 것은?

① 2 ② 4 ③ 8
④ 18 ⑤ 72

→ 서술형 **0048** 자연수 96을 가장 작은 자연수 a로 나누어 자연수 b의 제곱이 되게 하려고 할 때, $a+b$의 값을 구하시오.

★**0049** 60에 자연수를 곱하여 어떤 자연수의 제곱이 되도록 할 때, 곱할 수 있는 자연수 중 두 번째로 작은 자연수는?

① 3 ② 5 ③ 15
④ 30 ⑤ 60

→ **0050** 360에 자연수 a를 곱하여 어떤 자연수의 제곱이 되도록 할 때, 다음 중 a의 값이 될 수 <u>없는</u> 것을 모두 고르면? (정답 2개)

① 10 ② 20 ③ 40
④ 80 ⑤ 90

유형 7 약수 구하기

> 개념 4

*0051 다음 **보기** 중 $3^2\times5^2$의 약수를 모두 고르시오.

보기

ㄱ. 3^2　　ㄴ. 3×5　　ㄷ. 5^3

ㄹ. $3^3\times5$　　ㅁ. $3^2\times5^2$

0052 다음 중 $2^3\times3\times5^2$의 약수가 아닌 것은?

① 4　② 6　③ 8　④ 9　⑤ 10

0053 아래 표를 이용하여 108의 약수를 구하려고 한다. 다음 중 옳지 않은 것은?

×	1	3	3^2	(가)
1	1	3	3^2	3^3
2	2	2×3	2×3^2	
2^2	2^2	(나)		(다)

① 108을 소인수분해 하면 $2^2\times3^3$이다.

② (가)에 들어갈 수는 3^3이다.

③ (나)에서 18이 108의 약수임을 알 수 있다.

④ (다)는 108의 약수 중 가장 큰 수이다.

⑤ 108의 약수는 12개이다.

0054 아래 표를 이용하여 112의 약수를 구하려고 한다. 다음 중 옳지 않은 것은?

×	1	2	2^2	(가)	2^4
1	1	2	2^2		2^4
7	7	2×7	(나)		(다)

① 112를 소인수분해 하면 $2^4\times7$이다.

② (가)에 들어갈 수는 2^3이다.

③ (나)에서 28이 112의 약수임을 알 수 있다.

④ (다)에 들어갈 수는 32이다.

⑤ 112의 약수는 10개이다.

0055 $2^3\times3^2\times7$의 약수 중 두 번째로 큰 수를 구하시오.

서술형

0056 세 자연수 a, b, c에 대하여 $2^a\times5^b\times7^c$이 280을 약수로 가질 때, $a+b+c$의 값 중 가장 작은 값을 구하시오.

유형 8 약수의 개수 구하기
> 개념 4

★0057 다음 중 약수의 개수가 나머지 넷과 다른 하나는?

① $2^2\times3$ ② 2×3^2 ③ 45
④ 50 ⑤ 65

→ 0058 다음 중 약수의 개수가 200의 약수의 개수와 같은 것을 모두 고르면? (정답 2개)

① $2^5\times3$ ② $2^4\times3^3$ ③ $3^2\times5^2$
④ $2^2\times3\times5$ ⑤ $2\times3\times5\times7$

0059 다음 중 옳지 않은 것은?

① 3×3^2의 약수는 4개이다.
② $2^5\times11$의 약수는 6개이다.
③ $2\times3^2\times5^3$의 약수는 24개이다.
④ 252의 약수는 18개이다.
⑤ 7^6의 약수는 7개이다.

→ 0060 다음 중 옳지 않은 것은?

① 3^2의 약수는 1, 3, 3^2이다.
② $2^2\times3$의 약수는 1, 2, 3, 2^2, 2×3, $2^2\times3$이다.
③ 5^4의 약수는 5개이다.
④ $2^4\times3^2\times7^3$의 약수는 60개이다.
⑤ 260의 약수는 13개이다.

서술형
0061 $\frac{150}{x}$이 자연수가 되도록 하는 자연수 x의 개수를 구하시오.

→ 0062 $\frac{240}{x}$이 자연수가 되도록 하는 자연수 x의 개수를 구하시오.

유형 9 약수의 개수가 주어질 때 미지수의 값 구하기 > 개념 4

*0063 $2^7 \times 5^a$의 약수의 개수가 24일 때, 자연수 a의 값은?

① 1 ② 2 ③ 3 ④ 4 ⑤ 5

→ 0064 $2^a \times 9 \times 25$의 약수의 개수가 36일 때, 자연수 a의 값은?

① 3 ② 5 ③ 7 ④ 8 ⑤ 10

0065 $24 \times a$의 약수의 개수가 16일 때, 다음 중 자연수 a의 값이 될 수 없는 것은?

① 5 ② 9 ③ 16 ④ 19 ⑤ 24

→ 0066 $27 \times \square$의 약수의 개수가 8일 때, 다음 중 $\square$ 안에 들어갈 수 없는 수는?

① 2 ② 3 ③ 5 ④ 11 ⑤ 13

0067 $2^4 \times \square$의 약수의 개수가 15일 때, $\square$ 안에 들어갈 수 있는 가장 작은 자연수를 구하시오.

→ 0068 $2^2 \times 3^2 \times \square$의 약수의 개수가 18일 때, 다음 중 $\square$ 안에 들어갈 수 있는 수는?

① 2 ② 3 ③ 4 ④ 5 ⑤ 6

유형 10 서로소 > 개념 5

*0069 다음 중 두 수가 서로소인 것은?

① 3, 21 ② 4, 18 ③ 5, 24
④ 6, 27 ⑤ 7, 35

→ 0070 다음 중 두 수가 서로소가 아닌 것은?

① 4, 7 ② 8, 9 ③ 11, 31
④ 17, 51 ⑤ 49, 64

0071 5보다 크고 20보다 작은 자연수 중 9와 서로소인 수의 개수는?

① 5 ② 6 ③ 7
④ 8 ⑤ 9

→ 0072 15 이하의 자연수 중 15와 서로소인 수의 개수를 구하시오.

유형 11 최대공약수 구하기 > 개념 5

*0073 두 수 $2^3\times5^2$, $2^2\times5^3\times7$의 최대공약수는?

① 2×5 ② $2^2\times5^2$ ③ $2^3\times5^3$
④ $2\times5\times7$ ⑤ $2^2\times5^2\times7$

→ 0074 세 수 $2^3\times3^2\times5$, $2^4\times3^2$, $2^5\times3^4\times5^3$의 최대공약수는?

① 6 ② 18 ③ 36
④ 72 ⑤ 120

유형 12 공약수와 최대공약수

> 개념 5

0075 두 자연수 A, B의 최대공약수가 12일 때, 다음 중 A, B의 공약수가 아닌 것은?

① 1 ② 2 ③ 4
④ 6 ⑤ 8

0076 두 자연수의 최대공약수가 $2^2\times3^2$일 때, 이 두 수의 모든 공약수의 합을 구하시오.

*__0077__ 다음 중 두 수 $2\times3\times5^2$, $2^2\times5^3\times7$의 공약수가 아닌 것은?

① 1 ② 5 ③ 15
④ 25 ⑤ 50

0078 다음 중 세 수 90, 252, 540의 공약수가 아닌 것은?

① 2 ② 3^2 ③ 2×3
④ 2×3^2 ⑤ $2\times3^2\times5$

0079 두 수 $2^2\times5^3$, $2^3\times3^2\times5$의 공약수의 개수를 구하시오.

서술형

0080 두 수 $2\times3^2\times5^2$, $3\times5^3\times7$의 공약수 중 두 번째로 큰 자연수를 구하시오.

유형 13 최대공약수가 주어질 때 미지수의 값 구하기 > 개념 5

*0081 두 수 $2^a\times5\times11^2$, $2^4\times5^3\times11^b$의 최대공약수가 $2^3\times5\times11$일 때, 자연수 a, b에 대하여 $a+b$의 값은?

① 2 ② 3 ③ 4
④ 5 ⑤ 6

→ 0082 두 수 $3^4\times5^a$, $3^b\times5^3\times7^2$의 최대공약수가 135일 때, 자연수 a, b에 대하여 $a+b$의 값을 구하시오.

0083 세 수 $3^3\times5^2\times11^4$, $3^5\times5^a\times11^2$, $3^4\times5^3\times11^b$의 최대공약수가 $3^c\times5\times11$일 때, 자연수 a, b, c에 대하여 $a+b+c$의 값을 구하시오.

→ 0084 두 수 $6\times\square$, $2^2\times3^3\times5^3$의 최대공약수가 90일 때, 다음 중 $\square$ 안에 들어갈 수 있는 수는?

① 12 ② 15 ③ 25
④ 30 ⑤ 42

유형 14 최소공배수 구하기 > 개념 6

*0085 세 수 $2^3\times3$, $2^2\times3^2\times5$, $2^2\times5^2$의 최소공배수는?

① 2^2 ② $2^2\times5$ ③ $2^2\times3\times5$
④ $2^3\times3^2\times5$ ⑤ $2^3\times3^2\times5^2$

→ 0086 두 수 176, $2^2\times5\times11$의 최대공약수를 A, 최소공배수를 B라 할 때, $B-A$의 값을 구하시오.

유형 15 공배수와 최소공배수

> 개념 6

★0087 다음 중 두 수 $2^3\times3$, $2^2\times5$의 공배수가 아닌 것을 모두 고르면? (정답 2개)

① $2^2\times3\times5$ ② $2^3\times3\times5$ ③ $2^3\times3^2\times5$
④ $2^3\times3^2\times7$ ⑤ $2^3\times3^2\times5\times7$

0088 다음 중 세 수 2×5, $2^3\times3^2$, $2^2\times3^2\times7$의 공배수는?

① $2^3\times3^2$ ② $2^3\times3^2\times5$
③ $2^3\times3^2\times7$ ④ $2^2\times3^2\times5\times7$
⑤ $2^4\times3^2\times5^2\times7$

0089 두 자연수의 최소공배수가 32일 때, 이 두 수의 공배수 중 300 이하의 자연수의 개수는?

① 5 ② 6 ③ 7
④ 8 ⑤ 9

0090 두 자연수 A, B의 최소공배수가 $3^2\times5$일 때, 다음 **보기** 중 A, B의 공배수를 모두 고르시오.

보기
ㄱ. 3×5 ㄴ. $2\times3^2\times5$
ㄷ. $2^3\times3^2\times5$ ㄹ. $3\times5^2\times7$

0091 세 자연수 A, B, C의 최소공배수가 12일 때, A, B, C의 공배수 중 200에 가장 가까운 자연수를 구하시오.

서술형
0092 세 수 12, 15, 21의 공배수 중 가장 큰 세 자리 자연수를 구하시오.

유형 16 최소공배수가 주어질 때 미지수의 값 구하기 > 개념 6

0093 두 수 $2^2\times5$, $2^a\times3\times5^2$의 최소공배수가 $2^3\times3\times5^b$일 때, 자연수 a, b에 대하여 $a+b$의 값을 구하시오.

➜ 0094 세 수 $2^a\times3$, $2^2\times3\times7^b$, 2×3^c의 최소공배수가 $2^3\times3^2\times7$일 때, 자연수 a, b, c에 대하여 $a+b+c$의 값은?

① 5 ② 6 ③ 7
④ 8 ⑤ 9

★0095 세 자연수 $3\times x$, $6\times x$, $10\times x$의 최소공배수가 210일 때, x의 값은?

① 2 ② 5 ③ 7
④ 11 ⑤ 13

➜ 0096 세 자연수 $5\times x$, $6\times x$, $9\times x$의 최소공배수가 720일 때, 이 세 자연수의 최대공약수를 구하시오.

0097 세 자연수의 비가 4 : 5 : 6이고 최소공배수가 300일 때, 세 자연수 중 가장 작은 수를 구하시오.

➜ 0098 세 자연수의 비가 5 : 7 : 14이고 최소공배수가 420일 때, 이 세 자연수의 합은?

① 156 ② 164 ③ 172
④ 180 ⑤ 188

유형 17 최대공약수 또는 최소공배수가 주어질 때 미지수의 값 구하기 > 개념 5, 6

*0099 두 수 $2^a\times5$, $2^4\times3^b\times5$의 최대공약수는 40이고 최소공배수는 720일 때, 자연수 a, b에 대하여 $a+b$의 값은?

① 2 ② 3 ③ 4 ④ 5 ⑤ 6

0100 두 수 $2^a\times3^4$, $2\times3^b\times5$의 최대공약수가 2×3^3, 최소공배수가 $2^3\times3^4\times5$일 때, 자연수 a, b에 대하여 $a+b$의 값은?

① 3 ② 4 ③ 5 ④ 6 ⑤ 7

0101 두 수 $2^a\times5^3\times b$, $2^3\times3^c\times5$의 최대공약수가 $2^2\times5$이고 최소공배수가 $2^3\times3^2\times5^3\times7$일 때, 자연수 a, b, c에 대하여 $a+b-c$의 값은? (단, b는 소수)

① 4 ② 5 ③ 6 ④ 7 ⑤ 8

0102 세 수 $2^2\times3^4\times5^2$, $2^a\times3^3\times7$, $2^2\times3^b\times5$의 최대공약수는 $2^2\times3^2$이고 최소공배수는 $2^3\times3^4\times5^c\times7$일 때, 자연수 a, b, c에 대하여 $a+b+c$의 값을 구하시오.

0103 두 수 $3^a\times7^3$, $3^2\times7^b\times11^2$의 최대공약수가 3×7^2일 때, 두 수의 최소공배수를 소인수분해 꼴로 나타내시오. (단, a, b는 자연수)

서술형
0104 세 수 $2^2\times3\times a$, $2^b\times a$, $2^2\times3\times a^2$의 최소공배수가 600일 때, 세 수의 최대공약수를 구하시오.
(단, a는 2, 3이 아닌 소수, b는 자연수)

유형 18 최대공약수와 최소공배수의 관계

> 개념 7

0105 두 자연수 A, B의 곱은 $2^4\times3^3\times5^3\times7$이고 최소공배수는 $2^4\times3^2\times5^2\times7$일 때, A, B의 최대공약수는?

① 8 ② 9 ③ 12
④ 15 ⑤ 20

0106 두 자연수 A, B의 곱은 $2^6\times5^3\times7^3$이고 최대공약수는 $2^2\times5\times7$일 때, A, B의 최소공배수는 자연수 N의 제곱이다. 이때 N의 값은?

① 70 ② 85 ③ 105
④ 120 ⑤ 140

0107 두 자연수 $3^2\times5\times7$, A의 최대공약수는 21이고 최소공배수는 $3^2\times5\times7^2$일 때, A의 값은?

① 49 ② 98 ③ 147
④ 196 ⑤ 245

0108 두 자연수 A, $2^2\times3\times5$의 최대공약수는 $2^2\times3$이고, 최소공배수는 540일 때, A의 값을 구하시오.

서술형

0109 두 자연수 A, B의 최대공약수는 15이고 최소공배수는 150일 때, $A-B$의 값을 모두 구하시오. (단, $A>B$)

0110 최대공약수가 12이고 최소공배수가 180인 두 자연수의 합이 96일 때, 두 수의 차는?

① 15 ② 18 ③ 21
④ 24 ⑤ 27

유형 19 분수를 자연수로 만들기

> 개념 5, 6

*0111 두 분수 $\frac{42}{n}$, $\frac{78}{n}$이 모두 자연수가 되도록 하는 자연수 n의 값 중 가장 큰 수를 구하시오.

0112 두 분수 $\frac{n}{15}$, $\frac{n}{20}$이 자연수가 되도록 하는 250 이하의 자연수 n의 개수는?

① 2 ② 3 ③ 4
④ 5 ⑤ 6

0113 두 분수 $\frac{1}{16}$, $\frac{1}{20}$의 어느 것에 곱해도 그 결과가 자연수가 되는 가장 작은 자연수를 구하시오.

0114 세 분수 $\frac{1}{4}$, $\frac{1}{6}$, $\frac{1}{9}$의 어느 것에 곱해도 그 결과가 자연수가 되는 수 중에서 200 이하의 자연수의 개수를 구하시오.

0115 두 분수 $\frac{35}{12}$, $\frac{21}{10}$의 어느 것에 곱해도 그 결과가 자연수가 되는 가장 작은 기약분수를 $\frac{a}{b}$라 할 때, $a+b$의 값을 구하시오.

서술형
0116 세 분수 $\frac{4}{3}$, $\frac{10}{9}$, $\frac{28}{15}$의 어느 것에 곱하여도 그 결과가 자연수가 되는 가장 작은 기약분수를 $\frac{a}{b}$라 할 때, $a-b$의 값을 구하시오.

C step 실력 완성!

0117 다음 자연수 중 가장 작은 합성수와 가장 큰 소수의 합을 구하시오.

3	8	17	20	39	43	51	69

0118 다음 **보기** 중 옳은 것을 모두 고른 것은?

보기

ㄱ. 가장 작은 소수는 1이다.
ㄴ. 2를 제외한 모든 짝수는 소수가 아니다.
ㄷ. 자연수는 소수와 합성수로 이루어져 있다.
ㄹ. 10 이하의 소수의 개수는 4이다.

① ㄴ ② ㄱ, ㄹ ③ ㄴ, ㄷ
④ ㄴ, ㄹ ⑤ ㄱ, ㄴ, ㄹ

0119 $\frac{1}{5}\times\frac{1}{7}\times\frac{1}{5}\times\frac{1}{7}\times\frac{1}{5}=\left(\frac{1}{5}\right)^a\times\left(\frac{1}{7}\right)^b$일 때, 자연수 a, b에 대하여 $a-b$의 값을 구하시오.

0120 어떤 세포 1개를 관찰하였더니 1시간 후 2개, 2시간 후 4개, 3시간 후 8개, …로 분열되었다. 이 세포 1개는 10시간 후 몇 개로 분열되는지 2의 거듭제곱으로 나타내시오.

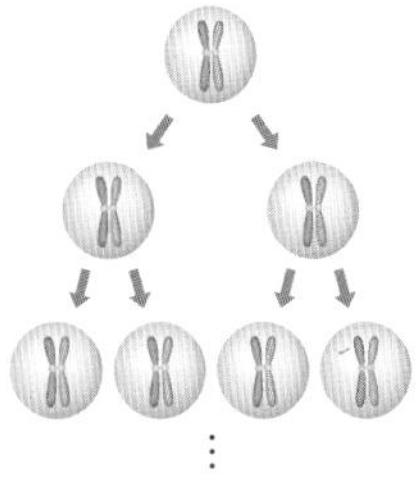

0121 243×12를 소인수분해 하면 $2^a\times3^b$일 때, 자연수 a, b에 대하여 $b-a$의 값은?

① 2 ② 3 ③ 4
④ 5 ⑤ 6

0122 $180\times a=b^2$을 만족시키는 가장 작은 자연수 a, b에 대하여 $a+b$의 값은?

① 11 ② 25 ③ 31
④ 35 ⑤ 60

0123 다음 중 504의 약수가 아닌 것은?

① 2×3 ② $2^2\times7$ ③ $3^3\times7$
④ $2\times3^2\times7$ ⑤ $2^3\times3\times7$

0124 다음 중 약수의 개수가 가장 적은 것은?

① 40 ② 64 ③ 126
④ $2^2\times3^2\times5$ ⑤ $3^2\times5\times7$

0125 132와 $2^a\times7^2$의 약수의 개수가 같을 때, 자연수 a의 값을 구하시오.

0126 다음 중 옳은 것은?

① 23과 46은 서로소이다.
② 서로소인 두 자연수의 공약수는 없다.
③ 서로 다른 두 짝수는 서로소일 수도 있다.
④ 서로 다른 두 소수는 항상 서로소이다.
⑤ 서로 다른 두 자연수가 서로소이면 두 수 중 하나는 1이다.

0127 두 자연수 A, B의 최대공약수가 168일 때, A, B의 공약수의 개수를 구하시오.

0128 두 자연수 54, a의 공약수가 18의 약수와 같을 때, 다음 중 a의 값이 될 수 없는 것을 모두 고르면? (정답 2개)

① 36 ② 72 ③ 84
④ 90 ⑤ 108

0129 세 수 $2^4\times5^3$, $2^3\times3^2\times5^a$, $2^b\times5^2\times13$의 최대공약수가 20일 때, 자연수 a, b에 대하여 $a+b$의 값은?

① 2 ② 3 ③ 4
④ 5 ⑤ 6

0130 두 수 2×5, $2^3\times7$의 공배수 중 600 이하의 자연수의 개수를 구하시오.

0131 세 수 35, 50, 140의 공배수 중 2000에 가장 가까운 자연수를 구하시오.

0132 두 수 □와 45의 최소공배수가 $2\times3^2\times5$일 때, 다음 중 □ 안에 들어갈 수 <u>없는</u> 수는?

① 6 ② 10 ③ 15
④ 18 ⑤ 30

0133 세 자연수의 비가 2 : 4 : 7이고 최소공배수가 196일 때, 이 세 자연수의 최대공약수는?

① 3 ② 4 ③ 6
④ 7 ⑤ 14

0134 두 수 $2^3\times3\times a$, $2^b\times3^c$의 최대공약수는 24이고 최소공배수는 240일 때, 자연수 a, b, c에 대하여 $a+b-c$의 값을 구하시오. (단, a는 소수)

0135 두 자연수 A, B의 곱은 $2^6\times5^3\times7^2$이고 최대공약수는 $2^2\times5\times7$일 때, A, B의 최소공배수는?

① $2^2\times5\times7$　② $2^2\times5^2\times7$

③ $2^3\times5\times7$　④ $2^4\times5^2\times7$

⑤ $2^4\times3\times5^2\times7$

0136 세 분수 $\frac{6}{7}$, $\frac{15}{14}$, $\frac{33}{28}$의 어느 것에 곱하여도 그 결과가 자연수가 되는 가장 작은 기약분수를 $\frac{a}{b}$라 할 때, $a+b$의 값을 구하시오.

서술형

0137 다음 조건을 모두 만족시키는 자연수를 구하시오.

> (가) 50보다 크고 60보다 작은 자연수이다.
> (나) 2개의 소인수를 가지며, 두 소인수의 합은 22이다.

0138 세 수 15, 45, A의 최대공약수가 15이고, 최소공배수가 225일 때, A의 값이 될 수 있는 모든 자연수의 합을 구하시오.

개념 1 양수와 음수

> 유형 1

(1) 양의 부호와 음의 부호

어떤 기준을 중심으로 서로 반대되는 성질을 갖는 수량은 한쪽에는 '+'를, 다른 쪽에는 '−'를 붙여서 나타낼 수 있다.

➡ **+ : 양의 부호, − : 음의 부호**

예 영상 10 °C를 +10 °C로 나타낼 때, 영하 5 °C는 −5 °C로 나타낼 수 있다.

(2) 양수와 음수

① **양수**: 0이 아닌 수에 양의 부호 +를 붙인 수 ← 0보다 큰 수

② **음수**: 0이 아닌 수에 음의 부호 −를 붙인 수 ← 0보다 작은 수

③ 0은 양수도 아니고 음수도 아니다.

개념 2 정수와 유리수

> 유형 2~3

(1) 정수

① **양의 정수**: 자연수에 양의 부호 +를 붙인 수

② **음의 정수**: 자연수에 음의 부호 −를 붙인 수

③ 양의 정수, 0, 음의 정수를 통틀어 **정수**라 한다.

(2) 유리수

① **양의 유리수**: 분자와 분모가 자연수인 분수에 양의 부호 +를 붙인 수

② **음의 유리수**: 분자와 분모가 자연수인 분수에 음의 부호 −를 붙인 수

③ 양의 유리수, 0, 음의 유리수를 통틀어 **유리수**라 한다.

(3) 유리수의 분류

- 유리수
  - 정수
    - 양의 정수(자연수): +1, +2, +3, ⋯
    - 0
    - 음의 정수: −1, −2, −3, ⋯
  - 정수가 아닌 유리수: $+\frac{1}{3}$, $-\frac{1}{2}$, +0.5, −1.2, ⋯

개념 3 수직선

> 유형 4~5

직선 위에 0을 나타내는 점을 기준으로 오른쪽에 양수를, 왼쪽에 음수를 나타낸 것을 **수직선**이라 한다.

이때 0을 나타내는 점을 원점이라 한다.

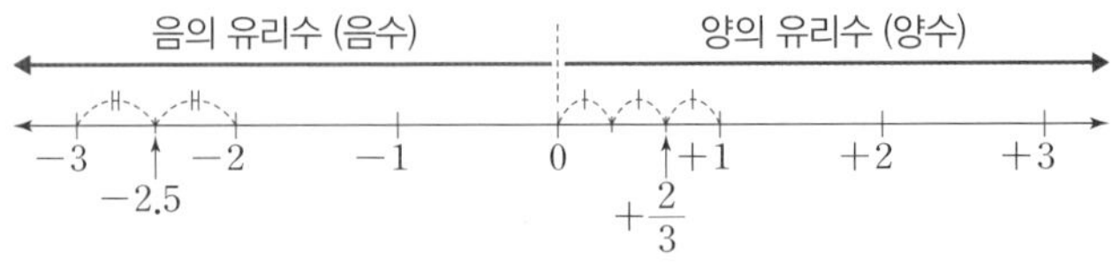

개념 1 양수와 음수

0139 다음을 양의 부호 + 또는 음의 부호 −를 사용하여 차례대로 나타내시오.

(1) 해발 200 m, 해저 150 m

(2) 지하 3층, 지상 6층

(3) 2500원 이익, 1000원 손해

(4) 3 kg 증가, 5 kg 감소

0140 다음 수를 양의 부호 + 또는 음의 부호 −를 사용하여 나타내고, 양수와 음수로 구분하시오.

(1) 0보다 7만큼 큰 수

(2) 0보다 5만큼 작은 수

(3) 0보다 $\frac{1}{2}$만큼 작은 수

(4) 0보다 4.5만큼 큰 수

개념 2 정수와 유리수

0141 다음 수에 대하여 물음에 답하시오.

$-6,\quad +\frac{2}{3},\quad -2,\quad 0,\quad 12,\quad +3.4,\quad -\frac{5}{4},\quad +\frac{10}{5}$

(1) 양의 정수를 모두 고르시오.

(2) 음의 정수를 모두 고르시오.

(3) 정수를 모두 고르시오.

0142 다음 수에 대하여 물음에 답하시오.

$3,\quad -7,\quad -4,\quad +5,\quad -\frac{6}{3},\quad +2\frac{1}{2},\quad 0,\quad -3.2$

(1) 양의 정수를 모두 고르시오.

(2) 자연수가 아닌 정수를 모두 고르시오.

(3) 양의 유리수를 모두 고르시오.

(4) 음의 유리수를 모두 고르시오.

(5) 정수가 아닌 유리수를 모두 고르시오.

0143 다음 중 옳은 것은 ○표, 옳지 않은 것은 ×표를 하시오.

(1) 0은 정수가 아니다. (　　)

(2) 모든 정수는 유리수이다. (　　)

(3) 유리수는 양의 유리수와 음의 유리수로 이루어져 있다. (　　)

(4) 모든 유리수는 $\frac{(\text{정수})}{(0\text{이 아닌 정수})}$ 꼴로 나타낼 수 있다. (　　)

개념 3 수직선

0144 다음 수직선에 대하여 물음에 답하시오.

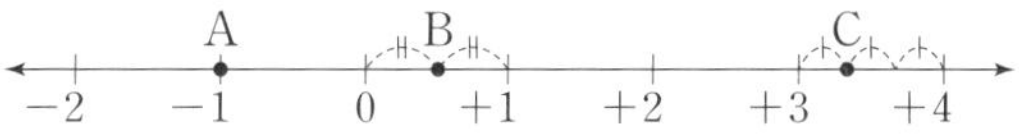

(1) 세 점 A, B, C가 나타내는 수를 구하시오.

(2) 두 수 $-\frac{3}{4}$, $\frac{5}{3}$를 수직선 위에 나타내시오.

개념 4

절댓값

> 유형 6~10

(1) 절댓값

수직선 위에서 어떤 수를 나타내는 점과 원점 사이의 거리를 그 수의 **절댓값**이라 하고, 이것을 기호 | |을 사용하여 나타낸다.

예 $+3$의 절댓값: $|+3|=3$

-3의 절댓값: $|-3|=3$

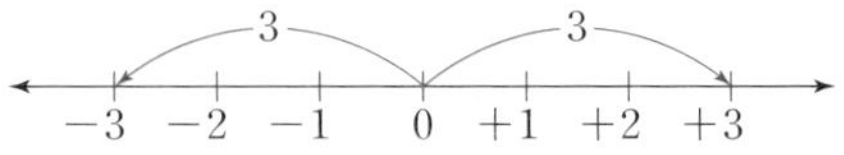

(2) 절댓값의 성질

① 양수, 음수의 절댓값은 그 수의 부호 $+$, $-$를 떼어 낸 수와 같다.

② 0의 절댓값은 0이다. 즉, $|0|=0$이다.

③ 절댓값은 항상 0 또는 양수이다.

④ 수를 수직선 위에 나타낼 때, 0을 나타내는 점에서 멀리 떨어질수록 절댓값이 커진다.

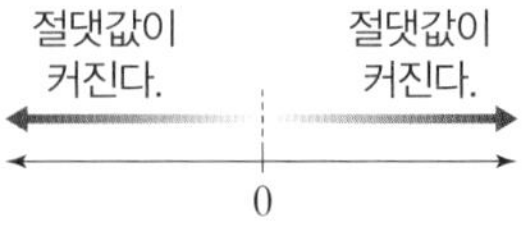

개념 5

수의 대소 관계

> 유형 11

수직선 위에서 오른쪽에 있는 수가 왼쪽에 있는 수보다 크다.

① 양수는 0보다 크고, 음수는 0보다 작다. ⬅ (음수) $<0<$ (양수)

② 양수는 음수보다 크다.

③ 양수끼리는 절댓값이 큰 수가 크다.

④ 음수끼리는 절댓값이 큰 수가 작다.

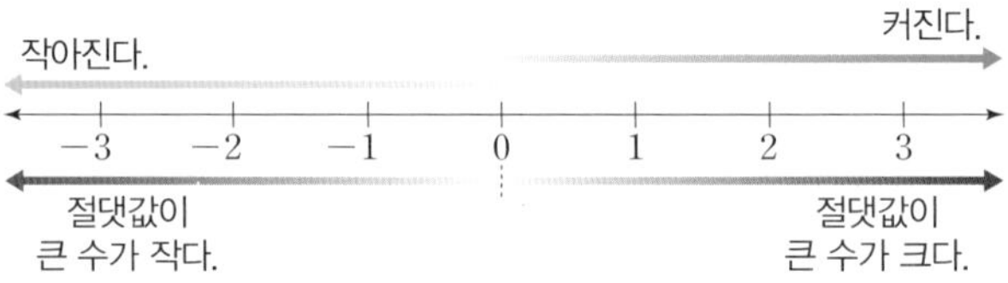

개념 6

부등호의 사용

> 유형 12~13

기호 $>$, $<$, $\geq$, $\leq$를 부등호라 한다.

$x>a$	• x는 a보다 크다. • x는 a 초과이다.	예 x는 5보다 크다. x는 5 초과이다. ➡ $x>5$
$x<a$	• x는 a보다 작다. • x는 a 미만이다.	예 x는 5보다 작다. x는 5 미만이다. ➡ $x<5$
$x\geq a$	• x는 a보다 크거나 같다. • x는 a보다 작지 않다. • x는 a 이상이다.	예 x는 5보다 크거나 같다. x는 5보다 작지 않다. x는 5 이상이다. ➡ $x\geq 5$
$x\leq a$	• x는 a보다 작거나 같다. • x는 a보다 크지 않다. • x는 a 이하이다.	예 x는 5보다 작거나 같다. x는 5보다 크지 않다. x는 5 이하이다. ➡ $x\leq 5$

정답과 해설 17쪽

개념 4 절댓값

0145 다음 수의 절댓값을 구하시오.

(1) $+6$ (2) -5

(3) $-\frac{2}{3}$ (4) 0

(5) $+1.5$ (6) -5.2

0146 다음 값을 구하시오.

(1) $|+10|$ (2) $|-7|$

(3) $\left|+\frac{5}{6}\right|$ (4) $|-3.2|$

0147 다음을 구하시오.

(1) 절댓값이 0인 수 (2) 절댓값이 8인 수

(3) 절댓값이 2.5인 수 (4) 절댓값이 $\frac{7}{10}$인 수

0148 절댓값이 2인 모든 수를 다음 수직선 위에 점으로 나타내시오.

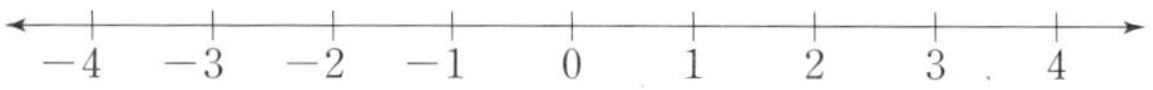

개념 5 수의 대소 관계

0149 다음 ◯ 안에 >, < 중 알맞은 것을 써넣으시오.

(1) $+3$ ◯ 0 (2) -6 ◯ 0

(3) 0 ◯ -1.2 (4) $+\frac{3}{5}$ ◯ 0

0150 다음 ◯ 안에 >, < 중 알맞은 것을 써넣으시오.

(1) $+1$ ◯ -5 (2) -3.5 ◯ $+2$

(3) -2.3 ◯ $+\frac{1}{2}$ (4) $+\frac{3}{4}$ ◯ $-\frac{7}{10}$

(5) -4 ◯ -6 (6) $+2.5$ ◯ $+3.7$

(7) -1 ◯ $-\frac{4}{5}$ (8) $+\frac{1}{2}$ ◯ $+\frac{1}{4}$

개념 6 부등호의 사용

0151 다음을 부등호를 사용하여 나타내시오.

(1) x는 -2 초과이다.

(2) x는 1.7보다 작다.

(3) x는 $\frac{1}{6}$ 이하이다.

(4) x는 -4보다 작지 않다.

0152 다음을 부등호를 사용하여 나타내시오.

(1) x는 $-\frac{1}{3}$ 이상 5 미만이다.

(2) x는 -3보다 크고 $\frac{1}{5}$보다 작거나 같다.

(3) x는 2보다 크거나 같고 7보다 작다.

0153 다음 조건을 만족시키는 수를 모두 구하시오.

(1) -2보다 크고 2 이하인 정수

(2) $-\frac{3}{2}$보다 작지 않고 $\frac{5}{3}$보다 작은 정수

step 3 기출 & 변형하면…

유형 1 양의 부호와 음의 부호

> 개념 1

*0154 다음 중 밑줄 친 부분을 양의 부호 + 또는 음의 부호 −를 사용하여 나타낸 것으로 옳지 않은 것은?

① 전기 요금이 3% 인상되었다. ➡ +3%

② 시험 성적이 50점 올랐다. ➡ +50점

③ 열차가 출발한 후 30분이 지났다. ➡ −30분

④ 용돈을 5000원 적게 받았다. ➡ −5000원

⑤ 여행을 가기 3일 전이다. ➡ −3일

→ 0155 다음 글에서 밑줄 친 부분을 양의 부호 + 또는 음의 부호 −를 사용하여 나타낼 때, '+'를 사용하는 것은 모두 몇 개인지 구하시오.

> 오늘 전국 대부분의 한낮 기온이 영상 33 ℃ 이상 치솟아 폭염주의보가 발효 중이다. 때 이른 무더위에 여름 상품 주문 건수가 평년보다 70 % 증가하였고, 이에 유통업계에서는 여름 상품을 예정보다 15일 전에 출시할 것이라고 한다. 각 학교에는 냉난방비를 10 % 추가로 지급함에 따라 냉난방일수가 작년보다 20일 증가될 것으로 예상된다.

유형 2 정수의 분류

> 개념 2

*0156 다음 수 중 정수의 개수는?

> $-2.3,\quad \frac{20}{4},\quad 0,\quad +4,\quad -\frac{2}{5},\quad 10$

① 1 ② 2 ③ 3 ④ 4 ⑤ 5

→ 0157 다음 중 정수로만 짝 지어진 것을 모두 고르면? (정답 2개)

① $2,\ \frac{10}{2},\ -6,\ 2.5$

② $\frac{9}{3},\ -2,\ 0,\ 1$

③ $-1.2,\ 2,\ 1,\ 3$

④ $-\frac{4}{2},\ \frac{6}{2},\ \frac{8}{4},\ \frac{9}{6}$

⑤ $4,\ -2,\ -1,\ 0$

서술형

0158 다음 수 중 양의 정수의 개수를 a, 음의 정수의 개수를 b라 할 때, $a-b$의 값을 구하시오.

> $+3,\quad -8,\quad -1.2,\quad \frac{10}{5},\quad -3,\quad -0.8,\quad 1$

→ 0159 다음 중 음수가 아닌 정수를 모두 고르면? (정답 2개)

① -5 ② $-\frac{6}{3}$ ③ 0 ④ $+\frac{3}{5}$ ⑤ $\frac{8}{2}$

유형 3 유리수의 분류

> 개념 2

*0160 다음 중 아래 수에 대한 설명으로 옳은 것은?

$-2.7,\quad -8,\quad \frac{6}{2},\quad 0,\quad \frac{2}{9},\quad -\frac{1}{4},\quad 4$

① 정수는 3개이다.
② 유리수는 5개이다.
③ 자연수는 1개이다.
④ 음의 유리수는 3개이다.
⑤ 정수가 아닌 유리수는 4개이다.

→ 0161 다음 중 옳은 것을 모두 고르면? (정답 2개)

① 모든 양수는 양의 정수이다.
② 유리수 중 정수가 아닌 것도 있다.
③ 양의 부호와 음의 부호는 생략할 수 있다.
④ 모든 유리수는 $\frac{(\text{자연수})}{(\text{자연수})}$ 꼴로 나타낼 수 있다.
⑤ 양의 정수 중 가장 작은 수는 1이다.

서술형

0162 다음 수 중 양의 유리수의 개수를 a, 음의 유리수의 개수를 b, 정수의 개수를 c라 할 때, $a+b+c$의 값을 구하시오.

$-9,\quad 2.6,\quad -\frac{1}{3},\quad \frac{7}{4},\quad -3.1,\quad \frac{12}{6},\quad 1$

→ 0163 다음 중 세 수가 모두 정수가 아닌 유리수인 것은?

① $-4,\ 0,\ -\frac{6}{2}$
② $2,\ 1,\ -5$
③ $\frac{9}{2},\ 0.4,\ \frac{9}{3}$
④ $-\frac{1}{3},\ -\frac{5}{2},\ 2.8$
⑤ $-\frac{18}{9},\ \frac{2}{7},\ 2.1$

유형 4 수를 수직선 위에 나타내기 > 개념 3

*0164 다음 수직선 위의 다섯 점 A, B, C, D, E가 나타내는 수로 옳지 않은 것은?

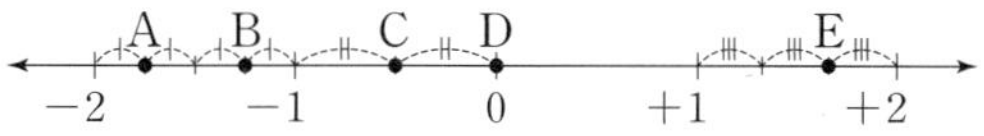

① A: $-\frac{7}{4}$　② B: $-\frac{5}{4}$　③ C: $-\frac{1}{2}$
④ D: 0　⑤ E: $+\frac{2}{3}$

→ 0165 다음 중 아래 수직선 위의 네 점 A, B, C, D가 나타내는 수에 대한 설명으로 옳은 것은?

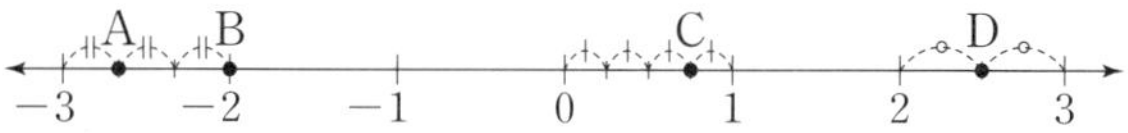

① 유리수는 3개이다.
② 음의 정수는 2개이다.
③ 점 A가 나타내는 수는 $-\frac{7}{3}$이다.
④ 점 D가 나타내는 수는 3.5이다.
⑤ 세 점 A, C, D가 나타내는 수는 모두 정수가 아닌 유리수이다.

0166 수직선에서 $-\frac{9}{4}$에 가장 가까운 정수를 a, $\frac{14}{5}$에 가장 가까운 정수를 b라 할 때, a, b의 값을 각각 구하시오.

→ 0167 다음 수를 수직선 위에 나타낼 때, 오른쪽에서 세 번째에 있는 수를 구하시오.

$-3,\ \ 2.5,\ \ 0,\ \ \frac{1}{2},\ \ -\frac{1}{3},\ \ 1$

유형 5 수직선 위에서 같은 거리에 있는 점 > 개념 3

*0168 수직선 위에서 −3과 7을 나타내는 두 점으로부터 같은 거리에 있는 점이 나타내는 수를 구하시오.

→ 0169 수직선 위에서 1을 나타내는 점으로부터 거리가 4인 두 점이 나타내는 수를 모두 구하시오.

0170 수직선 위에서 $-\frac{5}{3}$를 나타내는 점을 A, 3을 나타내는 점을 B, 두 점 A, B의 한가운데에 있는 점을 M이라 할 때, 점 M이 나타내는 수를 구하시오.

0171 다음 수직선 위에서 점 A가 나타내는 수는 -2이고, 점 C가 나타내는 수는 6이다. 네 점 A, B, C, D 사이의 거리가 모두 같을 때, 점 D가 나타내는 수를 구하시오.

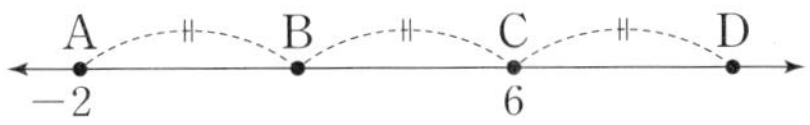

유형 6 절댓값

> 개념 4

0172 $-\frac{3}{5}$의 절댓값을 a, 절댓값이 7인 음수를 b라 할 때, a, b의 값을 각각 구하시오.

0173 $a=-3$, $b=\frac{5}{3}$일 때, $|a|+|b|$의 값을 구하시오.

0174 수직선 위에서 절댓값이 6인 수를 나타내는 두 점 사이의 거리를 구하시오.

서술형
0175 수직선 위에서 두 수 a, b를 나타내는 두 점으로부터 같은 거리에 있는 점이 나타내는 수가 2이고, a는 절댓값이 3인 음의 정수일 때, a, b의 값을 각각 구하시오.

유형 7 절댓값의 성질

> 개념 4

*0176 다음 **보기** 중 옳은 것을 모두 고르시오.

보기

ㄱ. $\frac{1}{5}$과 $-\frac{1}{5}$의 절댓값은 같다.

ㄴ. 수직선 위에서 원점으로부터 거리가 3인 점이 나타내는 수는 3뿐이다.

ㄷ. 절댓값이 가장 작은 수는 0이다.

ㄹ. 절댓값은 항상 양수이다.

➜ 0177 다음 중 옳지 않은 것을 모두 고르면? (정답 2개)

① $a<0$이면 $|a|=a$이다.

② $a>0$이면 절댓값이 a인 수는 a와 $-a$이다.

③ 절댓값이 같은 두 수는 서로 같은 수이다.

④ 절댓값이 작을수록 수직선 위에서 원점에 가까워진다.

⑤ 수직선에서 절댓값이 같은 수를 나타내는 두 점은 원점으로부터 같은 거리에 있다.

유형 8 절댓값의 대소 관계

> 개념 4

*0178 다음 중 절댓값이 가장 큰 수는?

① 1.2 ② $\frac{5}{3}$ ③ $-\frac{5}{2}$

④ -2 ⑤ 0

➜ 0179 다음 수를 절댓값이 큰 수부터 차례대로 나열할 때, 세 번째에 오는 수를 구하시오.

$4,\quad 0,\quad -1.6,\quad \frac{2}{3},\quad -2,\quad \frac{1}{2}$

0180 다음 중 절댓값이 가장 큰 수와 수직선에서 원점으로부터 가장 가까운 수를 차례대로 구하시오.

$-2.05,\quad +1.75,\quad -3,\quad +\frac{5}{2},\quad -\frac{10}{3}$

➜ 0181 다음 수를 수직선 위에 나타낼 때, 원점에서 가장 먼 것은?

① -4 ② -1 ③ -0.5

④ $+3$ ⑤ $\frac{9}{2}$

유형 9 절댓값이 같고 부호가 반대인 두 수

> 개념 4

*0182 절댓값이 같고 부호가 반대인 두 수를 수직선 위에 나타내었더니 두 점 사이의 거리가 10이었다. 이 두 수를 구하시오.

0183 절댓값이 같고 부호가 반대인 두 수 x, y를 수직선 위에 나타내었더니, x를 나타내는 점이 y를 나타내는 점보다 14만큼 오른쪽에 있었다. 이때 x, y의 값을 각각 구하시오.

0184 두 수 a, b에 대하여 $|a|=|b|$이고, 수직선 위에서 a, b를 나타내는 두 점 사이의 거리가 $\frac{5}{2}$일 때, $|a|$의 값을 구하시오.

서술형

0185 다음 조건을 모두 만족시키는 a, b의 값을 각각 구하시오.

(가) 수직선 위에서 두 수 a, b를 나타내는 두 점 사이의 거리가 $\frac{10}{3}$이다.
(나) a와 b의 절댓값이 같다.
(다) a는 b보다 작다.

유형 10 절댓값의 범위가 주어진 수 > 개념 4

★0186 절댓값이 $\frac{1}{2}$ 이상 $\frac{13}{3}$ 미만인 정수의 개수를 구하시오.

→ 0187 다음 중 절댓값이 $\frac{9}{4}$보다 큰 정수를 모두 고르면? (정답 2개)

① -3 ② -1 ③ 0
④ 2 ⑤ 4

0188 다음 중 절댓값이 $\frac{13}{5}$ 이하인 수를 모두 고르시오.

$-\frac{7}{2}$, 0, 2, $\frac{5}{3}$, 3, -1

→ 0189 다음을 만족시키는 정수 a 중 가장 작은 수를 구하시오.

$$\frac{8}{9}<\left|\frac{a}{3}\right|<\frac{13}{9}$$

0190 수직선 위에서 원점과 정수 a를 나타내는 점 사이의 거리가 $\frac{21}{5}$ 미만인 a의 개수를 구하시오.

→ 서술형 0191 수직선 위에서 절댓값이 $\frac{11}{3}$인 두 수를 나타내는 두 점 사이에 나타낼 수 있는 정수를 모두 구하시오.

유형 11 수의 대소 관계

> 개념 5

*0192 다음 중 옳은 것은?

① $-6<-10$　② $2<\frac{7}{3}$
③ $0>|-3|$　④ $1.3<-2$
⑤ $\left|-\frac{2}{3}\right|<\left|\frac{3}{5}\right|$

0193 다음 중 ◯ 안에 알맞은 부등호의 방향이 나머지 넷과 다른 하나는?

① -3 ◯ -5　② 4 ◯ -5
③ 0 ◯ -2　④ $|-2.3|$ ◯ 1.6
⑤ $-\frac{3}{2}$ ◯ $-\frac{4}{3}$

0194 다음 중 세 번째로 작은 수를 구하시오.

$2.4,\quad -1.8,\quad \frac{6}{5},\quad 0,\quad -\frac{9}{11},\quad -3$

0195 다음 중 아래 수에 대한 설명으로 옳지 않은 것을 모두 고르면? (정답 2개)

$-\frac{1}{3},\quad 2,\quad 0,\quad -4.2,\quad \frac{12}{5},\quad 3.5$

① 가장 큰 수는 3.5이다.
② 가장 작은 수는 -4.2이다.
③ 절댓값이 가장 큰 수는 -4.2이다.
④ 절댓값이 가장 작은 수는 $-\frac{1}{3}$이다.
⑤ 수직선 위에 나타내었을 때, 왼쪽에서 네 번째에 있는 수는 $\frac{12}{5}$이다.

★0196 'x는 -2보다 작지 않고 5 미만이다.'를 부등호를 사용하여 바르게 나타낸 것은?

① $-2<x<5$
② $-2\le x<5$
③ $-2<x\le 5$
④ $-2\le x\le 5$
⑤ $x<5$

0197 다음 중 부등호를 사용하여 나타낸 것으로 옳은 것은?

① a는 -5보다 작지 않다. ➡ $a\le -5$
② a는 4보다 크거나 같다. ➡ $a\le 4$
③ a는 1보다 크고 $\frac{5}{2}$ 미만이다. ➡ $1<a<\frac{5}{2}$
④ a는 $-\frac{1}{3}$ 이상이고 2보다 크지 않다.
➡ $-\frac{1}{3}\le a<2$
⑤ a는 -1 초과이고 3보다 작거나 같다.
➡ $-1\le a\le 3$

0198 다음 중 $-\frac{2}{3}<a\le 1$을 나타내는 것을 모두 고르면? (정답 2개)

① a는 $-\frac{2}{3}$ 이상이고 1 미만이다.
② a는 $-\frac{2}{3}$보다 크거나 같고 1보다 작다.
③ a는 $-\frac{2}{3}$보다 크고 1보다 작거나 같다.
④ a는 $-\frac{2}{3}$보다 작지 않고 1보다 크지 않다.
⑤ a는 $-\frac{2}{3}$ 초과이고 1 이하이다.

0199 다음 중 $-7\le x<2$를 나타내는 것을 모두 고르면? (정답 2개)

① x는 -7 이상이고 2 미만이다.
② x는 -7보다 작지 않고 2보다 작다.
③ x는 -7보다 크고 2보다 작거나 같다.
④ x는 -7보다 작지 않고 2보다 크지 않다.
⑤ x는 -7보다 크거나 같고 2보다 작거나 같다.

유형 13 주어진 범위에 속하는 수

> 개념 6

★0200 $-2 \leq a < 3$을 만족시키는 정수 a의 개수는?

① 2 ② 3 ③ 4
④ 5 ⑤ 6

0201 다음 중 $-4 \leq x < 2$를 만족시키는 유리수 x의 값이 될 수 없는 것은?

① -4 ② $-\frac{7}{5}$ ③ 0.5
④ $\frac{4}{3}$ ⑤ 2

0202 -2보다 작지 않고 2.5 미만인 정수의 개수를 a, $-\frac{7}{2}$보다 큰 음의 정수의 개수를 b라 할 때, $a-b$의 값을 구하시오.

0203 다음 조건을 모두 만족시키는 정수 x의 개수를 구하시오.

> (가) x는 -6보다 크고 2보다 크지 않다.
> (나) $|x| \geq 3$

0204 두 유리수 $-\frac{5}{2}$와 $\frac{1}{5}$ 사이에 있는 수 중 분모가 10인 기약분수의 개수는?

① 5 ② 7 ③ 9
④ 11 ⑤ 13

서술형
0205 $|a|=\frac{10}{3}$, $|b|=6$이고 $a<0<b$일 때, 두 수 a, b 사이에 있는 정수의 개수를 구하시오.

step C 실력 완성!

0206 다음 밑줄 친 부분을 양의 부호 + 또는 음의 부호 −를 사용하여 나타내시오.

> 지난 100년간 지구의 평균 기온은 온실가스의 증가로 ㉠ 0.8°C 올라갔다고 한다. 이처럼 지구 전체의 평균 기온이 올라가는 것을 지구온난화라 한다. 이것으로 인하여 북극의 바다얼음은 1978년 이후 10년마다 ㉡ 2.7%씩 줄어들고 있으며, 여름에는 ㉢ 7.4%씩이나 감소하고 있다고 한다.

0207 $\frac{29}{4}$보다 작은 자연수의 개수를 a, -3.4 이상이고 2보다 크지 않은 정수의 개수를 b라 할 때, $a+b$의 값을 구하시오.

0208 다음 중 아래 수에 대한 설명으로 옳지 않은 것은?

> 6, $-\frac{2}{3}$, 0, $+3.3$, $-\frac{10}{5}$,
> -9.9, $\frac{18}{6}$, $+1$, $+\frac{7}{8}$, -30

① 음수는 4개이다.
② 양의 유리수는 5개이다.
③ 음의 정수는 2개이다.
④ 양의 정수는 2개이다.
⑤ 정수가 아닌 유리수는 4개이다.

0209 아래는 유리수의 분류를 나타낸 것이다. 다음 중 □ 안에 들어갈 수로 알맞은 것을 모두 고르면? (정답 2개)

> 유리수 ─ 정수 ─ 양의 정수(자연수)
> 　　　　　　　　─ 0
> 　　　　　　　　─ 음의 정수
> 　　　 ─ □

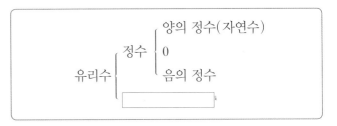

① -7　② $-\frac{4}{3}$　③ $\frac{24}{6}$
④ 0　⑤ 5.7

0210 다음 중 옳지 않은 것을 모두 고르면? (정답 2개)

① 정수는 모두 유리수이다.
② 양의 정수가 아닌 정수는 음의 정수이다.
③ 음의 유리수는 음수이다.
④ 0과 1 사이에는 무수히 많은 정수가 존재한다.
⑤ 0과 1 사이에는 무수히 많은 유리수가 존재한다.

0211 수직선 위에서 $-\frac{12}{5}$에 가장 가까운 정수를 a, $\frac{10}{3}$에 가장 가까운 정수를 b라 할 때, a, b의 값을 각각 구하시오.

0212 수직선에서 -3과 5를 각각 나타내는 두 점의 한 가운데에 있는 점이 나타내는 수는?

① 0　　② 1　　③ 2
④ 3　　⑤ 4

0213 절댓값이 7인 수 중 큰 수를 a, 절댓값이 4인 수 중 작은 수를 b라 할 때, a, b의 값을 각각 구하시오.

0214 $a=\frac{1}{6}$, $b=-2$, $c=-\frac{3}{4}$일 때,
$|a|+|b|+|c|$의 값은?

① $\frac{11}{4}$　　② $\frac{17}{6}$　　③ $\frac{35}{12}$
④ $\frac{37}{12}$　　⑤ $\frac{19}{6}$

0215 $|a|=8$, $|b|=3$이고 수직선 위에서 a, b를 나타내는 두 점 사이의 거리가 11일 때, a, b의 값을 각각 구하시오. (단, $a<b$)

0216 다음 중 옳은 것을 모두 고르면? (정답 2개)

① $a>0$이면 $|-a|=a$이다.
② $|a|=|b|$이면 $a=b$이다.
③ 절댓값이 클수록 수직선 위에서 원점에 가까워진다.
④ 절댓값이 같은 수는 항상 2개이다.
⑤ 절댓값이 1보다 작은 정수는 1개이다.

0217 네 수 a, b, c, d를 수직선 위에 나타내면 아래와 같을 때, 다음 중 옳은 것은?

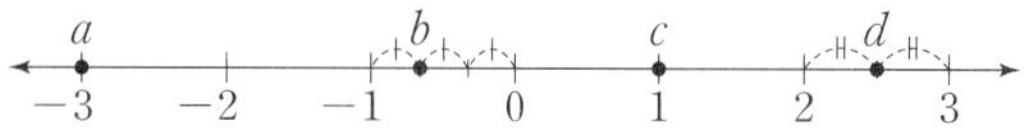

① $|a|<2$이다.
② $|b|=b$, $|c|=c$이다.
③ a, d의 절댓값은 같다.
④ $d<c<b<a$이다.
⑤ 절댓값이 작은 수부터 차례대로 나열하면 b, c, d, a이다.

0218 다음 수를 절댓값이 큰 수부터 차례대로 나열하시오.

$-\frac{5}{4}$, 1, $+\frac{4}{3}$, $\frac{6}{7}$, -2

0219 절댓값이 같고 부호가 반대인 두 수를 수직선 위에 나타내었더니 두 점 사이의 거리가 $\frac{20}{7}$이었다. 두 수 중 큰 수를 구하시오.

0220 $|x|<\frac{14}{3}$를 만족시키는 정수 x의 개수는?

① 5 ② 6 ③ 7 ④ 8 ⑤ 9

0221 오른쪽 그림과 같은 전개도를 접어 정육면체를 만들었을 때, 마주 보는 면에 있는 두 수는 절댓값이 같고, 부호가 반대인 수이다. 이때 A, B, C를 작은 수부터 차례대로 나열하시오.

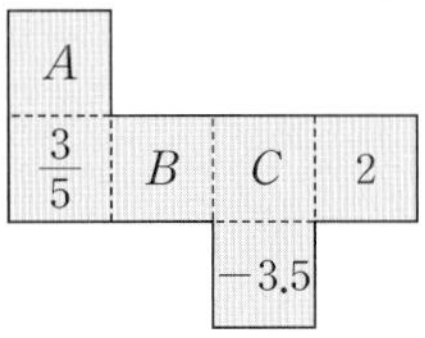

0222 다음 중 대소 관계가 옳은 것은?

① $\left|-\frac{1}{5}\right|>\left|-\frac{1}{3}\right|$ ② $|-1|<0$ ③ $-2.3<-3$ ④ $0.3>|-1.8|$ ⑤ $-\frac{2}{3}<-\frac{2}{5}$

0223 'x는 $-\frac{7}{3}$ 초과이고 $\frac{8}{9}$보다 크지 않다.'를 부등호를 사용하여 바르게 나타낸 것은?

① $-\frac{7}{3}<x\le\frac{8}{9}$ ② $-\frac{7}{3}\le x\le\frac{8}{9}$ ③ $-\frac{7}{3}\le x<\frac{8}{9}$ ④ $-\frac{7}{3}<x<\frac{8}{9}$ ⑤ $x\le-\frac{7}{3}$ 또는 $x\ge\frac{8}{9}$

정답과 해설 22쪽

0224 다음 조건을 모두 만족시키는 두 수 a, b의 값을 각각 구하시오.

> (가) 수직선 위에서 두 수 a, b를 나타내는 두 점 사이의 거리가 16이다.
> (나) $a<b$이고 a의 절댓값이 b의 절댓값의 3배이다.
> (다) $|a|+|b|=32$

0225 유리수 a에 대하여

$[a]=(a$보다 크지 않은 최대의 정수$)$

라 하자. $x=[-5]$, $y=\left[\frac{7}{3}\right]$일 때, $|x|-|y|$의 값을 구하시오.

서술형

0226 아래 수직선 위의 네 점 A, B, C, D에 대하여 다음 물음에 답하시오.

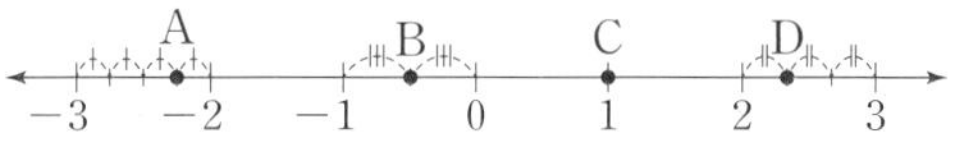

(1) 네 점 A, B, C, D가 나타내는 수를 각각 구하시오.
(2) 네 점 A, B, C, D가 나타내는 수 중 양의 정수의 개수를 a, 양수가 아닌 유리수의 개수를 b라 할 때, $a\times b$의 값을 구하시오.

0227 다음 조건을 모두 만족시키는 서로 다른 두 정수 a, b의 값을 각각 구하시오.

> (가) $a<0$
> (나) $|b|=4$
> (다) a, b의 절댓값의 합이 8이다.

개념 1

유리수의 덧셈

> 유형 1~2, 6~8

(1) **부호가 같은 두 수의 덧셈**: 두 수의 절댓값의 합에 공통인 부호를 붙인다.

공통인 부호 / 절댓값의 합

예 $(+1)+(+2)=+(1+2)=+3$, $(-1)+(-2)=-(1+2)=-3$

(2) **부호가 다른 두 수의 덧셈**: 두 수의 절댓값의 차에 절댓값이 큰 수의 부호를 붙인다.

절댓값이 큰 수의 부호 / 절댓값의 차

예 $(+4)+(-1)=+(4-1)=+3$, $(+3)+(-5)=-(5-3)=-2$

(3) **덧셈의 계산 법칙**

세 수 a, b, c에 대하여

① 덧셈의 교환법칙: $a+b=b+a$

② 덧셈의 결합법칙: $(a+b)+c=a+(b+c)$

예 ① $(+2)+(-3)=(-3)+(+2)$

② $\{(+3)+(-4)\}+(-2)=(+3)+\{(-4)+(-2)\}$

개념 2

유리수의 뺄셈

> 유형 3, 6~8

두 수의 뺄셈은 빼는 수의 부호를 바꾸어 덧셈으로 고쳐서 계산한다.

뺄셈을 덧셈으로 / 부호를 반대로

예 $(+6)-(+4)=(+6)+(-4)=+2$, $(-5)-(-7)=(-5)+(+7)=+2$

개념 3

덧셈과 뺄셈의 혼합 계산

> 유형 4~5, 9~11

(1) **덧셈과 뺄셈의 혼합 계산**

❶ 뺄셈을 덧셈으로 고친다.

❷ 덧셈의 교환법칙과 결합법칙을 이용하여 계산한다. 이때 양수는 양수끼리, 음수는 음수끼리 모아서 먼저 계산하면 편리하다.

예 $(+6)+(-5)-(-4)$
$=(+6)+(-5)+(+4)$ ← 뺄셈을 덧셈으로
$=(+6)+(+4)+(-5)$ ← 덧셈의 교환법칙
$=\{(+6)+(+4)\}+(-5)$ ← 덧셈의 결합법칙
$=(+10)+(-5)$
$=+5$

(2) **부호가 생략된 수의 덧셈과 뺄셈**

생략된 양의 부호 +와 괄호를 다시 써넣고 뺄셈을 덧셈으로 고친 후 계산한다.

뺄셈을 덧셈으로

예 $-3-7=(-3)-(+7)=(-3)+(-7)=-10$

└ 생략된 +부호 넣기

개념 1 유리수의 덧셈

0228 다음을 계산하시오.

(1) $(+7)+(+3)$ (2) $(-6)+(-10)$

(3) $(+2)+(-7)$ (4) $(-5)+(+11)$

(5) $\left(+\frac{3}{5}\right)+\left(+\frac{1}{4}\right)$ (6) $\left(-\frac{5}{12}\right)+\left(+\frac{3}{8}\right)$

(7) $(-5.8)+(+2.5)$ (8) $(-1.6)+(-8.4)$

0229 다음을 계산하시오.

(1) $(-4)+(+9)+(-6)$

(2) $\left(+\frac{7}{2}\right)+\left(+\frac{5}{4}\right)+\left(+\frac{3}{2}\right)$

(3) $(+0.6)+(-2.2)+(+1.4)$

개념 2 유리수의 뺄셈

0230 다음을 계산하시오.

(1) $(+8)-(+4)$ (2) $(-3)-(-7)$

(3) $(-5)-(+3)$ (4) $(+2)-(-9)$

(5) $\left(+\frac{3}{2}\right)-\left(+\frac{9}{7}\right)$ (6) $\left(-\frac{3}{8}\right)-\left(+\frac{2}{3}\right)$

(7) $(-3.7)-(+2.1)$ (8) $(+0.8)-(-2.7)$

0231 다음을 계산하시오.

(1) $(+6)-(-11)-(+8)$

(2) $\left(-\frac{6}{5}\right)-\left(-\frac{1}{4}\right)-\left(+\frac{14}{5}\right)$

(3) $(-4.7)-(+2.3)-(-2.5)$

개념 3 덧셈과 뺄셈의 혼합 계산

0232 다음을 계산하시오.

(1) $(+18)-(-12)+(-11)$

(2) $\left(-\frac{7}{4}\right)+\left(+\frac{1}{6}\right)-\left(-\frac{5}{12}\right)$

(3) $(+4.5)-(+1.2)+(-3)$

0233 다음을 계산하시오.

(1) $7-8+13$

(2) $-\frac{7}{8}-\frac{3}{4}+\frac{5}{8}$

(3) $-5.6-3.4+2.6$

step B

기출 & 변형하면…

유형 1 유리수의 덧셈

> 개념 1

0234 다음 수직선으로 설명할 수 있는 덧셈식은?

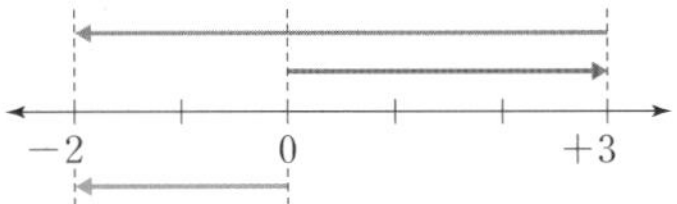

① $(+2)+(+3)=+5$
② $(+2)+(+5)=+7$
③ $(+3)+(-5)=-2$
④ $(+3)+(-2)=+1$
⑤ $(-2)+(-5)=-7$

→ **0235** 다음 수직선으로 설명할 수 있는 덧셈식을 쓰시오.

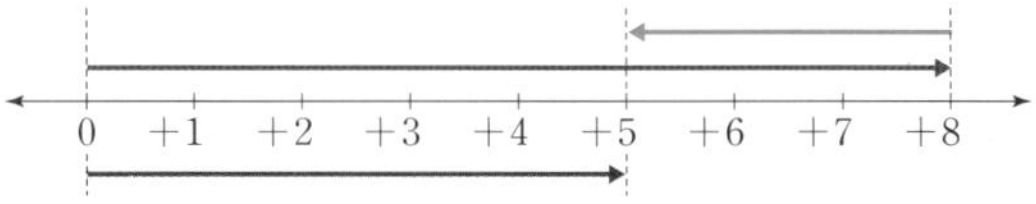

*
0236 다음 중 계산 결과가 옳은 것은?

① $(+6)+(-3)=-3$
② $(-2)+(+9)=-7$
③ $(-2.3)+(-4.5)=+6.8$
④ $\left(-\frac{3}{4}\right)+\left(-\frac{1}{6}\right)=+\frac{11}{12}$
⑤ $(+1.5)+\left(-\frac{1}{2}\right)=+1$

→ **0237** 다음 중 계산 결과가 나머지 넷과 다른 하나는?

① $(-3)+(+8)$　② $(+10)+(-5)$
③ $(+2)+(+3)$　④ $0+(+5)$
⑤ $(-9)+(+4)$

서술형
0238 $a=\left(-\frac{7}{6}\right)+\left(+\frac{2}{3}\right)$, $b=\left(+\frac{11}{4}\right)+\left(-\frac{13}{12}\right)$ 일 때, $a+b$의 값을 구하시오.

→ **0239** 다음 중 가장 큰 수를 a, 가장 작은 수를 b라 할 때, $a+b$의 값을 구하시오.

$+\frac{13}{4}$,　-3.5,　$+2$,　$-\frac{15}{7}$,　$+1.3$

유형 2 덧셈의 계산 법칙

> 개념 1

0240 다음 계산 과정에서 □ 안에 알맞은 수를 써넣고, ㉠, ㉡에 이용된 덧셈의 계산 법칙을 구하시오.

$\left(-\frac{2}{3}\right)+\left(+\frac{5}{2}\right)+\left(+\frac{2}{3}\right)$

$=\left(+\frac{5}{2}\right)+\left(\boxed{}\right)+\left(+\frac{2}{3}\right)$ ㉠

$=\left(+\frac{5}{2}\right)+\left\{\left(\boxed{}\right)+\left(+\frac{2}{3}\right)\right\}$ ㉡

$=\left(+\frac{5}{2}\right)+\boxed{}=\boxed{}$

0241 $\left(-\frac{3}{4}\right)+(-3.2)+\left(+\frac{7}{4}\right)$을 계산하면?

① -1.5 ② -2 ③ -2.15
④ -2.2 ⑤ -2.5

0242 다음 계산 과정에서 덧셈의 교환법칙이 이용된 곳은?

$\left(-\frac{3}{4}\right)+(+0.6)+\left(-\frac{5}{4}\right)$

$=\left(-\frac{3}{4}\right)+\left(+\frac{3}{5}\right)+\left(-\frac{5}{4}\right)$ ①

$=\left(+\frac{3}{5}\right)+\left(-\frac{3}{4}\right)+\left(-\frac{5}{4}\right)$ ②

$=\left(+\frac{3}{5}\right)+\left\{\left(-\frac{3}{4}\right)+\left(-\frac{5}{4}\right)\right\}$ ③

$=\left(+\frac{3}{5}\right)+(-2)$ ④

$=-\frac{7}{5}$ ⑤

0243 다음 계산 과정에서 (가)~(라)에 각각 알맞은 것은?

$(+2.4)+(-1)+(+1.6)+(-5)$

$=(+2.4)+(+1.6)+(-1)+(-5)$ 덧셈의 (가)

$=\{(+2.4)+(+1.6)\}+\{(-1)+(-5)\}$ 덧셈의 (나)

$=($ (다) $)+(-6)=$ (라)

	(가)	(나)	(다)	(라)
①	교환법칙	결합법칙	$+4$	$+2$
②	교환법칙	결합법칙	$+4$	-2
③	교환법칙	결합법칙	-4	-10
④	결합법칙	교환법칙	$+4$	-2
⑤	결합법칙	교환법칙	-4	-10

유형 3 유리수의 뺄셈

*0244 다음 중 계산 결과가 옳은 것은?

① $(+3)-(+6)=+3$

② $(-5)-(-7)=-12$

③ $(+5.7)-(-3.2)=+2.5$

④ $\left(+\frac{5}{3}\right)-\left(-\frac{3}{2}\right)=+\frac{19}{6}$

⑤ $(-2)-\left(+\frac{7}{4}\right)=-\frac{1}{4}$

0245 다음 **보기** 중 계산 결과가 음수인 것을 모두 고르시오.

보기

ㄱ. $(+7)-(-4)$

ㄴ. $\left(-\frac{1}{5}\right)-\left(+\frac{4}{5}\right)$

ㄷ. $\left(+\frac{5}{6}\right)-\left(+\frac{4}{3}\right)$

ㄹ. $(+2.6)-(-3.4)$

0246 다음 중 가장 작은 수를 a, 가장 큰 수를 b라 할 때, $a-b$의 값을 구하시오.

$-3,\quad +1.6,\quad -\frac{5}{2},\quad +\frac{5}{4},\quad -1.5$

서술형

0247 다음 중 절댓값이 가장 큰 수를 a, 절댓값이 가장 작은 수를 b라 할 때, $a-b$의 값을 구하시오.

$-1.9,\quad +\frac{10}{3},\quad -\frac{9}{4},\quad -\frac{1}{6},\quad +\frac{5}{7}$

0248 $a=\left(-\frac{1}{2}\right)-\left(+\frac{5}{6}\right)$, $b=\left(-\frac{5}{4}\right)-\left(-\frac{2}{3}\right)$일 때, $a-b$의 값은?

① $-\frac{5}{6}$ ② $-\frac{3}{4}$ ③ $-\frac{2}{3}$

④ $-\frac{1}{2}$ ⑤ $-\frac{1}{4}$

0249 일교차는 하루 중 최고 기온과 최저 기온의 차이다. 어느 날 세계 도시별 최저 기온과 최고 기온이 다음 표와 같을 때, 일교차가 가장 큰 도시를 구하시오.

도시 \ 기온	최저 기온(°C)	최고 기온(°C)
뉴욕	-3.9	3.1
파리	2.5	6.9
모스크바	-12.3	-6.3
베이징	-9.4	1.6
시드니	18.6	25.8

유형 4 덧셈과 뺄셈의 혼합 계산 (1): 부호가 있는 경우

> 개념 3

*0250 다음 중 계산 결과가 옳지 않은 것은?

① $(-3)+(+5)-(+8)=-6$

② $(+7)-(-4)+(-11)=0$

③ $(+2.8)-(+5.3)-(-4.4)=+1.9$

④ $\left(-\frac{1}{4}\right)-\left(+\frac{1}{3}\right)+\left(-\frac{7}{12}\right)=-\frac{7}{3}$

⑤ $\left(-\frac{2}{3}\right)+\left(-\frac{5}{6}\right)-\left(+\frac{1}{2}\right)=-2$

0251 다음 중 계산 결과가 가장 작은 것은?

① $(-3)+(-4)-(+2)$

② $(+7)-(-1)+(-10)$

③ $(-4)+\left(-\frac{2}{5}\right)-\left(-\frac{3}{10}\right)$

④ $\left(+\frac{3}{4}\right)+\left(+\frac{5}{6}\right)-\left(+\frac{1}{4}\right)$

⑤ $(+2)-(+2.6)-(-5.2)$

0252 $(+3.3)+(-2.8)-(-4.7)-(+1.2)$를 계산하시오.

0253 다음을 계산하면?

$$\left(-\frac{3}{4}\right)+(-3.6)-(-4.2)+\left(+\frac{5}{4}\right)$$

① $+1.1$　② $+0.8$　③ $+0.2$

④ -1.1　⑤ -3.8

0254 다음 식의 계산 결과를 기약분수로 나타내면 $-\frac{b}{a}$일 때, $b-a$의 값을 구하시오. (단, a, b는 자연수)

$$\left(+\frac{1}{4}\right)-\left(-\frac{4}{5}\right)+\left(-\frac{7}{10}\right)-(+2)$$

0255 두 수 a, b가 다음과 같을 때, $b-a$의 값을 구하시오.

$$a=\left(-\frac{1}{6}\right)+\left(-\frac{2}{3}\right)-\left(+\frac{7}{6}\right)$$

$$b=(+2)-\left(-\frac{3}{4}\right)+\left(-\frac{1}{2}\right)$$

*0256 다음 중 계산 결과가 옳은 것은?

① $-3-6+4=1$

② $-\frac{1}{12}-\frac{1}{6}+\frac{5}{12}=\frac{1}{6}$

③ $\frac{3}{2}-\frac{2}{3}-\frac{5}{6}=3$

④ $\frac{5}{4}-2-\frac{5}{2}=\frac{13}{4}$

⑤ $4.1+\frac{2}{5}-3.5+\frac{1}{10}=-\frac{9}{10}$

➔ 0257 다음 계산 과정에서 처음으로 잘못된 부분을 찾아 기호를 쓰고, 바르게 계산한 답을 구하시오.

$\frac{9}{8}-\frac{3}{2}+\frac{1}{8}$

$=\left(+\frac{9}{8}\right)-\left(+\frac{3}{2}\right)+\left(+\frac{1}{8}\right)$ ㉠

$=\left(+\frac{3}{2}\right)-\left(+\frac{9}{8}\right)+\left(+\frac{1}{8}\right)$ ㉡

$=\left(+\frac{3}{2}\right)+\left(-\frac{9}{8}\right)+\left(+\frac{1}{8}\right)$ ㉢

$=\left(+\frac{3}{2}\right)+(-1)$ ㉣

$=\frac{1}{2}$ ㉤

0258 $8+\frac{1}{3}-\frac{3}{4}-7$을 계산하시오.

➔ 0259 다음 중 계산 결과가 $3.2-4.1+7.6-5.5$의 계산 결과보다 큰 것은?

① $-10+13-5$

② $-\frac{2}{3}-\frac{1}{2}+\frac{5}{4}$

③ $\frac{2}{5}-3+\frac{8}{3}$

④ $1-2.8+\frac{3}{2}$

⑤ $\frac{1}{2}-1.5+\frac{7}{3}+0.5$

서술형

0260 $a=-1.3-3.9+1.2$, $b=\frac{2}{3}-\frac{5}{6}-\frac{1}{2}+\frac{5}{3}$일 때, $a-b$의 값을 구하시오.

➔ 0261 다음을 계산하시오.

$1-2+3-4+5-\cdots+99-100$

유형 6 a보다 b만큼 큰 수 또는 작은 수

> 개념 1, 2

*0262 다음 중 가장 작은 수는?

① -1보다 -9만큼 큰 수
② 2보다 -7만큼 작은 수
③ 3보다 -8만큼 큰 수
④ -6보다 5만큼 작은 수
⑤ 5보다 6만큼 작은 수

→ 0263 다음 **보기** 중 두 번째로 큰 수를 고르시오.

보기
ㄱ. 7보다 -3만큼 작은 수
ㄴ. 11보다 -6만큼 큰 수
ㄷ. -1보다 -4만큼 작은 수
ㄹ. -3보다 $\frac{19}{2}$만큼 큰 수

0264 $-\frac{2}{7}$보다 $-\frac{5}{14}$만큼 큰 수는?

① $-\frac{9}{14}$ ② $-\frac{1}{2}$ ③ $\frac{1}{14}$
④ $\frac{1}{2}$ ⑤ $\frac{9}{14}$

→ 0265 3보다 $-\frac{13}{6}$만큼 큰 수를 a, $-\frac{8}{3}$보다 -4만큼 작은 수를 b라 할 때, $a+b$의 값을 구하시오.

0266 $\frac{2}{5}$보다 $-\frac{3}{2}$만큼 큰 수를 a라 할 때, a보다 $-\frac{3}{4}$만큼 작은 수를 구하시오.

서술형
→ 0267 2보다 $-\frac{4}{3}$만큼 큰 수를 a, -3보다 $-\frac{1}{2}$만큼 작은 수를 b라 할 때, b보다 크고 a보다 작은 정수의 개수를 구하시오.

유형 7 덧셈과 뺄셈 사이의 관계 > 개념 1, 2

*0268 $\square-\frac{2}{15}=-\frac{1}{5}$일 때, $\square$ 안에 알맞은 수는?

① $-\frac{4}{15}$　② $-\frac{1}{15}$　③ $\frac{1}{5}$
④ $\frac{3}{5}$　⑤ $\frac{11}{15}$

→ 0269 두 유리수 a, b에 대하여 $a-\left(-\frac{1}{3}\right)=\frac{13}{6}$, $b+(-4)=-\frac{15}{4}$일 때, $b-a$의 값을 구하시오.

0270 다음 $\square$ 안에 알맞은 수를 구하시오.

$$-\frac{9}{4}+2-\square=-1$$

서술형
→ 0271 어떤 수에서 $-\frac{3}{5}$을 빼야 할 것을 잘못하여 더하였더니 $-\frac{2}{3}$가 되었다. 바르게 계산한 답을 구하시오.

유형 8 절댓값이 주어진 두 수의 덧셈과 뺄셈

> 개념 1, 2

*0272 두 수 a, b에 대하여 $|a|=3$, $|b|=9$일 때, $a+b$의 값 중 가장 큰 수는?

① -12　② -6　③ 6
④ 12　⑤ 27

→ 0273 $|a|=\frac{15}{2}$, $|b|=4$인 음의 유리수 a, b에 대하여 $a-b$의 값을 구하시오.

0274 두 정수 a, b에 대하여 $1<|a|<4$, $|b|<5$일 때, $a+b$의 값 중 가장 작은 수를 구하시오.

→ 0275 부호가 서로 다른 두 수의 절댓값이 각각 2, 8이고 두 수의 합이 양수일 때, 이 두 수의 합은?

① 3　② 4　③ 6
④ 10　⑤ 16

서술형

0276 두 수 a, b에 대하여 a의 절댓값은 3, b의 절댓값은 5일 때, $a-b$의 값 중 가장 큰 수를 M, 가장 작은 수를 m이라 하자. 이때 $M-m$의 값을 구하시오.

→ 0277 두 수 a, b에 대하여 $|a|=5$, $|b|=7$일 때, 다음 중 $a+b$의 값이 될 수 없는 것은?

① -12　② -8　③ -2
④ 2　⑤ 12

유형 9 덧셈과 뺄셈의 활용 (1): 수직선

> 개념 3

*0278 오른쪽 수직선에서 점 A가 나타내는 수는?

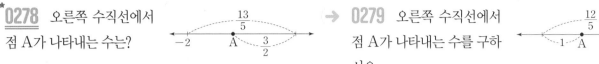

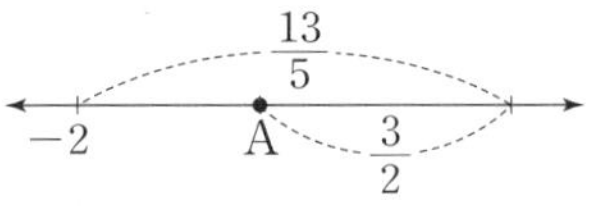

① $-\frac{3}{5}$ ② $-\frac{7}{10}$ ③ $-\frac{4}{5}$

④ $-\frac{9}{10}$ ⑤ -1

➜ 0279 오른쪽 수직선에서 점 A가 나타내는 수를 구하시오.

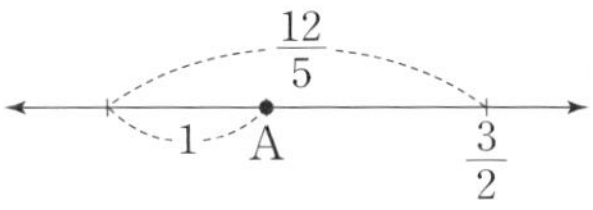

0280 오른쪽 수직선에서 두 점 A, B가 나타내는 두 수의 합을 구하시오.

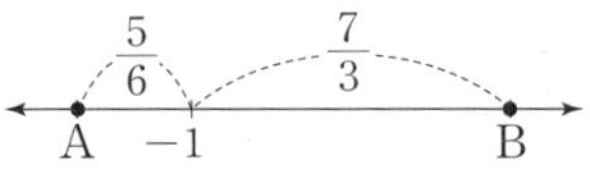

➜ 0281 수직선 위에서 $-\frac{8}{7}$을 나타내는 점으로부터의 거리가 1인 점이 나타내는 수 중 작은 수를 구하시오.

유형 10 덧셈과 뺄셈의 활용 (2): 도형

> 개념 3

*0282 오른쪽 그림의 삼각형에서 세 변에 놓인 네 수의 합이 모두 같을 때, $a+b$의 값은?

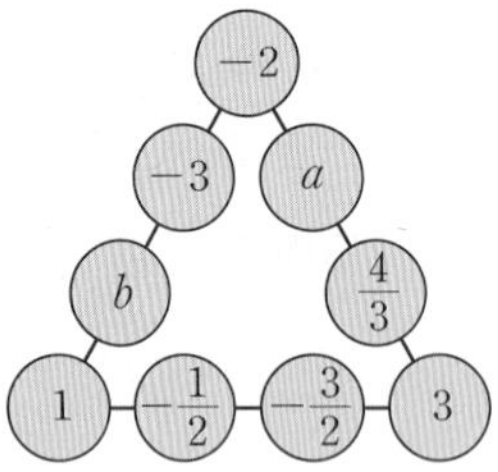

① 5 ② $\frac{17}{3}$

③ $\frac{19}{3}$ ④ 7

⑤ $\frac{23}{3}$

➜ 0283 오른쪽 그림의 사각형에서 네 변에 놓인 세 수의 합이 모두 같을 때, $a+b+c$의 값을 구하시오.

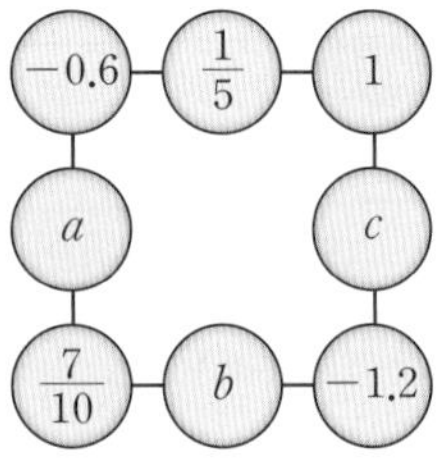

0284 오른쪽 표에서 가로, 세로, 대각선에 있는 세 수의 합이 모두 같을 때, a, b의 값을 각각 구하시오.

a	3	
	-1	
2	-5	b

서술형

0285 오른쪽 그림과 같은 전개도를 접어 정육면체를 만들 때, 마주 보는 면에 적힌 두 수의 합이 $\frac{1}{12}$이다. 이때 $a-b-c$의 값을 구하시오.

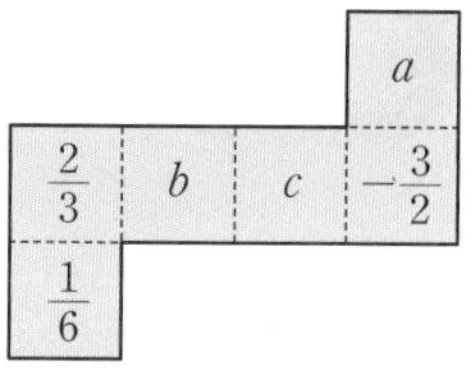

유형 11 덧셈과 뺄셈의 활용 (3) : 실생활

> 개념 3

0286 다음 표는 어느 도시의 월평균 기온의 변화를 전월과 비교하여 증가하면 양의 부호 +, 감소하면 음의 부호 −를 사용하여 나타낸 것이다. 5월의 월평균 기온이 19.5 ℃이었을 때, 9월의 월평균 기온은?

6월	7월	8월	9월
+3.8 ℃	+3.6 ℃	−2 ℃	−5.6 ℃

① 19.1 ℃ ② 19.3 ℃ ③ 19.5 ℃
④ 19.7 ℃ ⑤ 19.9 ℃

0287 다음 표는 어느 학생의 하루 스마트폰 사용 시간의 변화를 전날과 비교하여 증가하면 양의 부호 +, 감소하면 부호 음의 부호 −를 사용하여 나타낸 것이다. 월요일의 사용 시간이 40분이었을 때, 금요일의 사용 시간은 몇 분인지 구하시오.

화요일	수요일	목요일	금요일
−15분	+8분	+21분	−13분

0288 다음 표는 어느 마트에서 판매한 돼지고기의 100 g당 가격의 변화를 지난주와 비교하여 증가하면 양의 부호 +, 감소하면 음의 부호 −를 사용하여 나타낸 것이다. 넷째 주에 돼지고기 1 kg을 구입한 사람은 첫째 주에 돼지고기 1 kg을 구입한 사람보다 얼마를 더 주고 구입하였는지 구하시오. (단, 한 주 동안 가격은 동일하다.)

둘째 주	셋째 주	넷째 주
+220원	−340원	+180원

0289 다음 표는 어느 해 4월의 1 g의 금 가격의 변화를 전날과 비교하여 증가하면 양의 부호 +, 감소하면 음의 부호 −를 사용하여 나타낸 것이다. 4월 4일에 금 1 g을 구입한 사람은 4월 1일에 금 1 g을 구입한 사람보다 얼마를 더 주고 구입하였는지 구하시오.

4월 2일	4월 3일	4월 4일
−33.41원	+130.76원	+102.62원

step C 실력 완성!

0290 다음 수직선으로 설명할 수 있는 덧셈식은?

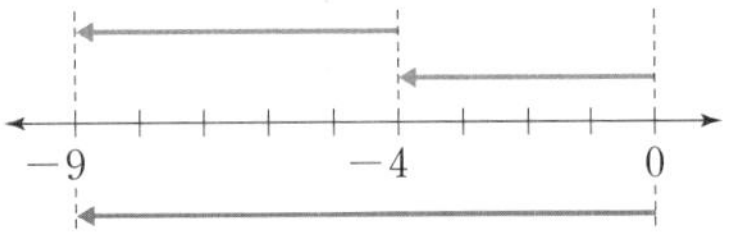

① $(+4)+(+5)=+9$ ② $(-4)+(+5)=+1$
③ $(+4)+(-5)=-1$ ④ $(-4)+(-5)=-9$
⑤ $(-4)+(-9)=-13$

0291 다음 중 계산 결과가 나머지 넷과 <u>다른</u> 하나는?

① $(+2)+(+4)$ ② $(-3)+(+9)$
③ $(-7)+(+1)$ ④ $(-6)+(+12)$
⑤ $(+5)+(+1)$

0292 다음 중 절댓값이 가장 큰 수와 절댓값이 가장 작은 수의 합을 구하시오.

$$-\frac{11}{6},\quad +2.7,\quad +\frac{25}{8},\quad -3,\quad -1.5$$

0293 다음 계산 과정에서 (가)~(마)에 들어갈 것으로 옳지 <u>않은</u> 것은?

$$\left(-\frac{3}{5}\right)+\left(-\frac{2}{3}\right)+\left(+\frac{8}{5}\right)$$
$$=\left(-\frac{3}{5}\right)+\left(+\frac{8}{5}\right)+\left(-\frac{2}{3}\right)$$ ⎤ 덧셈의 (가) 법칙
$$=\left\{\left(-\frac{3}{5}\right)+\left(+\frac{8}{5}\right)\right\}+(\boxed{(나)})$$ ⎤ 덧셈의 (다) 법칙
$$=\boxed{(라)}+\left(-\frac{2}{3}\right)=\boxed{(마)}$$

① (가): 교환 ② (나): $-\frac{2}{3}$ ③ (다): 결합
④ (라): 1 ⑤ (마): $-\frac{1}{3}$

0294 $(-7)+\left(-\frac{3}{4}\right)+(+0.45)+(+2)$를 계산하면?

① -3.5 ② -3.8 ③ -5.3
④ -6.2 ⑤ -7.8

0295 다음 중 계산 결과가 옳지 <u>않은</u> 것은?

① $(-4)-(+9)=-13$
② $(+1.7)-(-5.3)=7$
③ $(+0.8)-(+1)=-\frac{1}{5}$
④ $\left(+\frac{4}{7}\right)-\left(-\frac{5}{7}\right)=\frac{9}{7}$
⑤ $\left(-\frac{3}{4}\right)-\left(-\frac{5}{8}\right)=-\frac{11}{8}$

0296 다음을 계산하시오.

$$\left(+\frac{4}{5}\right)+\left(+\frac{2}{3}\right)-\left(-\frac{5}{6}\right)-\left(+\frac{11}{5}\right)$$

0297 다음 세 수 A, B, C 중 가장 작은 것을 말하시오.

$$A=(-10)+(+5)-(-11)$$
$$B=\left(-\frac{7}{15}\right)+\left(-\frac{1}{5}\right)-(-2)$$
$$C=(-2.3)-(+4.7)+(-3)$$

0298 $a=-3+5+7-11$, $b=-\frac{1}{2}+\frac{4}{3}+\frac{1}{6}-2$일 때, $a-b$의 값을 구하시오.

0299 $7-\frac{8}{3}+\frac{7}{4}-6$의 계산 결과를 기약분수로 나타내면 $\frac{b}{a}$일 때, $a-b$의 값을 구하시오. (단, a, b는 자연수)

0300 3보다 -8만큼 큰 수를 a, a보다 $-\frac{5}{3}$만큼 작은 수를 b라 할 때, b의 절댓값을 구하시오.

0301 $\frac{5}{3}$보다 -1만큼 큰 수를 a, 3보다 $-\frac{5}{2}$만큼 작은 수를 b라 할 때, $a<|x|<b$를 만족시키는 정수 x의 개수를 구하시오.

03 정수와 유리수의 덧셈과 뺄셈

0302 두 유리수 a, b에 대하여 $a-(-2)=\frac{1}{3}$, $b+\left(-\frac{3}{2}\right)=-1$일 때, $a+b$의 값을 구하시오.

0303 두 유리수 a, b에 대하여 a에 -4.8을 더하면 -7이 되고, b에서 -2를 빼면 3.7이 될 때, $a+b$의 값을 구하시오.

0304 부호가 서로 다른 두 수의 절댓값이 각각 10, 7이고 두 수의 합이 음수일 때, 이 두 수의 합은?

① -3 ② -7 ③ -10
④ -17 ⑤ -20

0305 수직선 위의 두 점 A, B가 나타내는 수가 각각 $-\frac{3}{5}$, 3.4일 때, 두 점 A, B 사이의 거리는?

① $\frac{18}{5}$ ② $\frac{37}{10}$ ③ $\frac{19}{5}$
④ 4 ⑤ $\frac{41}{10}$

0306 오른쪽 그림에서 색칠한 부분의 가로, 세로에 있는 세 수의 합이 모두 같을 때, $a-b+c$의 값을 구하시오.

a	$\frac{1}{3}$	$\frac{5}{3}$
$\frac{5}{2}$		$-\frac{2}{3}$
b	c	-2

0307 다음 그림에서 이웃하는 네 수의 합이 모두 같을 때, $b-a$의 값을 구하시오.

-1	a	$\frac{5}{4}$	3	-1	$-\frac{1}{4}$	b

0308 다음은 길이가 서로 다른 네 개의 줄 A, B, C, D의 길이를 비교한 것이다. 다음 물음에 답하시오.

- A는 D보다 54 cm만큼 짧다.
- B는 A보다 73 cm만큼 길다.
- C는 B보다 81 cm만큼 짧다.

(1) A, B, C, D를 길이가 짧은 것부터 차례대로 나열하시오.
(2) A와 C의 길이의 차를 구하시오.

0309 두 유리수 a, b에 대하여 $[a, b]=|a-b|$라 하자. $[3, [\square, 5]]=2$일 때, $\square$ 안에 알맞은 모든 유리수의 합을 구하시오.

서술형

0310 다음 수를 수직선 위에 나타낼 때, 원점으로부터 가장 멀리 떨어진 수를 a, 원점에 가장 가까운 수를 b라 하자. 이때 $a+b$의 값을 구하시오.

$$-2,\quad \frac{7}{4},\quad 3.1,\quad -\frac{1}{10},\quad -\frac{13}{5}$$

0311 다음 식의 ㉠, ㉡, ㉢에 세 수 $-\frac{1}{2}$, $\frac{1}{4}$, $\frac{1}{6}$을 한 번씩 넣어 계산한 결과 중 가장 작은 값을 구하시오.

$$\boxed{㉠}-\boxed{㉡}+\boxed{㉢}$$

개념 1 유리수의 곱셈

> 유형 1~5, 9, 11~12

(1) **부호가 같은 두 수의 곱셈**: 두 수의 절댓값의 곱에 양의 부호 +를 붙인다.

양의 부호 / 절댓값의 곱

예 $(+2)\times(+6)=+(2\times6)=+12$, $(-2)\times(-6)=+(2\times6)=+12$

(2) **부호가 다른 두 수의 곱셈**: 두 수의 절댓값의 곱에 음의 부호 −를 붙인다.

음의 부호 / 절댓값의 곱

예 $(+2)\times(-6)=-(2\times6)=-12$, $(-2)\times(+6)=-(2\times6)=-12$

(3) **곱셈의 계산 법칙**: 세 수 a, b, c에 대하여

① **곱셈의 교환법칙**: $a\times b=b\times a$ ② **곱셈의 결합법칙**: $(a\times b)\times c=a\times(b\times c)$

(4) **세 개 이상의 수의 곱셈**

❶ 부호를 정한다. ➡ 음수가 짝수 개 ➡ +, 홀수 개 ➡ −

❷ 각 수의 절댓값의 곱에 ❶에서 정한 부호를 붙인다.

(5) **분배법칙**: 세 수 a, b, c에 대하여

① $a\times(b+c)=a\times b+a\times c$ ② $(a+b)\times c=a\times c+b\times c$

개념 2 유리수의 나눗셈

> 유형 6~7, 9, 11~12

(1) **부호가 같은 두 수의 나눗셈**: 두 수의 절댓값의 나눗셈의 몫에 양의 부호 +를 붙인다.

양의 부호 / 절댓값의 나눗셈의 몫

예 $(+8)\div(+2)=+(8\div2)=+4$, $(-8)\div(-2)=+(8\div2)=+4$

(2) **부호가 다른 두 수의 나눗셈**: 두 수의 절댓값의 나눗셈의 몫에 음의 부호 −를 붙인다.

음의 부호 / 절댓값의 나눗셈의 몫

예 $(+8)\div(-2)=-(8\div2)=-4$, $(-8)\div(+2)=-(8\div2)=-4$

(3) **역수를 이용한 나눗셈**

① **역수**: 두 수의 곱이 1일 때, 한 수를 다른 수의 **역수**라 한다.

② **역수를 이용한 나눗셈**: 나누는 수의 역수를 이용하여 곱셈으로 고쳐서 계산한다.

예 $(+8)\div\left(-\frac{4}{3}\right)=(+8)\times\left(-\frac{3}{4}\right)=-\left(8\times\frac{3}{4}\right)=-6$

개념 3 덧셈, 뺄셈, 곱셈, 나눗셈의 혼합 계산

> 유형 8~14

덧셈, 뺄셈, 곱셈, 나눗셈이 섞여 있는 식은 다음과 같은 순서로 계산한다.

❶ 거듭제곱이 있으면 거듭제곱을 먼저 계산한다.

❷ 괄호가 있으면 괄호 안을 먼저 계산한다. ⬅ (소괄호) → {중괄호} → [대괄호]의 순서로 계산한다.

❸ 곱셈과 나눗셈을 계산한 후, 덧셈과 뺄셈을 계산한다.

개념 1 유리수의 곱셈

0312 다음을 계산하시오.

(1) $(+3)\times(+5)$
(2) $(-4)\times(-7)$
(3) $(+6)\times(-8)$
(4) $(-9)\times(+2)$
(5) $(+20)\times\left(+\frac{3}{4}\right)$
(6) $\left(-\frac{4}{3}\right)\times\left(-\frac{9}{8}\right)$
(7) $(+2.2)\times(-0.6)$
(8) $(-1.4)\times\left(+\frac{3}{7}\right)$

0313 다음을 계산하시오.

(1) $(-6)\times(+7)\times(-5)$
(2) $\left(-\frac{5}{4}\right)\times\left(-\frac{7}{9}\right)\times\left(+\frac{8}{3}\right)\times\left(-\frac{9}{7}\right)$

0314 다음을 계산하시오.

(1) $(-2)^4$
(2) $\left(-\frac{1}{3}\right)^3$
(3) -3^2
(4) $-\left(-\frac{1}{2}\right)^5$

0315 분배법칙을 이용하여 다음을 계산하시오.

(1) $20\times\left(\frac{7}{5}+\frac{3}{4}\right)$
(2) $(-31)\times\frac{4}{5}+26\times\frac{4}{5}$

개념 2 유리수의 나눗셈

0316 다음을 계산하시오.

(1) $(+48)\div(+6)$
(2) $(-21)\div(+7)$
(3) $(+5.1)\div(-3)$
(4) $(-9.6)\div(-3.2)$

0317 다음 수의 역수를 구하시오.

(1) $\frac{4}{7}$
(2) $-\frac{3}{8}$
(3) -12
(4) 2.5

0318 다음을 계산하시오.

(1) $\left(-\frac{7}{12}\right)\div\left(-\frac{7}{3}\right)$
(2) $\left(+\frac{5}{27}\right)\div\left(-\frac{20}{9}\right)$
(3) $\left(-\frac{6}{5}\right)\div(+8)$
(4) $(+21)\div\left(+\frac{7}{3}\right)$

개념 3 덧셈, 뺄셈, 곱셈, 나눗셈의 혼합 계산

0319 다음을 계산하시오.

(1) $\frac{16}{5}\div\left(-\frac{15}{2}\right)\times\frac{25}{12}$
(2) $-3-\{4+(-2)^2\times3\}$
(3) $-4-\frac{7}{2}\div\left\{3\times\left(-\frac{1}{2}\right)+1\right\}$

step 3 기출 & 변형하면...

유형 1 유리수의 곱셈 > 개념 1

*0320 다음 중 계산 결과가 옳지 않은 것은?

① $\left(+\frac{5}{12}\right)\times\left(-\frac{2}{5}\right)=-\frac{1}{6}$

② $\left(-\frac{8}{25}\right)\times\left(+\frac{15}{4}\right)=-\frac{6}{5}$

③ $\left(-\frac{9}{28}\right)\times\left(-\frac{14}{3}\right)=\frac{3}{2}$

④ $\left(+\frac{7}{10}\right)\times\left(-\frac{6}{13}\right)\times\left(+\frac{5}{7}\right)=\frac{3}{13}$

⑤ $\left(-\frac{2}{3}\right)\times(-6)\times\left(+\frac{9}{4}\right)=9$

→ 0321 다음 **보기** 중 계산 결과가 같은 것끼리 짝 지은 것은?

보기

ㄱ. $(-4)\times\left(-\frac{5}{2}\right)$

ㄴ. $\left(-\frac{15}{8}\right)\times\left(+\frac{16}{3}\right)$

ㄷ. $\left(-\frac{5}{6}\right)\times\left(-\frac{12}{5}\right)\times(+5)$

ㄹ. $(+7)\times\left(-\frac{5}{14}\right)\times(+8)$

① ㄱ, ㄴ ② ㄱ, ㄷ ③ ㄴ, ㄷ
④ ㄴ, ㄹ ⑤ ㄷ, ㄹ

0322 $a=(-4)\times(-3)$, $b=\left(-\frac{6}{5}\right)\times\left(+\frac{15}{8}\right)$일 때, $a\times b$의 값을 구하시오.

→ 서술형 0323 $a=\left(+\frac{9}{2}\right)\times\left(+\frac{4}{15}\right)$, $b=\left(-\frac{3}{10}\right)\times\left(+\frac{25}{6}\right)\times(-0.5)$일 때, $a\times b$의 값을 구하시오.

유형 2 곱셈의 계산 법칙
> 개념 1

*0324 다음 계산 과정에서 □ 안에 알맞은 수를 써넣고, ㉠, ㉡에 이용된 곱셈의 계산 법칙을 구하시오.

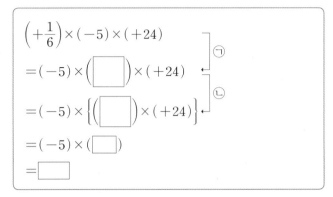

$\left(+\frac{1}{6}\right)\times(-5)\times(+24)$
$=(-5)\times(\square)\times(+24)$ ㉠
$=(-5)\times\{(\square)\times(+24)\}$ ㉡
$=(-5)\times(\square)$
$=\square$

➜ 0325 다음 계산 과정에서 (가)~(라)에 각각 알맞은 것은?

$\left(+\frac{7}{10}\right)\times\left(+\frac{3}{4}\right)\times\left(-\frac{5}{21}\right)$
$=\left(+\frac{3}{4}\right)\times\left(+\frac{7}{10}\right)\times\left(-\frac{5}{21}\right)$ 곱셈의 (가) 법칙
$=\left(+\frac{3}{4}\right)\times\left\{\left(+\frac{7}{10}\right)\times\left(-\frac{5}{21}\right)\right\}$ 곱셈의 (나) 법칙
$=\left(+\frac{3}{4}\right)\times($ (다) $)=$ (라)

	(가)	(나)	(다)	(라)
①	교환	결합	$-\frac{1}{6}$	$-\frac{1}{8}$
②	교환	결합	$-\frac{1}{6}$	$+\frac{1}{8}$
③	교환	결합	$+\frac{1}{6}$	$-\frac{1}{8}$
④	결합	교환	$-\frac{1}{6}$	$-\frac{1}{8}$
⑤	결합	교환	$+\frac{1}{6}$	$+\frac{1}{8}$

유형 3 거듭제곱의 계산
> 개념 1

*0326 다음 중 계산 결과가 옳지 않은 것은?

① $(-4)^2=16$
② $-2^5=-32$
③ $-\left(\frac{1}{3}\right)^2=-\frac{1}{9}$
④ $\left(-\frac{1}{2}\right)^3=-\frac{1}{8}$
⑤ $-\left(-\frac{3}{2}\right)^3=-\frac{27}{8}$

➜ 0327 다음 중 계산 결과가 가장 큰 것은?

① $(-2)^5$
② $-(-2)^4$
③ $-(-2^4)$
④ $(-2)^2$
⑤ $-(-2)^5$

0328 다음 수를 작은 수부터 차례대로 나열할 때, 세 번째에 오는 수는?

$-2^3,\quad -(-2)^2,\quad (-3)^2,\quad -(-3)^3,\quad (-1)^{99}$

① -2^3
② $-(-2)^2$
③ $(-3)^2$
④ $-(-3)^3$
⑤ $(-1)^{99}$

➜ 서술형 0329 다음 수 중 가장 큰 수를 a, 가장 작은 수를 b라 할 때, $a\times b$의 값을 구하시오.

$-\left(-\frac{1}{2}\right)^2,\ -\left(-\frac{1}{2}\right)^5,\ -\frac{1}{2^3},\ \left(-\frac{1}{2}\right)^3,\ \left(-\frac{1}{2}\right)^4$

유형 4 $(-1)^n$이 포함된 식의 계산 > 개념 1

*0330 다음 중 계산 결과가 양수인 것을 모두 고르면? (정답 2개)

① -1^5 ② $(-1)^3$ ③ $-(-1)^6$

④ $-(-1^5)$ ⑤ $-(-1)^{11}$

→ 0331 다음을 계산하시오.

$$(-1)+(-1)^2+(-1)^3+(-1)^4+\cdots+(-1)^{101}$$

유형 5 분배법칙 > 개념 1

*0332 세 유리수 a, b, c에 대하여 $a\times b=-8$, $a\times c=5$일 때, $a\times(b+c)$의 값을 구하시오.

→ 0333 세 수 a, b, c에 대하여 $a+b=9$, $a\times c=39$, $b\times c=15$일 때, c의 값을 구하시오.

0334 다음은 분배법칙을 이용하여 계산하는 과정이다. □ 안에 알맞은 수를 써넣으시오.

$$\begin{aligned}39\times102&=39\times(\square+2)\\&=39\times\square+39\times2\\&=\square+\square\\&=\square\end{aligned}$$

→ 0335 분배법칙을 이용하여 다음을 계산하시오.

$$(-40)\times\left\{\left(-\frac{3}{5}\right)+\left(+\frac{5}{8}\right)\right\}$$

0336 다음 식을 만족시키는 유리수 a, b에 대하여 $a\times b$의 값을 구하시오.

$$(-0.65)\times(-5)+(-1.35)\times(-5)$$
$$=a\times(-5)=b$$

서술형
0337 분배법칙을 이용하여 다음을 계산하시오.

$$3.25\times28+3.25\times78-3.25\times6$$

유형 6 역수

> 개념 2

★**0338** $\frac{5}{2}$의 역수를 a, $-\frac{6}{5}$의 역수를 b라 할 때, $3\times a\times b$의 값을 구하시오.

0339 다음 중 두 수가 서로 역수 관계가 아닌 것은?

① 1, 1
② $\frac{3}{2}$, $-\frac{2}{3}$
③ $-\frac{1}{8}$, -8
④ 0.5, 2
⑤ $-2\frac{1}{3}$, $-\frac{3}{7}$

0340 $-\frac{5}{12}$의 역수는 $\frac{a}{5}$, b의 역수는 $\frac{1}{4}$일 때, $a\times b$의 값은?

① -48
② -20
③ -3
④ 12
⑤ 48

서술형
0341 $3\frac{3}{4}$의 역수를 a, 1.25의 역수를 b라 할 때, $a+b$의 값을 구하시오.

유형 7 유리수의 나눗셈 > 개념 2

*0342 다음 중 계산 결과가 옳지 <u>않은</u> 것은?

① $(+36)\div(-4)=-9$

② $(-9)\div\left(+\frac{3}{2}\right)=-6$

③ $\left(-\frac{12}{5}\right)\div(-6)=\frac{2}{5}$

④ $\left(+\frac{4}{9}\right)\div\left(+\frac{11}{6}\right)\div\left(-\frac{8}{9}\right)=\frac{3}{11}$

⑤ $\left(-\frac{5}{4}\right)\div(-7)\div\left(+\frac{5}{2}\right)=\frac{1}{14}$

→ 0343 다음을 계산하면?

$$\left(+\frac{10}{9}\right)\div\left(-\frac{1}{2}\right)\div\left(-\frac{5}{3}\right)\div\left(+\frac{2}{3}\right)$$

① -2 ② $-\frac{4}{3}$ ③ $\frac{8}{9}$

④ 2 ⑤ $\frac{12}{5}$

유형 8 곱셈과 나눗셈의 혼합 계산 > 개념 3

*0344 $(-2)^3\times\left(+\frac{5}{2}\right)\div(-12)$를 계산하면?

① $-\frac{5}{3}$ ② $-\frac{5}{6}$ ③ $\frac{1}{6}$

④ $\frac{5}{3}$ ⑤ 2

→ 0345 다음 중 계산 결과가 나머지 넷과 <u>다른</u> 하나는?

① $(-2)^4\times3\div(-12)$

② $-2^3\times5\div(-10)$

③ $(-2)\times(-18)\div(-3)^2$

④ $-3^3\div(-3)^3\times(-2)^2$

⑤ $(-2)^4\div(-2)^3\times(-2)$

0346 다음 중 계산 결과가 가장 큰 것은?

① $\left(-\frac{4}{5}\right)\div\left(-\frac{4}{9}\right)\times\left(-\frac{5}{6}\right)$

② $\left(-\frac{5}{2}\right)\times\left(+\frac{3}{8}\right)\div\left(-\frac{5}{4}\right)$

③ $(+2.8)\div(-2)^2\times(+10)$

④ $(-16)\div(-4)^2\times(+22)$

⑤ $\left(-\frac{14}{3}\right)\times\left(+\frac{4}{7}\right)\div\left(-\frac{1}{3}\right)^2$

→ 0347 다음 중 계산 결과가 옳지 <u>않은</u> 것은?

① $\left(-\frac{7}{6}\right)\div\left(+\frac{21}{10}\right)\times\frac{9}{5}=-1$

② $\left(-\frac{3}{11}\right)\div(-9)\times33=1$

③ $\left(-\frac{16}{7}\right)\div\left(-\frac{2}{3}\right)\times\left(-\frac{7}{12}\right)=-\frac{1}{2}$

④ $\left(-\frac{1}{2}\right)^3\div\left(+\frac{1}{6}\right)\times\left(+\frac{4}{15}\right)=-\frac{1}{5}$

⑤ $\left(-\frac{3}{4}\right)^2\div(-1)^5\times\left(-\frac{4}{9}\right)=\frac{1}{4}$

0348 두 수 a, b가 다음과 같을 때, $a\div b\times\left(-\frac{1}{3}\right)$의 값을 구하시오.

$$a=(-4)\div(-3),\quad b=(-16)\div 9$$

→ 서술형 **0349** 다음 두 수 A, B에 대하여 $A\times B$의 값을 구하시오.

$$A=(-3)^3\times\left(+\frac{3}{4}\right)\div\left(-\frac{27}{2}\right)$$
$$B=\left(+\frac{5}{6}\right)\div\left(-\frac{1}{2}\right)^4\div\left(-\frac{10}{9}\right)$$

유형 9 곱셈과 나눗셈 사이의 관계

> 개념 1~3

★**0350** $a\div\left(-\frac{7}{3}\right)=12$일 때, 유리수 a의 값을 구하시오.

→ 서술형 **0351** 두 수 a, b에 대하여

$$a\times\left(-\frac{6}{5}\right)=12,\ b\div\frac{9}{4}=-\frac{1}{3}$$

일 때, $a\times b$의 값을 구하시오.

0352 다음 □ 안에 알맞은 수를 구하시오.

$$\left(-\frac{3}{10}\right)\div\square\times\frac{4}{3}=\frac{1}{3}$$

→ **0353** $\left(-\frac{6}{5}\right)\div\left(-\frac{3}{5}\right)^2\times\square=-20$일 때, □ 안에 알맞은 수는?

① -6　② $-\frac{1}{6}$　③ $\frac{1}{6}$
④ 1　⑤ 6

유형 10 덧셈, 뺄셈, 곱셈, 나눗셈의 혼합 계산

> 개념 3

0354 다음 식의 계산 순서를 차례대로 나열한 것은?

$$10-\left\{-\frac{1}{5}+9\times\left(-\frac{1}{3}\right)^2\right\}\div\frac{5}{2}$$

(↑ ㉠: $-$ 뒤 첫 연산 $10-$, ↑ ㉡: $+$, ↑ ㉢: $\times$, ↑ ㉣: 거듭제곱, ↑ ㉤: $\div$)

① ㉠, ㉡, ㉢, ㉣, ㉤

② ㉠, ㉣, ㉢, ㉡, ㉤

③ ㉣, ㉢, ㉡, ㉠, ㉤

④ ㉣, ㉢, ㉡, ㉤, ㉠

⑤ ㉤, ㉣, ㉢, ㉡, ㉠

0355 다음 식에 대하여 물음에 답하시오.

$$-3+\left\{\left(-\frac{1}{2}\right)^2\times\frac{1}{4}-\left(-\frac{3}{8}\right)\right\}\div\frac{7}{6}$$

(↑ ㉠: $+$, ↑ ㉡: 거듭제곱, ↑ ㉢: $\times$, ↑ ㉣: $-$, ↑ ㉤: $\div$)

(1) 주어진 식의 계산 순서를 차례대로 나열하시오.

(2) 주어진 식을 계산하시오.

★**0356** $(-4)^2\div\frac{8}{3}-\left[\left\{\left(-\frac{1}{8}\right)+3\right\}\times4-\frac{15}{2}\right]$를 계산하시오.

0357 $a=\left(-\frac{1}{2}\right)^4\div\left(-\frac{1}{2}\right)^2-3\div\left\{3\times\left(-\frac{1}{2}\right)\right\}$일 때, a에 가장 가까운 자연수를 구하시오.

0358 $A=(-1)^3\times\left[1-\left\{\left(-\frac{2}{3}\right)^2-\left(\frac{5}{2}-\frac{7}{3}\right)\right\}\right]\div\frac{1}{6}$ 일 때, A의 역수를 구하시오.

서술형

0359 $a=11\div\left\{10\times\left(\frac{1}{8}-\frac{3}{10}\right)-1\right\}$, $b=\frac{3}{7}\div\left\{1-\left(\frac{3}{7}-\frac{1}{14}\right)\right\}$일 때, $a<x<b$를 만족시키는 정수 x의 개수를 구하시오.

유형 11 바르게 계산한 답 구하기

> 개념 1~3

0360 어떤 수에 $-\frac{5}{6}$를 곱해야 할 것을 잘못하여 나누었더니 그 결과가 $\frac{9}{5}$가 되었다. 바르게 계산한 답은?

① $-\frac{3}{2}$ ② $-\frac{1}{4}$ ③ $\frac{1}{2}$
④ $\frac{5}{4}$ ⑤ $\frac{8}{5}$

0361 어떤 수 A를 $-\frac{2}{3}$로 나누어야 할 것을 잘못하여 곱했더니 그 결과가 $-\frac{5}{6}$가 되었다. 이때 A의 값과 바르게 계산한 답을 차례대로 구하시오.

서술형
0362 어떤 수를 $-\frac{3}{4}$으로 나누어야 할 것을 잘못하여 더하였더니 그 결과가 $\frac{3}{8}$이 되었다. 바르게 계산한 답을 구하시오.

0363 어떤 수 A에 $-\frac{1}{6}$을 더해야 할 것을 잘못하여 뺐더니 그 결과가 $\frac{3}{4}$이 되었다. 바르게 계산한 답이 B일 때, $A\div B$의 값은?

① $\frac{6}{5}$ ② $\frac{7}{5}$ ③ $\frac{8}{5}$
④ $\frac{9}{5}$ ⑤ 2

유형 12 문자로 주어진 수의 부호 > 개념 1~3

0364 $a>0$, $b<0$일 때, 다음 중 항상 양수인 것은?

① $a+b$ ② $a-b$ ③ $-a-b$
④ $a\times b$ ⑤ $a\div b$

➔ **0365** $a<0$, $b>0$일 때, 다음 중 부호가 나머지 넷과 다른 하나는?

① $b-a$ ② $-a+(-b)^2$
③ $a^2\times b$ ④ $a-b^2$
⑤ $(-a)^2\div b$

***0366** $a>0$, $b<0$, $c>0$일 때, 다음 중 옳은 것은?

① $a+b+c>0$ ② $a-b+c>0$
③ $a-b-c>0$ ④ $a\times b\div c>0$
⑤ $a\times(-b)\div(-c)>0$

➔ **0367** $a>0$, $b<0$이고 $|a|>|b|$일 때, 다음 중 옳지 않은 것을 모두 고르면? (정답 2개)

① $a+b>0$ ② $a-b<0$
③ $-a+b>0$ ④ $-a-b<0$
⑤ $a\times(-b)>0$

0368 세 수 a, b, c에 대하여 $a\times b>0$, $b-c<0$, $b\div c<0$일 때, 다음 중 옳은 것은?

① $a>0$, $b>0$, $c<0$ ② $a>0$, $b<0$, $c<0$
③ $a<0$, $b>0$, $c>0$ ④ $a<0$, $b<0$, $c>0$
⑤ $a<0$, $b<0$, $c<0$

서술형

➔ **0369** 세 수 a, b, c에 대하여 $a+c<0$, $a\times b>0$, $b\div c>0$일 때, $(a^2-b)\times c$의 부호를 구하시오.

유형 13 실생활에서 유리수의 혼합 계산의 활용 > 개념 3

*0370 지니와 이한이가 가위바위보를 하여 이기면 $+5$점, 지면 -3점을 받는 놀이를 하였다. 0점에서 시작하여 10번 가위바위보를 했더니 지니가 6번 이겼다고 할 때, 지니와 이한이의 점수의 차를 구하시오.

(단, 비기는 경우는 없다.)

0371 다음과 같은 규칙으로 계산되는 두 프로그램 A, B가 있다. A에 -8을 입력하여 계산된 값을 B에 입력하였을 때, B에서 계산된 값을 구하시오.

A: 입력된 수에 $\frac{3}{4}$을 곱하고 $\frac{5}{2}$를 더한다.

B: 입력된 수를 $-\frac{1}{4}$로 나누고 5를 뺀다.

유형 14 수직선에서 유리수의 혼합 계산의 활용 > 개념 3

*0372 수직선 위에서 두 수 $-\frac{7}{3}$과 $\frac{1}{5}$을 나타내는 점으로부터 같은 거리에 있는 점이 나타내는 수를 구하시오.

0373 오른쪽 수직선에서 두 점 P, Q는 두 점 A, B 사이의 거리를 삼등분하는 점일 때, 점 P가 나타내는 수를 구하시오.

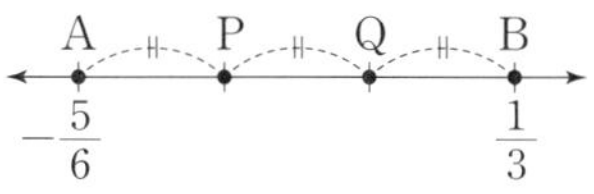

C step 실력 완성!

0374 다음 중 계산 결과가 옳은 것은?

① $(+3)\times(-1.2)=-0.9$

② $\left(-\frac{4}{7}\right)\times\left(-\frac{7}{8}\right)=-\frac{1}{2}$

③ $\left(-\frac{5}{33}\right)\times\left(+\frac{11}{10}\right)=-\frac{1}{6}$

④ $\left(-\frac{14}{3}\right)\times\left(-\frac{8}{21}\right)\times\left(-\frac{9}{4}\right)=-\frac{1}{4}$

⑤ $\left(-\frac{1}{9}\right)\times\left(+\frac{3}{13}\right)\times\left(+\frac{26}{5}\right)=\frac{2}{15}$

0375 다음 네 수 중 서로 다른 세 수를 뽑아 곱한 값 중 가장 큰 수를 구하시오.

$$-\frac{4}{3},\quad 6,\quad \frac{2}{5},\quad -\frac{5}{16}$$

0376 다음 계산 과정에서 ㉠, ㉡, ㉢에 이용된 계산 법칙을 차례대로 구하면?

$$12\times(-2)^3\times\left\{\frac{1}{4}+\left(-\frac{2}{3}\right)\right\}$$
$$=(-8)\times12\times\left\{\frac{1}{4}+\left(-\frac{2}{3}\right)\right\} \quad ㉠$$
$$=(-8)\times\left[12\times\left\{\frac{1}{4}+\left(-\frac{2}{3}\right)\right\}\right] \quad ㉡$$
$$=(-8)\times\left\{12\times\frac{1}{4}+12\times\left(-\frac{2}{3}\right)\right\} \quad ㉢$$
$$=(-8)\times\{3+(-8)\}=40$$

① 분배법칙, 곱셈의 교환법칙, 곱셈의 결합법칙

② 곱셈의 교환법칙, 분배법칙, 곱셈의 결합법칙

③ 곱셈의 교환법칙, 곱셈의 결합법칙, 분배법칙

④ 곱셈의 결합법칙, 곱셈의 교환법칙, 분배법칙

⑤ 곱셈의 결합법칙, 분배법칙, 곱셈의 교환법칙

0377 다음 중 가장 큰 수를 a, 가장 작은 수를 b라 할 때, $a\times b$의 값을 구하시오.

$$-\left(-\frac{1}{3}\right)^2,\quad -\left(-\frac{1}{3^2}\right),\quad -\left(\frac{1}{3}\right)^4,\quad -\frac{1}{3^3}$$

0378 다음을 계산하면?

$$(-1)+(-1)^2+(-1)^3+\cdots+(-1)^{49}+(-1)^{50}$$

① 50 ② 25 ③ 0

④ -25 ⑤ -50

0379 분배법칙을 이용하여 $\frac{24}{5}\times31+\frac{24}{5}\times73-4.8\times4$를 계산하시오.

0380 오른쪽 그림과 같은 정육면체에서 마주 보는 면에 적힌 두 수가 서로 역수일 때, 보이지 않는 세 면에 적힌 수의 곱을 구하시오.

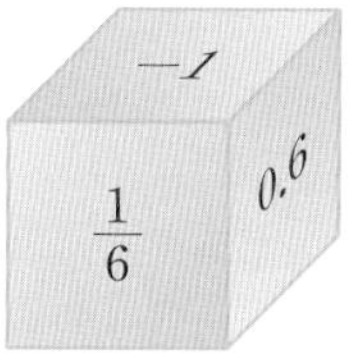

0381 $\left(+\frac{8}{15}\right)\div\left(-\frac{3}{5}\right)\div\left(-\frac{2}{9}\right)\div\left(+\frac{1}{3}\right)$을 계산하면?

① -12　② -4　③ 4
④ 8　⑤ 12

0382 다음 **보기** 중 계산 결과가 큰 것부터 차례대로 나열하시오.

보기

ㄱ. $\left(-\frac{1}{3}\right)^2\div(-5)\times9$

ㄴ. $(-8)\times(-6)\div(-1.2)$

ㄷ. $0.2\times(-1.6)\div\frac{1}{5}$

0383 다음 □ 안에 알맞은 수를 구하시오.

$$\left(-\frac{5}{4}\right)\times\square\div\left(-\frac{1}{6}\right)=-3$$

0384 다음 식을 계산할 때, 네 번째로 계산해야 하는 것의 기호를 쓰고, 계산하시오.

$$-\frac{1}{3}+\frac{4}{5}\times\left\{\left(\frac{1}{3}-\frac{3}{2}\right)\div\frac{2}{3}-2\right\}$$

↑ ㉠ (+), ↑ ㉡ (×), ↑ ㉢ (−), ↑ ㉣ (÷), ↑ ㉤ (−)

0385 $\left(-\frac{1}{2}\right)^3-\frac{2}{5}\times\left\{\left(-\frac{1}{4}\right)\div\left(-\frac{1}{2}\right)^4-\frac{1}{4}\div0.25\right\}$를 계산하시오.

0386 어떤 수 A에 $-\frac{2}{5}$를 더해야 할 것을 잘못하여 뺐더니 그 결과가 $\frac{1}{15}$이 되었다. 바르게 계산한 답이 B일 때, $A \div B$의 값은?

① $-\frac{11}{15}$　② $-\frac{5}{11}$　③ $\frac{5}{11}$
④ $\frac{11}{15}$　⑤ $\frac{7}{3}$

0387 $-1 < a < 0$일 때, 다음 중 가장 큰 수는?

① $|-a|$　② $-(-a)$　③ $-a^3$
④ $\frac{1}{a}$　⑤ $\left(-\frac{1}{a}\right)^2$

0388 두 수 a, b에 대하여 $a<0$, $b>0$일 때, 다음 중 옳지 <u>않은</u> 것은?

① $-b<0$　② $a+b>0$　③ $b-a>0$
④ $a \times b<0$　⑤ $b \div a<0$

0389 세 수 a, b, c에 대하여 $b \div a>0$, $b \times \frac{1}{c}<0$, $b-c>0$일 때, 다음 중 옳은 것은?

① $a>0$, $b>0$, $c>0$　② $a>0$, $b>0$, $c<0$
③ $a>0$, $b<0$, $c>0$　④ $a<0$, $b<0$, $c>0$
⑤ $a<0$, $b<0$, $c<0$

0390 가로의 길이가 $\frac{19}{5}$, 세로의 길이가 $\frac{5}{27}$, 높이가 $\frac{70}{3}$인 직육면체의 가로의 길이를 1만큼 늘이고 높이를 $\frac{5}{6}$만큼 줄여서 만든 새로운 직육면체의 부피를 구하시오.

0391 다음 수직선에서 세 점 P, Q, R는 두 점 A, B 사이의 거리를 사등분하는 점이다. 세 점 P, Q, R가 나타내는 수를 각각 p, q, r라 할 때, $p \div (q-r)$의 값을 구하시오.

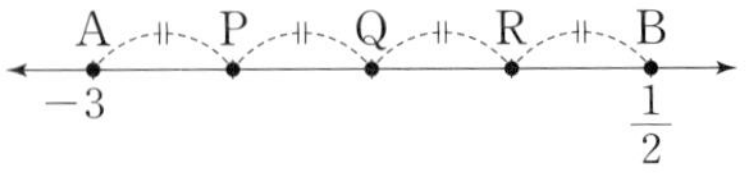

0392 다음을 계산하시오.

$$\left(+\frac{1}{2}\right)\div\left(-\frac{3}{2}\right)\div\left(+\frac{4}{3}\right)\div\left(-\frac{5}{4}\right)\div\cdots\div\left(+\frac{30}{29}\right)$$

0393 다음은 $\frac{1}{20}+\frac{1}{30}+\frac{1}{42}+\frac{1}{56}+\frac{1}{72}$의 값을 구하는 과정이다.

처음 두 수를 다음과 같이 변형하면

$\frac{1}{20}=\frac{1}{4\times5}=\frac{1}{4}-\frac{1}{5}$

$\frac{1}{30}=\frac{1}{5\times6}=\frac{1}{5}-\frac{1}{6}$

위와 같은 방법으로 변형하여 계산하면

$\frac{1}{20}+\frac{1}{30}+\frac{1}{42}+\frac{1}{56}+\frac{1}{72}=\square$

□ 안에 들어갈 값으로 알맞은 것은?

① $\frac{3}{28}$ ② $\frac{1}{9}$ ③ $\frac{1}{8}$

④ $\frac{5}{36}$ ⑤ $\frac{1}{6}$

서술형

0394 두 유리수 A, B에 대하여

$$A=1-\left\{-\frac{4}{9}+18\times\left(-\frac{1}{3}\right)^4\right\}\times\frac{9}{14},\ A\times B=1$$

일 때, 다음 물음에 답하시오.

(1) A, B의 값을 각각 구하시오.

(2) 다음 순서에 따라 계산할 때, C, D의 값을 각각 구하시오.

$$\boxed{C}\xrightarrow{\div 2}\boxed{A}\xrightarrow{\div D}\boxed{B}$$

0395 두 수 a, b에 대하여 $a\times b<0$이고 $|a|=\frac{9}{7}$, $|b|=\frac{3}{14}$일 때, $a\div b$의 값을 구하시오.

Ⅱ

문자와 식

05 문자의 사용과 식

유형 1 곱셈 기호와 나눗셈 기호의 생략
유형 2 문자를 사용한 식 (1): 비율, 단위, 수
유형 3 문자를 사용한 식 (2): 도형
유형 4 문자를 사용한 식 (3): 가격
유형 5 문자를 사용한 식 (4): 속력
유형 6 문자를 사용한 식 (5): 농도
유형 7 식의 값 구하기
유형 8 식의 값의 활용
유형 9 다항식
유형 10 일차식
유형 11 (일차식)×(수), (일차식)÷(수)
유형 12 동류항
유형 13 일차식의 덧셈과 뺄셈
유형 14 복잡한 일차식의 덧셈과 뺄셈
유형 15 문자에 일차식 대입하기
유형 16 일차식이 되도록 하는 미지수 구하기
유형 17 어떤 식 구하기
유형 18 바르게 계산한 식 구하기

06 일차방정식의 풀이

유형 1 등식
유형 2 문장을 등식으로 나타내기
유형 3 방정식의 해
유형 4 방정식과 항등식
유형 5 항등식이 될 조건
유형 6 등식의 성질
유형 7 등식의 성질을 이용한 방정식의 풀이
유형 8 이항
유형 9 일차방정식
유형 10 일차방정식의 풀이
유형 11 계수가 소수 또는 분수인 일차방정식의 풀이
유형 12 비례식으로 주어진 일차방정식의 풀이
유형 13 일차방정식의 해가 주어진 경우
유형 14 해가 같은 두 일차방정식
유형 15 해에 대한 조건이 주어진 일차방정식
유형 16 특수한 해를 갖는 방정식

07 일차방정식의 활용

유형 1 어떤 수에 대한 문제
유형 2 연속하는 자연수에 대한 문제
유형 3 자리의 숫자에 대한 문제
유형 4 개수의 합이 일정한 문제
유형 5 예금에 대한 문제
유형 6 원가와 정가에 대한 문제
유형 7 증가와 감소에 대한 문제
유형 8 과부족에 대한 문제
유형 9 일에 대한 문제
유형 10 도형에 대한 문제
유형 11 거리, 속력, 시간에 대한 문제 (1): 총 걸린 시간이 주어진 경우
유형 12 거리, 속력, 시간에 대한 문제 (2): 이동하다가 만나는 경우
유형 13 거리, 속력, 시간에 대한 문제 (3): 다리 또는 터널을 통과하는 경우
유형 14 농도에 대한 문제 (1): 소금 또는 물을 넣거나 물을 증발시키는 경우
유형 15 농도에 대한 문제 (2): 두 소금물을 섞는 경우

개념 1

문자를 사용한 식

> 유형 2~6

(1) 문자를 사용하면 구체적인 값이 주어지지 않은 수량이나 수량 사이의 관계를 간단히 식으로 나타낼 수 있다.

➡ 수량을 나타내는 문자로 보통 a, b, c, $\cdots$, x, y, z를 사용한다.

(2) **문자를 사용하여 식 세우기**

❶ 문제의 뜻을 파악하여 수량 사이의 관계를 찾는다.

❷ 문자를 사용하여 ❶에서 찾은 관계에 맞도록 식을 세운다.

개념 2

곱셈 기호와 나눗셈 기호의 생략

> 유형 1~6

(1) **곱셈 기호의 생략**

① (수)×(문자): 곱셈 기호 ×를 생략하고, 수를 문자 앞에 쓴다.

예 $5\times x=x\times 5=5x$, $(-3)\times y=y\times(-3)=-3y$

② 1×(문자) 또는 (-1)×(문자): 곱셈 기호 ×와 1을 생략한다.

예 $1\times a=a\times 1=a$, $(-1)\times a=a\times(-1)=-a$

참고 0.1, 0.01 등과 같은 소수와 문자의 곱에서는 1을 생략하지 않는다. ➡ $0.1\times x=0.1x$

③ (문자)×(문자): 곱셈 기호 ×를 생략하고, 보통 알파벳 순서로 쓴다.

예 $x\times a\times y=axy$

④ 같은 문자의 곱: 곱셈 기호 ×를 생략하고, 거듭제곱으로 나타낸다.

예 $x\times x\times x=x^3$, $a\times b\times a=a^2b$

⑤ 괄호가 있는 식과 수의 곱: 곱셈 기호 ×를 생략하고, 곱해지는 수나 문자를 괄호 앞에 쓴다.

예 $(a+b)\times 4=4(a+b)$, $a\times(x+y)\times(-2)=-2a(x+y)$

(2) **나눗셈 기호의 생략**

나눗셈 기호 ÷를 생략하고, 분수 꼴로 나타낸다.

예 $x\div(-5)=\frac{x}{-5}=-\frac{x}{5}$, $(x+2)\div 3=\frac{x+2}{3}$

개념 3

식의 값

> 유형 7~8

(1) **대입**: 문자를 사용한 식에서 문자에 어떤 수를 바꾸어 넣는 것

(2) **식의 값**: 문자를 사용한 식에서 문자에 어떤 수를 대입하여 계산한 결과

(3) **식의 값을 구하는 방법**

❶ 주어진 식에서 생략된 곱셈 기호 ×를 다시 쓴다.

❷ 문자에 주어진 수를 대입하여 계산한다.

특히 음수를 대입할 때는 반드시 괄호를 사용한다.

$x=2$일 때
$3x+1$ (x에 2를 대입)
$=3\times 2+1$
$=7$ ← 식의 값

개념 1 문자를 사용한 식

0396 다음을 문자를 사용한 식으로 나타내시오.

(1) 한 개에 800원인 우유 x개의 가격

(2) 한 변의 길이가 a cm인 정사각형의 둘레의 길이

(3) 십의 자리의 숫자가 x, 일의 자리의 숫자가 y인 두 자리 자연수

(4) 500원짜리 볼펜 x자루와 1000원짜리 공책 y권의 총 가격

(5) 한 개에 600원인 초콜릿 a개를 사고 10000원을 지불했을 때의 거스름돈

(6) 자동차가 시속 70 km로 x시간 동안 달린 거리

(7) a원의 7 %

(8) 농도가 x %인 소금물 y g에 들어 있는 소금의 양

개념 2 곱셈 기호와 나눗셈 기호의 생략

0397 다음 식을 곱셈 기호 ×를 생략하여 나타내시오.

(1) $a\times 0.01\times b$ (2) $a\times a\times 3\times b$

(3) $(-2)\times x+4\times y$ (4) $(x+y)\times 5\times a+z$

0398 다음 식을 나눗셈 기호 ÷를 생략하여 나타내시오.

(1) $(-7)\div a$ (2) $a\div(-2b)$

(3) $(x-y)\div 3$ (4) $x+y\div 4$

0399 다음 식을 기호 ×, ÷를 생략하여 나타내시오.

(1) $a\times b\div 5$ (2) $a\times(-4)\div b$

(3) $2\times x+y\div(-3)$ (4) $6\div(x-y)\times z$

0400 다음 식을 곱셈 기호 ×를 사용하여 나타내시오.

(1) $8xyz$ (2) x^2y^2

(3) $-ab+3c$ (4) $0.1(a+2b)$

0401 다음 식을 나눗셈 기호 ÷를 사용하여 나타내시오.

(1) $\frac{x}{4}$ (2) $\frac{x+y}{2}$

(3) $\frac{a}{3}-\frac{b}{5}$ (4) $\frac{c}{a-b}$

개념 3 식의 값

0402 $x=-3$일 때, 다음 식의 값을 구하시오.

(1) $x+1$ (2) $-2x^2$

(3) $2x-1$ (4) $\frac{x}{6}$

0403 다음 식의 값을 구하시오.

(1) $x=\frac{1}{2}$일 때, $2x+\frac{4}{x}+3$의 값

(2) $x=2$, $y=1$일 때, $x+2y$의 값

(3) $a=-4$, $b=3$일 때, a^2-ab-b의 값

(4) $a=\frac{1}{4}$, $b=5$일 때, $\frac{1}{a}-\frac{10}{b}$의 값

05 문자의 사용과 식

개념 4

다항식과 일차식

> 유형 9~10, 16

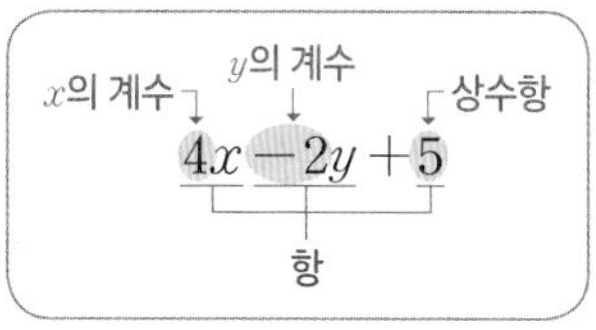

(1) **항**: 수 또는 문자의 곱으로 이루어진 식

(2) **상수항**: 수만으로 이루어진 항

(3) **계수**: 문자에 곱해진 수

(4) **다항식**: 한 개의 항 또는 두 개 이상의 항의 합으로 이루어진 식

예 $-2x$, $3y+1$

(5) **단항식**: 다항식 중에서 한 개의 항으로만 이루어진 식

예 $-2x$, $\frac{1}{3}y$

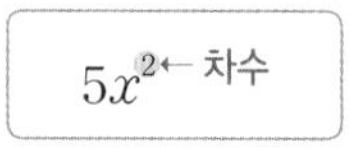

(6) **차수**: 어떤 항에서 문자가 곱해진 개수

예 $3x^2$의 차수는 2, $4x^3$의 차수는 3이다.

(7) **다항식의 차수**: 다항식에서 차수가 가장 큰 항의 차수

예 다항식 $-3x^2+5x+7$에서 차수가 가장 큰 항은 $-3x^2$이고, 그 차수는 2이므로 $-3x^2+5x+7$의 차수는 2이다.

(8) **일차식**: 차수가 1인 다항식

예 $3x+1$, $\frac{2}{3}x$, $4y-5$

개념 5

일차식과 수의 곱셈, 나눗셈

> 유형 11, 13~16

(1) **(일차식)×(수), (수)×(일차식)**: 분배법칙을 이용하여 일차식의 각 항에 그 수를 곱하여 계산한다.

예 $-2(3x+1)=(-2)\times 3x+(-2)\times 1=-6x-2$

참고 괄호 앞에 음수가 있으면 숫자뿐만 아니라 음의 부호 −도 괄호 안의 모든 항에 곱해 주어야 한다.

(2) **(일차식)÷(수)**: 나누는 수의 역수를 곱하여 계산한다.

예 $(-4x+6)\div 2=(-4x+6)\times\frac{1}{2}=(-4x)\times\frac{1}{2}+6\times\frac{1}{2}=-2x+3$

역수를 곱한다.

개념 6

일차식의 덧셈과 뺄셈

> 유형 12~18

(1) **동류항**: 다항식에서 문자와 차수가 각각 같은 항

예 $2x$와 $-7x$, 4와 -1, $3x^2$과 $5x^2$은 각각 동류항이다.

(2) **동류항의 계산**: 동류항끼리 모은 후 분배법칙을 이용하여 간단히 한다.

예 $2x+7x=(2+7)x=9x$, $2x-7x=(2-7)x=-5x$

(3) **일차식의 덧셈과 뺄셈**

일차식의 덧셈과 뺄셈은 다음과 같은 순서로 계산한다.

❶ 괄호가 있으면 분배법칙을 이용하여 괄호를 푼다.

❷ 동류항끼리 모아서 계산한다.

예 ① $(2x+3)+2(4x-1)=2x+3+8x-2=2x+8x+3-2$
$=(2+8)x+(3-2)=10x+1$

② $(5x-2y)-(3x+4y)=5x-2y-3x-4y=5x-3x-2y-4y$
$=(5-3)x+(-2-4)y=2x-6y$

개념 4 다항식과 일차식

0404 다음 다항식에서 항을 모두 구하시오.

(1) $a-2$　　(2) $3a+\frac{1}{2}b-12$

(3) x^2+5x+3　　(4) $-3x^2-y+7$

0405 다음 다항식에서 상수항을 구하시오.

(1) $\frac{1}{2}a+8$　　(2) $a-3b-4$

(3) $\frac{1}{3}x^2-2x-\frac{1}{4}$　　(4) $-y^2+4y+1$

0406 다음 다항식의 각 문자의 계수를 구하시오.

(1) $a+2b-3$　　(2) $0.5a-0.2b+1$

(3) $-3x^2+y+8$　　(4) $9y^2-\frac{1}{2}x$

0407 다음 다항식의 차수를 구하시오.

(1) $a+10$　　(2) $\frac{1}{7}a-7$

(3) $2x^2-3x-6$　　(4) $5x^3+x+2$

0408 다음 중 일차식인 것은 ○표, 일차식이 아닌 것은 ×표를 하시오.

(1) $3a-4$ (　　)　　(2) $\frac{4}{a}-5$ (　　)

(3) $\frac{x+3}{5}$ (　　)　　(4) x^2-x+3 (　　)

개념 5 일차식과 수의 곱셈, 나눗셈

0409 다음 식을 간단히 하시오.

(1) $2a\times7$　　(2) $\left(-\frac{2}{3}x\right)\times6$

(3) $9b\div3$　　(4) $16y\div\left(-\frac{4}{5}\right)$

0410 다음 식을 간단히 하시오.

(1) $2(5a-2)$　　(2) $-\frac{1}{4}(3a+12)$

(3) $(10x+15)\div5$　　(4) $(2y-5)\div\left(-\frac{1}{3}\right)$

개념 6 일차식의 덧셈과 뺄셈

0411 다음 식을 간단히 하시오.

(1) $3a+6a$　　(2) $7b-4b$

(3) $\frac{1}{2}x+\frac{1}{4}x$　　(4) $0.7y-0.2y$

0412 다음 식을 간단히 하시오.

(1) $-2a+3a-6a$　　(2) $8x-7x+9$

(3) $3x+4-5x-13$　　(4) $-\frac{2}{3}y+2+\frac{5}{3}y-\frac{1}{2}$

0413 다음 식을 간단히 하시오.

(1) $6(x-3)+3(-3x+4)$

(2) $-(5x+2)-(2x-1)$

(3) $3(-2x+5)-6(x+3)$

(4) $6\left(\frac{2}{3}x-\frac{1}{2}\right)-8\left(-\frac{1}{2}x+\frac{3}{4}\right)$

step B 기출 & 변형하면…

유형 1 곱셈 기호와 나눗셈 기호의 생략 > 개념 2

*0414 다음 중 옳은 것을 모두 고르면? (정답 2개)

① $x\times(-5)\times y=-5xy$

② $2\times x\times x\times y\div(-3)\times x=\frac{2}{3}x^3y$

③ $x-y\div6=\frac{x-y}{6}$

④ $0.1\times x\times x+y=0.x^2+y$

⑤ $x\times y\div\frac{4}{5}\times y=\frac{5xy^2}{4}$

→ 0415 $x\div(2\div y)\times x+3\times y$를 기호 ×, ÷를 생략하여 나타내면?

① $6x^2y$　② $\frac{3x^2y}{2}$　③ $\frac{2}{y}+3y$

④ $\frac{2y}{x^2}+3y$　⑤ $\frac{x^2y}{2}+3y$

0416 다음 중 $\frac{xy}{z}$와 같은 것은?

① $x\times y\times z$　② $x\div y\div z$　③ $x\div y\times z$

④ $x\div(y\div z)$　⑤ $x\times y\div z$

→ 0417 다음 중 기호 ×, ÷를 생략하여 나타낸 식이 나머지 넷과 다른 하나는?

① $(x\div y)\times z$　② $x\times z\div y$

③ $x\times(z\div y)$　④ $x\times(y\div z)$

⑤ $z\div(y\div x)$

유형 2 문자를 사용한 식 (1): 비율, 단위, 수 > 개념 1, 2

0418 전체 240쪽인 책을 하루에 15쪽씩 a일 동안 읽었을 때, 남은 쪽수를 a를 사용한 식으로 나타내시오.

→ 0419 백의 자리의 숫자가 a, 십의 자리의 숫자가 b, 일의 자리의 숫자가 c인 세 자리 자연수를 문자를 사용한 식으로 나타내시오.

*0420 다음 중 옳은 것을 모두 고르면? (정답 2개)

① x원의 10 %는 $10x$원이다.

② 세 수 a, b, c의 평균은 $\frac{a \times b \times c}{3}$이다.

③ 물 2 L의 x %는 물 $2x$ mL이다.

④ 1시간 a초는 $(3600+a)$초이다.

⑤ x km y m는 $(1000x+y)$m이다.

서술형

→ 0421 어느 중학교의 남학생은 300명, 여학생은 280명이다. 이 중 외동인 학생은 남학생의 x %와 여학생의 y %이다. 외동이 아닌 학생 수를 문자를 사용한 식으로 나타내시오.

유형 3 문자를 사용한 식 (2): 도형

> 개념 1, 2

*0422 다음 **보기** 중 옳지 않은 것을 모두 고르시오.

보기

ㄱ. 한 변의 길이가 x cm인 정삼각형의 둘레의 길이는 $3x$ cm이다.

ㄴ. 가로의 길이가 10 cm, 세로의 길이가 a cm인 직사각형의 둘레의 길이는 $(20+a)$ cm이다.

ㄷ. 밑변의 길이가 x cm, 높이가 x cm인 평행사변형의 넓이는 $\frac{1}{2}x^2$ cm^2이다.

→ 0423 윗변의 길이가 x, 아랫변의 길이가 y이고 높이가 6인 사다리꼴의 넓이를 문자를 사용한 식으로 나타내면?

① $6xy$　② $6x+y$　③ $6x+3y$

④ $3(x+y)$　⑤ $6(x+y)$

0424 오른쪽 그림과 같은 사각형의 넓이를 문자를 사용한 식으로 나타내시오.

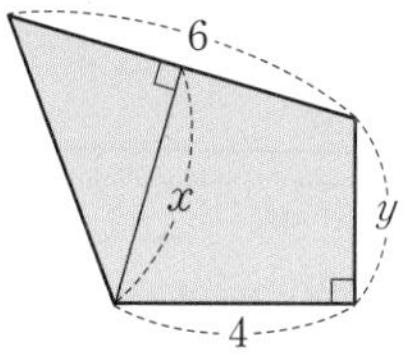

→ 0425 오른쪽 그림의 색칠한 부분의 넓이를 문자를 사용한 식으로 나타내시오.

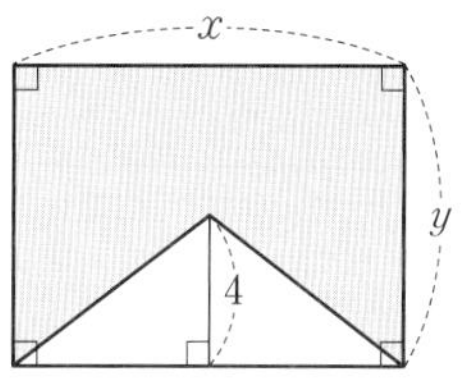

유형 4 문자를 사용한 식 (3): 가격

> 개념 1, 2

0426 8개에 x원인 복숭아를 y개 샀을 때 지불해야 할 금액을 문자를 사용한 식으로 나타내시오.

0427 어느 제과점에서 한 개에 800원인 빵을 x % 할인하여 판매하고 있다. 이 빵을 10개 사고 지불해야 할 금액을 문자를 사용한 식으로 나타내면?

① $(800-8x)$원
② $(800-80x)$원
③ $(8000-8x)$원
④ $10(800-8x)$원
⑤ $10(800-80x)$원

*0428 정가가 15000원인 책을 x % 할인받아 사고 y원을 지불했을 때, 받아야 할 거스름돈을 문자를 사용한 식으로 나타내면?

① $(y-150x)$원
② $(y-15000x)$원
③ $(y-15000-150x)$원
④ $\{y-(15000-150x)\}$원
⑤ $\{y+(15000-150x)\}$원

0429 정가가 x원인 공책을 20 % 할인받아 사고, 정가가 y원인 볼펜을 10 % 할인받아 산 다음 10000원을 지불하였다. 이때 받아야 할 거스름돈을 문자를 사용한 식으로 나타내시오.

유형 5 문자를 사용한 식 (4): 속력

> 개념 1, 2

0430 a km의 거리를 일정한 속력으로 2시간 15분 동안 달렸다. 이때 속력을 문자를 사용한 식으로 나타내시오. (단, 속력은 시속으로 나타낸다.)

0431 A 지점에서 출발하여 96 km 떨어진 B 지점을 향하여 자전거를 타고 시속 30 km로 x시간 동안 갔을 때, B 지점까지 남은 거리를 문자를 사용한 식으로 나타내면?

① $(96-3x)$ km
② $(96-30x)$ km
③ $\left(96-\frac{x}{3}\right)$ km
④ $\left(96-\frac{x}{30}\right)$ km
⑤ $\left(96-\frac{x}{300}\right)$ km

★0432 A 지점을 출발하여 시속 60 km로 x km만큼 떨어진 B 지점까지 가다가 도중에 20분 동안 휴식을 취하였다. A 지점을 출발하여 B 지점에 도착할 때까지 걸린 시간을 문자를 사용한 식으로 나타내시오.

0433 운행 속력이 시속 60 km이고 각 정류장마다 정차 시간이 x분인 버스가 있다. 이 버스가 차고지에서 출발하여 3개의 정류장에 정차한 후 A 정류장에 도착하였다. 차고지에서 A 정류장까지의 거리가 y km일 때, A 정류장에 도착할 때까지 걸린 시간을 식으로 나타내면?

① $\left(\frac{x}{20}+\frac{y}{60}\right)$시간 ② $\left(\frac{x}{60}+\frac{y}{60}\right)$시간

③ $\left(\frac{x}{20}+\frac{60}{y}\right)$시간 ④ $\left(x+\frac{y}{60}\right)$시간

⑤ $(x+60y)$시간

유형 6 문자를 사용한 식 (5): 농도

> 개념 1, 2

0434 3 %의 소금물 x g에 들어 있는 소금의 양을 문자를 사용한 식으로 나타내시오.

0435 x %의 소금물 300 g과 y %의 소금물 200 g을 섞었을 때, 이 소금물에 들어 있는 소금의 양을 문자를 사용한 식으로 나타내면?

① $\left(\frac{x}{3}+\frac{y}{2}\right)$ g ② $(3x+20y)$ g

③ $(3x+2y)$ g ④ $6xy$ g

⑤ $(30x+20y)$ g

★0436 a %의 소금물 400 g에 물 200 g을 더 넣었을 때, 이 소금물의 농도를 문자를 사용한 식으로 나타내면?

① $\frac{a}{3}$ % ② $\frac{a}{2}$ % ③ $\frac{2a}{3}$ %

④ $\frac{3a}{2}$ % ⑤ $2a$ %

서술형

0437 a %의 소금물 300 g과 b %의 소금물 400 g을 섞어 소금물을 만들 때, 새로 만든 소금물의 농도를 문자를 사용한 식으로 나타내시오.

유형 7 식의 값 구하기 > 개념 3

*0438 $a=1$, $b=-3$일 때, $ab-\frac{8}{a-b}$의 값은?

① -5 ② -4 ③ 2
④ 4 ⑤ 5

→ 0439 $x=-3$, $y=5$일 때, x^2-2xy의 값은?

① -39 ② -36 ③ -21
④ 24 ⑤ 39

0440 $x=-\frac{1}{4}$일 때, 다음 중 식의 값이 가장 큰 것은?

① $\frac{1}{x}$ ② $-x^2$ ③ $(-x)^2$
④ x^3 ⑤ $-\left(\frac{1}{x}\right)^2$

→ 0441 $x=\frac{1}{2}$, $y=-\frac{1}{3}$, $z=\frac{3}{4}$일 때, $\frac{x+z}{xz}-\frac{1}{y}$의 값을 구하시오.

유형 8 식의 값의 활용 > 개념 3

*0442 기온이 x ℃일 때, 소리는 1초에 $(331+0.6x)$ m를 움직인다고 한다. 기온이 10 ℃일 때, 소리는 1초에 몇 m를 움직이는가?

① 337 m ② 339 m ③ 347 m
④ 381 m ⑤ 391 m

→ 0443 지면에서 초속 40 m로 똑바로 위로 던져 올린 물체의 t초 후의 높이는 $(40t-5t^2)$ m라 한다. 이 물체의 2초 후의 높이는?

① 20 m ② 30 m ③ 40 m
④ 50 m ⑤ 60 m

0444 화씨온도 x °F는 섭씨온도 $\frac{5}{9}(x-32)$ ℃이다. 화씨온도 50 °F는 섭씨온도 몇 ℃인지 구하시오.

0445 섭씨온도 x ℃는 화씨온도 $\left(\frac{9}{5}x+32\right)$ °F이다. 섭씨온도 25 ℃는 화씨온도 몇 °F인지 구하시오.

유형 9 다항식

> 개념 4

★ **0446** 다음 중 $\frac{a^2}{4}+7a-5$에 대한 설명으로 옳지 않은 것은?

① 다항식이다.
② 항은 모두 3개이다.
③ 다항식의 차수는 2이다.
④ a의 계수는 7이다.
⑤ a^2의 계수와 상수항의 곱은 $\frac{5}{4}$이다.

0447 다음 **보기** 중 옳은 것을 모두 고른 것은?

보기
ㄱ. x^2-1에서 항은 3개이다.
ㄴ. y^2+3y-3의 차수는 2이다.
ㄷ. $-x+y-4$에서 x의 계수는 1, 상수항은 -4이다.
ㄹ. $3a^2+5a-1$에서 a^2의 계수는 3이다.

① ㄴ ② ㄷ ③ ㄱ, ㄹ
④ ㄴ, ㄹ ⑤ ㄱ, ㄴ, ㄹ

서술형
0448 다항식 $-5x^3+3x^2+6x-11$의 차수를 A, x의 계수를 B, 상수항을 C라 할 때, $AB-C$의 값을 구하시오.

0449 다항식 $\frac{y^2}{4}-\frac{y}{2}-1$의 차수를 a, y의 계수를 b, 상수항을 c라 할 때, $4abc$의 값은?

① -8 ② -4 ③ 1
④ 4 ⑤ 8

유형 10 일차식 > 개념 4

*0450 다음 중 일차식인 것을 모두 고르면? (정답 2개)

① $x-x^2$　② $-2x+1$　③ $\frac{4}{x}+x$

④ $\frac{x}{3}+5$　⑤ $0\times x-10$

0451 다음 중 일차식의 개수를 구하시오.

x, $\frac{1}{y}$, $7x-3$, $5x^2-0.4$

$0.1\times x-5$, $y-y^2$, $10-y$, $\frac{x}{9}$

0452 다항식 $(a-2)x^2-3x+5$가 x에 대한 일차식이 되도록 하는 상수 a의 값을 구하시오.

0453 다항식 $(a-5)x^2-(a+2)x+4a+1$이 x에 대한 일차식이 되도록 하는 상수 a의 값을 구하시오.

유형 11 (일차식)×(수), (일차식)÷(수) > 개념 5

*0454 다음 중 옳지 않은 것은?

① $(-3x)\times4=-12x$

② $(-18x)\div(-6)=3x$

③ $3(7x-2)=21x-6$

④ $(15x+10)\div5=3x+2$

⑤ $\left(\frac{1}{3}x-\frac{1}{2}\right)\times(-6)=-2x-3$

0455 다음 **보기** 중 옳은 것을 모두 고르시오.

보기

ㄱ. $-3a\times(-3)=-9a$

ㄴ. $9x\div\left(-\frac{3}{5}\right)=-15x$

ㄷ. $-4\left(2-\frac{1}{6}a\right)=-8-\frac{2}{3}a$

ㄹ. $(5x+2)\div\frac{1}{3}=15x+6$

0456 $(12-8x)\div\left(-\frac{4}{5}\right)$를 간단히 하시오.

→ **0457** $\left(6x-\frac{1}{3}\right)\times(-3)=ax+b$일 때, 상수 a, b에 대하여 ab의 값을 구하시오.

0458 $6(-2x+3)$과 $(5x+4)\div\frac{1}{2}$을 각각 간단히 하였을 때, 두 식의 상수항의 합은?

① 25 ② 26 ③ 27
④ 28 ⑤ 29

서술형
→ **0459** $-10\left(-\frac{3}{5}x+3\right)$을 간단히 하였을 때 x의 계수를 a라 하고, $(9x-4)\div\left(-\frac{1}{3}\right)$을 간단히 하였을 때 상수항을 b라 하자. 이때 $\frac{b}{a}$의 값을 구하시오.

유형 12 동류항

> 개념 6

★ **0460** 다음 중 동류항끼리 짝 지은 것은?

① $-2x$, $2x^2$ ② $\frac{1}{4}a$, $\frac{1}{4}b$ ③ $8xy$, $9y$
④ $5a$, $\frac{2}{7}a$ ⑤ $\frac{1}{x}$, x

→ **0461** 다음 중 $-3b$와 동류항인 것의 개수를 구하시오.

$3b^2$, $\frac{b}{2}$, $-0.5b$, $-3a$, $\frac{15}{b}$

05 문자의 사용과 식

유형 13 일차식의 덧셈과 뺄셈

> 개념 5, 6

*0462 $2(3x+4)-(2x-7)=ax+b$일 때, 상수 a, b에 대하여 $b-a$의 값을 구하시오.

→ 0463 $\frac{2}{3}(6x-9)-(10x-4)\div\frac{2}{5}$를 간단히 하였을 때, x의 계수를 a, 상수항을 b라 하자. 이때 $a+5b$의 값을 구하시오.

0464 다음 중 옳지 않은 것은?

① $(2x+1)+(5x+7)=7x+8$

② $(7x-3)-(-x+1)=6x-4$

③ $3(2x-3)-5(x-7)=x+26$

④ $(3x-1)-\frac{4}{7}(7x+14)=-x-9$

⑤ $\frac{1}{2}(2x+6)+16\left(\frac{5}{4}x-\frac{3}{4}\right)=21x-9$

→ 0465 다음 중 옳지 않은 것은?

① $(2-x)+(6x+5)=5x+7$

② $4(x+4)-6(x-7)=-2x+58$

③ $-2(2x-1)+5(3x+2)=11x+12$

④ $-(4x+3)-2(3x+7)=-10x+11$

⑤ $\frac{1}{2}(4x-2)-\frac{1}{3}(9x+3)=-x-2$

유형 14 복잡한 일차식의 덧셈과 뺄셈

> 개념 5, 6

*0466 다음 식을 간단히 하시오.

$$8x-[7y-\{4x+2y-(-2x+5y)\}]$$

서술형

→ 0467 $6x-[5x-\{3x-5-(2-x)\}]=ax+b$일 때, 상수 a, b에 대하여 ab의 값을 구하시오.

0468 $\frac{3x+2}{4}-\frac{x-5}{3}$를 간단히 하시오.

0469 $\frac{5x+3}{2}-\frac{2-x}{6}-3x=ax+b$일 때, 상수 a, b에 대하여 $-18ab$의 값을 구하시오.

유형 15 문자에 일차식 대입하기

> 개념 5, 6

*0470 $A=-x+4$, $B=3x-4$일 때, $3A-2B$를 x에 대한 식으로 나타내면?

① $-20x+9$ ② $-9x-20$ ③ $-9x+20$
④ $9x-20$ ⑤ $9x+20$

0471 $A=2x-\frac{5}{6}$, $B=\frac{2}{3}x+2$일 때, $6(A+B)-3B$를 x에 대한 식으로 나타내면?

① $-14x-1$ ② $-14x+1$ ③ $-14x+11$
④ $14x-11$ ⑤ $14x+1$

0472 $A=4(3x-1)-2x$, $B=5-4x$일 때, $-(-3A+B)-5A$를 x에 대한 식으로 나타내시오.

0473 $A=\left(\frac{4}{9}x+\frac{2}{3}\right)\div\left(-\frac{1}{18}\right)$, $B=\frac{x+1}{2}-\frac{x-3}{4}$일 때, $5-\{-7A-4(-2A+3B)\}$를 x에 대한 식으로 나타내시오.

유형 16 일차식이 되도록 하는 미지수 구하기 > 개념 4~6

*0474 다항식 $2x-5+a(3-x)$가 x에 대한 일차식일 때, 상수 a의 값이 될 수 없는 것은?

① -3 ② -2 ③ $-\frac{1}{2}$
④ 2 ⑤ 3

→ 0475 다항식 $0.5(8x-4)-\frac{1}{5}(ax+10)$이 x에 대한 일차식일 때, 상수 a의 값이 될 수 없는 것은?

① -40 ② -20 ③ -10
④ 10 ⑤ 20

0476 다항식 $ax^2-5x-1+4x^2+6x+2$가 x에 대한 일차식이 되도록 하는 상수 a의 값을 구하시오.

→ 0477 다항식 $-2x^2+4x-a+bx^2-7x+5$를 간단히 하면 x에 대한 일차식이고, 상수항은 -3이다. 이때 상수 a, b에 대하여 $a-b$의 값은?

① 10 ② 6 ③ 2
④ -2 ⑤ -6

유형 17 어떤 식 구하기 > 개념 6

*0478 다음 □ 안에 알맞은 식은?

$$\square+(8-4a)=5a-9$$

① $-17a-17$ ② $-17a+9$ ③ $-9a-17$
④ $9a-17$ ⑤ $9a+17$

→ 0479 $-4x+5+\square=x-2$일 때, □ 안에 알맞은 식은?

① $-3x-3$ ② $-3x+3$ ③ $5x-7$
④ $5x+3$ ⑤ $5x+7$

0480 어떤 다항식에 $4x-9$를 더하였더니 $-2x-1$이 되었다. 이때 어떤 다항식을 구하시오.

서술형

0481 다음 조건을 모두 만족시키는 두 다항식 A, B에 대하여 $A+B$를 계산하시오.

> (가) A에 $x-8$을 더하였더니 $5x-9$가 되었다.
> (나) B에서 $2(x+5)$를 빼었더니 $-4x+2$가 되었다.

유형 18 바르게 계산한 식 구하기

> 개념 6

*

0482 어떤 다항식에서 $x-3$을 빼야 할 것을 잘못하여 더하였더니 $3x+1$이 되었다. 바르게 계산한 식을 구하시오.

0483 어떤 다항식에 $4x-3$을 더해야 할 것을 잘못하여 빼었더니 $6x+5$가 되었다. 바르게 계산한 식은?

① $6x-5$ ② $10x+2$ ③ $14x-5$
④ $14x-1$ ⑤ $14x+5$

0484 어떤 식에 $3(x-2y)$를 더해야 할 것을 잘못하여 빼었더니 $-\frac{2}{3}(6x+9y)$가 되었다. 바르게 계산한 식을 구하시오.

0485 $\frac{-x+2}{3}$에서 어떤 다항식을 빼야 할 것을 잘못하여 더하였더니 $\frac{1}{6}x+\frac{5}{12}$가 되었다. 바르게 계산한 식을 구하시오.

step C 실력 완성!

0486 다음 중 옳지 <u>않은</u> 것을 모두 고르면? (정답 2개)

① $(x+y)\div 6=\frac{x+y}{6}$

② $x\div y\times 7-2x=\frac{7x}{y}-2x$

③ $x\div y\times(z-3)=\frac{x(z-3)}{y}$

④ $x\times(y+1)\div\frac{1}{2}=\frac{x(y+1)}{2}$

⑤ $x\div(x-2)\times y+y\div\frac{1}{3}=\frac{6xy}{x-2}$

0487 다음 중 옳지 <u>않은</u> 것은?

① 오렌지 주스 3 L의 x %는 $30x$ mL이다.

② 십의 자리의 숫자가 a, 일의 자리의 숫자가 7인 두 자리 자연수는 $10a+7$이다.

③ 국어가 x점, 수학이 y점일 때, 두 과목의 점수의 평균은 $\frac{x+y}{2}$점이다.

④ 밑변의 길이가 4 cm, 높이가 h cm인 삼각형의 넓이는 $2h$ cm^{2}이다.

⑤ 시속 6 km의 속력으로 x시간 동안 간 거리는 $\frac{x}{6}$ km이다.

0488 a %의 소금물 100 g에 소금 20 g을 더 넣었을 때, 이 소금물의 농도를 문자를 사용한 식으로 나타내면?

① $\frac{a}{6}$ % ② $\frac{5a}{6}$ % ③ $2a$ %

④ $(a+20)$ % ⑤ $\frac{5a+100}{6}$ %

0489 $a=-1$, $b=5$일 때, 다음 중 식의 값이 가장 작은 것은?

① $-2ab$ ② $-\frac{ab}{5}$ ③ a^3

④ $\frac{b^3}{5}$ ⑤ $-a^2+b$

0490 $a=-\frac{1}{3}$, $b=-\frac{1}{4}$, $c=\frac{1}{5}$일 때, $\frac{9}{a}-\frac{8}{b}+\frac{10}{c}$의 값은?

① -9 ② -3 ③ 1

④ 45 ⑤ 55

0491 신체질량지수(BMI)는 비만을 판정하는 방법의 하나로 체중이 x kg, 키가 y m인 사람의 신체질량지수는 $\frac{x}{y^2}$이다. 체중이 81 kg, 키가 180 cm인 사람의 신체질량지수를 구하시오.

0492 지면에서 초속 50 m로 똑바로 위로 던져 올린 물체의 t초 후의 높이는 $(50t-5t^2)$ m라 한다. 이 물체의 3초 후의 높이는?

① 90 m　② 95 m　③ 100 m　④ 105 m　⑤ 110 m

0493 다음 중 다항식 $\frac{1}{2}x^2-\frac{1}{3}x-6$에 대한 설명으로 옳은 것은?

① 항은 $\frac{1}{2}x^2$, $\frac{1}{3}x$, 6이다.
② 일차식이다.
③ x의 계수는 $\frac{1}{3}$이다.
④ x^2의 계수는 $-\frac{1}{2}$이다.
⑤ x^2의 계수와 상수항의 곱은 -3이다.

0494 다음 **보기** 중 일차식인 것을 모두 고르시오.

보기

ㄱ. $0.2x+0.5$　ㄴ. x^2+x
ㄷ. $\frac{3}{x}+1$　ㄹ. $\frac{x}{2}+2$
ㅁ. $0\times x^2-x-3$　ㅂ. $\frac{2x+3}{6}$

0495 다음 중 동류항끼리 짝 지은 것은?

① $-2x$, x^2　② $5x^2$, $5y$　③ a^2, b^2
④ $-\frac{k}{3}$, k　⑤ $4x$, $4y$

0496 $2(x+5)-5(x-3)$을 간단히 하면?

① $-3x-25$　② $-3x-5$
③ $-3x+25$　④ $3x-5$
⑤ $3x+25$

0497 $3-[4x-5-\{5x-6(-2x+3)\}]=ax-b$일 때, 상수 a, b에 대하여 $a+b$의 값은?

① -23　② -10　③ 3
④ 13　⑤ 23

0498 $\dfrac{2x+5}{3}-\dfrac{3-2x}{2}$를 간단히 하시오.

0499 오른쪽 그림과 같은 도형의 둘레의 길이를 문자를 사용한 식으로 나타내시오.

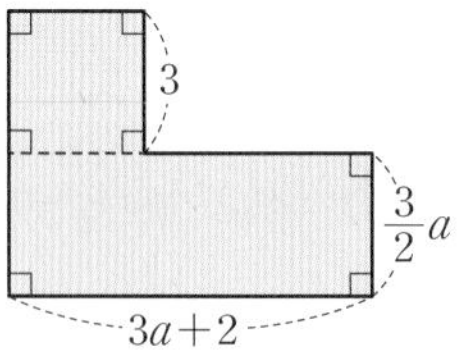

0500 $A=4-x$, $B=2x-3$일 때, $3A-2B+4$를 x에 대한 식으로 나타내면?

① $-7x-22$　② $-7x+22$　③ $7x-22$
④ $7x+12$　⑤ $7x+22$

0501 $A=\left(\dfrac{3}{2}x+\dfrac{1}{2}\right)\div\left(-\dfrac{1}{4}\right)$,
$B=\dfrac{2x+1}{3}-\dfrac{x-6}{6}$일 때,
$4-\{-8A-3(-A+2B)\}$를 x에 대한 식으로 나타내시오.

0502 다항식 $2x^2+3x-7+ax^2-5x+4$가 x에 대한 일차식이 되도록 하는 상수 a의 값을 구하시오.

0503 어떤 식에서 $4(3x-2)$를 빼야 할 것을 잘못하여 더했더니 $2x+5$가 되었다. 이때 어떤 식은?

① $-10x-10$　② $-10x-13$　③ $-10x+13$
④ $10x-10$　⑤ $10x+13$

0504 오른쪽 그림과 같이 세 개의 원으로 이루어진 도형에 대하여 다음 물음에 답하시오.
(단, 원주율은 3.14로 계산한다.)

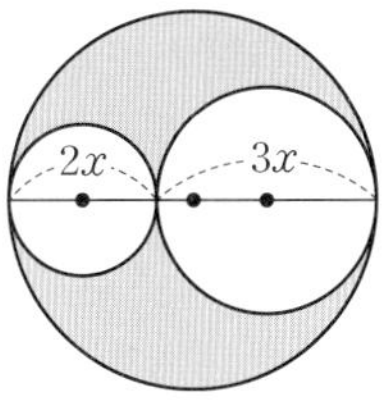

(1) 색칠한 부분의 둘레의 길이를 x를 사용한 식으로 나타내시오.

(2) $x=5$일 때, 색칠한 부분의 둘레의 길이를 구하시오.

0505 x의 계수가 5인 일차식이 있다. $x=2$일 때의 식의 값을 A, $x=-3$일 때의 식의 값을 B라 할 때, $A-B$의 값을 구하시오.

서술형

0506 $A=1-3x$, $B=x-5$, $C=4x-3$일 때, $\frac{A-B}{2}-\frac{B-C}{3}+\frac{C-A}{6}$를 x에 대한 식으로 나타내시오.

0507 어떤 다항식에 $4x-6$을 $\frac{1}{2}$배 하여 더해야 할 것을 잘못하여 2배 하여 더하였더니 $9x-5$가 되었다. 바르게 계산한 식을 구하시오.

개념 1 등식과 방정식
> 유형 1~5

(1) **등식**: 등호 $=$를 사용하여 나타낸 식
① **좌변**: 등식에서 등호의 왼쪽 부분
② **우변**: 등식에서 등호의 오른쪽 부분
③ **양변**: 등식에서 등호의 양쪽 부분, 즉 좌변과 우변을 통틀어 말한다.

등식
$3x+2=x-4$
좌변 우변
양변

(2) **x에 대한 방정식**: x의 값에 따라 참이 되기도 하고 거짓이 되기도 하는 등식
① **미지수**: 문자 x
② **방정식의 해 (근)**: 방정식이 참이 되게 하는 미지수의 값
③ **방정식을 푼다**: 방정식의 해를 모두 구하는 것
(3) **x에 대한 항등식**: 미지수 x에 어떤 값을 대입해도 항상 참이 되는 등식

개념 2 등식의 성질
> 유형 6~7

(1) 등식의 양변에 같은 수를 더해도 등식은 성립한다. ➡ $a=b$이면 $a+c=b+c$
(2) 등식의 양변에서 같은 수를 빼도 등식은 성립한다. ➡ $a=b$이면 $a-c=b-c$
(3) 등식의 양변에 같은 수를 곱해도 등식은 성립한다. ➡ $a=b$이면 $ac=bc$
(4) 등식의 양변을 0이 아닌 같은 수로 나누어도 등식은 성립한다.
➡ $a=b$이면 $\frac{a}{c}=\frac{b}{c}$ (단, $c\neq0$)

개념 3 일차방정식의 풀이
> 유형 8~16

(1) **이항**: 등식의 성질을 이용하여 등식의 한 변에 있는 항을 부호를 바꾸어 다른 변으로 옮기는 것

$x-2=4$ ➡ $x=4+2$
이항

(2) **일차방정식**: 방정식의 우변의 모든 항을 좌변으로 이항하여 정리할 때
(x에 대한 일차식)$=0$ ← $ax+b=0$ (a, b는 상수, $a\neq0$) 꼴
꼴이 되는 방정식을 x에 대한 **일차방정식**이라 한다.
(3) **일차방정식의 풀이**: 일차방정식은 다음과 같은 순서로 푼다.
❶ 괄호가 있으면 분배법칙을 이용하여 괄호를 푼다.
❷ 미지수 x를 포함하는 항은 좌변으로, 상수항은 우변으로 이항한다.
❸ 양변을 정리하여 $ax=b$ ($a\neq0$) 꼴로 나타낸다.
❹ 양변을 x의 계수 a로 나누어 해를 구한다.
(4) **계수가 소수 또는 분수인 일차방정식의 풀이**
① **계수가 소수인 경우**: 양변에 10의 거듭제곱 (10, 100, 1000, ⋯)을 곱한다.
② **계수가 분수인 경우**: 양변에 분모의 최소공배수를 곱한다.

개념 1 등식과 방정식

0508 다음 중 등식인 것은 ○표, 등식이 아닌 것은 ×표를 하시오.

(1) $4x-7$ (　　)　(2) $5x+1=6$ (　　)

(3) $x+3<2$ (　　)　(4) $2+8=10$ (　　)

0509 다음 문장을 등식으로 나타내시오.

(1) x를 3배한 후 7을 빼면 8이다.

(2) x에 4를 더한 후 2배하면 12이다.

(3) 한 변의 길이가 x인 정사각형의 둘레의 길이는 16이다.

0510 다음 중 항등식인 것은 ○표, 항등식이 아닌 것은 ×표를 하시오.

(1) $3x-9=0$ (　　)

(2) $6x-4x=2x$ (　　)

(3) $3x+3=2+x$ (　　)

(4) $2x+3=3(x+1)-x$ (　　)

개념 2 등식의 성질

0511 등식의 성질을 이용하여 다음 □ 안에 알맞은 수를 써넣으시오.

(1) $3x-2=4$의 양변에 □를 더하면 $3x=6$이다.

(2) $-5x+3=8$의 양변에서 □을 빼면 $-5x=5$이다.

(3) $\frac{1}{4}x=2$의 양변에 □를 곱하면 $x=8$이다.

(4) $2x=-6$의 양변을 □로 나누면 $x=-3$이다.

개념 3 일차방정식의 풀이

0512 다음 등식에서 밑줄 친 항을 이항하시오.

(1) $x\underline{+2}=7$　(2) $6x=8\underline{-2x}$

(3) $5x\underline{-9}=\underline{4x}+1$　(4) $x\underline{+4}=5\underline{-3x}$

0513 다음 중 일차방정식인 것은 ○표, 일차방정식이 아닌 것은 ×표를 하시오.

(1) $x-4=3$ (　　)　(2) $x-3=x+1$ (　　)

(3) $x^2-x=6$ (　　)　(4) $\frac{1}{2}x+2=x$ (　　)

0514 다음 방정식을 푸시오.

(1) $2+x=8$

(2) $-4x+1=-3+2x$

(3) $3(x-1)=-x+5$

(4) $-2(3-2x)=7(2-x)+2$

0515 다음 방정식을 푸시오.

(1) $x-0.6=1.2x-2$

(2) $0.7(x-2)=x+0.1$

(3) $0.4(x+3)=-0.1(x-2)$

0516 다음 방정식을 푸시오.

(1) $\frac{2}{3}x+1=-\frac{1}{3}x+5$

(2) $\frac{3x-2}{4}=7$

(3) $\frac{x}{2}-\frac{2x-3}{5}=\frac{3}{2}$

step 3 기출 & 변형하면…

유형 1 등식

> 개념 1

*0517 다음 중 등식이 아닌 것은?

① $5-2x=7$
② $-2\times5+4=6$
③ $\frac{1}{3}x+5=\frac{3}{4}$
④ $x-5=1-2x$
⑤ $2(3-2x)+4(1-4x)$

→ 0518 다음 중 등식인 것을 모두 고르면? (정답 2개)

① $3x=-x+1$
② $8x-2>0$
③ $3x+1$
④ $2x+1=x+3$
⑤ $2-2x+x^2<6$

0519 다음 **보기** 중 등식인 것을 모두 고르시오.

보기

ㄱ. $4+x>1$
ㄴ. $4-5=1$
ㄷ. $5x+2x$
ㄹ. $3x+4=2$
ㅁ. $6-4x\le\frac{1}{2}x-1$
ㅂ. $-2(x+1)=3-2x$

→ 0520 다음 **보기** 중 등식인 것의 개수를 구하시오.

보기

ㄱ. $5-7=2$
ㄴ. $4x-x$
ㄷ. $3x>3$
ㄹ. $x+1=5x$
ㅁ. $2(3x+1)\le1-x$
ㅂ. $-(x-1)=3(2x+7)$

유형 2 문장을 등식으로 나타내기

> 개념 1

*0521 다음 중 문장을 등식으로 나타낸 것이 옳지 않은 것은?

① x에 4를 더한 값은 x를 5배한 후 7을 뺀 값과 같다.
➡ $x+4=5x-7$
② 길이가 40 cm인 리본을 x등분하였더니 한 도막의 길이가 8 cm가 되었다. ➡ $40\div x=8$
③ x에서 3을 빼어 4배한 값은 x보다 9만큼 크다.
➡ $4(x-3)+9=x$
④ 귤 20개를 5명에게 x개씩 나누어 주었더니 5개가 남았다. ➡ $20-5x=5$
⑤ 가로의 길이가 x cm, 세로의 길이가 6 cm인 직사각형의 둘레의 길이는 18 cm이다.
➡ $2(x+6)=18$

→ 0522 다음 중 문장을 등식으로 나타낼 수 없는 것은?

① x의 5배에 7을 더하면 x에 10을 더한 값과 같다.
② x에서 7을 뺀 값은 9에서 x를 뺀 값과 같다.
③ 시속 40 km로 x시간 동안 이동한 거리는 120 km보다 길다.
④ 한 개에 800원인 배 x개의 가격은 9600원이다.
⑤ 가로의 길이가 x cm, 세로의 길이가 7 cm인 직사각형의 넓이는 63 cm^{2}이다.

0523 '2000원을 내고 한 개에 x원인 아이스크림 3개를 샀더니 거스름돈이 200원이다.'를 등식으로 나타내면?

① $200x$ ② $2000-3x$
③ $2000=200x$ ④ $2000-3x=200$
⑤ $3x-2000=200$

→ 서술형 **0524** 다음 문장을 등식으로 나타내시오.

한 자루에 400원인 연필을 10 % 할인받아 $(x+10)$자루 사고 지불한 금액은 한 권에 800원인 공책을 x권 사고 지불한 금액보다 80원 많다.

유형 3 방정식의 해

> 개념 1

* **0525** 다음 중 [ ] 안의 수가 주어진 방정식의 해인 것을 모두 고르면? (정답 2개)

① $3x+4=-2$ $[-1]$
② $15-2x=3x$ $[3]$
③ $4(x-1)=5x+4$ $[3]$
④ $-\frac{4}{7}x=2$ $\left[-\frac{7}{2}\right]$
⑤ $\frac{5}{6}x=\frac{1}{3}$ $[2]$

→ **0526** 다음 중 [ ] 안의 수가 주어진 방정식의 해가 <u>아닌</u> 것은?

① $9-4x=1$ $[2]$
② $-8x=-2x+12$ $[-2]$
③ $\frac{1}{3}(2x-1)=1$ $[2]$
④ $4(x+1)=-(x-2)$ $[-2]$
⑤ $3x-10=-\frac{4}{3}(x+1)$ $[2]$

0527 다음 방정식 중 해가 $x=1$인 것은?

① $x-7=-8$ ② $\frac{3}{5}x-\frac{1}{5}=\frac{4}{5}$
③ $x-\frac{1}{4}=-\frac{3}{4}$ ④ $2x-1=-3$
⑤ $x-6=-2x-3$

→ **0528** x가 3 이하의 자연수일 때, 방정식 $3x-6=-3(x-4)$의 해를 구하시오.

유형 4 방정식과 항등식 > 개념 1

*0529 다음 중 항등식인 것은?

① $x-4=2$
② $-6x=18$
③ $9-3x=11$
④ $5x+2x=6x$
⑤ $3(x-2)+1=3x-5$

→ 0530 다음 **보기**에서 항등식인 것을 모두 고르시오.

보기

ㄱ. $-x+5$
ㄴ. $2x+5x=-3x$
ㄷ. $2(x-4)=2x-8$
ㄹ. $5(x-2)=x+\frac{1}{2}$
ㅁ. $9-3(x+1)=2-2x$
ㅂ. $\frac{2}{3}(3-x)=2-\frac{2}{3}x$

0531 다음 중 x의 값에 관계없이 항상 참인 등식을 모두 고르면? (정답 2개)

① $x-1=8$
② $3x+1=2x-5$
③ $11-5x=-5x+11$
④ $6x+2=2(3x-1)+4$
⑤ $3(x+4)-2(x-5)=2x-(5-3x)$

→ 0532 다음 중 x의 값에 따라 참이 되기도 하고 거짓이 되기도 하는 등식은?

① $-x+5x=4x$
② $2(4x+1)$
③ $\frac{x}{2}+3=6x$
④ $3x+1>-2x$
⑤ $-\frac{1}{6}(2x-3)=\frac{1}{2}-\frac{1}{3}x$

유형 5 항등식이 될 조건 > 개념 1

*0533 등식 $3x+7=ax-2+b$가 x에 대한 항등식일 때, 상수 a, b의 값은?

① $a=-3$, $b=-9$
② $a=-3$, $b=9$
③ $a=3$, $b=-9$
④ $a=3$, $b=9$
⑤ $a=9$, $b=3$

→ 0534 등식 $3(4-6x)=12-3ax$가 x에 대한 항등식일 때, 상수 a의 값은?

① -9
② -6
③ 4
④ 6
⑤ 9

서술형

0535 등식 $-2(x+3)+1=-(x-5)+A$가 x에 대한 항등식일 때, 일차식 A를 구하시오.

0536 등식 $2(x-1)=-x+$ □가 x에 대한 항등식일 때, □ 안에 알맞은 식은?

① $3x-2$ ② $3x+2$ ③ $2x-2$
④ $2x+2$ ⑤ $x-2$

유형 6 등식의 성질

> 개념 2

0537 다음 중 옳지 않은 것은?

① $a=b$이면 $ac=bc$이다.
② $ac=bc$이면 $a=b$이다.
③ $a=b$이면 $\frac{a}{3}+c=\frac{b}{3}+c$이다.
④ $a=b$이면 $a-2c=b-2c$이다.
⑤ $a=3b$이면 $\frac{a}{6}=\frac{b}{2}$이다.

0538 다음 **보기** 중 옳은 것을 모두 고르시오.

보기
ㄱ. $a=b$이면 $a-7=b-7$이다.
ㄴ. $\frac{a}{4}=\frac{b}{5}$이면 $4a=5b$이다.
ㄷ. $a=2b$이면 $a+3=2(b+3)$이다.
ㄹ. $a-2=b-1$이면 $a=b+1$이다.
ㅁ. $2(a-3)=2(b-3)$이면 $a=b$이다.
ㅂ. $5a=4b$이면 $\frac{a}{4}+\frac{b}{5}=0$이다.

0539 $a=b$일 때, 다음 **보기** 중 옳은 것을 모두 고르시오.

보기
ㄱ. $a+c=b+c$ ㄴ. $ac=bc$
ㄷ. $a-c=b-c$ ㄹ. $a-1=1-b$
ㅁ. $\frac{a}{c}=\frac{b}{c}$ ㅂ. $\frac{1}{3}a=\frac{1}{3}b$

0540 $5a+3=2$일 때, 다음 중 옳지 않은 것은?

① $5a=-1$ ② $5a+5=4$
③ $15a+9=8$ ④ $\frac{5}{2}a+\frac{3}{2}=1$
⑤ $a+\frac{3}{5}=\frac{2}{5}$

유형 7 등식의 성질을 이용한 방정식의 풀이
> 개념 2

0541 오른쪽은 등식의 성질을 이용하여 방정식 $\frac{x-1}{5}=2$를 푸는 과정이다. (가), (나)에서 이용한 등식의 성질을 다음 **보기**에서 찾아 짝 지으시오.

$$\begin{aligned} \frac{x-1}{5}&=2 \\ &\quad\text{(가)} \\ x-1&=10 \\ &\quad\text{(나)} \\ \therefore x&=11 \end{aligned}$$

보기

$a=b$이고 c는 자연수일 때

ㄱ. $a+c=b+c$　　ㄴ. $a-c=b-c$

ㄷ. $ac=bc$　　ㄹ. $\frac{a}{c}=\frac{b}{c}$

0542 오른쪽은 등식의 성질을 이용하여 방정식 $\frac{x}{4}+5=\frac{1}{2}$의 해를 구하는 과정이다. (가), (나) 중 다음 그림에서 설명하는 등식의 성질을 이용한 곳을 고르시오.

$$\begin{aligned} \frac{x}{4}+5&=\frac{1}{2} \\ &\quad\text{(가)} \\ x+20&=2 \\ &\quad\text{(나)} \\ \therefore x&=-18 \end{aligned}$$

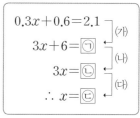

0543 다음은 방정식 $3x+8=4-x$를 등식의 성질을 이용하여 푸는 과정이다. (가)~(마)에 알맞은 것을 각각 구하시오.

$3x+8=4-x$에서

$3x+8+\boxed{(가)}=4-x+\boxed{(가)}$

$4x+8=4$

$4x+8-\boxed{(나)}=4-\boxed{(나)}$

$4x=\boxed{(다)}$

$\frac{4x}{\boxed{(라)}}=\frac{\boxed{(다)}}{\boxed{(라)}}$　　$\therefore x=\boxed{(마)}$

서술형

0544 오른쪽은 등식의 성질을 이용하여 방정식 $0.3x+0.6=2.1$의 해를 구하는 과정이다. ㉠, ㉡, ㉢에 알맞은 수를 구하고, (가), (나), (다)에서 이용한 등식의 성질을 쓰시오.

(단, 등식의 성질에 이용된 수는 자연수이다.)

$0.3x+0.6=2.1$ (가)

$3x+6=\boxed{㉠}$ (나)

$3x=\boxed{㉡}$ (다)

$\therefore x=\boxed{㉢}$

유형 8 이항
> 개념 3

0545 다음 중 밑줄 친 항을 바르게 이항한 것은?

① $3x\underline{+4}=-1$ ➡ $3x=-1+4$

② $5x\underline{-6}=\underline{-2x}$ ➡ $5x-2x=-6$

③ $\underline{11}-2x=\underline{7x}+4$ ➡ $-2x+7x=4-11$

④ $-x\underline{+9}=\underline{-3x}+10$ ➡ $-x+3x=10-9$

⑤ $-6x\underline{+7}=1\underline{-2x}$ ➡ $-6x+2x=1+7$

0546 다음 중 이항을 바르게 한 것은?

① $x+1=4$ ➡ $x=4+1$

② $7+x=-7$ ➡ $7x=-7$

③ $x=-3x-1$ ➡ $x+3x=1$

④ $-7x-11=-2x$ ➡ $-7x+2x=-11$

⑤ $5x-6=x-9$ ➡ $5x-x=-9+6$

유형 9 일차방정식

> 개념 3

*0547 다음 중 일차방정식인 것을 모두 고르면? (정답 2개)

① $x+5$
② $\frac{1}{x}=3x-1$
③ $x(x+1)=x^2-9$
④ $-3x+2=4x-3$
⑤ $4(x-2)=4x+3$

→ 0548 다음 **보기** 중 일차방정식의 개수는?

보기
ㄱ. $3x=0$
ㄴ. $2(x-2)=5x$
ㄷ. $x-4=-x+3$
ㄹ. $x^2+4x=x-3$
ㅁ. $-\frac{1}{2}x=3+2x$
ㅂ. $2x^2-3=2x^2+1$

① 1
② 2
③ 3
④ 4
⑤ 5

0549 다음 **보기** 중 문장을 식으로 나타낼 때, 일차방정식인 것을 모두 고르시오.

보기
ㄱ. x와 35의 평균은 40이다.
ㄴ. 한 변의 길이가 x cm인 정사각형의 넓이는 49 cm^2이다.
ㄷ. 한 봉지의 열량이 x kcal인 과자 네 봉지의 열량은 1360 kcal이다.
ㄹ. 어떤 수 x의 4배는 x의 5배에서 x를 뺀 것과 같다.

→ 0550 다음 중 문장을 식으로 나타낼 때, 일차방정식이 아닌 것을 모두 고르면? (정답 2개)

① x에 4를 더한 수는 x의 제곱과 같다.
② 한 송이에 x원인 장미꽃 5송이의 가격은 9000원이다.
③ 한 개에 x원인 사과 4개의 가격은 10000원 이상이다.
④ 한 변의 길이가 x cm인 정삼각형의 둘레의 길이는 24 cm이다.
⑤ 한 권에 x원인 공책 2권과 한 자루에 800원인 펜 4자루의 가격은 4200원이다.

0551 방정식 $x+6=2-ax$가 x에 대한 일차방정식이 되도록 하는 상수 a의 조건을 구하시오.

→ 서술형 0552 다음 등식이 일차방정식이 되기 위한 조건을 구하시오. (단, a, b는 상수)

$$-3x^2+4ax=-bx^2+8x-1$$

유형 10 일차방정식의 풀이 > 개념 3

0553 일차방정식 $2(x+3)=4+3(x+1)$을 풀면?

① $x=-2$ ② $x=-1$ ③ $x=1$

④ $x=2$ ⑤ $x=3$

0554 다음 중 일차방정식 $3(x+2)-3(5-x)=9$와 해가 같은 것은?

① $4x+5=-3$ ② $2(x-5)+7=3x$

③ $-(1-x)+2x=11$ ④ $2(x+2)=3(x+1)$

⑤ $2(x+3)-2(5-x)=8$

*0555 다음 일차방정식 중 해가 가장 작은 것은?

① $-(x+2)=2x-3$

② $4x+6=2(6-x)$

③ $3(x-3)=7-(x+4)$

④ $10-(2x-3)=5x-8$

⑤ $-2(x-1)+5=4(3-2x)+1$

0556 다음 **보기**의 일차방정식 중 해가 가장 큰 것을 고르시오.

보기

ㄱ. $x+3=-(2x+1)$

ㄴ. $3x+2=2(4-x)$

ㄷ. $3(2x-1)=9-(3x+1)$

ㄹ. $11-(1-x)=6x$

서술형

0557 일차방정식 $5(6-x)+3x=1-3(2x+1)$의 해가 $x=a$일 때, a^2+2a의 값을 구하시오.

0558 일차방정식 $3x-2=8(x+1)$의 해가 $x=a$이고, 일차방정식 $-(2x+5)=3(x+5)$의 해가 $x=b$일 때, $a-b$의 값을 구하시오.

유형 11 계수가 소수 또는 분수인 일차방정식의 풀이 > 개념 3

0559 일차방정식 $3.5x+2.5=-2+0.5(x-5)$의 해는?

① $x=-\frac{7}{3}$ ② $x=-\frac{5}{3}$ ③ $x=-\frac{5}{7}$
④ $x=-\frac{3}{7}$ ⑤ $x=-\frac{1}{3}$

➔ **0560** 다음 일차방정식을 푸시오.

$$\frac{1}{3}-\frac{2-x}{2}=\frac{3}{4}x$$

*__0561__ 일차방정식 $\frac{1}{2}x+\frac{2-x}{6}=0.25(x+3)$의 해는?

① $x=-5$ ② $x=-3$ ③ $x=-1$
④ $x=3$ ⑤ $x=5$

➔ 서술형 **0562** 일차방정식 $\frac{2}{3}x+0.8=\frac{1}{6}x+1.4$의 해를 $x=a$, 일차방정식 $\frac{3(x-2)}{2}=1.2x-\frac{2(4-x)}{5}$의 해를 $x=b$라 할 때, $-5ab$의 값을 구하시오.

유형 12 비례식으로 주어진 일차방정식의 풀이 > 개념 3

*__0563__ 비례식 $(0.5x+3):6=\frac{1}{6}(x-3):4$를 만족시키는 x의 값은?

① -15 ② -10 ③ -5
④ 10 ⑤ 15

➔ **0564** 다음 비례식을 만족시키는 x의 값을 a라 할 때, $2a-1$의 값을 구하시오.

$$0.4(x-2):3=\frac{1}{4}(2x-1):5$$

06 일차방정식의 풀이

유형 13 일차방정식의 해가 주어진 경우 > 개념 3

*0565 일차방정식 $5(x-2a)=3(x-a)+4$의 해가 $x=4$일 때, 상수 a의 값은?

① $-\frac{7}{4}$ ② -1 ③ $-\frac{4}{7}$
④ $\frac{4}{7}$ ⑤ $\frac{7}{4}$

→ 0566 일차방정식 $3(-x+a)=5x-7$의 해가 $x=2$일 때, 상수 a의 값을 구하시오.

0567 일차방정식 $\frac{5x+2a}{4}-\frac{2}{3}=\frac{7x-a}{3}$의 해가 $x=-1$일 때, 상수 a의 값은?

① $-\frac{1}{2}$ ② $-\frac{1}{3}$ ③ 1
④ $\frac{1}{3}$ ⑤ $\frac{1}{2}$

→ 서술형 0568 일차방정식 $2x-\frac{x-a}{3}=3a+1$의 해가 $x=3$일 때, 일차방정식 $4(2-ax)+3x=-7$의 해를 구하시오. (단, a는 상수)

유형 14 해가 같은 두 일차방정식 > 개념 3

0569 다음 두 일차방정식의 해가 같을 때, 상수 a의 값은?

$2(x-a)=3x+1$	$\frac{1}{2}x-1=\frac{x-4}{3}$

① -2 ② $-\frac{1}{2}$ ③ $\frac{1}{2}$
④ $\frac{3}{2}$ ⑤ 2

→ 0570 두 일차방정식 $4-ax=x-2a$, $\frac{x+1}{2}=3(x-2)+4$의 해가 같을 때, 상수 a의 값을 구하시오.

*0571 두 일차방정식 $0.2(x-3)=0.3(x+2)-1$, $\frac{1}{3}(x+3)=\frac{x-2}{4}+a$의 해가 같을 때, 상수 a의 값은?

① $-\frac{3}{2}$ ② $-\frac{4}{3}$ ③ $\frac{4}{3}$
④ $\frac{3}{2}$ ⑤ $\frac{5}{2}$

→ 0572 두 일차방정식 $0.2x+0.4=-0.17(x+2)$, $a-\frac{x}{2}-\frac{ax+4}{4}=-3$의 해가 같을 때, 상수 a의 값을 구하시오.

유형 15 해에 대한 조건이 주어진 일차방정식

> 개념 3

0573 x에 대한 일차방정식 $2x-(x+a)=4x-10$의 해가 자연수가 되도록 하는 가장 큰 자연수 a의 값은?

① 4 ② 5 ③ 6
④ 7 ⑤ 8

→ 0574 x에 대한 일차방정식 $2x-\frac{1}{3}(x+5a)=-5$의 해가 음의 정수가 되도록 하는 자연수 a의 값을 모두 구한 것은?

① 1, 2 ② 1, 3 ③ 2, 3
④ 2, 4 ⑤ 4, 5

*0575 x에 대한 일차방정식 $3(x-7)=2x-a$의 해가 자연수가 되도록 하는 자연수 a의 개수를 구하시오.

서술형

→ 0576 x에 대한 일차방정식 $2(8-x)=a+x$의 해가 자연수가 되도록 하는 모든 자연수 a의 값의 합을 구하시오.

유형 16 특수한 해를 갖는 방정식

> 개념 3

*0577 방정식 $ax-4=x+b$의 해가 무수히 많을 때, 상수 a, b에 대하여 $a-b$의 값은?

① -5 ② -3 ③ -1
④ 3 ⑤ 5

➔ 0578 방정식 $5-ax=2x+b$의 해가 무수히 많을 조건은? (단, a, b는 상수)

① $a\neq-2$, $b=-5$ ② $a=-2$, $b\neq-5$
③ $a=-2$, $b=-5$ ④ $a=-2$, $b\neq5$
⑤ $a=-2$, $b=5$

0579 다음 방정식의 해가 존재하지 않을 때, 상수 a의 값을 구하시오.

$$\frac{3x+2}{3}-\frac{3-ax}{2}=-x+\frac{1}{6}$$

➔ 서술형 0580 방정식 $\frac{x+1}{3}-\frac{1}{6}=\frac{ax-3}{6}$의 해는 없고, 방정식 $2(1-bx)=-2(3x+c)$의 해는 무수히 많을 때, 상수 a, b, c에 대하여 abc의 값을 구하시오.

정답과 해설 57쪽

0581 다음 중 문장을 등식으로 나타낸 것이 옳지 않은 것은?

① 귤 40개를 x명에게 3개씩 나누어 주면 귤 2개가 부족하다. ➡ $40-3x=-2$

② 4개에 x원 하는 과자 3개의 값과 5개에 3000원 하는 귤 7개의 값을 합하면 6600원이다.

➡ $\frac{3}{4}x+4200=6600$

③ 한 변의 길이가 x cm인 정사각형의 둘레의 길이는 24 cm이다. ➡ $4x=24$

④ 시속 20 km로 x시간 동안 간 거리는 140 km이다.

➡ $20x=140$

⑤ 물 200 g에 소금 x g을 넣으면 8 %의 소금물이 된다. ➡ $\frac{x}{200}\times100=8$

0582 다음 중 [ ] 안의 수가 주어진 방정식의 해인 것은?

① $-x+4=3+x$ [-3]

② $2x+3=7$ [-2]

③ $\frac{9+2x}{3}=3x-4$ [3]

④ $6(x+1)-5=7$ [0]

⑤ $2(3-x)=5x+2$ [1]

0583 등식 $ax+10=3x-5b$가 x에 대한 항등식일 때, 상수 a, b에 대하여 $a-b$의 값을 구하시오.

0584 다음 중 옳지 않은 것을 모두 고르면? (정답 2개)

① $-2a=b$이면 $7-2a=7+b$이다.

② $5a=3b$이면 $\frac{a}{3}=\frac{b}{5}$이다.

③ $4a+5=4b+5$이면 $a=b+1$이다.

④ $\frac{a}{2}=\frac{b}{3}$이면 $3a-7=2b-7$이다.

⑤ $a=3b$이면 $a-8=3(b-8)$이다.

0585 다음 중 일차방정식인 것은?

① $x(x+2)=x-8$ ② $x+3=x+5$

③ $x^2+x=x-6$ ④ $x-1=-x+1$

⑤ $4(x-1)=4x-3$

0586 일차방정식 $\frac{x+1}{2}-\frac{5-2x}{3}=\frac{5x-4}{4}$를 풀면?

① $x=-2$ ② $x=-1$ ③ $x=1$

④ $x=2$ ⑤ $x=3$

0587 일차방정식 $0.2(x+4)=\frac{-x+12}{3}$의 해가 $x=a$일 때, a보다 작은 자연수의 개수는?

① 2 ② 3 ③ 4
④ 5 ⑤ 6

0588 비례식 $(2x+1):5=(x-1):4$를 만족시키는 x의 값은?

① -3 ② -1 ③ 0
④ 3 ⑤ 5

0589 일차방정식 $4x+a=5(x-3)$의 해가 $x=2$일 때, 상수 a의 값은?

① -13 ② -11 ③ -9
④ -7 ⑤ -5

0590 일차방정식 $1-x=a-3(x+2)$의 해가 일차방정식 $x+2=\frac{x}{3}$의 해의 2배일 때, 상수 a의 값을 구하시오.

0591 두 일차방정식 $0.9x-0.5=0.7x+0.1$, $\frac{5-x}{2}=\frac{2}{3}(x-a)$의 해가 같을 때, 상수 a의 값을 구하시오.

0592 방정식 $3(5-2x)+a=bx-3$의 해가 무수히 많을 때, 상수 a, b에 대하여 $\frac{a}{b}$의 값을 구하시오.

0593 x에 대한 일차방정식 $2kx+3b=4ak-5x$가 상수 k의 값에 관계없이 항상 $x=-2$를 해로 가질 때, 상수 a, b에 대하여 $3ab$의 값을 구하시오.

0594 일차방정식 $ax-8=-2(5x+2)$의 해가 양의 정수일 때, 이를 만족시키는 모든 정수 a의 값의 합을 구하시오.

서술형

0595 오른쪽 방정식의 해를 구하는 과정에서 ㉠, ㉡, ㉢에 알맞은 수를 구하고, (가)~(다)에서 이용한 등식의 성질을 쓰시오. (단, 등식의 성질에 이용된 수는 자연수이다.)

$$\frac{2}{3}x-\frac{1}{2}=\frac{5}{6}$$
(가)
$$4x-3=\boxed{㉠}$$
(나)
$$4x=\boxed{㉡}$$
(다)
$$\therefore x=\boxed{㉢}$$

0596 두 수 a, b에 대하여 $a◎b=3(a+b)-ab$라 할 때, $(2◎x)◎(-1)=5$를 만족시키는 x의 값을 구하시오.

개념 1 일차방정식의 활용 문제

> 유형 1~10

(1) **일차방정식의 활용 문제 풀이**

일차방정식의 활용 문제는 다음과 같은 순서로 푼다.

❶ **미지수 정하기**: 구하려는 것을 미지수 x로 놓는다.

❷ **방정식 세우기**: 주어진 수량 사이의 관계에 맞게 일차방정식을 세운다.

❸ **방정식 풀기**: 일차방정식을 푼다.

❹ **확인하기**: 구한 해가 문제의 뜻에 맞는지 확인한다.

(2) **연속하는 수에 대한 문제**: 연속하는 수를 다음과 같이 놓는다.

① 연속하는 두 정수 ➡ x, $x+1$ (또는 $x-1$, x)

② 연속하는 세 정수 ➡ $x-1$, x, $x+1$ (또는 x, $x+1$, $x+2$)

③ 연속하는 두 홀수 (짝수) ➡ x, $x+2$ (또는 $x-2$, x)

④ 연속하는 세 홀수 (짝수) ➡ $x-2$, x, $x+2$ (또는 x, $x+2$, $x+4$)

(3) **자리의 숫자에 대한 문제**

십의 자리의 숫자가 a, 일의 자리의 숫자가 b인 두 자리 자연수 ➡ $10a+b$

(4) **과부족에 대한 문제**: 물건을 나누어 주는 방법에 관계없이 물건의 전체 개수는 일정함을 이용한다.

(5) **일에 대한 문제**: 전체 일의 양을 1로 놓고 (하루에 하는 일의 양) $=\dfrac{1}{(\text{일한 날수})}$임을 이용한다.

개념 2 거리, 속력, 시간에 대한 문제

> 유형 11~13

거리, 속력, 시간에 대한 문제는 다음 관계를 이용하여 방정식을 세운다.

(1) (거리) $=$ (속력) $\times$ (시간)　(2) (속력) $=\dfrac{(\text{거리})}{(\text{시간})}$　(3) (시간) $=\dfrac{(\text{거리})}{(\text{속력})}$

예
- 시속 5 km로 x시간 동안 걸은 거리 ➡ $5x$ km
- x km의 거리를 일정한 속력으로 2시간 동안 달렸을 때의 속력 ➡ 시속 $\dfrac{x}{2}$ km
- 시속 6 km로 x km를 가는 데 걸리는 시간 ➡ $\dfrac{x}{6}$시간

개념 3 농도에 대한 문제

> 유형 14~15

소금물의 농도에 대한 문제는 다음 관계를 이용하여 방정식을 세운다.

(1) (소금물의 농도) $=\dfrac{(\text{소금의 양})}{(\text{소금물의 양})}\times 100(\%)$

(2) (소금의 양) $=\dfrac{(\text{소금물의 농도})}{100}\times$ (소금물의 양)

예
- 물 150 g에 소금 50 g을 넣었을 때, 소금물의 농도 ➡ $\dfrac{50}{150+50}\times 100=25(\%)$
- 농도가 8 %인 소금물 200 g에 들어 있는 소금의 양 ➡ $\dfrac{8}{100}\times 200=16(\text{g})$

개념 1 일차방정식의 활용 문제

0597 다음은 일차방정식을 활용하여 어떤 수를 구하는 과정이다. □ 안에 알맞은 것을 써넣으시오.

어떤 수를 3배 한 수는 어떤 수에서 4를 뺀 수와 같다.

❶ 미지수 정하기	어떤 수를 미지수 x라 하자.
❷ 방정식 세우기	어떤 수를 3배 한 수는 □ ······ ㉠ 어떤 수에서 4를 뺀 수는 □ ······ ㉡ ㉠, ㉡이 같으므로 방정식을 세우면 □
❸ 방정식 풀기	방정식을 풀면 $x=$□ 따라서 어떤 수는 □이다.
❹ 확인하기	어떤 수를 3배 한 수는 $3\times($□$)=$□ 어떤 수에서 4를 뺀 수는 □$-4=$□ 두 값이 같으므로 구한 해는 문제의 뜻에 맞는다.

0598 다음 문장을 방정식으로 나타내고, x의 값을 구하시오.

(1) 어떤 수 x의 4배는 x에 6을 더한 것과 같다.

(2) 사과 20개를 x명에게 3개씩 나누어 주었더니 2개가 남았다.

(3) 십의 자리의 숫자가 x, 일의 자리의 숫자가 5인 두 자리 자연수는 각 자리의 숫자의 합의 5배와 같다.

(4) 가로의 길이가 x cm, 세로의 길이가 4 cm인 직사각형의 둘레의 길이는 22 cm이다.

(5) 한 개에 500원 하는 빵 x개와 한 개에 800원 하는 우유를 합하여 모두 10개를 사고 6200원을 지불하였다.

개념 2 거리, 속력, 시간에 대한 문제

0599 두 지점 A, B를 왕복하는 데 갈 때는 시속 3 km로, 올 때는 시속 2 km로 걸어서 총 5시간이 걸렸다. 두 지점 A, B 사이의 거리를 x km라 할 때, 다음 물음에 답하시오.

	거리(km)	속력(km/h)	걸린 시간(시간)
갈 때	x	3	
올 때	x		

(1) 표를 완성하고, 왕복하는 데 걸린 시간을 이용하여 방정식을 세우시오.

(2) 두 지점 A, B 사이의 거리를 구하시오.

개념 3 농도에 대한 문제

0600 10 %의 소금물 200 g에 물을 더 넣어서 4 %의 소금물을 만들려고 한다. 더 넣은 물의 양을 x g이라 할 때, 다음 물음에 답하시오.

	물을 넣기 전	물을 넣은 후
농도(%)	10	4
소금물의 양(g)	200	
소금의 양(g)	$\frac{10}{100}\times 200$	

(1) 표를 완성하고, 물을 더 넣어도 소금의 양은 변하지 않음을 이용하여 방정식을 세우시오.

(2) 더 넣은 물의 양을 구하시오.

step 3 기출 & 변형하면…

유형 1 어떤 수에 대한 문제 > 개념 1

*0601 어떤 수를 $\frac{1}{2}$배 한 수는 어떤 수에서 5를 뺀 후 2배 한 수보다 2만큼 작을 때, 어떤 수는?

① 4 ② 6 ③ 8
④ 10 ⑤ 12

→ 0602 어떤 수에서 3을 뺀 후 4배 한 수는 어떤 수를 2배 한 수와 같을 때, 어떤 수를 구하시오.

0603 서로 다른 두 자연수에 대하여 큰 수를 작은 수로 나누면 몫이 4, 나머지가 5이다. 큰 수와 작은 수의 합이 40일 때, 작은 수를 구하시오.

→ 0604 서로 다른 두 자연수에 대하여 큰 수를 작은 수로 나누면 몫이 5, 나머지가 2이다. 큰 수와 작은 수의 합이 32일 때, 큰 수는?

① 5 ② 12 ③ 17
④ 22 ⑤ 27

유형 2 연속하는 자연수에 대한 문제 > 개념 1

0605 연속하는 두 자연수의 합이 39일 때, 두 자연수의 곱을 구하시오.

→ 0606 연속하는 두 짝수의 합이 작은 수의 3배보다 8만큼 작을 때, 두 짝수 중 작은 수는?

① 4 ② 6 ③ 8
④ 10 ⑤ 12

★0607 연속하는 세 자연수의 합이 123일 때, 세 수 중 가장 작은 수는?

① 39 ② 40 ③ 41
④ 42 ⑤ 43

→ 서술형 0608 연속하는 세 홀수 중 가장 작은 수의 3배는 다른 두 수의 합보다 1만큼 작을 때, 가장 큰 수를 구하시오.

유형 3 자리의 숫자에 대한 문제

> 개념 1

★0609 십의 자리의 숫자가 4인 두 자리 자연수가 있다. 이 자연수가 각 자리의 숫자의 합의 4배와 같을 때, 이 자연수는?

① 42 ② 44 ③ 46
④ 48 ⑤ 49

→ 0610 일의 자리의 숫자가 6인 두 자리 자연수가 있다. 이 자연수의 십의 자리의 숫자와 일의 자리의 숫자를 바꾼 수는 처음 수보다 18만큼 작다고 할 때, 처음 수를 구하시오.

0611 십의 자리의 숫자가 일의 자리의 숫자보다 3만큼 큰 두 자리 자연수가 있다. 이 자연수는 각 자리의 숫자의 합의 5배보다 17만큼 크다고 할 때, 이 자연수를 구하시오.

→ 서술형 0612 일의 자리의 숫자와 십의 자리의 숫자의 합이 14인 두 자리 자연수가 있다. 이 자연수의 일의 자리의 숫자와 십의 자리의 숫자를 바꾼 수는 처음 수보다 36만큼 클 때, 처음 수를 구하시오.

유형 4 개수의 합이 일정한 문제

> 개념 1

*0613 농구 시합에서 어떤 선수가 2점짜리 슛과 3점짜리 슛을 합하여 12개를 넣어 30점을 득점하였을 때, 이 선수가 넣은 2점짜리 슛의 개수를 구하시오.

→ 0614 농장에 닭과 염소가 합하여 62마리 있다. 다리의 수를 세어 보니 164개였을 때, 염소는 몇 마리 있는지 구하시오.

0615 한 송이에 800원인 튤립과 한 송이에 1000원인 장미를 합하여 모두 15송이를 사고 15000원을 내었더니 1800원을 거슬러 주었다. 이때 구입한 장미의 수는?

① 3 ② 4 ③ 5
④ 6 ⑤ 7

→ 서술형 0616 한 개에 500원인 초콜릿과 한 개에 300원인 사탕을 합하여 20개를 사서 800원짜리 선물 상자에 담았더니 9200원이 되었다. 초콜릿과 사탕을 각각 몇 개씩 샀는지 구하시오.

유형 5 예금에 대한 문제

> 개념 1

0617 현재 언니의 저금통에는 5000원, 동생의 저금통에는 3600원이 들어 있다. 내일부터 언니는 매일 400원, 동생은 매일 600원씩 저금통에 넣는다면 며칠 후에 언니와 동생의 저금통에 들어 있는 금액이 같아지겠는가?

① 3일 후 ② 4일 후 ③ 5일 후
④ 6일 후 ⑤ 7일 후

→ 0618 현재 민우는 40000원, 수아는 32000원의 돈을 가지고 있다. 내일부터 두 사람이 매일 2000원씩 사용한다면 며칠 후에 민우가 가지고 있는 돈이 수아가 가지고 있는 돈의 3배가 되겠는가?

① 11일 후 ② 12일 후 ③ 13일 후
④ 14일 후 ⑤ 15일 후

★0619 현재 은지의 예금액은 12000원, 태민이의 예금액은 39000원이다. 다음 달부터 두 사람이 매달 3000원씩 예금을 한다면 몇 개월 후에 태민이의 예금액이 은지의 예금액의 2배가 되는지 구하시오.

(단, 이자는 생각하지 않는다.)

0620 현재 형과 동생의 예금액은 각각 20000원, 10000원이다. 다음 달부터 형은 매달 4000원씩, 동생은 매달 x원씩 예금한다면 10개월 후에 형의 예금액의 2배와 동생의 예금액의 3배가 같아진다고 할 때, x의 값을 구하시오. (단, 이자는 생각하지 않는다.)

유형 6 원가와 정가에 대한 문제

> 개념 1

★0621 원가에 10 %의 이익을 붙여서 정가를 정한 상품이 팔리지 않아 정가에서 500원을 할인하여 팔았더니 1개를 팔 때마다 원가의 5 %의 이익을 얻었다고 한다. 이 상품의 원가는?

① 8000원 ② 9000원 ③ 10000원
④ 11000원 ⑤ 12000원

0622 원가가 20000원인 상품이 있다. 원가에 x %의 이익을 붙여서 정가를 정했다가 다시 정가에서 20 % 할인하여 팔았더니 1개를 팔 때마다 800원의 이익이 생겼다. 이때 x의 값을 구하시오.

0623 어느 과일 가게에서는 원가가 한 개에 1000원인 배를 300개 구입하여 40 %의 이익을 붙여 정가를 정하였다. 전체 배의 70 %는 정가로 팔고, 나머지 30 %는 신선도가 떨어져 정가의 x %를 할인하여 모두 팔았더니 전체 이익금이 94800원이 되었다. x의 값을 구하시오.

0624 어떤 문구점에서는 형광펜을 도매점으로부터 5개에 1500원의 가격으로 여러 개 구입하였다. 이 중 60 %는 2개에 800원의 가격으로 팔고, 나머지는 할인하여 3개에 600원의 가격으로 모두 팔아 전체 30000원의 이익금이 생겼다. 이 문구점에서 처음 구입한 형광펜의 개수를 구하시오.

유형 7 증가와 감소에 대한 문제

> 개념 1

0625 어느 회사의 올해 입사 지원자 수가 작년보다 10 % 증가하여 2530명이 되었다. 작년 입사 지원자 수를 구하시오.

0626 어느 동호회의 작년 전체 회원은 150명이었다. 올해는 작년에 비해 남자 회원은 4명 감소하고, 여자 회원 수는 10 % 증가하여 전체 회원 수가 2 % 증가하였다. 올해 여자 회원 수를 구하시오.

*0627 어느 중학교의 작년 전체 학생은 600명이었다. 올해는 작년에 비해 남학생 수는 3 % 증가하고, 여학생 수는 5 % 감소하여 전체 학생이 6명 감소하였다. 올해 남학생 수는?

① 305 ② 307 ③ 309
④ 310 ⑤ 312

서술형
0628 어느 중학교의 작년 전체 학생은 1220명이었다. 올해는 작년에 비해 남학생 수는 3 % 감소하고, 여학생 수는 5 % 증가하여 전체 학생이 1233명이 되었다. 올해 남학생 수를 구하시오.

유형 8 과부족에 대한 문제

> 개념 1

*0629 학생들에게 초콜릿을 나누어 주는데 3개씩 나누어 주면 6개가 남고, 5개씩 나누어 주면 2개가 부족하다. 이때 초콜릿의 수는?

① 16 ② 17 ③ 18
④ 19 ⑤ 20

0630 학생들에게 공책을 나누어 주는데 2권씩 나누어 주면 4권이 남고, 3권씩 나누어 주면 6권이 부족하다. 이때 공책의 수는?

① 21 ② 22 ③ 23
④ 24 ⑤ 25

서술형

0631 지우네 반 학생들이 운동장에서 야영을 하려고 텐트를 설치하였다. 한 텐트에 4명씩 자면 4명이 잘 곳이 없고, 한 텐트에 5명씩 자면 남는 텐트는 없고 마지막 텐트에는 3명이 자게 된다. 다음을 구하시오.

(1) 텐트의 수

(2) 지우네 반 학생 수

0632 강당의 긴 의자에 학생들이 앉는데 한 의자에 6명씩 앉으면 3명의 학생이 앉지 못하고, 한 의자에 8명씩 앉으면 의자 하나가 완전히 비어 있고 마지막 의자에는 1명이 앉는다고 한다. 이때 학생 수를 구하시오.

유형 9 일에 대한 문제

> 개념 1

★**0633** 어떤 일을 완성하는 데 A가 혼자서 하면 10일이 걸리고, B가 혼자서 하면 14일이 걸린다고 한다. A가 5일 동안 한 후, B가 나머지를 하여 완성하였다면 B는 며칠 동안 일하였는지 구하시오.

0634 어떤 일을 완성하는 데 A가 혼자서 하면 12일이 걸리고, B가 혼자서 하면 4일이 걸린다고 한다. 이 일을 A와 B가 같이 하여 완성하려면 며칠이 걸리는지 구하시오.

0635 대청소를 하는 데 형이 혼자서 하면 2시간이 걸리고, 동생이 혼자서 하면 3시간이 걸린다고 한다. 청소를 형이 혼자서 1시간 동안 한 후에 형과 동생이 함께하여 끝냈을 때, 형과 동생이 함께 청소한 시간은 몇 분인지 구하시오.

0636 물탱크에 물을 가득 채우는 데 A 호스로는 5시간, B 호스로는 3시간이 걸린다고 한다. 이 물탱크에 물을 가득 채우기 위해 B 호스로만 1시간 동안 물을 받다가 A, B 두 호스로 동시에 물을 받기로 하였다. 이때 두 호스로 동시에 물을 받아야 할 시간은?

① 1시간 ② 1시간 15분 ③ 1시간 20분
④ 1시간 30분 ⑤ 1시간 45분

유형 10 도형에 대한 문제 > 개념 1

*0637 길이가 34 cm인 철사를 겹치는 부분 없이 구부려 가로의 길이가 세로의 길이보다 3 cm 더 짧은 직사각형을 만들려고 한다. 이 직사각형의 세로의 길이를 구하시오.

→ 0638 가로의 길이가 4 cm, 세로의 길이가 3 cm인 직육면체의 겉넓이가 108 cm^2일 때, 이 직육면체의 부피는?

① 72 cm^3 ② 84 cm^3 ③ 96 cm^3
④ 108 cm^3 ⑤ 120 cm^3

서술형

0639 둘레의 길이가 20 cm인 정사각형이 있다. 이 정사각형의 가로를 x cm 늘이고, 세로를 2 cm 줄였더니 넓이가 24 cm^2인 직사각형이 되었다. 이때 x의 값을 구하시오.

→ 0640 길이가 42 cm인 철사를 구부려 겹치는 부분이 없도록 모두 사용하여 직사각형을 만들려고 한다. 가로의 길이와 세로의 길이의 비가 5 : 2일 때, 이 직사각형의 넓이는?

① 90 cm^2 ② 91 cm^2 ③ 92 cm^2
④ 93 cm^2 ⑤ 94 cm^2

유형 11 거리, 속력, 시간에 대한 문제 (1): 총 걸린 시간이 주어진 경우 > 개념 2

*0641 두 지점 A, B 사이를 왕복하는 데 갈 때는 시속 4 km로 걷고, 올 때는 시속 2 km로 걸어서 총 6시간이 걸렸다. 두 지점 A, B 사이의 거리를 구하시오.

→ 0642 정우와 동생이 동시에 집에서 자전거를 타고 출발하여 할머니 댁에 가는 데 정우는 분속 150 m로 가고, 동생은 분속 120 m로 갔다. 정우가 동생보다 1시간 10분 빨리 도착했을 때, 정우네 집에서 할머니 댁까지의 거리는?

① 34 km ② 36 km ③ 38 km
④ 40 km ⑤ 42 km

0643 등산을 하는 데 올라갈 때는 시속 3 km로 걷고, 내려올 때는 올라갈 때보다 1 km 더 먼 거리를 시속 4 km로 걸어서 모두 3시간 10분이 걸렸다. 내려올 때 걸은 거리를 구하시오.

➔ 0644 은수가 집에서 출발하여 마트에 다녀오는 데 갈 때는 시속 3 km로 걷고 마트에서 40분 동안 물건을 산 후 올 때는 시속 2 km로 걸어서 총 2시간이 걸렸다. 은수네 집에서 마트까지의 거리를 구하시오.

유형 12 거리, 속력, 시간에 대한 문제 (2): 이동하다가 만나는 경우 > 개념 2

0645 둘레의 길이가 400 m인 트랙을 언니와 동생이 서로 같은 방향으로 동시에 출발하여 걸어갔다. 언니는 분속 120 m로 걷고, 동생은 분속 80 m로 걸을 때, 언니와 동생이 처음으로 다시 만나는 것은 출발한 지 몇 분 후인지 구하시오.

➔ 0646 형이 집을 출발한 지 10분 후에 동생이 따라 나섰다. 형은 분속 70 m로 걷고, 동생은 분속 210 m로 자전거를 타고 따라간다고 할 때, 동생은 출발한 지 몇 분 후에 형을 만나게 되는지 구하시오.

★0647 둘레의 길이가 2.6 km인 호숫가를 지우와 승호가 같은 지점에서 서로 반대 방향으로 동시에 출발하여 걸어갔다. 지우는 분속 60 m로 걷고, 승호는 분속 70 m로 걸었다면 두 사람이 처음으로 다시 만나는 것은 출발한 지 몇 분 후인지 구하시오.

서술형

➔ 0648 A, B 두 사람이 3.2 km 떨어진 곳에서 서로 마주 보고 동시에 출발하였다. A는 시속 3 km로 걷고, B는 시속 5 km로 달려서 중간에 만났을 때, B가 달린 거리를 구하시오.

유형 13 거리, 속력, 시간에 대한 문제 (3): 다리 또는 터널을 통과하는 경우 > 개념 2

*0649 초속 45 m로 달리는 열차가 길이가 1500 m인 다리를 완전히 통과하는 데 36초가 걸렸다. 이 열차의 길이를 구하시오.

→ 0650 일정한 속력으로 달리는 열차가 길이가 1600 m인 터널을 완전히 통과하는 데는 70초가 걸리고, 길이가 600 m인 철교를 완전히 통과하는 데는 30초가 걸린다. 이 열차의 길이를 구하시오.

유형 14 농도에 대한 문제 (1): 소금 또는 물을 넣거나 물을 증발시키는 경우 > 개념 3

*0651 10 %의 소금물 300 g이 있다. 이 소금물에서 몇 g의 물을 증발시키면 12 %의 소금물이 되는지 구하시오.

→ 0652 6 %의 소금물 300 g이 있다. 이 소금물에 몇 g의 물을 더 넣으면 4 %의 소금물이 되겠는가?

① 120 g ② 130 g ③ 140 g
④ 150 g ⑤ 160 g

0653 소금물 300 g에 소금 150 g을 더 넣었더니 처음 농도의 4배가 되었다. 처음 소금물의 농도를 구하시오.

서술형
→ 0654 15 %의 소금물에 소금 50 g을 더 넣어서 20 %의 소금물을 만들려고 한다. 이때 15 %의 소금물은 몇 g인지 구하시오.

유형 15 농도에 대한 문제 (2): 두 소금물을 섞는 경우

> 개념 3

*0655 10 %의 소금물과 15 %의 소금물을 섞어서 12 %의 소금물 200 g을 만들려고 한다. 이때 15 %의 소금물의 양을 구하시오.

→ 0656 x %의 소금물 120 g과 10 %의 소금물 180 g을 섞어서 12 %의 소금물을 만들려고 한다. 이때 x의 값을 구하시오.

서술형

0657 8 %의 소금물 100 g과 10 %의 소금물을 섞은 후 물을 더 넣어서 7 %의 소금물 280 g을 만들었다. 이때 더 넣은 물의 양을 구하시오.

→ 0658 농도가 8 %인 소금물 500 g이 있다. 이 소금물을 조금 덜어낸 후 덜어낸 만큼 물을 넣고, 4 %의 소금물을 추가로 더 넣었더니 5 %의 소금물 620 g이 되었다. 이때 처음 덜어낸 8 %의 소금물의 양을 구하시오.

C step 실력 완성!

0659 어떤 자연수에서 3을 뺀 후 4배 한 것은 어떤 자연수를 3배 한 것보다 1만큼 크다고 한다. 어떤 자연수는?

① 10 ② 11 ③ 12
④ 13 ⑤ 14

0660 연속하는 세 자연수 중 가운데 수의 3배는 나머지 두 수의 합보다 13만큼 크다고 한다. 이때 세 자연수의 합을 구하시오.

0661 일의 자리의 숫자가 7인 두 자리 자연수가 있다. 이 자연수는 각 자리의 숫자의 합의 4배보다 3만큼 크다고 할 때, 이 자연수를 구하시오.

0662 은비는 국어 시험에서 4점짜리 문제와 5점짜리 문제를 합하여 20문제를 맞혀서 82점을 받았다. 은비가 맞힌 4점짜리 문제의 수는?

① 14개 ② 15개 ③ 16개
④ 17개 ⑤ 18개

0663 현재 희주의 예금액은 10000원, 강인이의 예금액은 42000원이다. 다음 달부터 두 사람이 매달 2000원씩 예금을 한다면 몇 개월 후에 강인이의 예금액이 희주의 예금액의 3배가 되는지 구하시오.

(단, 이자는 생각하지 않는다.)

0664 어떤 물건에 원가의 20 %의 이익을 붙여서 정가를 정하였더니 잘 팔리지 않아서 정가의 10 %를 할인하여 팔았다. 이 물건 1개를 팔 때마다 2000원의 이익이 생겼을 때, 이 물건의 원가는?

① 10000원 ② 15000원 ③ 20000원
④ 25000원 ⑤ 30000원

0665 A 중학교의 작년 전체 학생은 850명이었다. 올해는 작년에 비해 남학생 수는 7 % 증가하고, 여학생 수는 4 % 감소하여 전체 학생이 10명 증가하였다고 한다. 올해 남학생 수는?

① 420명 ② 422명 ③ 424명
④ 426명 ⑤ 428명

0666 연극 관람을 위해 극장의 긴 의자에 앉으려고 한다. 한 의자에 20명씩 앉으면 10명이 앉지 못하고, 21명씩 앉으면 마지막 의자에는 8명이 앉고 완전히 빈 의자 2개가 남는다. 이때 사람 수를 구하시오.

0667 어떤 로봇을 조립하는 데 태우는 10일, 준수는 20일이 걸린다고 한다. 이 로봇을 둘이 함께 조립하다가 도중에 태우는 쉬고 준수가 혼자서 5일 동안 조립하여 완성하였다. 두 사람이 함께 조립한 기간은 며칠인가?

① 4일 ② 5일 ③ 6일
④ 7일 ⑤ 8일

0668 이탈리아 화가 레오나르도 다 빈치의 작품 '모나리자'는 직사각형 모양의 목판 위에 그려졌으며 그 둘레의 길이는 260 cm이다. '모나리자' 그림의 세로의 길이가 가로의 길이보다 24 cm 더 길 때, 이 그림의 세로의 길이를 구하시오.

0669 길이가 8 m인 철망으로 직사각형 모양의 닭장을 오른쪽 그림과 같이 만들려고 한다. 이 닭장의 가로의 길이를 세로의 길이보다 80 cm 더 길게 하려고 할 때, 이 닭장의 세로의 길이는 몇 m인지 구하시오.

(단, 닭장의 한 변은 담장이다.)

0670 지원이는 집에서 3 km 떨어진 학교까지 가는 데 시속 6 km로 뛰어가다가 도중에 친구를 만나 시속 4 km로 걸어서 학교에 도착하였다. 오전 8시에 집에서 출발하여 오전 8시 40분에 학교에 도착했을 때, 시속 6 km로 이동한 거리는?

① 1 km ② 1.2 km ③ 1.5 km
④ 1.8 km ⑤ 2 km

0671 다은이는 오전 7시 30분에 집에서 출발하여 학교를 향해 분속 60 m로 걸어갔다. 동생이 오전 7시 50분에 출발하여 자전거를 타고 분속 180 m로 다은이를 따라갈 때, 다은이와 동생이 만나는 시각을 구하시오.

(단, 다은이와 동생은 학교에 도착하기 전에 만난다.)

0672 일정한 속력으로 달리는 열차가 800 m 길이의 철교를 완전히 통과하는 데 40초가 걸리고, 1100 m 길이의 터널을 완전히 통과하는 데 50초가 걸린다. 이때 열차의 길이는?

① 200 m ② 250 m ③ 300 m
④ 350 m ⑤ 400 m

0673 소금물 300 g에 물 40 g과 소금 60 g을 더 넣었더니 농도가 처음 소금물의 농도의 2배가 되었다. 처음 소금물의 농도를 구하시오.

0674 4 %의 소금물과 19 %의 소금물을 섞어서 10 %의 소금물 500 g을 만들려고 한다. 4 %의 소금물과 19 %의 소금물을 각각 몇 g씩 섞어야 하는지 구하시오.

0675 윤지와 영준이가 매달 초 받는 용돈의 비는 3 : 4이고, 한 달 동안의 지출한 금액의 비는 3 : 5이다. 말일인 현재 두 사람에게 남은 용돈은 각각 6000원이다. 이때 윤지가 매달 받는 용돈은 얼마인지 구하시오.

0676 A, B 두 개의 병이 있다. A 병에는 20 %의 소금물 400 g이 들어 있고, B 병에는 12 %의 소금물 300 g이 들어 있다. A 병의 소금물 100 g을 B 병에 넣고 섞은 다음 다시 B 병의 소금물 x g을 A 병에 넣고 섞었더니 A 병의 소금물의 농도가 18 %가 되었다. 이때 x의 값을 구하시오.

서술형

0677 다음은 세종 대왕의 일생을 간단히 정리한 것이다. 세종 대왕의 일생이 몇 년이었는지 구하시오.

> 세종 대왕은 태종의 셋째 아들로 태어나 일생의 $\frac{7}{18}$이 지난 후 조선의 제4대 임금으로 등극하였고, 임금이 된 지 2년 후 집현전을 설치하였다.
> 그 후로부터 일생의 $\frac{4}{9}$가 지난 후에 한글을 창제하였고, 한글 창제 3년 후 한글을 반포함으로써 백성들이 쉽게 뜻을 전하고 이해할 수 있게 하였다.
> 세종 대왕은 한글 반포 4년 후에 승하하였다.

0678 선주와 소라는 둘레의 길이가 3.6 km인 호수의 둘레를 따라 걷는 데 선주는 분속 90 m, 소라는 분속 60 m로 같은 지점에서 출발하여 서로 반대 방향으로 돌려고 한다. 오전 8시 20분에 동시에 출발한 후 두 번째로 다시 만나는 시각은 몇 시 몇 분인지 구하시오.

Ⅲ

좌표평면과 그래프

08 좌표평면과 그래프

유형 1 수직선 위의 점의 좌표
유형 2 순서쌍과 좌표평면
유형 3 좌표축 위의 점의 좌표 구하기
유형 4 좌표평면 위의 도형의 넓이 구하기
유형 5 사분면
유형 6 사분면 (1): 두 수의 부호를 이용하는 경우
유형 7 사분면 (2): 점이 속한 사분면이 주어진 경우
유형 8 대칭인 점의 좌표
유형 9 상황을 그래프로 나타내기
유형 10 그래프의 변화 파악하기
유형 11 그래프 해석하기
유형 12 그래프 비교하기

09 정비례와 반비례

유형 1 정비례 관계
유형 2 정비례 관계식 구하기
유형 3 정비례 관계의 활용
유형 4 정비례 관계 $y=ax\,(a\neq0)$의 그래프
유형 5 정비례 관계 $y=ax\,(a\neq0)$의 그래프와 a의 값 사이의 관계
유형 6 정비례 관계 $y=ax\,(a\neq0)$의 그래프 위의 점
유형 7 그래프를 이용하여 정비례 관계식 구하기
유형 8 반비례 관계
유형 9 반비례 관계식 구하기
유형 10 반비례 관계의 활용
유형 11 반비례 관계 $y=\frac{a}{x}\,(a\neq0)$의 그래프
유형 12 반비례 관계 $y=\frac{a}{x}\,(a\neq0)$의 그래프와 a의 값 사이의 관계
유형 13 반비례 관계 $y=\frac{a}{x}\,(a\neq0)$의 그래프 위의 점
유형 14 그래프를 이용하여 반비례 관계식 구하기
유형 15 $y=ax$, $y=\frac{b}{x}\,(a\neq0,\ b\neq0)$의 그래프가 만나는 점
유형 16 $y=ax$, $y=\frac{b}{x}\,(a\neq0,\ b\neq0)$의 그래프와 도형의 넓이

개념 1

순서쌍과 좌표평면

> 유형 1~4

(1) 수직선 위의 점의 좌표

① **좌표**: 수직선 위의 한 점에 대응하는 수

② 수직선에서 점 P의 좌표가 a일 때 기호로 $\mathrm{P}(a)$와 같이 나타낸다.

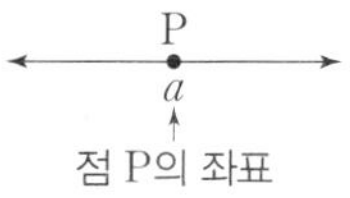

(2) 순서쌍: 수나 문자의 순서를 정하여 괄호 안에 짝 지어 나타낸 것

(3) 좌표평면: 두 수직선이 점 O에서 서로 수직으로 만날 때

① **x축**: 가로의 수직선, **y축**: 세로의 수직선 → **좌표축**

② **좌표평면**: 두 좌표축이 정해져 있는 평면

③ **원점**: 두 좌표축이 만나는 점 O

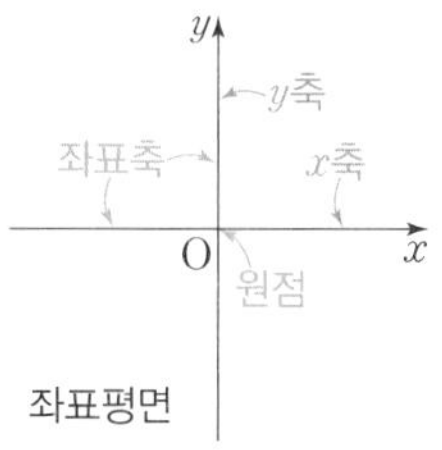

(4) 좌표평면 위의 점의 좌표

좌표평면 위의 한 점 P에서 x축, y축에 각각 수선을 그어 이 수선이 x축, y축과 만나는 점에 대응하는 수를 각각 a, b라 할 때, 순서쌍 (a, b)를 점 P의 **좌표**라 하고, 이것을 기호로 $\mathrm{P}(a, b)$와 같이 나타낸다. 이때 a를 점 P의 **x좌표**, b를 점 P의 **y좌표**라 한다.

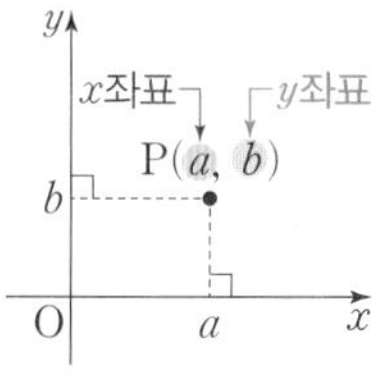

개념 2

사분면

> 유형 5~8

(1) 사분면: 좌표평면은 좌표축에 의하여 네 부분으로 나누어지는데 그 네 부분을 각각 **제1사분면, 제2사분면, 제3사분면, 제4사분면**이라 한다.

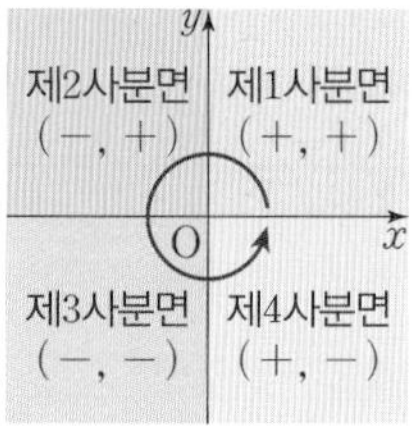

(2) 각 사분면 위의 점의 x좌표, y좌표의 부호

① **제1사분면**: $x>0$, $y>0$　② **제2사분면**: $x<0$, $y>0$

③ **제3사분면**: $x<0$, $y<0$　④ **제4사분면**: $x>0$, $y<0$

참고 대칭인 점의 좌표: 점 $\mathrm{P}(a, b)$와

① x축에 대하여 대칭인 점의 좌표: $(a, -b)$ ← y좌표의 부호만 바뀜

② y축에 대하여 대칭인 점의 좌표: $(-a, b)$ ← x좌표의 부호만 바뀜

③ 원점에 대하여 대칭인 점의 좌표: $(-a, -b)$ ← x좌표, y좌표의 부호가 모두 바뀜

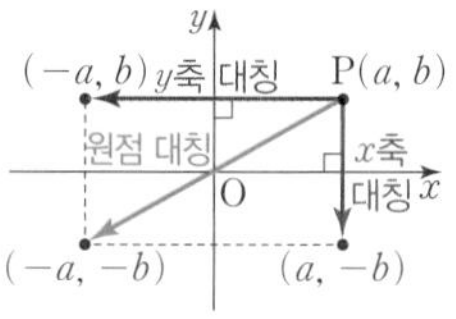

개념 3

그래프

> 유형 9~12

(1) 변수: x, y와 같이 여러 가지로 변하는 값을 나타내는 문자

(2) 그래프: 서로 관계가 있는 두 변수 x, y의 순서쌍 (x, y)를 좌표로 하는 점 전체를 좌표평면 위에 나타낸 것

(3) 우리 생활 주변에 일어나는 다양한 상황은 점, 직선, 곡선 등의 그래프로 나타낼 수 있다.

(4) 그래프의 해석

① 두 양 사이의 증가와 감소 등의 변화를 쉽게 파악할 수 있다.

② 두 양 사이의 변화의 빠르기를 쉽게 파악할 수 있다.

개념 1 순서쌍과 좌표평면

0679 다음 수직선 위의 네 점 A, B, C, D의 좌표를 기호로 나타내시오.

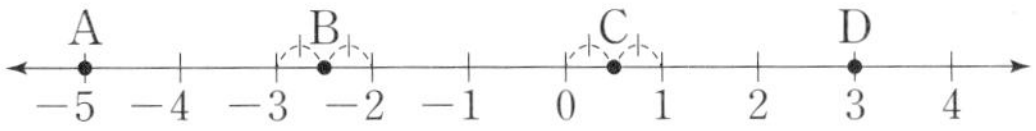

0680 다음 수직선 위에 세 점 A(-2), B$\left(\frac{1}{3}\right)$, C(5)를 나타내시오.

0681 오른쪽 좌표평면 위의 점 A, B, C, D, E의 좌표를 기호로 나타내시오.

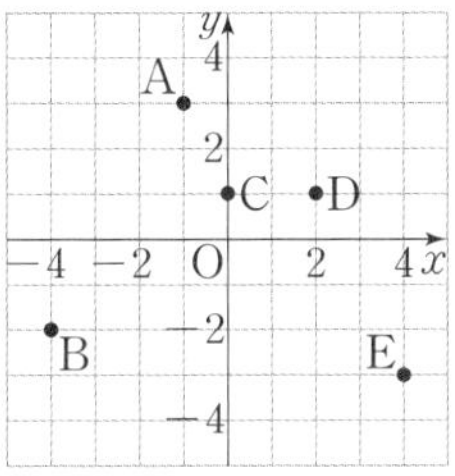

0682 다음 점 A, B, C, D, E, F를 오른쪽 좌표평면 위에 나타내시오.

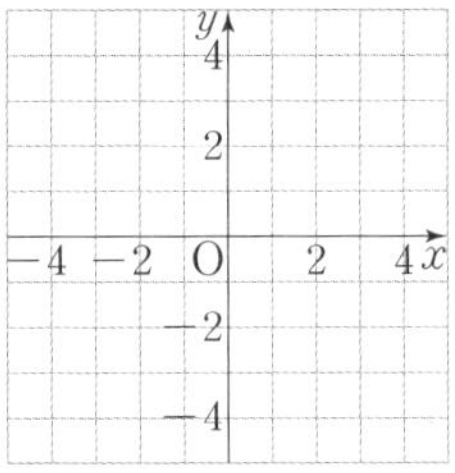

A$(1, 4)$, B$(-2, 3)$,
C$(3, 0)$, D$(2, 2)$,
E$(-1, -3)$, F$(3, -4)$

0683 다음 점의 좌표를 구하시오.

(1) x좌표가 2, y좌표가 -6인 점

(2) x좌표가 -9, y좌표가 -3인 점

(3) x축 위에 있고, x좌표가 7인 점

(4) y축 위에 있고, y좌표가 -4인 점

개념 2 사분면

0684 다음 점은 어느 사분면 위의 점인지 구하시오.

(1) A$(-5, 1)$ (2) B$(3, 3)$

(3) C$(1, -6)$ (4) D$(-4, -8)$

(5) E$(-8, 3)$ (6) F$(4, -2)$

0685 점 P$(5, -7)$에 대하여 다음 점의 좌표를 구하시오.

(1) 점 P와 x축에 대하여 대칭인 점 Q

(2) 점 P와 y축에 대하여 대칭인 점 R

(3) 점 P와 원점에 대칭인 점 S

개념 3 그래프

0686 지우가 집에서 2 km 떨어진 마트에 가서 물건을 사고 집으로 돌아왔다. 오른쪽 그래프는 지우가 출발한 지 x분 후의 집으로부터의 거리를 y m라 할 때, x와 y 사이의 관계를 나타낸 것이다. 물음에 답하시오.

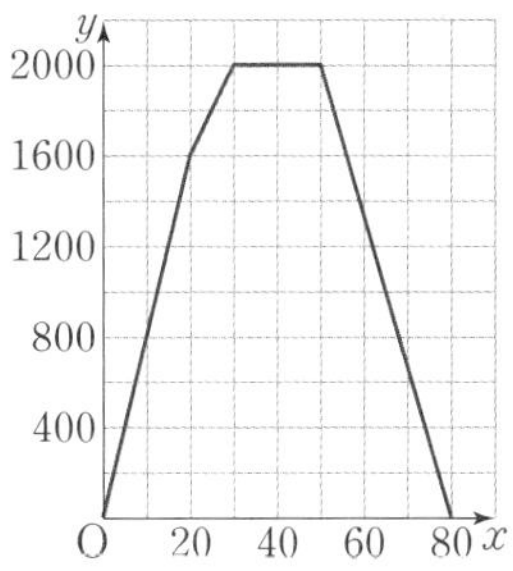

(1) 지우가 출발한 지 10분 후의 집으로부터의 거리를 구하시오.

(2) 지우가 마트에 도착한 후 물건을 사고 나올 때까지 걸린 시간을 구하시오.

(3) 지우가 마트에 가서 물건을 사고 집으로 돌아올 때까지 걸린 총 시간을 구하시오.

step 3 기출 & 변형하면...

유형 1 수직선 위의 점의 좌표

> 개념 1

★0687 다음 수직선 위의 두 점 A(a), B(b)에 대하여 $6ab$의 값은?

① -45　② -35　③ -28
④ 35　⑤ -45

→ 0688 다음 중 아래 수직선 위의 점의 좌표를 나타낸 것으로 옳지 않은 것은?

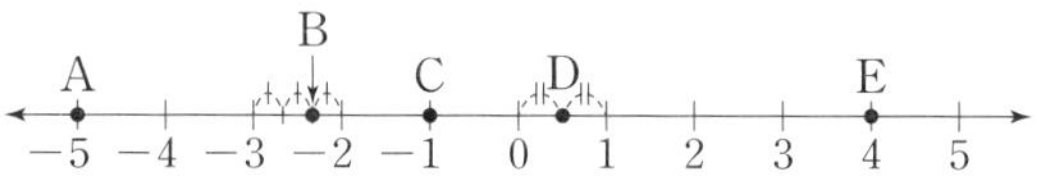

① A(-5)　② B$\left(-\frac{11}{3}\right)$　③ C(-1)
④ D$\left(\frac{1}{2}\right)$　⑤ E(4)

0689 다음 수직선 위의 점 P에서 오른쪽으로 7만큼 떨어져 있는 점 Q의 좌표를 기호로 나타내시오.

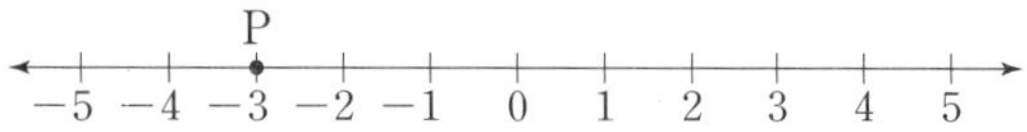

→ 0690 수직선 위에서 두 점 A(-5), B(3)으로부터 같은 거리에 있는 점 C의 좌표를 기호로 나타내시오.

유형 2 순서쌍과 좌표평면

> 개념 1

★0691 다음 중 오른쪽 좌표평면 위의 점의 좌표를 나타낸 것으로 옳지 않은 것은?

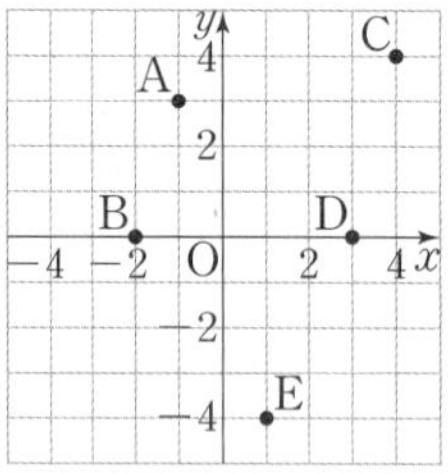

① A$(-1, 3)$　② B$(0, -2)$
③ C$(4, 4)$　④ D$(3, 0)$
⑤ E$(1, -4)$

→ 0692 오른쪽 좌표평면에서 다음 좌표가 나타내는 점의 알파벳을 차례로 나열할 때, 만들어지는 영어 단어를 구하시오.

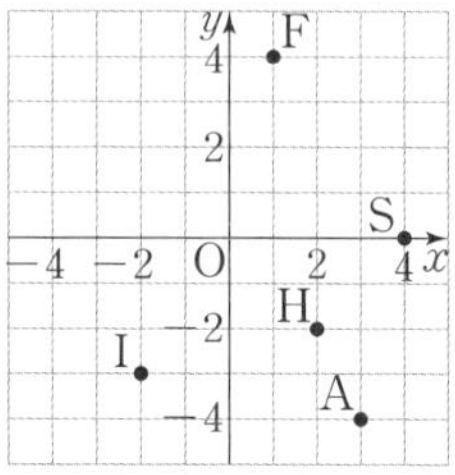

$(1, 4)$ ➡ $(-2, -3)$ ➡ $(4, 0)$ ➡ $(2, -2)$

0693 x좌표가 -4이고 y좌표가 2인 점의 좌표가 $(a+1, b-2)$일 때, $a-b$의 값을 구하시오.

0694 두 순서쌍 $(6-5a, 2+3b)$, $(3a-10, 7-2b)$가 서로 같을 때, $a-b$의 값은?

① -2 ② -1 ③ 0
④ 1 ⑤ 2

유형 3 좌표축 위의 점의 좌표 구하기

> 개념 1

*0695 y축 위에 있고 y좌표가 -9인 점의 좌표는?

① $(-9, -9)$ ② $(-9, 0)$ ③ $(9, 0)$
④ $(0, -9)$ ⑤ $(0, 9)$

0696 x축 위에 있고 x좌표가 5인 점의 좌표를 (a, b), y축 위에 있고 y좌표가 -7인 점의 좌표를 (c, d)라 할 때, $a+b+c+d$의 값을 구하시오.

0697 원점이 아닌 점 (a, b)가 y축 위에 있을 때, 다음 중 옳은 것은?

① $a\neq0$, $b\neq0$ ② $a=0$, $b\neq0$
③ $a\neq0$, $b=0$ ④ $a=0$, $b=0$
⑤ $a\neq0$, $b<0$

서술형
0698 두 점 $A(-1-3a, 4-6a)$, $B(3b+4, 5-b)$가 각각 x축, y축 위에 있을 때, $a+b$의 값을 구하시오.

유형 4 좌표평면 위의 도형의 넓이 구하기 > 개념 1

*0699 세 점 A$(-3, 2)$, B$(-3, -3)$, C$(1, 1)$을 꼭짓점으로 하는 삼각형 ABC의 넓이는?

① 6 ② 8 ③ 10
④ 12 ⑤ 14

→ 0700 네 점 A$(0, 4)$, B$(-2, 0)$, C$(0, -4)$, D$(2, 0)$을 꼭짓점으로 하는 사각형 ABCD의 넓이는?

① 12 ② 13 ③ 14
④ 15 ⑤ 16

0701 네 점 A$(-2, 4)$, B$(-1, -2)$, C$(4, -2)$, D$(4, 4)$를 꼭짓점으로 하는 사각형 ABCD의 넓이를 구하시오.

→ 서술형 0702 세 점 P$(-1, 2)$, Q$(-2, -2)$, R$(2, -1)$을 꼭짓점으로 하는 삼각형 PQR의 넓이를 구하시오.

유형 5 사분면 > 개념 2

*0703 다음 중 점이 속하는 사분면이 옳지 않은 것은?

① $(-3, 4)$ ➡ 제2사분면
② $(1, 7)$ ➡ 제1사분면
③ $(-2, -5)$ ➡ 제3사분면
④ $(11, -4)$ ➡ 제4사분면
⑤ $(6, 0)$ ➡ 제1사분면

→ 0704 다음 중 옳지 않은 것은?

① 점 A$(3, 7)$은 제1사분면 위에 있다.
② 점 B$(-5, 0)$은 제2사분면 위에 있다.
③ 원점의 좌표는 $(0, 0)$이다.
④ 두 점 $(-2, 9)$와 $(-1, 6)$은 같은 사분면 위에 있다.
⑤ 점 $(0, 1)$은 y축 위에 있다.

0705 다음 중 제2사분면 위의 점인 것은?

① $(-2, -10)$ ② $(5, 8)$ ③ $(7, -6)$
④ $(-4, 9)$ ⑤ $(-2, 0)$

0706 다음 중 제4사분면에 속하는 점끼리 짝 지은 것은?

① $(3, 0)$, $(0, 3)$ ② $(2, 4)$, $(-2, 4)$
③ $(-6, 5)$, $(-2, 1)$ ④ $(2, -7)$, $(1, -2)$
⑤ $(-2, -3)$, $(1, -10)$

유형 6 사분면 (1): 두 수의 부호를 이용하는 경우

> 개념 2

*__0707__ $ab>0$이고 $a+b<0$일 때, 점 $(-a, b)$는 어느 사분면 위의 점인가?

① 제1사분면 ② 제2사분면
③ 제3사분면 ④ 제4사분면
⑤ 어느 사분면에도 속하지 않는다.

서술형
0708 $ab>0$이고 $a+b>0$일 때, 두 점 $\mathrm{P}\left(\frac{b}{a}, -a\right)$, $\mathrm{Q}(-b, a)$는 각각 어느 사분면 위의 점인지 구하시오.

0709 $ab<0$이고 $a<b$일 때, 다음 중 제3사분면 위의 점은?

① $(-b, -a)$ ② $(b, -a)$ ③ $(-a, -b)$
④ $(a, -b)$ ⑤ (a, b)

0710 $a>b$이고 $ab<0$일 때, 다음 중 점 $\left(-a, -\frac{b}{a}\right)$와 같은 사분면 위의 점은?

① $(3, 7)$ ② $(-6, -6)$ ③ $(-2, 11)$
④ $(10, -1)$ ⑤ $(4, 0)$

0711 점 (a, b)가 제4사분면 위의 점일 때, 다음 중 항상 옳은 것은?

① $a-b<0$ ② $a+b>0$ ③ $ab<0$
④ $\frac{b}{a}>0$ ⑤ $b-a>0$

0712 점 $(-a, b)$가 제3사분면 위의 점일 때, 다음 중 제2사분면 위의 점은?

① (a, b) ② $(a, -b)$ ③ $(-a, -b)$
④ $\left(\frac{a}{b}, b-a\right)$ ⑤ $(-ab, a-b)$

★**0713** 점 $A(-4, a)$는 제3사분면, 점 $B(2, -b)$는 제1사분면 위의 점일 때, 점 $P(-a, ab)$는 어느 사분면 위의 점인지 구하시오.

0714 점 (a, b)는 제3사분면 위의 점이고, 점 (c, d)는 제2사분면 위의 점일 때, 점 $(ac, b-d)$는 어느 사분면 위의 점인가?

① 제1사분면 ② 제2사분면
③ 제3사분면 ④ 제4사분면
⑤ 어느 사분면에도 속하지 않는다.

0715 점 $(a+b, ab)$가 제2사분면 위의 점일 때, 점 $(a, -b)$는 어느 사분면 위의 점인지 구하시오.

0716 점 $(ab, a-b)$가 제2사분면 위의 점일 때, 점 $\left(-\frac{a}{2}, -b\right)$는 어느 사분면 위의 점인가?

① 제1사분면 ② 제2사분면
③ 제3사분면 ④ 제4사분면
⑤ 어느 사분면에도 속하지 않는다.

유형 8 대칭인 점의 좌표

> 개념 2

0717 다음 중 점 $(-6, 11)$과 원점에 대하여 대칭인 점의 좌표는?

① $(-11, -6)$ ② $(-11, 6)$ ③ $(-6, -11)$
④ $(6, -11)$ ⑤ $(6, 11)$

0718 점 $(3, -5)$와 x축에 대하여 대칭인 점의 좌표가 (a, b)일 때, $b-a$의 값을 구하시오.

*****0719** 두 점 $(6-5a, -b+3)$, $(-1, -7-3b)$가 y축에 대하여 대칭일 때, a, b의 값은?

① $a=-5$, $b=-1$ ② $a=-5$, $b=1$
③ $a=-1$, $b=-5$ ④ $a=1$, $b=-5$
⑤ $a=1$, $b=5$

0720 점 $(a-5, 5)$와 y축에 대하여 대칭인 점의 좌표가 $(-4, b-2)$일 때, $a-b$의 값은?

① -2 ② -1 ③ 1
④ 2 ⑤ 3

0721 점 $(a-2, -3)$과 x축에 대하여 대칭인 점의 좌표가 점 $(-5, 7-4b)$와 y축에 대하여 대칭인 점의 좌표와 같을 때, $a-b$의 값을 구하시오.

서술형
0722 두 점 $(2-a, 7b+4)$, $(6, 10)$이 x축에 대하여 대칭일 때, 점 $\mathrm{P}(-b, a)$는 어느 사분면 위의 점인지 구하시오.

유형 9 상황을 그래프로 나타내기 > 개념 3

0723 끓인 물을 컵에 담아 놓고 물의 온도를 측정하였더니 물의 온도는 시간이 지남에 따라 서서히 낮아지다가 어느 순간부터는 공기 중의 온도와 같아져서 온도의 변화가 없었다. 다음 **보기** 중 물의 온도를 시간에 따라 나타낸 그래프로 알맞은 것을 고르시오.

(단, 공기 중의 온도는 영상이다.)

보기

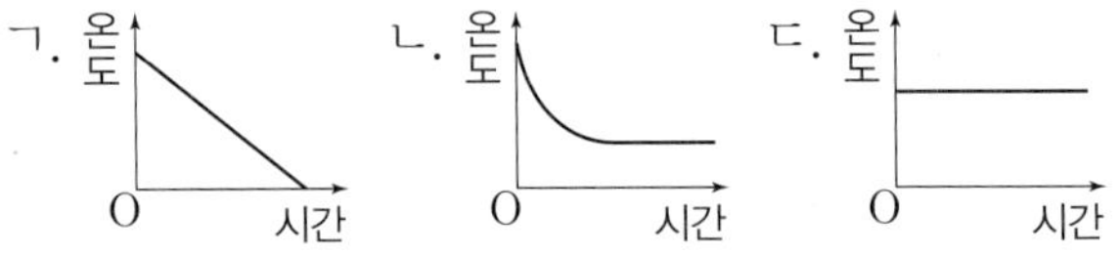

0724 다음 상황에서 강수량의 변화를 시간에 따라 나타낸 그래프로 알맞은 것을 ㉠, ㉡, ㉢ 중 고르시오.

비가 오전에는 일정한 양으로 조금씩 내리다가 오후에는 일정한 양으로 많이 내렸다.

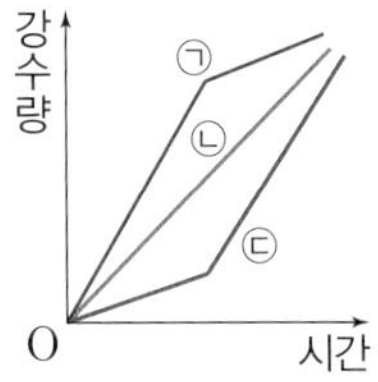

***0725** 수빈이는 집에서 출발하여 일정한 속력으로 걸어 수영장까지 가서 수영을 한 후 일정한 속력으로 걸어 집으로 돌아왔다. 이때 경과 시간 x와 집으로부터의 거리 y 사이의 관계를 나타낸 그래프로 알맞은 것을 **보기**에서 고르시오.

보기

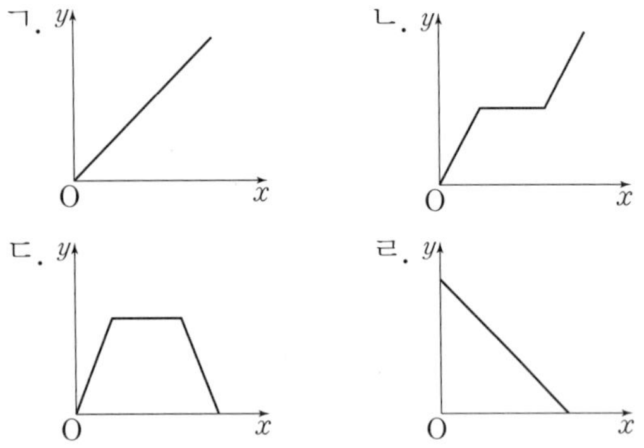

0726 건물 옥상에서 지면으로 공을 던졌을 때, 다음 중 경과 시간 x에 따른 지면으로부터의 높이 y 사이의 관계를 나타낸 그래프로 알맞은 것은?

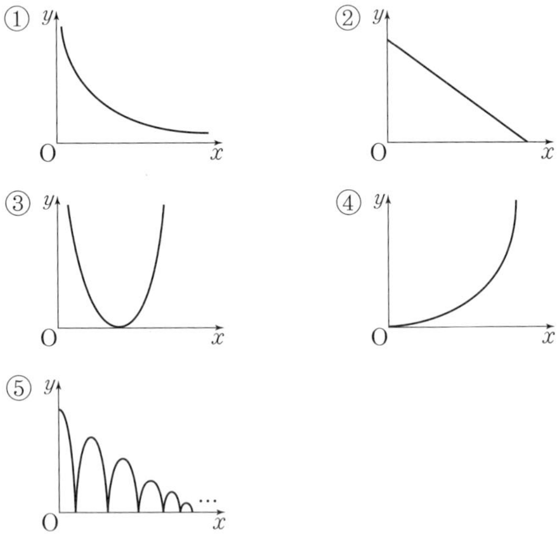

유형 10 그래프의 변화 파악하기
> 개념 3

*0727 오른쪽 그림과 같은 모양의 물병에 일정한 속도로 물을 넣을 때, 물을 넣는 시간 x와 물의 높이 y 사이의 관계를 나타낸 그래프로 알맞은 것은?

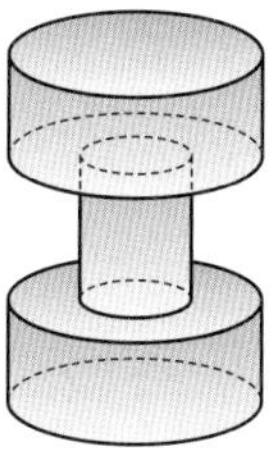

① 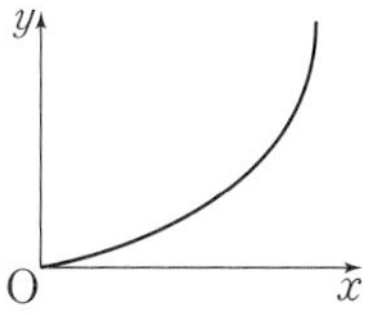

② 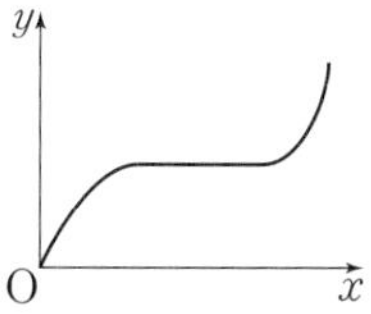

③ 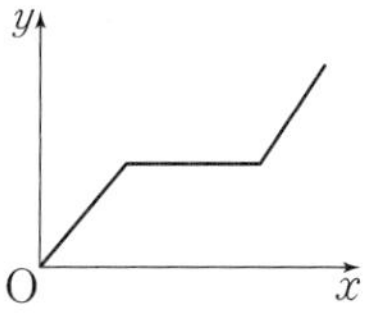

④ 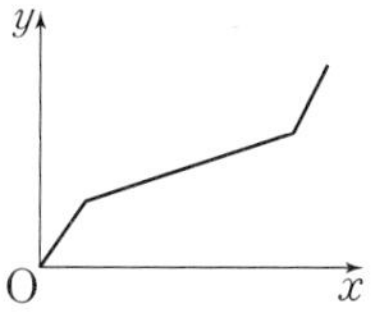

⑤ 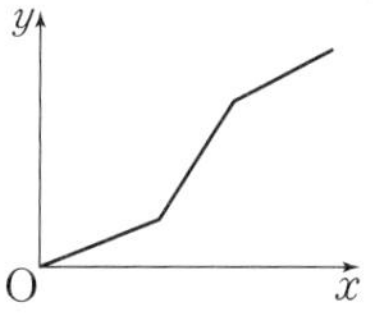

➜ 0728 오른쪽 그림과 같은 모양의 빈 병에 시간당 일정한 양의 주스를 넣을 때, 주스를 넣는 시간 x와 주스의 높이 y 사이의 관계를 나타낸 그래프로 알맞은 것은?

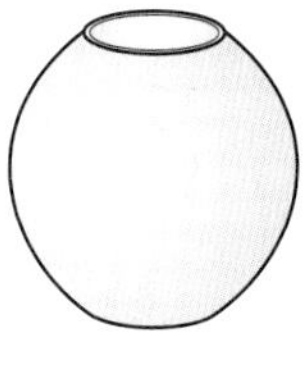

① 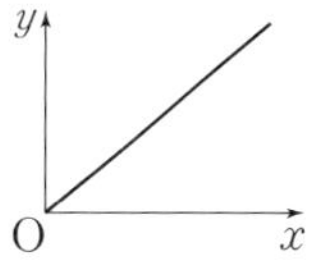

② 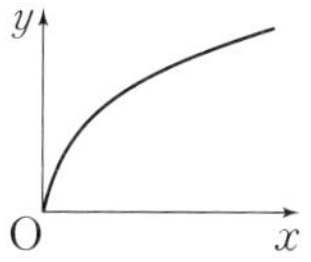

③ 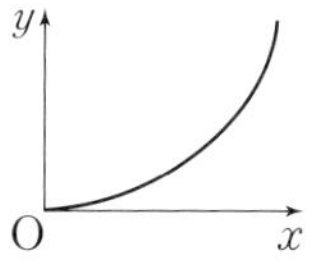

④ 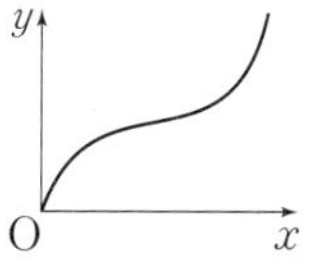

⑤ 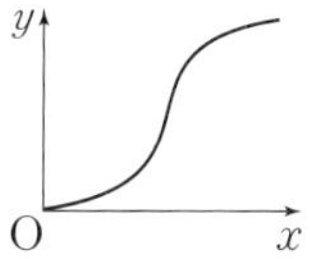

0729 오른쪽 그림과 같이 부피가 모두 같은 원기둥 모양의 세 그릇 A, B, C에 주스가 가득 차 있다. 일정한 속도로 세 그릇에서 주스를 모두 빼내려고 할 때, 경과 시간 x에 따른 주스의 높이를 y라 하자. 각 그릇에 해당하는 그래프를 **보기**에서 골라 짝 지으시오.

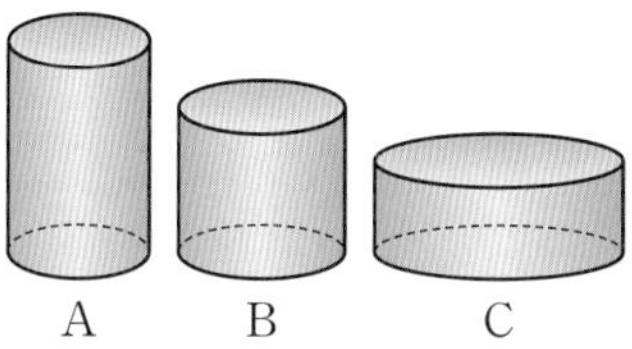

보기

ㄱ. 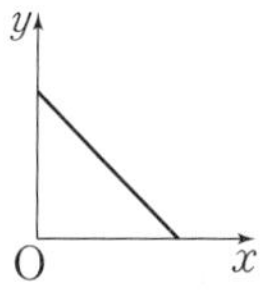

ㄴ. 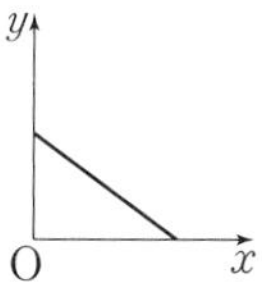

ㄷ. 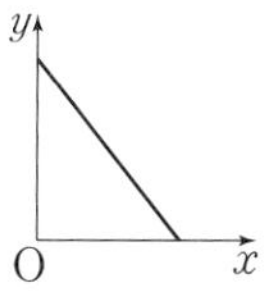

서술형

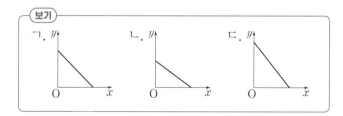

➜ 0730 다음 그림과 같이 세 용기 A, B, C에 매분 일정한 속도로 물을 채우려고 한다. 물을 x분 동안 채웠을 때의 물의 높이를 y cm라 할 때, 아래 그래프는 x와 y 사이의 관계를 나타낸 것이다. 각 용기에 해당하는 그래프로 알맞은 것을 ㉠, ㉡, ㉢ 중에서 고르고, 그 이유를 설명하시오.

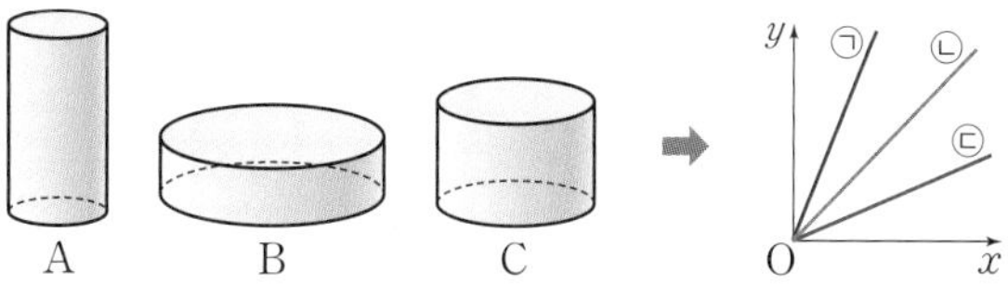

유형 11 그래프 해석하기 > 개념 3

★0731 윤호와 은지는 원 모양의 호수의 둘레를 같은 지점에서 같은 속력으로 동시에 출발하여 서로 반대 방향으로 걸어서 각자 2바퀴를 돌아 처음 지점으로 돌아왔다. 위 그래프는 출발한 지 x분 후의 두 사람 사이의 직선거리를 y m라 할 때, x와 y 사이의 관계를 나타낸 것이다. 다음 물음에 답하시오.

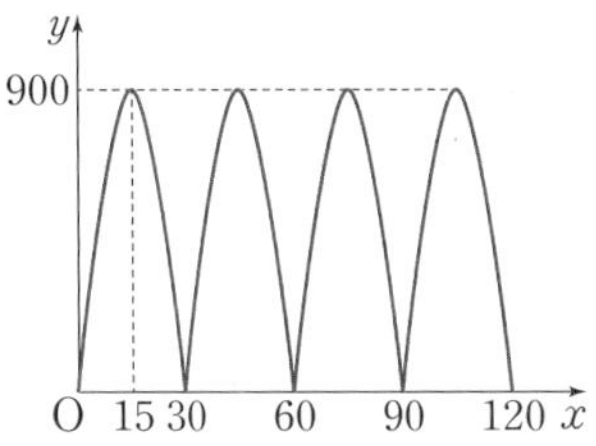

(1) 윤호와 은지는 동시에 출발한 지 몇 분 후에 처음으로 다시 만나는지 구하시오.

(2) 윤호와 은지는 호수 둘레를 2바퀴 도는 동안 몇 번 만났는지 구하시오. (단, 출발할 때와 돌아왔을 때 만난 것은 제외한다.)

→ 0732 다음 그래프는 자동차를 타고 갈 때, 자동차의 속력을 시간에 따라 나타낸 것이다. **보기** 중 옳은 것을 모두 고르시오.

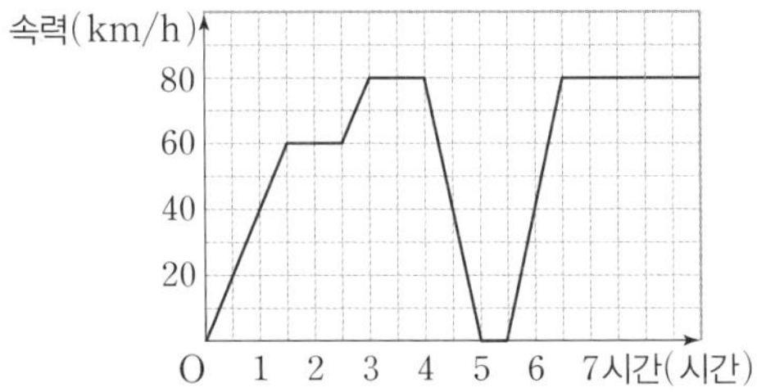

보기

ㄱ. 자동차는 한 번 정지해 있었다.

ㄴ. 자동차는 출발해서 1시간 30분 동안 일정한 속력으로 달렸다.

ㄷ. 자동차가 가장 빨리 달릴 때의 속력은 시속 80 km이다.

유형 12 그래프 비교하기 > 개념 3

★0733 집에서 4 km 떨어진 서점까지 가는데, 형은 자전거를 타고 가고 동생은 걸어갔다. 오른쪽 그래프는 두 사람이 집에서 동시에 출발하여 x분 동안 이동한 거리를 y km라 할 때, x와 y 사이의 관계를 나타낸 것이다. 형이 서점에 도착한 지 몇 분 후에 동생이 서점에 도착하였는지 구하시오.

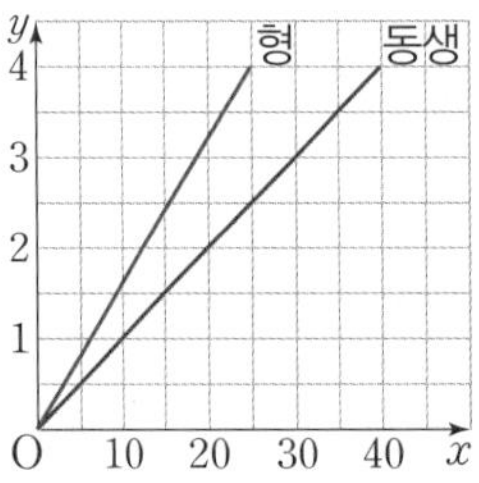

서술형

→ 0734 민우와 성원이가 500 m 직선 코스에서 스피드 스케이팅 시합을 했다. 오른쪽 그래프는 두 사람이 동시에 출발한 지 x초 후의 출발점으로부터의 거리를 y m라 할 때, x와 y 사이의 관계를 나타낸 것이다. 다음 물음에 답하시오.

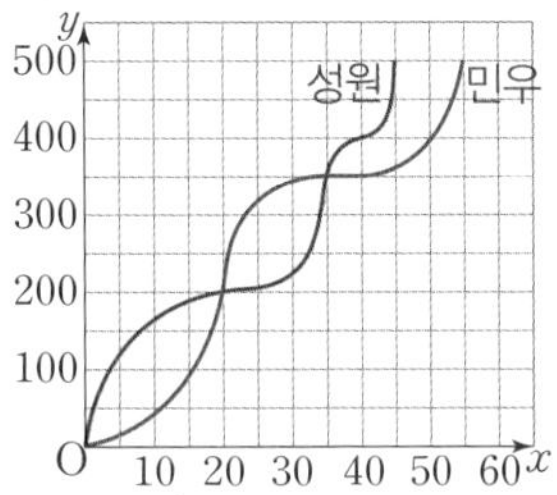

(1) 두 사람의 순위가 바뀌는 것은 출발한 지 몇 초 후인지 모두 구하시오.

(2) 출발한 지 40초 후 두 사람 사이의 거리를 구하시오.

(3) 결승점에 먼저 도착한 사람을 말하시오.

C step 실력 완성!

정답과 해설 71쪽

0735 두 순서쌍 $(-3a-1,\ b+5)$, $(a+3,\ -2b-1)$이 서로 같을 때, ab의 값을 구하시오.

0736 다음 중 오른쪽 좌표평면 위의 점의 좌표를 바르게 나타낸 것은?

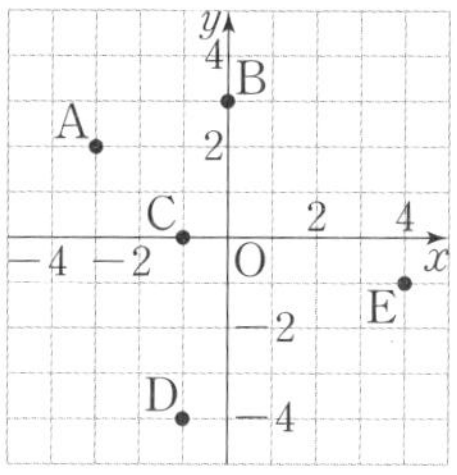

① A$(2,\ -3)$
② B$(3,\ 0)$
③ C$(0,\ -1)$
④ D$(-1,\ -4)$
⑤ E$(-1,\ 4)$

0737 점 $(2a+3,\ 3a-2)$가 x축 위에 있는 점일 때, 이 점의 x좌표는?

① 5　② $\frac{13}{3}$　③ $\frac{7}{3}$
④ 2　⑤ $\frac{2}{3}$

0738 네 점 A$(-1,\ 2)$, B$(-1,\ -2)$, C$(3,\ -2)$, D$(3,\ 2)$를 꼭짓점으로 하는 사각형 ABCD의 넓이를 구하시오.

0739 다음 중 옳지 <u>않은</u> 것은?

① y축 위에 있고 y좌표가 -2인 점은 점 $(0,\ -2)$이다.
② x축 위의 점은 y좌표가 0이다.
③ 점 $(8,\ 0)$은 어느 사분면에도 속하지 않는다.
④ 점 $(-3,\ 2)$와 점 $(2,\ -3)$은 같은 사분면 위에 있다.
⑤ 점 $(5,\ -2)$와 x축에 대하여 대칭인 점의 좌표는 $(5,\ 2)$이다.

0740 $ab<0$이고 $a>b$일 때, 다음 중 제2사분면 위의 점은?

① $(a,\ b)$　② $(a,\ -b)$　③ $(-a,\ -b)$
④ $(b,\ -a)$　⑤ $(-b,\ a)$

0741 점 $(-a, b)$가 제2사분면 위의 점일 때, 점 $\left(a+b, \dfrac{a}{b}\right)$는 어느 사분면 위의 점인가?

① 제1사분면　　② 제2사분면
③ 제3사분면　　④ 제4사분면
⑤ 어느 사분면에도 속하지 않는다.

0742 민주는 동네 지도를 우체국을 원점 O로 하여 좌표평면 위에 나타내었더니 민주네 집의 좌표는 $(5, -2)$이었다. 민주네 집과 원점에 대하여 대칭인 위치에 지수네 집이 있을 때, 지수네 집의 좌표는?

① $(-5, -2)$　② $(-5, 2)$　③ $(-2, 5)$
④ $(2, 5)$　⑤ $(5, 2)$

0743 은정이는 정류장에서 오후 2시에 출발하는 버스를 타기 위하여 집에서 출발하였다. 처음에는 일정한 속력으로 걸어가다가 늦을 것 같아서 중간에 속력을 일정하게 올리며 뛰어갔다. 은정이가 집에서 출발하여 정류장에 도착할 때까지 걸린 시간과 속력 사이의 관계를 나타낸 그래프로 알맞은 것을 보기에서 고르시오.

보기

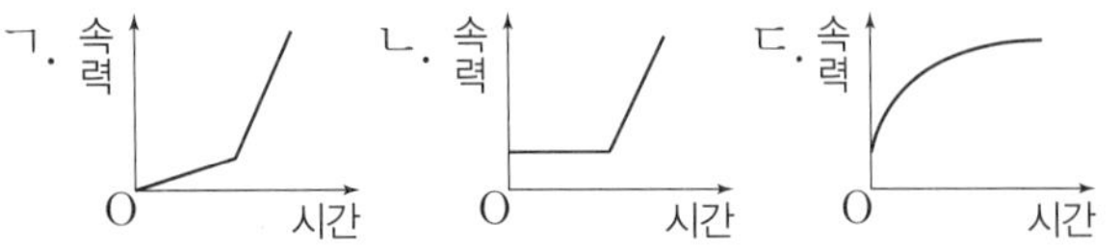

0744 진수는 집에서 800 m 떨어진 학교를 향해 가다가 도중에 다시 집으로 돌아와 준비물을 가지고 학교까지 갔다. 오른쪽 그래프는 진수가 집에서 학교까지 가는데 출발한 지 x분 후 집으로부터의 거리를 y m라 할 때, x와 y 사이의 관계를 나타낸 것이다. 다음 **보기** 중 옳은 것을 모두 고르시오. (단, 집에서 학교까지 직선으로 이동한다.)

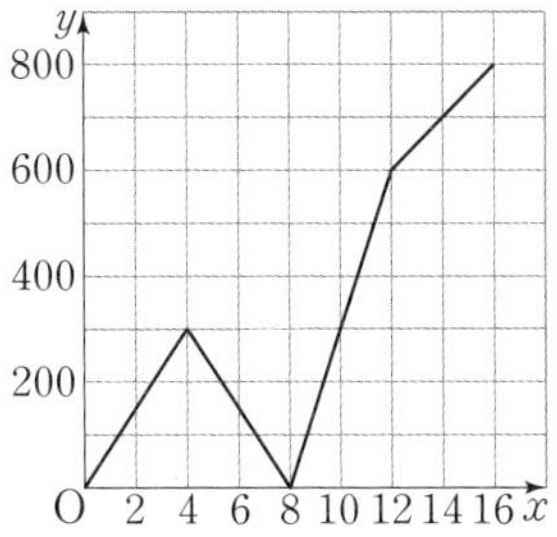

보기

ㄱ. 집에서 출발한 지 4분 후에 준비물을 가지러 다시 집을 향해 출발했다.
ㄴ. 진수가 집에서 출발하여 학교까지 가는 데 총 이동한 거리는 1.1 km이다.
ㄷ. 진수가 집에서 학교까지 가는 데 총 걸린 시간은 16분이다.

0745 오른쪽 그래프는 x세 때의 몸무게를 y kg이라 할 때, 수진이와 민정이의 5세부터 12세까지의 몸무게의 변화를 나타낸 것이다. 다음 **보기** 중 옳은 것을 모두 고르시오.

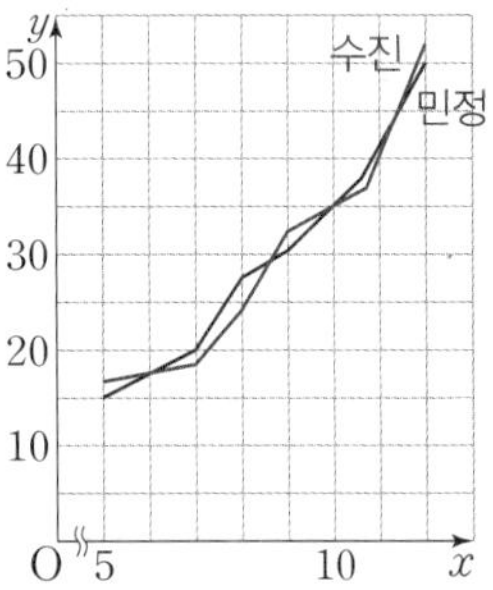

보기

ㄱ. 5세 때 민정이의 몸무게가 수진이의 몸무게보다 더 무겁다.
ㄴ. 10세 때 수진이와 민정이의 몸무게는 35 kg으로 같았다.
ㄷ. 5세부터 12세까지 수진이와 민정이의 몸무게가 같았을 때는 3번 있었다.

0746 점 $(ab, a+b)$가 제4사분면 위의 점이고 $|a|<|b|$일 때, 점 $(a-b, -a)$는 어느 사분면 위의 점인지 구하시오.

0747 점 $A(a, b)$에 대하여 세 점 B, C, D는 각각 점 A와 y축, 원점, x축에 대하여 대칭이다. 사각형 ABCD의 둘레의 길이가 36일 때, 다음 중 점 A의 좌표가 될 수 없는 것은? (단, $a\neq0$, $b\neq0$)

① $(1, 8)$ ② $(-2, 7)$ ③ $(-3, 6)$
④ $(4, -5)$ ⑤ $(-5, -5)$

0748 210 L 들이의 물통에 두 호스 A, B로 물을 넣기 시작하여 20분이 지난 후에는 A호스로만 물을 넣었다. 물을 넣기 시작한 지 x분 후의 물의 양을 y L라 할 때, x와 y 사이의 관계를 그래프로 나타내면 오른쪽 그림과 같다. 처음부터 B 호스만 사용하여 이 물통을 가득 채우는 데 걸리는 시간을 구하시오.

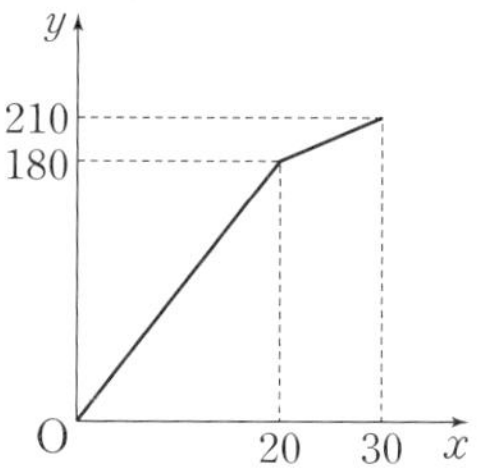

서술형

0749 네 점 $A(1, 1)$, $B(5, 1)$, $C(6, a)$, $D(2, a)$를 꼭짓점으로 하는 평행사변형의 넓이가 12일 때, 가능한 모든 a의 값의 합을 구하시오.

0750 다음 그래프는 42.195 km 마라톤 경기 코스에서 출발점으로부터의 거리와 해수면으로부터의 높이 사이의 관계를 나타낸 것이다. 출발점으로부터 결승점까지의 전 구간에서 해수면으로부터의 높이가 가장 높은 곳의 높이를 a m, 오르막길인 구간이 나타나는 횟수를 b회라 할 때, ab의 값을 구하시오.

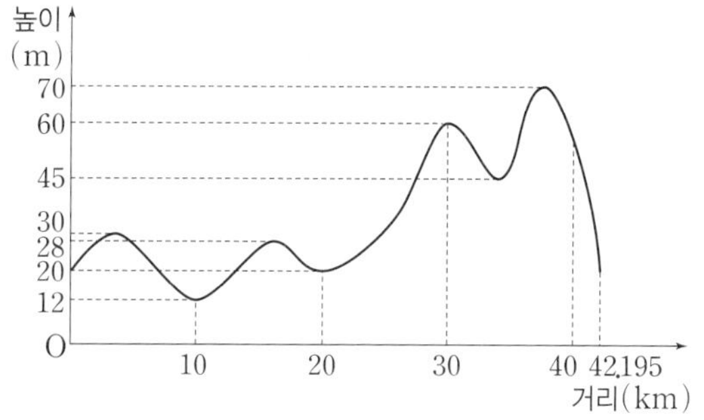

개념 1

정비례 관계와 그 그래프

> 유형 1~7, 15, 16

(1) **정비례 관계**

① 정비례: 두 변수 x, y에 대하여 x의 값이 2배, 3배, 4배, …로 변함에 따라 y의 값도 2배, 3배, 4배, …로 변할 때, y는 x에 **정비례**한다고 한다.

② 정비례 관계식: 일반적으로 y가 x에 정비례할 때, 두 변수 x와 y 사이의 관계식은 0이 아닌 일정한 수 a에 대하여 $y=ax$와 같은 식으로 나타낼 수 있다.

(2) **정비례 관계 $y=ax$ $(a\neq0)$의 그래프**

x의 값의 범위가 수 전체일 때, 정비례 관계 $y=ax$ $(a\neq0)$의 그래프는 원점을 지나는 직선이다.

	$a>0$	$a<0$
그래프	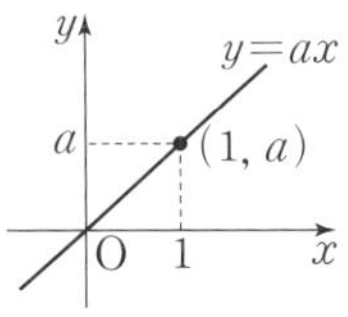	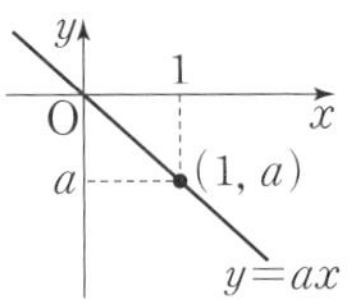
그래프의 모양	오른쪽 위로 향하는 직선	오른쪽 아래로 향하는 직선
지나는 사분면	제1사분면, 제3사분면	제2사분면, 제4사분면
증가 · 감소	x의 값이 증가하면 y의 값도 증가	x의 값이 증가하면 y의 값은 감소

개념 2

반비례 관계와 그 그래프

> 유형 8~16

(1) **반비례 관계**

① 반비례: 두 변수 x, y에 대하여 x의 값이 2배, 3배, 4배, …로 변함에 따라 y의 값이 $\frac{1}{2}$배, $\frac{1}{3}$배, $\frac{1}{4}$배, …로 변할 때, y는 x에 **반비례**한다고 한다.

② 반비례 관계식: 일반적으로 y가 x에 반비례할 때, 두 변수 x와 y 사이의 관계식은 0이 아닌 일정한 수 a에 대하여 $y=\frac{a}{x}$와 같은 식으로 나타낼 수 있다.

(2) **반비례 관계 $y=\frac{a}{x}$ $(a\neq0)$의 그래프**

x의 값의 범위가 0이 아닌 수 전체일 때, 반비례 관계 $y=\frac{a}{x}$ $(a\neq0)$의 그래프는 좌표축에 한없이 가까워지는 한 쌍의 매끄러운 곡선이다.

	$a>0$	$a<0$
그래프	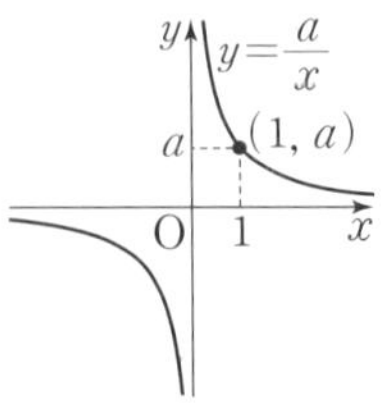	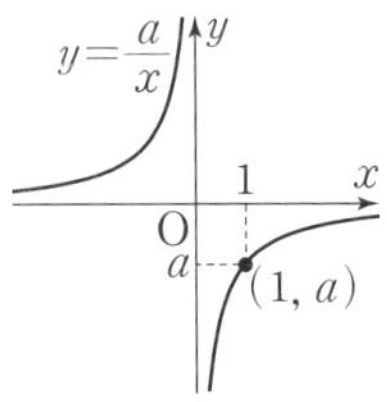
지나는 사분면	제1사분면, 제3사분면	제2사분면, 제4사분면
증가 · 감소	각 사분면에서 x의 값이 증가하면 y의 값은 감소	각 사분면에서 x의 값이 증가하면 y의 값도 증가

개념 1 정비례 관계와 그 그래프

0751 y가 x에 정비례할 때, 다음 물음에 답하시오.

(1) 다음 표를 완성하시오.

x	1	2	3	4	5
y	6				

(2) x와 y 사이의 관계식을 구하시오.

0752 다음 중 y가 x에 정비례하는 것은 ○표, 정비례하지 않는 것은 ×표를 하시오.

(1) $y=4x$ (　　)　(2) $y=-x+1$ (　　)

(3) $y=-8x$ (　　)　(4) $y=\frac{5}{x}$ (　　)

0753 x의 값의 범위가 수 전체일 때, 다음 정비례 관계의 그래프를 좌표평면 위에 그리시오.

(1) $y=2x$

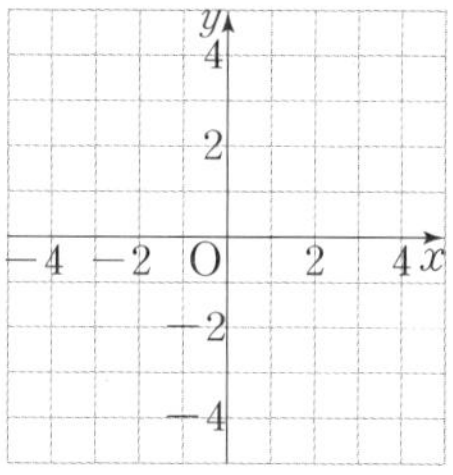

(2) $y=-3x$

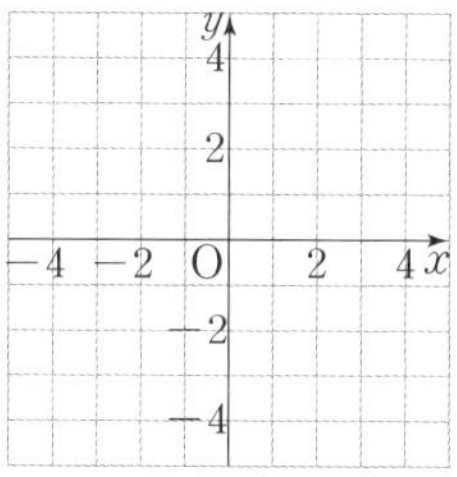

0754 정비례 관계의 그래프가 다음 그림과 같을 때, x와 y 사이의 관계식을 구하시오.

(1)

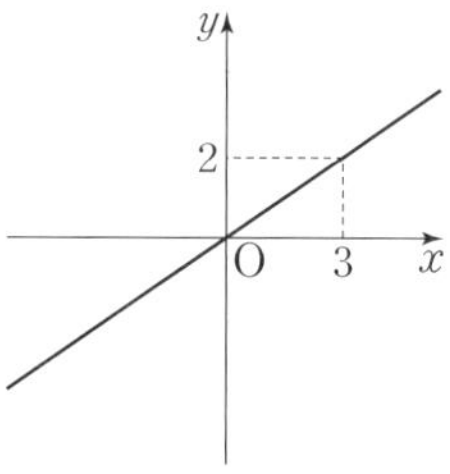

(2)

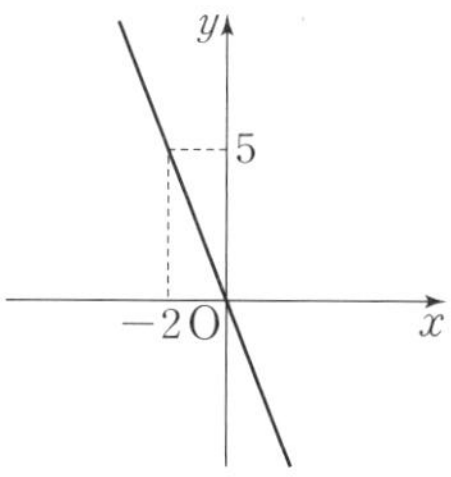

개념 2 반비례 관계와 그 그래프

0755 y가 x에 반비례할 때, 다음 물음에 답하시오.

(1) 다음 표를 완성하시오.

x	1	2	3	4	5
y	-8		$-\frac{8}{3}$		

(2) x와 y 사이의 관계식을 구하시오.

0756 다음 중 y가 x에 반비례하는 것은 ○표, 반비례하지 않는 것은 ×표를 하시오.

(1) $y=-7x$ (　　)　(2) $y=\frac{2}{x}$ (　　)

(3) $y=-\frac{10}{x}$ (　　)　(4) $y=\frac{1}{6}x$ (　　)

0757 x의 값의 범위가 0이 아닌 수 전체일 때, 다음 반비례 관계의 그래프를 좌표평면 위에 그리시오.

(1) $y=\frac{4}{x}$

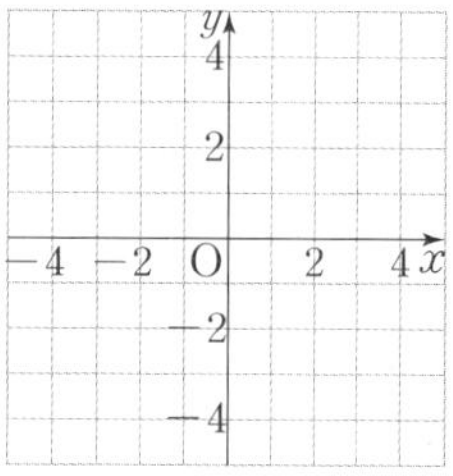

(2) $y=-\frac{3}{x}$

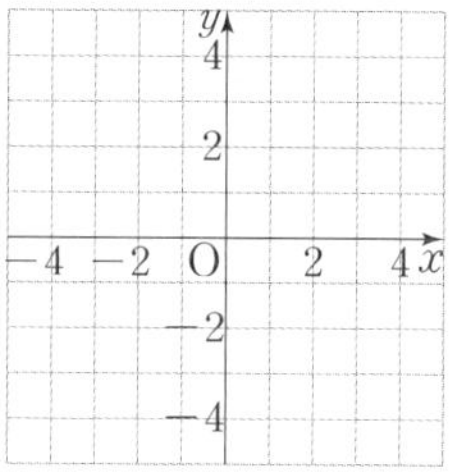

0758 반비례 관계의 그래프가 다음 그림과 같을 때, x와 y 사이의 관계식을 구하시오.

(1)

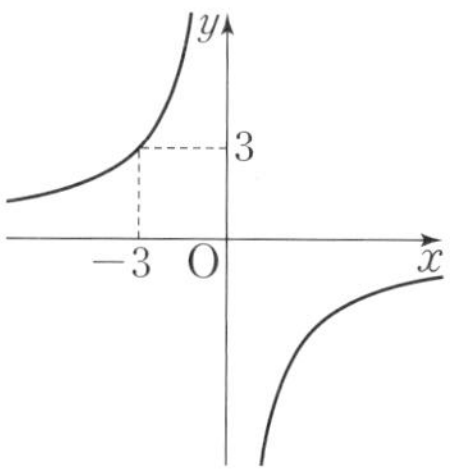

(2)

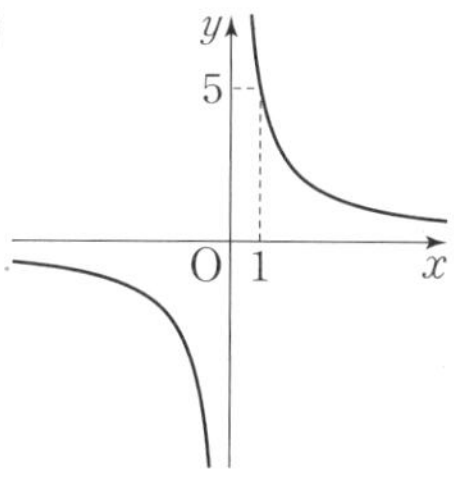

step 3 기출 & 변형하면…

유형 1 정비례 관계 > 개념 1

*0759 다음 **보기** 중 y가 x에 정비례하는 것을 모두 고르시오.

보기

ㄱ. $y=\frac{3}{2}$ ㄴ. $y=7-4x$ ㄷ. $y=-\frac{1}{12}x$

ㄹ. $xy=20$ ㅁ. $\frac{y}{x}=\frac{1}{4}$ ㅂ. $y=\frac{x-2}{6}$

→ 0760 x의 값이 2배, 3배, 4배, …가 될 때, y의 값도 2배, 3배, 4배, …가 되는 x와 y 사이의 관계식이 아닌 것을 모두 고르면? (정답 2개)

① $y=6x$ ② $xy=9$ ③ $y=-2x-1$

④ $\frac{y}{x}=11$ ⑤ $y=-\frac{3}{8}x$

0761 다음 중 y가 x에 정비례하는 것은?

① 한 개의 무게가 x g인 구슬 y개의 무게는 200 g이다.

② 한 변의 길이가 x cm인 정삼각형의 둘레의 길이는 y cm이다.

③ 밑변의 길이가 x cm이고 높이가 y cm인 평행사변형의 넓이는 100 cm^2이다.

④ 40 km의 거리를 시속 x km로 달리면 y시간이 걸린다.

⑤ 주스 2 L를 x명이 똑같이 나누어 마실 때, 한 사람이 마시는 주스의 양은 y L이다.

→ 0762 다음 **보기** 중 $y=-\frac{x}{5}$에 대한 설명으로 옳은 것을 모두 고른 것은?

보기

ㄱ. y는 x에 정비례한다.

ㄴ. x의 값이 100일 때, y의 값은 -20이다.

ㄷ. x의 값이 2배가 되면 y의 값은 $\frac{1}{2}$배가 된다.

① ㄱ ② ㄴ ③ ㄱ, ㄴ

④ ㄴ, ㄷ ⑤ ㄱ, ㄴ, ㄷ

유형 2 정비례 관계식 구하기 > 개념 1

*0763 y가 x에 정비례하고, $x=-5$일 때 $y=15$이다. 이때 x와 y 사이의 관계식은?

① $y=-3x$ ② $y=-\frac{1}{3}x$ ③ $y=\frac{1}{3}x$

④ $y=3x$ ⑤ $y=6x$

→ 0764 y가 x에 정비례하고, $x=\frac{1}{2}$일 때 $y=-4$이다. $x=2$일 때 y의 값은?

① -16 ② -8 ③ -4

④ 8 ⑤ 16

서술형

0765 y가 x에 정비례하고, x와 y 사이의 관계를 나타내면 다음 표와 같다. 이때 ABC의 값을 구하시오.

x	-3	$\frac{1}{4}$	6	C
y	A	1	B	$-\frac{1}{2}$

0766 y가 x에 정비례하고, x와 y 사이의 관계를 나타내면 다음 표와 같다. 이때 $AB+C$의 값을 구하시오.

x	-4	$-\frac{1}{8}$	B	2
y	A	1	$-\frac{1}{4}$	C

유형 3 정비례 관계의 활용

> 개념 1

*0767 준영이의 맥박 수는 1분에 80회이다. x분 동안 준영이의 맥박 수를 y회라 할 때, 다음을 구하시오.

(1) x와 y 사이의 관계식

(2) 5분 동안의 준영이의 맥박 수

0768 서로 맞물려 돌아가는 두 톱니바퀴 A, B의 톱니는 각각 40개, 30개이다. 톱니바퀴 A가 x바퀴 회전하는 동안 톱니바퀴 B는 y바퀴 회전한다고 할 때, 다음을 구하시오.

(1) x와 y 사이의 관계식

(2) 톱니바퀴 A가 6바퀴 회전하는 동안 톱니바퀴 B의 회전 수

0769 달에서의 무게는 지구에서의 무게에 정비례한다. 지구에서 30 kg인 어떤 물체의 달에서의 무게가 5 kg이었을 때, 지구에서 48 kg인 사람의 달에서의 무게는 몇 kg인지 구하시오.

0770 강인이와 효주가 전체 일의 양이 1인 어떤 일을 하는데, 강인이가 혼자서 하면 4시간이 걸리고 효주가 혼자서 하면 5시간이 걸린다고 한다. 이때 강인이와 효주가 함께 2시간 동안 하는 일의 양을 구하시오.

유형 4 정비례 관계 $y=ax\,(a\neq0)$의 그래프
> 개념 1

*0771 다음 중 정비례 관계 $y=-\frac{3}{4}x$의 그래프에 대한 설명으로 옳지 않은 것은?

① 원점을 지나는 직선이다.
② 오른쪽 아래로 향하는 직선이다.
③ 제2사분면과 제4사분면을 지난다.
④ 점 $\left(2, \frac{3}{2}\right)$을 지난다.
⑤ x의 값이 증가하면 y의 값은 감소한다.

→ 0772 다음 **보기** 중 정비례 관계 $y=ax\,(a\neq0)$의 그래프에 대한 설명으로 옳은 것을 모두 고르시오.

보기
ㄱ. 점 $(a, 1)$을 지난다.
ㄴ. $a<0$일 때, 오른쪽 아래로 향하는 직선이다.
ㄷ. $a>0$일 때, 제1사분면과 제3사분면을 지난다.
ㄹ. $a>0$일 때, x의 값이 증가하면 y의 값은 감소한다.

0773 다음 중 정비례 관계 $y=\frac{2}{3}x$의 그래프는?

①
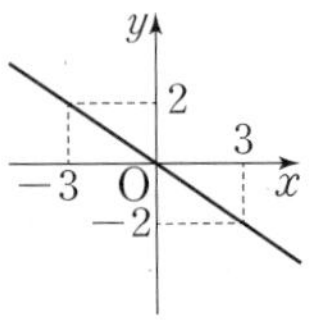

②
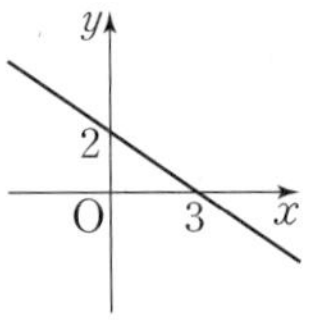

③
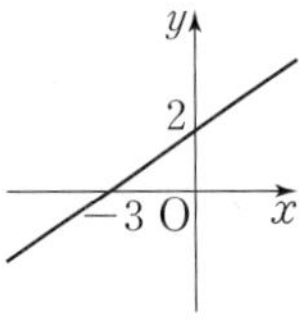

④
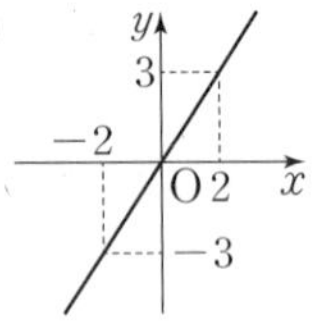

⑤
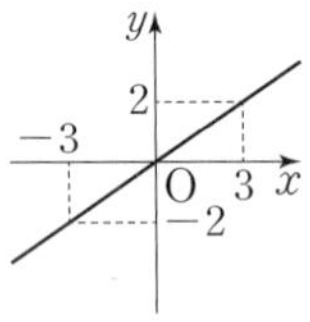

→ 0774 다음 **보기**의 정비례 관계의 그래프 중 옳지 않은 것을 고르시오.

보기
ㄱ. $y=x$ ㄴ. $y=-\frac{5}{2}x$ ㄷ. $y=\frac{1}{3}x$

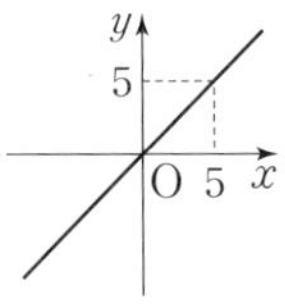

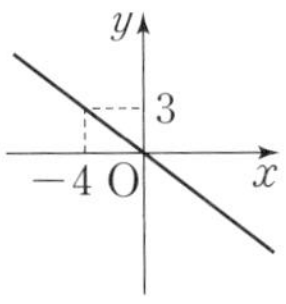

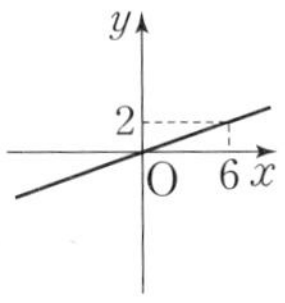

유형 5 정비례 관계 $y=ax\,(a\neq0)$의 그래프와 a의 값 사이의 관계
> 개념 1

0775 다음 정비례 관계의 그래프 중 x축에 가장 가까운 것은?

① $y=-5x$ ② $y=-\frac{5}{3}x$ ③ $y=-x$
④ $y=\frac{1}{4}x$ ⑤ $y=3x$

→ 0776 다음 정비례 관계의 그래프 중 y축에 가장 가까운 것은?

① $y=-2x$ ② $y=-\frac{2}{3}x$ ③ $y=\frac{1}{6}x$
④ $y=x$ ⑤ $y=\frac{7}{4}x$

★**0777** 정비례 관계 $y=3x$, $y=ax$, $y=\frac{2}{5}x$의 그래프가 오른쪽 그림과 같을 때, 다음 중 상수 a의 값이 될 수 있는 것을 모두 고르면? (정답 2개)

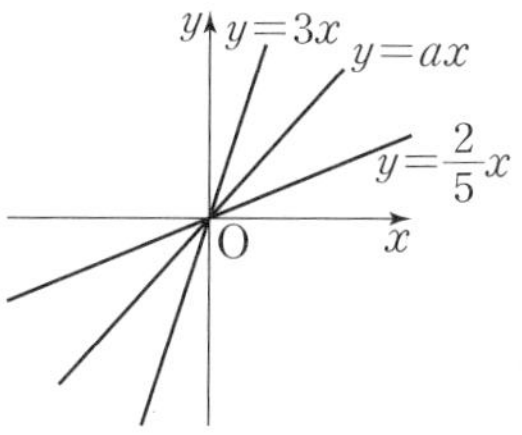

① -2　② $\frac{1}{5}$　③ $\frac{3}{4}$
④ 2　⑤ 4

➔ **0778** 오른쪽 그림은 정비례 관계 $y=ax$의 그래프이다. 이때 상수 a의 값이 가장 작은 것은?

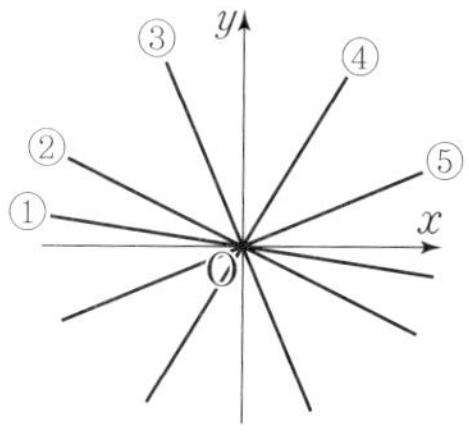

09 정비례와 반비례

유형 6 정비례 관계 $y=ax\,(a\neq0)$의 그래프 위의 점

> 개념 1

★**0779** 다음 중 정비례 관계 $y=5x$의 그래프 위의 점이 아닌 것은?

① $(-2, -10)$　② $\left(-\frac{1}{5}, -1\right)$　③ $(1, 5)$
④ $\left(\frac{2}{3}, \frac{10}{3}\right)$　⑤ $(3, 12)$

➔ **0780** 정비례 관계 $y=-\frac{3}{2}x$의 그래프가 점 $(a, -4-a)$를 지날 때, a의 값을 구하시오.

0781 점 $(-6, -3)$이 정비례 관계 $y=ax\,(a\neq0)$의 그래프 위의 점일 때, 다음 중 이 그래프 위의 점인 것은?

① $(-6, 3)$　② $(-4, -2)$　③ $(-2, 1)$
④ $\left(\frac{1}{3}, -\frac{1}{6}\right)$　⑤ $(2, 2)$

서술형
➔ **0782** 두 점 $(-2, a)$, $(b, -8)$이 정비례 관계 $y=-\frac{1}{2}x$의 그래프 위의 점일 때, $a-b$의 값을 구하시오.

유형 7 그래프를 이용하여 정비례 관계식 구하기

> 개념 1

★0783 오른쪽 그림과 같은 그래프가 나타내는 식을 구하시오.

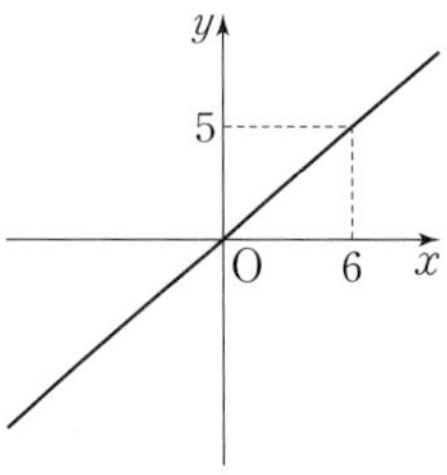

→ 0784 다음 중 오른쪽 그림과 같은 그래프 위의 점이 아닌 것을 모두 고르면? (정답 2개)

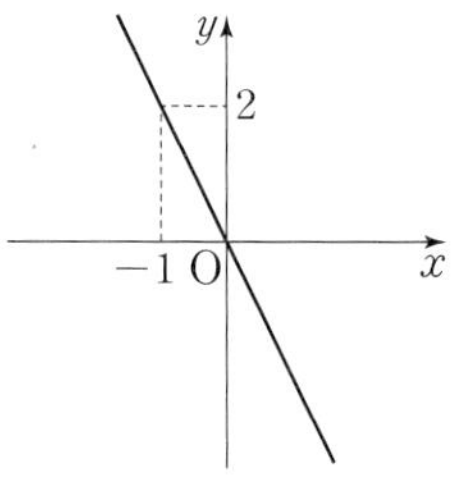

① $(-4, 8)$　② $\left(-\frac{3}{4}, \frac{3}{2}\right)$

③ $\left(\frac{1}{2}, 1\right)$　④ $\left(\frac{5}{2}, -5\right)$

⑤ $(3, 6)$

0785 오른쪽 그림과 같은 그래프가 점 $(m, -2)$를 지날 때, m의 값을 구하시오.

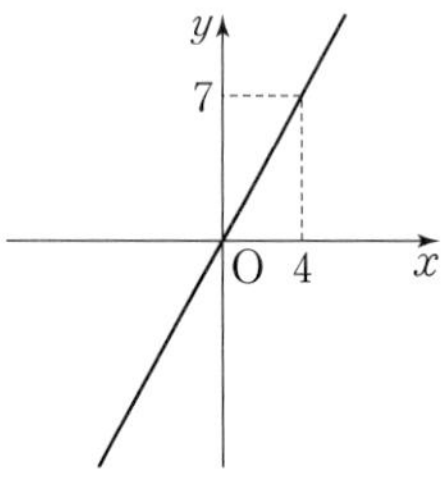

서술형

→ 0786 정비례 관계 $y=ax$ $(a\neq0)$의 그래프가 오른쪽 그림과 같을 때, $a+b$의 값을 구하시오.

(단, a는 상수)

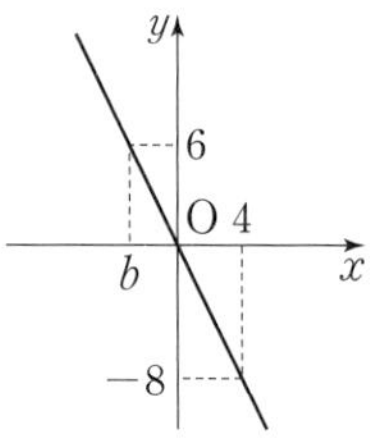

유형 8 반비례 관계

> 개념 2

★0787 다음 **보기** 중 y가 x에 반비례하는 것을 모두 고르시오.

보기

ㄱ. $y=2x$ ㄴ. $y=-x+2$ ㄷ. $y=-\frac{5}{x}$

ㄹ. $\frac{x}{y}=8$ ㅁ. $y=\frac{x}{3}$ ㅂ. $xy=-7$

→ 0788 x의 값이 2배, 3배, 4배, …가 될 때, y의 값은 $\frac{1}{2}$배, $\frac{1}{3}$배, $\frac{1}{4}$배, …가 되는 x와 y 사이의 관계식이 아닌 것을 모두 고르면? (정답 2개)

① $y=-\frac{4}{x}$ ② $y=-\frac{x}{8}$ ③ $xy=\frac{3}{4}$

④ $y=\frac{3}{2x}$ ⑤ $\frac{y}{x}=17$

0789 다음 중 y가 x에 반비례하는 것은?

① 한 개에 x원인 사과 8개의 값은 y원이다.

② 이웃하는 두 변의 길이가 각각 x cm, 10 cm인 직사각형의 넓이는 y cm^2이다.

③ 정가가 3000원인 물건을 x % 할인하여 판매하는 가격은 y원이다.

④ 시속 x km로 y시간 동안 이동한 거리는 50 km이다.

⑤ x %의 소금물 400 g에 들어 있는 소금의 양은 y g이다.

→ 0790 다음 **보기** 중 $xy=-18$에 대한 설명으로 옳은 것을 모두 고른 것은?

보기

ㄱ. y는 x에 반비례한다.

ㄴ. x의 값이 -9일 때, y의 값은 -2이다.

ㄷ. x의 값이 2배가 되면 y의 값은 $\frac{1}{2}$배가 된다.

① ㄱ ② ㄴ ③ ㄱ, ㄴ

④ ㄱ, ㄷ ⑤ ㄱ, ㄴ, ㄷ

유형 9 반비례 관계식 구하기

> 개념 2

★0791 y가 x에 반비례하고, $x=-6$일 때 $y=-2$이다. $x=3$일 때 y의 값은?

① -4 ② -3 ③ -2

④ 3 ⑤ 4

→ 0792 y가 x에 반비례하고, $x=-4$일 때 $y=\frac{3}{2}$이다. 다음 **보기** 중 옳은 것을 모두 고르시오.

보기

ㄱ. x의 값이 6배가 되면 y의 값은 $\frac{1}{6}$배가 된다.

ㄴ. xy의 값이 항상 일정하다.

ㄷ. x와 y 사이의 관계를 식으로 나타내면 $y=-\frac{6}{x}$이다.

ㄹ. $y=12$일 때 $x=\frac{1}{2}$이다.

유형 10 반비례 관계의 활용 > 개념 2

★0793 240 L 들이의 수족관에 물을 가득 채우려고 한다. 매분 x L씩 물을 넣어 수족관에 물을 가득 채우는 데 y분이 걸린다고 할 때, 다음을 구하시오.

(1) x와 y 사이의 관계식

(2) 매분 5 L씩 흘러나오는 수돗물을 이용하여 수족관에 물을 가득 채우는 데 걸리는 시간

➔ 0794 소금이 4 g 녹아 있는 소금물 y g의 농도를 x %라 할 때, 다음을 구하시오.

(1) x와 y 사이의 관계식

(2) 소금물이 200 g일 때의 농도

0795 두 톱니바퀴 A, B가 서로 맞물려 돌아가고 있다. 톱니바퀴 A는 톱니가 30개이고 1분 동안 20바퀴 회전한다. 톱니바퀴 B의 톱니가 40개일 때, 톱니바퀴 B는 1분 동안 몇 바퀴 회전하는지 구하시오.

➔ 0796 우리나라에서 1800 km 떨어진 지점에서 발생한 태풍이 시속 x km로 이동하여 우리나라로 오는 데 y시간이 걸린다고 한다. 태풍이 시속 120 km로 이동한다면 우리나라에 몇 시간 만에 도착하겠는가?

① 12시간 ② 13시간 ③ 14시간
④ 15시간 ⑤ 16시간

유형 11 반비례 관계 $y=\frac{a}{x}$ $(a\neq0)$의 그래프 > 개념 2

★0797 다음 중 반비례 관계 $y=\frac{4}{x}$의 그래프에 대한 설명으로 옳지 <u>않은</u> 것을 모두 고르면? (정답 2개)

① 원점을 지나는 직선이다.

② 좌표축에 한없이 가까워지는 한 쌍의 매끄러운 곡선이다.

③ 제1사분면과 제3사분면을 지난다.

④ 점 $(-2,\ -2)$를 지난다.

⑤ 각 사분면에서 x의 값이 증가하면 y의 값도 증가한다.

➔ 0798 다음 **보기** 중 반비례 관계 $y=\frac{a}{x}$ $(a\neq0)$의 그래프에 대한 설명으로 옳은 것을 모두 고르시오.

보기

ㄱ. 점 $(1,\ a)$를 지나는 직선이다.

ㄴ. 점 $(a,\ 1)$을 지나면서 좌표축에 한없이 가까워지는 한 쌍의 매끄러운 곡선이다.

ㄷ. $a<0$일 때, 제2사분면과 제4사분면을 지난다.

ㄹ. $a>0$일 때, $x<0$에서 x의 값이 증가하면 y의 값은 감소한다.

0799 다음 중 반비례 관계 $y=-\frac{8}{x}$의 그래프는?

① 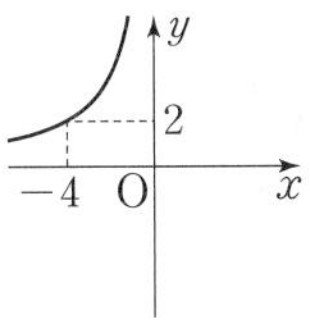

② 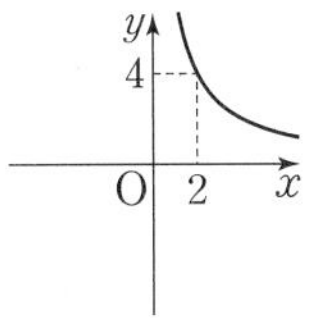

③ 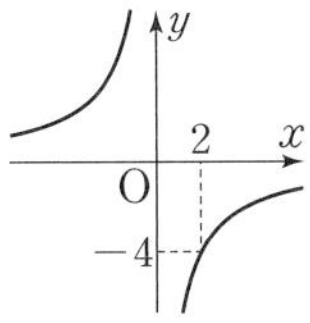

④ 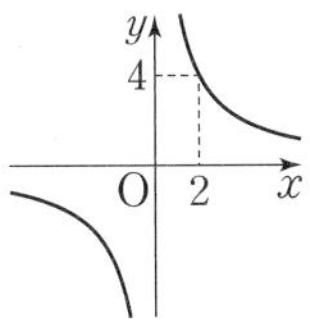

⑤ 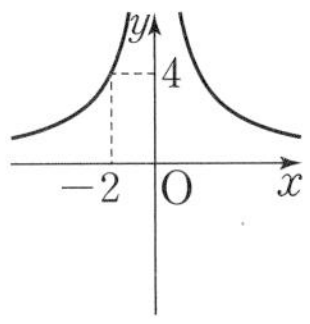

0800 다음 **보기**의 반비례 관계의 그래프 중 옳지 않은 것을 모두 고르시오.

보기

ㄱ. $y=-\frac{3}{x}$ ㄴ. $y=-\frac{12}{x}$ ㄷ. $y=\frac{8}{x}$

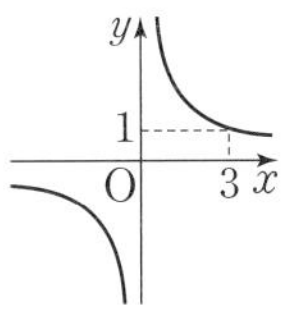

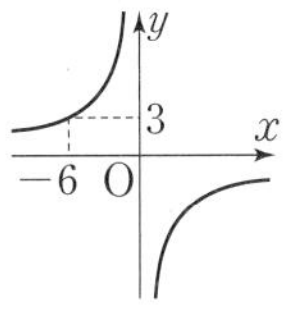

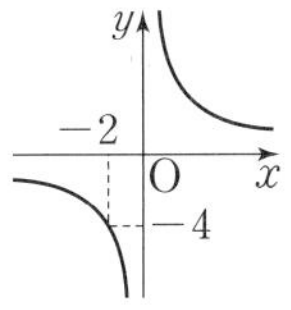

유형 12 반비례 관계 $y=\frac{a}{x}$ $(a\neq0)$의 그래프와 a의 값 사이의 관계

> 개념 2

0801 다음 반비례 관계의 그래프 중 원점에 가장 가까운 것은?

① $y=-\frac{12}{x}$ ② $y=-\frac{7}{x}$ ③ $y=-\frac{3}{x}$

④ $y=\frac{1}{x}$ ⑤ $y=\frac{10}{x}$

0802 다음 반비례 관계의 그래프 중 원점에서 가장 먼 것은?

① $y=-\frac{11}{x}$ ② $y=-\frac{5}{x}$ ③ $y=-\frac{1}{x}$

④ $y=\frac{3}{x}$ ⑤ $y=\frac{9}{x}$

0803 반비례 관계 $y=\frac{a}{x}$ $(a\neq0)$, $y=\frac{3}{x}$의 그래프가 오른쪽 그림과 같을 때, 상수 a의 값의 범위는?

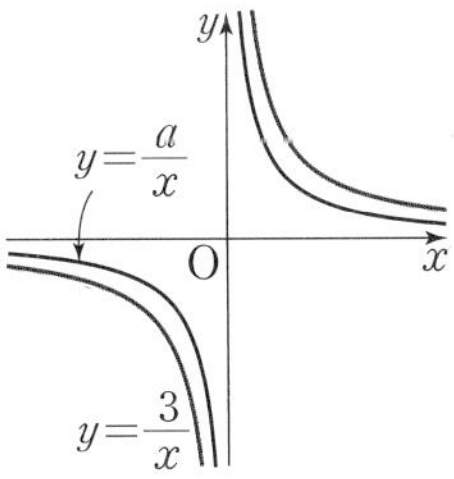

① $a<-3$ ② $a>-3$

③ $-3<a<0$ ④ $0<a<3$

⑤ $a>3$

서술형

0804 오른쪽 그림은 반비례 관계 $y=\frac{a}{x}$ $(a\neq0)$, $y=\frac{b}{x}$ $(b\neq0)$, $y=\frac{c}{x}$ $(c\neq0)$, $y=\frac{d}{x}$ $(d\neq0)$의 그래프이다. 상수 a, b, c, d의 대소를 부등호를 사용하여 나타내시오.

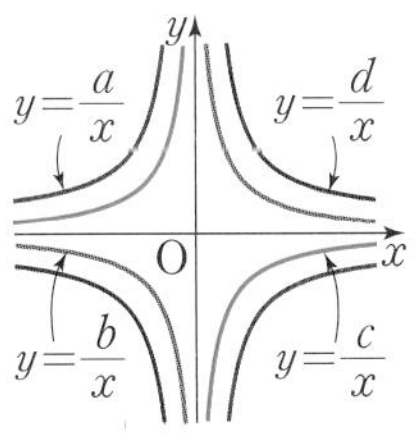

유형 13 반비례 관계 $y=\frac{a}{x}$ $(a\neq0)$의 그래프 위의 점 > 개념 2

*0805 다음 중 반비례 관계 $y=-\frac{6}{x}$의 그래프 위의 점이 아닌 것은?

① $(-6,\ 1)$ ② $\left(-12,\ \frac{1}{2}\right)$ ③ $(1,\ -6)$
④ $\left(18,\ \frac{1}{3}\right)$ ⑤ $\left(4,\ -\frac{3}{2}\right)$

→ 0806 반비례 관계 $y=-\frac{2}{x}$의 그래프가 점 $(-1,\ 3a-4)$를 지날 때, a의 값을 구하시오.

0807 점 $(4,\ -7)$이 반비례 관계 $y=\frac{a}{x}$ $(a\neq0)$의 그래프 위의 점일 때, 다음 중 이 그래프 위의 점인 것은?

① $(-3,\ -2)$ ② $(-5,\ 4)$ ③ $(-2,\ 14)$
④ $(6,\ -8)$ ⑤ $\left(14,\ -\frac{1}{2}\right)$

→ 0808 두 점 $(4,\ a)$, $(-b,\ 5)$가 반비례 관계 $y=-\frac{10}{x}$의 그래프 위의 점일 때, ab의 값을 구하시오.

유형 14 그래프를 이용하여 반비례 관계식 구하기 > 개념 2

*0809 오른쪽 그림과 같은 그래프가 나타내는 식을 구하시오.

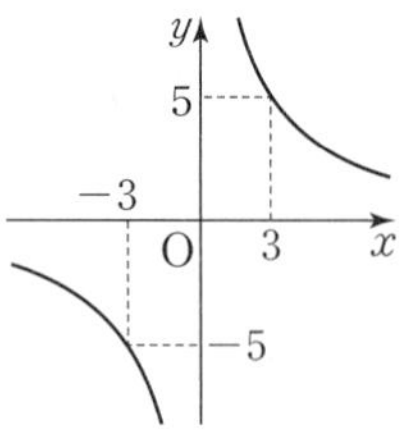

→ 0810 다음 중 오른쪽 그림과 같은 그래프 위의 점을 모두 고르면? (정답 2개)

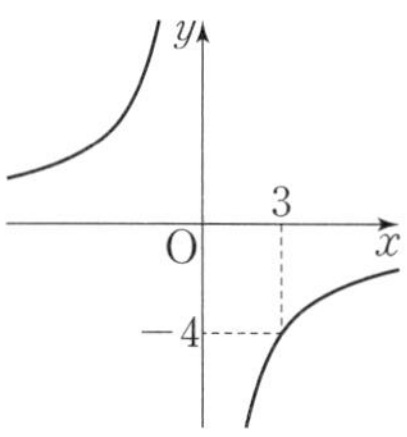

① $(-6,\ -2)$ ② $(-4,\ 3)$
③ $(-2,\ 5)$ ④ $(2,\ -8)$
⑤ $(6,\ -2)$

0811 오른쪽 그림에서 m의 값을 구하시오.

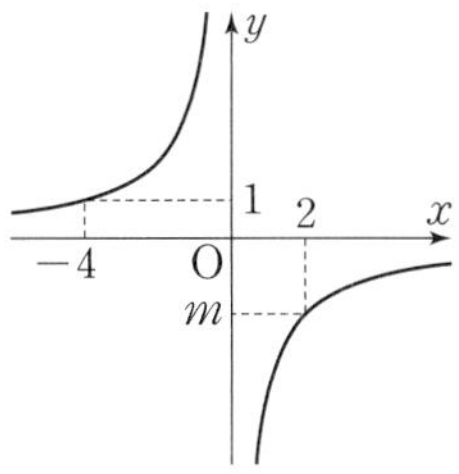

0812 오른쪽 그림과 같은 그래프 위의 두 점 A, B의 y좌표의 차가 2일 때, 그래프가 나타내는 식을 구하시오.

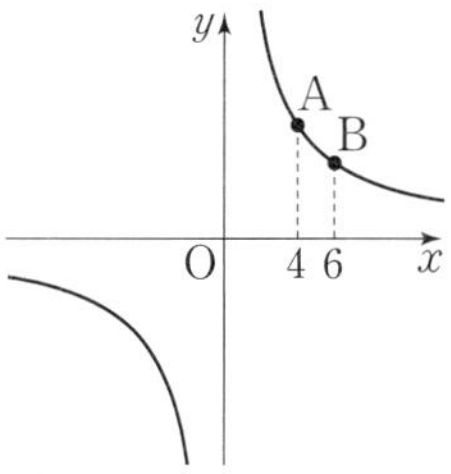

유형 15 $y=ax$, $y=\frac{b}{x}$ $(a\neq0,\ b\neq0)$의 그래프가 만나는 점

> 개념 1, 2

0813 오른쪽 그림과 같이 정비례 관계 $y=3x$의 그래프와 반비례 관계 $y=\frac{a}{x}$의 그래프가 만나는 점 A의 x좌표가 3일 때, 상수 a의 값은?

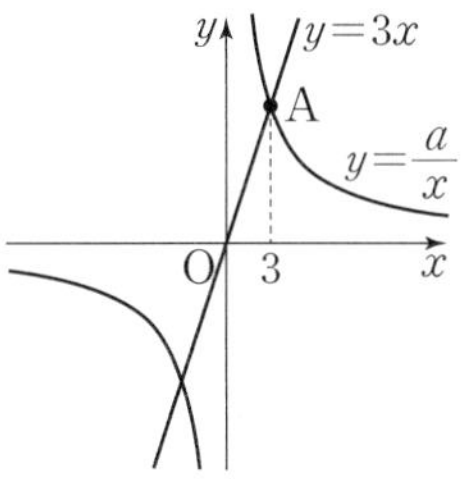

① -32　② -27　③ -18　④ 18　⑤ 27

0814 오른쪽 그림과 같이 정비례 관계 $y=2x$의 그래프와 반비례 관계 $y=\frac{a}{x}$의 그래프가 만나는 점 A의 x좌표가 2일 때, 상수 a의 값을 구하시오.

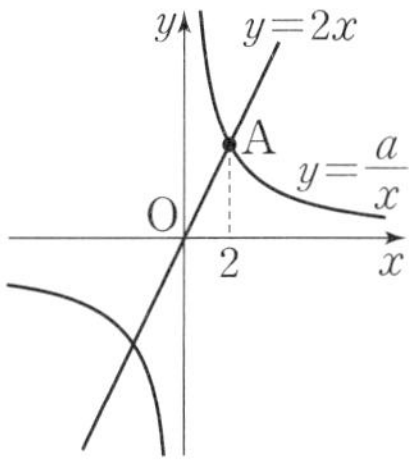

서술형

0815 오른쪽 그림과 같이 정비례 관계 $y=-\frac{5}{2}x$의 그래프와 반비례 관계 $y=\frac{a}{x}$의 그래프가 점 $(b,\ 5)$에서 만날 때, $a+b$의 값을 구하시오. (단, a는 상수)

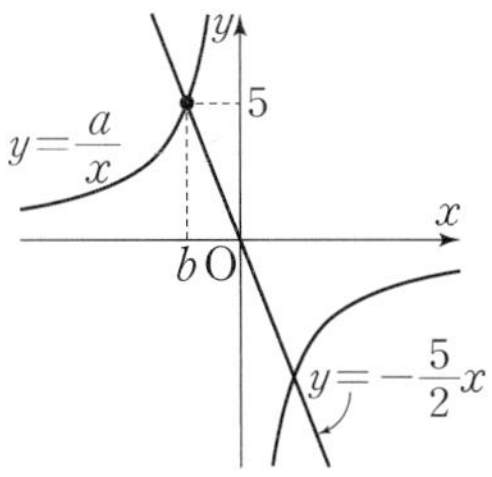

0816 오른쪽 그림과 같이 정비례 관계 $y=\frac{4}{3}x$의 그래프와 반비례 관계 $y=\frac{a}{x}$의 그래프가 점 $A(3,\ b)$에서 만나고, 점 $B(c,\ 2)$가 $y=\frac{a}{x}$의 그래프 위의 점일 때, $a-b-c$의 값을 구하시오. (단, a는 상수)

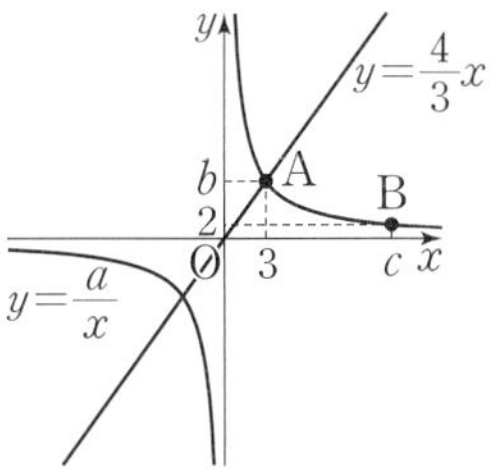

09 정비례와 반비례

유형 16 $y=ax$, $y=\frac{b}{x}$ $(a\neq0,\ b\neq0)$의 그래프와 도형의 넓이

> 개념 1, 2

★0817 오른쪽 그림과 같이 정비례 관계 $y=-\frac{1}{2}x$의 그래프 위의 점 A의 y좌표와 정비례 관계 $y=2x$의 그래프 위의 점 B의 y좌표가 모두 4일 때, 삼각형 AOB의 넓이는? (단, O는 원점)

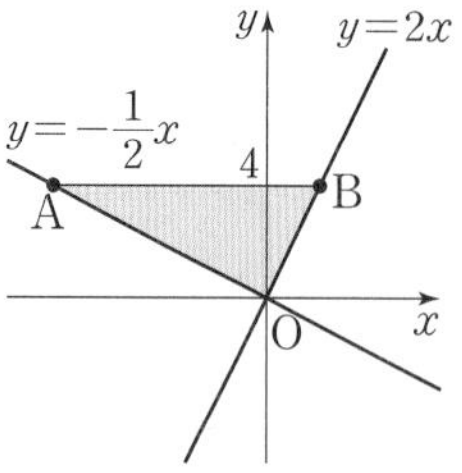

① 10　② 14　③ 18
④ 20　⑤ 24

서술형

→ 0818 오른쪽 그림과 같이 정비례 관계 $y=2x$, $y=\frac{1}{2}x$의 그래프가 x축 위의 점 P(6, 0)을 지나고 y축에 평행한 직선과 만나는 점을 각각 Q, R라 할 때, 삼각형 ORQ의 넓이를 구하시오. (단, O는 원점)

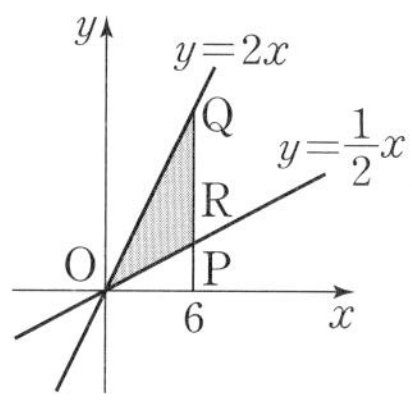

0819 오른쪽 그림과 같이 반비례 관계 $y=\frac{a}{x}$ $(x>0)$의 그래프 위에 점 P가 있다. 점 A의 좌표가 $(3,\ 0)$이고, 직사각형 OAPB의 넓이가 8일 때, 상수 a의 값을 구하시오. (단, O는 원점)

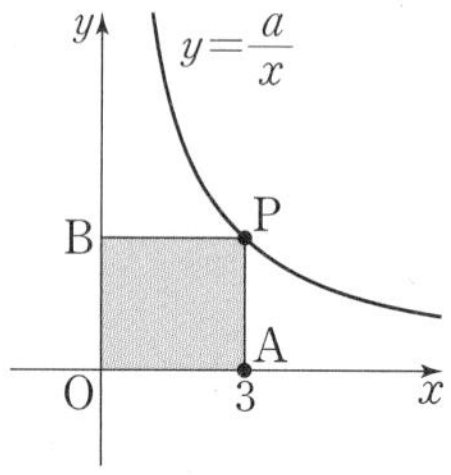

→ 0820 오른쪽 그림은 반비례 관계 $y=\frac{a}{x}$의 그래프이다. 그래프 위의 두 점 A, C는 원점에 대하여 대칭이고, 직사각형 ABCD의 넓이가 28일 때, 상수 a의 값을 구하시오.

(단, 직사각형의 모든 변은 각각 좌표축과 평행하다.)

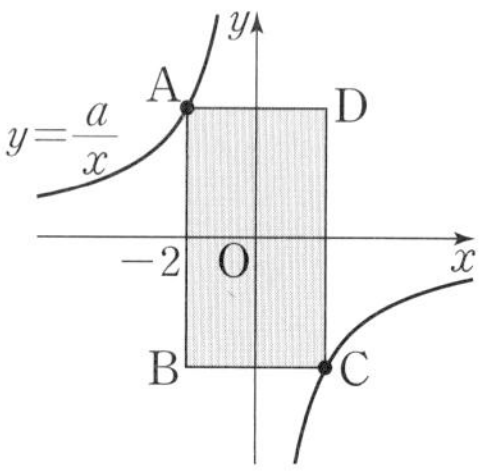

C step 실력 완성!

정답과 해설 79쪽

0821 다음 중 y가 x에 정비례하는 것을 모두 고르면? (정답 2개)

① $y=-\frac{11}{x}$　② $y=-x+1$　③ $y=-\frac{1}{4}x$

④ $xy=-6$　⑤ $\frac{y}{x}=\frac{3}{8}$

0822 y가 x에 정비례하고, $x=7$일 때 $y=2$이다. x와 y 사이의 관계를 나타내는 그래프에 대하여 다음 **보기** 중 옳은 것을 모두 고르시오.

보기
ㄱ. 원점을 지나는 매끄러운 곡선이다.
ㄴ. 점 (14, 4)를 지난다.
ㄷ. 제2사분면과 제4사분면을 지난다.
ㄹ. x의 값이 증가하면 y의 값도 증가한다.

0823 어느 자동차 회사에서 개발한 친환경 전기자동차의 주행 거리는 배터리의 충전 시간에 정비례한다. 배터리를 2시간 충전하면 150 km를 주행할 수 있을 때, 이 자동차가 600 km를 주행하기 위해서는 배터리를 최소한 몇 시간 충전해야 하는가?

① 4시간　② 6시간　③ 8시간
④ 10시간　⑤ 12시간

0824 오른쪽 정비례 관계의 그래프에서 다음 중 옳은 것은? (단, a, b, c, d는 상수)

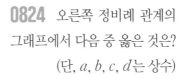

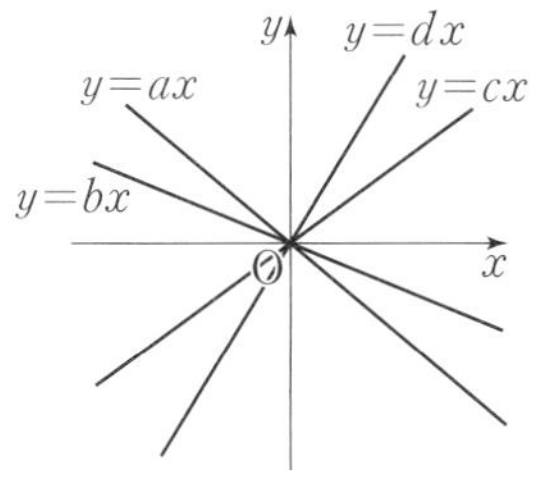

① $a<b<c<d$
② $b<a<c<d$
③ $b<a<d<c$
④ $c<d<a<b$
⑤ $d<c<b<a$

0825 다음 중 y가 x에 반비례하는 것은?

① 밑변의 길이가 x cm, 높이가 8 cm인 삼각형의 넓이 y cm^2
② 한 개 500원짜리 과자 x개의 값 y원
③ 가로의 길이가 x cm, 세로의 길이가 10 cm인 직사각형의 넓이 y cm^2
④ 시속 x km로 24 km를 달리는 데 걸리는 시간 y시간
⑤ 가로의 길이가 4 cm, 세로의 길이가 5 cm, 높이가 x cm인 직육면체의 부피 y cm^3

0826 다음 **보기**의 그래프 중 $x<0$일 때 x의 값이 증가하면 y의 값도 증가하는 것을 모두 고르시오.

보기
ㄱ. $y=5x$　ㄴ. $y=-9x$
ㄷ. $y=\frac{2}{x}$　ㄹ. $y=-\frac{7}{x}$

0827 y가 x에 반비례하고, x와 y 사이의 관계를 나타내면 다음 표와 같다. 이때 $A+B$의 값을 구하시오.

x	-2	3	B
y	9	A	$-\frac{6}{7}$

0828 오른쪽 그래프를 나타내는 식으로 옳지 않은 것은?

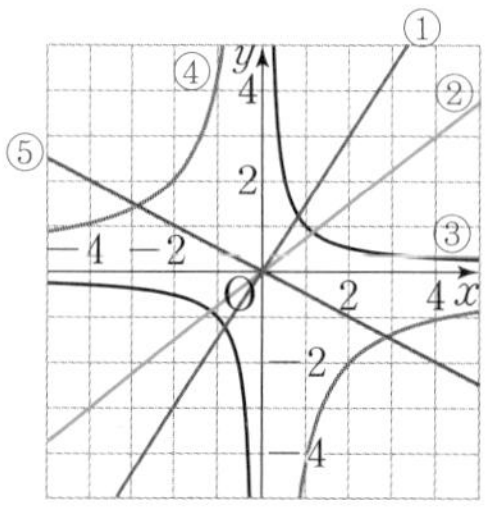

① $y=\frac{3}{2}x$　　② $y=\frac{3}{4}x$

③ $y=\frac{1}{x}$　　④ $y=-\frac{4}{x}$

⑤ $y=-2x$

0829 온도가 일정할 때, 기체의 부피 y는 압력 x에 반비례한다. 압력이 4기압일 때 부피가 6 mL인 기체의 압력이 8기압일 때의 부피를 구하시오.

0830 다음 중 반비례 관계 $y=-\frac{6}{x}$의 그래프는?

①
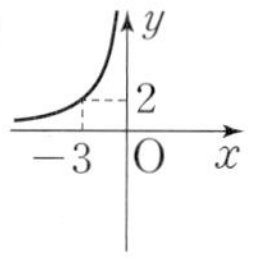

②
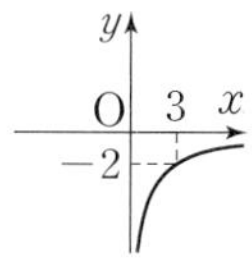

③
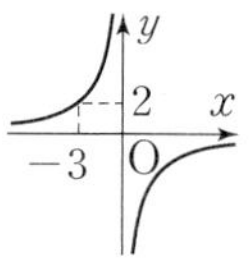

④
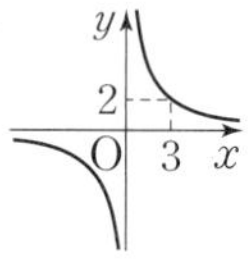

⑤
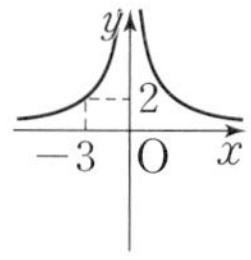

0831 반비례 관계 $y=\frac{a}{x}$ $(a\neq0)$, $y=-\frac{4}{x}$의 그래프가 오른쪽과 같을 때, 상수 a의 값의 범위는?

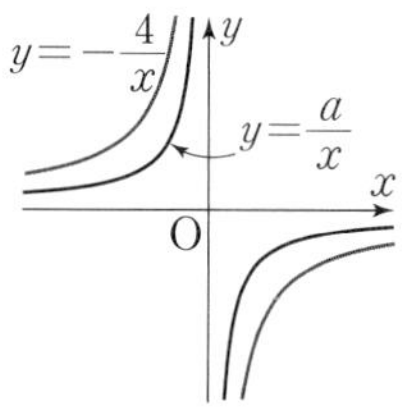

① $a<-4$　　② $a>-4$

③ $-4<a<0$　　④ $0<a<4$

⑤ $a>4$

0832 오른쪽 그림과 같이 정비례 관계 $y=\frac{2}{3}x$의 그래프와 반비례 관계 $y=\frac{a}{x}$의 그래프가 점 A$(6,\ b)$에서 만난다. 점 B$(8,\ c)$가 반비례 관계 $y=\frac{a}{x}$의 그래프 위의 점일 때, $\frac{a}{bc}$의 값을 구하시오. (단, a는 상수)

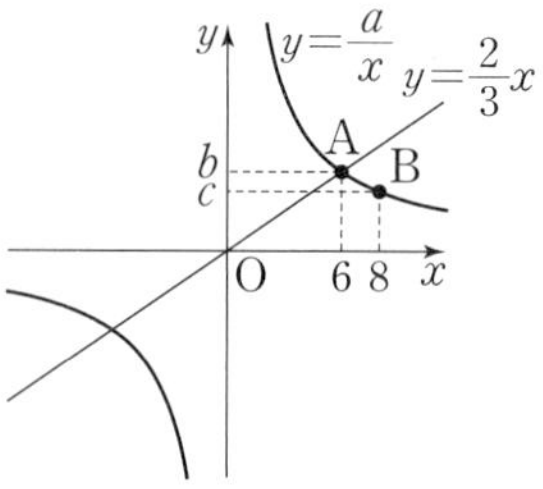

정답과 해설 79쪽

0833 용량이 일정한 빈 물탱크에 매분 x L씩 일정한 속력으로 물을 채우고 있다. 이 물탱크에 물을 가득 채울 때까지 걸리는 시간을 y분이라 할 때, x와 y 사이의 관계를 그래프로 나타내면 위의 그림과 같다. 다음 중 옳지 않은 것을 모두 고르면? (정답 2개)

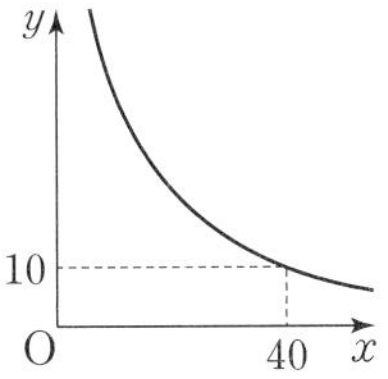

① 물탱크의 용량은 400 L이다.

② 물을 매분 50 L씩 채우면 물을 가득 채우는 데 8분이 걸린다.

③ 20분 만에 물을 가득 채우려면 물을 매분 15 L씩 채워야 한다.

④ x와 y 사이의 관계식은 $y=\frac{400}{x}$이다.

⑤ x의 값이 2배가 되면 y의 값도 2배가 된다.

0834 오른쪽 그림과 같이 좌표평면 위의 네 점 A(2, 5), O(0, 0), B(8, 0), C(8, 6)을 꼭짓점으로 하는 사각형 AOBC의 넓이를 정비례 관계 $y=ax$의 그래프가 이등분할 때, 상수 a의 값을 구하시오. (단, $x>0$)

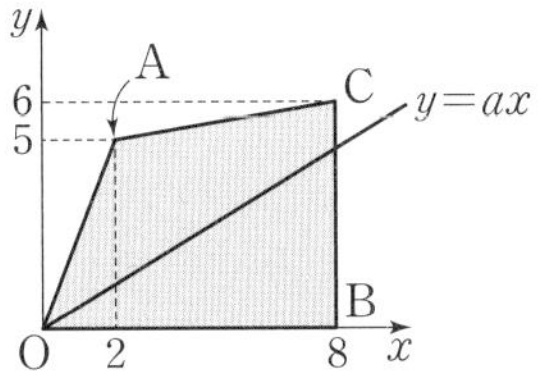

서술형

0835 정비례 관계 $y=ax$의 그래프는 점 $(2,\ -2)$를 지나고, 반비례 관계 $y=\frac{a}{x}$의 그래프는 점 $(-4,\ b)$를 지날 때, $a+b$의 값을 구하시오. (단, a는 상수)

0836 오른쪽 그림과 같은 그래프 위의 점 중에서 x좌표, y좌표가 모두 정수인 점의 개수를 구하시오.

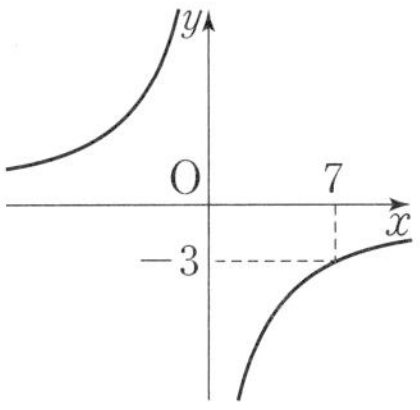

필요충분한 수학유형서

각

Goodness 빼어난 문제
Analysis 철저한 분석
Kindness 친절한 해설

중등 수학 1-1

정답과 해설

거인의 어깨가 필요할 때

"

만약 내가 멀리 보았다면, 그것은 거인들의 어깨 위에 서 있었기 때문입니다.

If I have seen farther, it is by standing on the shoulders of giants.

"

오래전부터 인용되어 온 이 경구는, 성취는 혼자서 이룬 것이 아니라
많은 앞선 노력을 바탕으로 한 결과물이라는 의미를 담고 있습니다.
과학적으로 큰 성취를 이룬 뉴턴(Newton, I.; 1642~1727)도
과학적 공로에 관해 언쟁을 벌이며 경쟁자에게 보낸 편지에
이 문장을 인용하여 자신보다 앞서 과학적 발견을 이룬 과학자들의
도움을 많이 받았음을 고백하였다고 합니다.

수학은 어렵고, 잘하기까지 오랜 시간이 걸립니다.
그렇기에 수학을 공부할 때도 거인의 어깨가 필요합니다.

<각 GAK>은 여러분이 오를 수 있는 거인의 어깨가 되어
여러분의 수학 공부 여정을 함께 하겠습니다.
<각 GAK>의 어깨 위에서 여러분이 원하는
수학적 성취를 이루길 진심으로 기원합니다.

빠른 정답

01 소인수분해

0001 (1) 약수: 1, 19, 소수 (2) 약수: 1, 2, 13, 26, 합성수 (3) 약수: 1, 37, 소수 (4) 약수: 1, 11, 121, 합성수 **0002** (1) ○ (2) × (3) ×

0003 (1) 밑: 7, 지수: 3 (2) 밑: $\frac{1}{5}$, 지수: 4 **0004** (1) $\left(\frac{1}{7}\right)^5$ (2) $2^2\times3^3\times7$ (3) $\left(\frac{1}{3}\right)^3\times\left(\frac{1}{5}\right)^2$ **0005** (1) 3^3 (2) 2^6 (3) 10^4 (4) $\left(\frac{1}{5}\right)^3$

0006 (1) 2, 2, 3, 2, 3 (2) 2, 3, 3, 5, 2, 2

0007 (1) 소인수분해: 2×7^2, 소인수: 2, 7 (2) 소인수분해: $2^3\times3\times5$, 소인수: 2, 3, 5

0008 (1) $2^2\times5^3$ (2) 5^3, 1, 5, 25, 2, 10, 50, 250, 4, 20, 500 / 500의 약수: 1, 2, 4, 5, 10, 20, 25, 50, 100, 125, 250, 500

0009 (1) 1, 3, 9, 27, 81 (2) 1, 3, 7, 9, 21, 63 (3) 1, 2, 3, 4, 6, 8, 12, 16, 24, 48 (4) 1, 2, 4, 5, 10, 20, 25, 50, 100

0010 (1) 4 (2) 12 (3) 30 (4) 15 **0011** (1) 1, 2, 4, 8, 16 (2) 1, 2, 3, 4, 6, 8, 12, 24 (3) 1, 2, 4, 8 (4) 8 (5) 1, 2, 4, 8

0012 (1) 1, 3, 9 (2) 1, 3, 5, 15 (3) 1, 3, 7, 21 (4) 1, 2, 4, 7, 14, 28

0013 (1) × (2) × (3) ○ (4) ○

0014 (1) 2×3 (2) $2\times3^2\times5^2$ (3) 3×5 (4) 3

0015 (1) 6, 12, 18, 24, 30, 36, 42, 48, 54, ⋯ (2) 9, 18, 27, 36, 45, 54, ⋯ (3) 18, 36, 54, ⋯ (4) 18 (5) 18, 36, 54, ⋯ **0016** 14, 28, 42, 56

0017 27, 54, 81 **0018** (1) 2×3^2 (2) $2^2\times3\times5^2$ (3) $2^2\times3^3\times5\times7$ (4) $2\times3\times5^2\times7$ **0019** (1) 최대공약수: 15, 최소공배수: 45 (2) 최대공약수: 70, 최소공배수: 700 (3) 최대공약수: 5, 최소공배수: 9900

0020 200 **0021** 24 **0022** 90 **0023** ③ **0024** ①, ④ **0025** 4
0026 108 **0027** ①, ③ **0028** ④ **0029** ⑤
0030 ① **0031** ⑤ **0032** ③ **0033** ① **0034** ④ **0035** ③
0036 ④ **0037** ② **0038** ⑤ **0039** ③ **0040** 6 **0041** ④
0042 12 **0043** ⑤ **0044** ④ **0045** (1) $3^2\times5$ (2) 5 (3) 5 **0046** 2
0047 ② **0048** 10 **0049** ⑤ **0050** ②, ④ **0051** ㄱ, ㄴ, ㅁ
0052 ④ **0053** ③ **0054** ④ **0055** 252 **0056** 5
0057 ⑤ **0058** ①, ④ **0059** ② **0060** ⑤ **0061** 12
0062 20 **0063** ② **0064** ① **0065** ⑤ **0066** ② **0067** 9
0068 ④ **0069** ③ **0070** ④ **0071** ⑤ **0072** 8 **0073** ②
0074 ④ **0075** ⑤ **0076** 91 **0077** ③ **0078** ⑤ **0079** 6
0080 25 **0081** ③ **0082** 4 **0083** 5 **0084** ② **0085** ⑤
0086 836 **0087** ①, ④ **0088** ⑤ **0089** ⑤
0090 ㄴ, ㄷ **0091** 204 **0092** 840 **0093** 5
0094 ② **0095** ③ **0096** 8 **0097** 20 **0098** ① **0099** ④
0100 ④ **0101** ④ **0102** 7 **0103** $3^2\times7^3\times11^2$ **0104** 20
0105 ④ **0106** ⑤ **0107** ③ **0108** 108 **0109** 45, 135
0110 ④ **0111** 6 **0112** ③ **0113** 80 **0114** 5 **0115** 67
0116 43 **0117** 51 **0118** ④ **0119** 1 **0120** 2^{10}개
0121 ③ **0122** ④ **0123** ③ **0124** ② **0125** 3 **0126** ④
0127 16 **0128** ③, ⑤ **0129** ② **0130** 2 **0131** 2100
0132 ③ **0133** ④ **0134** 8 **0135** ④ **0136** 31 **0137** 57
0138 300

02 정수와 유리수

Ⅰ. 수와 연산

0139 (1) +200 m, −150 m (2) −3층, +6층 (3) +2500원, −1000원 (4) +3 kg, −5 kg **0140** (1) +7, 양수 (2) −5, 음수 (3) $-\frac{1}{2}$, 음수 (4) +4.5, 양수 **0141** (1) 12, $+\frac{10}{5}$ (2) −6, −2 (3) −6, −2, 0, 12, $+\frac{10}{5}$ **0142** (1) 3, +5 (2) −7, −4, $-\frac{6}{3}$, 0 (3) 3, +5, $+2\frac{1}{2}$ (4) −7, −4, $-\frac{6}{3}$, −3.2 (5) $+2\frac{1}{2}$, −3.2

0143 (1) × (2) ○ (3) × (4) ○ **0144** (1) A: −1, B: $+\frac{1}{2}$, C: $+\frac{10}{3}$

(2)
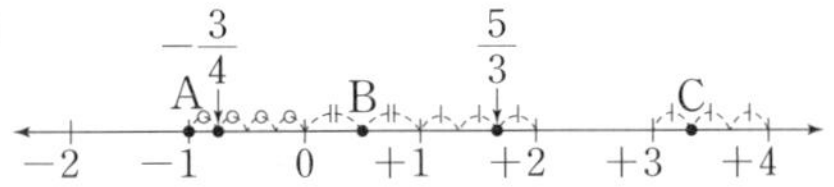

0145 (1) 6 (2) 5 (3) $\frac{2}{3}$ (4) 0 (5) 1.5 (6) 5.2 **0146** (1) 10 (2) 7 (3) $\frac{5}{6}$ (4) 3.2

0147 (1) 0 (2) −8, +8 (3) −2.5, +2.5 (4) $-\frac{7}{10}$, $+\frac{7}{10}$

0148
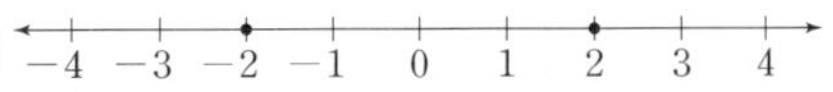

0149 (1) > (2) < (3) > (4) > **0150** (1) > (2) < (3) < (4) > (5) > (6) < (7) < (8) > **0151** (1) $x>-2$ (2) $x<1.7$ (3) $x\le\frac{1}{6}$ (4) $x\ge-4$

0152 (1) $-\frac{1}{3}\le x<5$ (2) $-3<x\le\frac{1}{5}$ (3) $2\le x<7$

0153 (1) −1, 0, 1, 2 (2) −1, 0, 1 **0154** ③ **0155** 4개 **0156** ④
0157 ②, ⑤ **0158** 1 **0159** ③, ⑤ **0160** ④

0161 ②, ⑤ **0162** 10 **0163** ④ **0164** ⑤ **0165** ⑤
0166 $a=-2$, $b=3$ **0167** $\frac{1}{2}$ **0168** 2 **0169** −3, 5
0170 $\frac{2}{3}$ **0171** 10 **0172** $a=\frac{3}{5}$, $b=-7$ **0173** $\frac{14}{3}$ **0174** 12
0175 $a=-3$, $b=7$ **0176** ㄱ, ㄷ **0177** ①, ③ **0178** ③
0179 −1.6 **0180** $-\frac{10}{3}$, +1.75 **0181** ⑤ **0182** −5, 5
0183 $x=7$, $y=-7$ **0184** $\frac{5}{4}$ **0185** $a=-\frac{5}{3}$, $b=\frac{5}{3}$ **0186** 8
0187 ①, ⑤ **0188** 0, 2, $\frac{5}{3}$, −1 **0189** −4 **0190** 9
0191 −3, −2, −1, 0, 1, 2, 3 **0192** ② **0193** ⑤ **0194** $-\frac{9}{11}$
0195 ④, ⑤ **0196** ② **0197** ③ **0198** ③, ⑤
0199 ①, ② **0200** ④ **0201** ⑤ **0202** 2 **0203** 3
0204 ④ **0205** 9 **0206** ㉠: +0.8 ℃, ㉡: −2.7 %, ㉢: −7.4 %
0207 13 **0208** ④ **0209** ②, ⑤ **0210** ②, ④
0211 $a=-2$, $b=3$ **0212** ② **0213** $a=7$, $b=-4$ **0214** ③
0215 $a=-8$, $b=3$ **0216** ①, ⑤ **0217** ⑤
0218 −2, $+\frac{4}{3}$, $-\frac{5}{4}$, 1, $\frac{6}{7}$ **0219** $\frac{10}{7}$ **0220** ⑤ **0221** B, C, A
0222 ⑤ **0223** ① **0224** $a=-24$, $b=-8$
0225 3 **0226** (1) A: $-\frac{9}{4}$, B: $-\frac{1}{2}$, C: 1, D: $\frac{7}{3}$ (2) 2
0227 $a=-4$, $b=4$

03 정수와 유리수의 덧셈과 뺄셈

0228 (1) $+10$ (2) -16 (3) -5 (4) $+6$ (5) $+\frac{17}{20}$ (6) $-\frac{1}{24}$ (7) -3.3 (8) -10

0229 (1) -1 (2) $+\frac{25}{4}$ (3) -0.2 **0230** (1) $+4$ (2) $+4$ (3) -8 (4) $+11$ (5) $+\frac{3}{14}$ (6) $-\frac{25}{24}$ (7) -5.8 (8) $+3.5$ **0231** (1) $+9$ (2) $-\frac{15}{4}$ (3) -4.5 **0232** (1) $+19$ (2) $-\frac{7}{6}$ (3) $+0.3$ **0233** (1) 12 (2) -1 (3) -6.4

0234 ③ **0235** $(+8)+(-3)=+5$ **0236** ⑤ **0237** ⑤

0238 $+\frac{7}{6}$ **0239** $-\frac{1}{4}$

0240 $-\frac{2}{3}$, $-\frac{2}{3}$, 0, $+\frac{5}{2}$, ㉠: 교환법칙, ㉡: 결합법칙 **0241** ④

0242 ② **0243** ② **0244** ④ **0245** ㄴ, ㄷ **0246** -4.6

0247 $+\frac{7}{2}$ **0248** ② **0249** 베이징 **0250** ④ **0251** ①

0252 $+4$ **0253** ① **0254** 13 **0255** $+\frac{17}{4}$

0256 ② **0257** ㉡, $-\frac{1}{4}$ **0258** $\frac{7}{12}$ **0259** ⑤ **0260** -5

0261 -50 **0262** ④ **0263** ㄹ **0264** ① **0265** $\frac{13}{6}$

0266 $-\frac{7}{20}$ **0267** 3 **0268** ② **0269** $-\frac{19}{12}$

0270 $\frac{3}{4}$ **0271** $\frac{8}{15}$ **0272** ④ **0273** $-\frac{7}{2}$ **0274** -7

0275 ③ **0276** 16 **0277** ② **0278** ④ **0279** $\frac{1}{10}$

0280 $-\frac{1}{2}$ **0281** $-\frac{15}{7}$ **0282** ② **0283** $\frac{12}{5}(=2.4)$

0284 $a=-2$, $b=0$ **0285** $-\frac{13}{12}$ **0286** ② **0287** 41분

0288 600원 **0289** 199.97원 **0290** ④ **0291** ③

0292 $\frac{13}{8}$ **0293** ⑤ **0294** ③ **0295** ⑤ **0296** $\frac{1}{10}$ **0297** C

0298 -1 **0299** 11 **0300** $\frac{10}{3}$ **0301** 10 **0302** $-\frac{7}{6}$

0303 -0.5 **0304** ① **0305** ④ **0306** -1 **0307** $\frac{3}{2}$

0308 (1) C, A, D, B (2) 8 cm **0309** 20 **0310** 3 **0311** $-\frac{7}{12}$

04 정수와 유리수의 곱셈과 나눗셈

0312 (1) 15 (2) 28 (3) -48 (4) -18 (5) 15 (6) $\frac{3}{2}$ (7) -1.32 (8) $-\frac{3}{5}$

0313 (1) 210 (2) $-\frac{10}{3}$ **0314** (1) 16 (2) $-\frac{1}{27}$ (3) -9 (4) $\frac{1}{32}$

0315 (1) 43 (2) -4 **0316** (1) 8 (2) -3 (3) -1.7 (4) 3

0317 (1) $\frac{7}{4}$ (2) $-\frac{8}{3}$ (3) $-\frac{1}{12}$ (4) $\frac{2}{5}$

0318 (1) $\frac{1}{4}$ (2) $-\frac{1}{12}$ (3) $-\frac{3}{20}$ (4) 9 **0319** (1) $-\frac{8}{9}$ (2) -19 (3) 3

0320 ④ **0321** ② **0322** -27 **0323** $\frac{3}{4}$

0324 $+\frac{1}{6}$, $+\frac{1}{6}$, $+4$, -20, ㉠: 교환법칙, ㉡: 결합법칙

0325 ① **0326** ⑤ **0327** ⑤ **0328** ⑤ **0329** $-\frac{1}{64}$

0330 ④, ⑤ **0331** -1 **0332** -3 **0333** 6

0334 100, 100, 3900, 78, 3978 **0335** -1 **0336** -20

0337 325 **0338** -1 **0339** ② **0340** ① **0341** $\frac{16}{15}$ **0342** ④

0343 ④ **0344** ④ **0345** ① **0346** ③ **0347** ③ **0348** $\frac{1}{4}$

0349 -18 **0350** -28 **0351** $\frac{15}{2}$ **0352** $-\frac{6}{5}$

0353 ⑤ **0354** ④ **0355** (1) ㉡, ㉢, ㉣, ㉤, ㉠ (2) $-\frac{21}{8}$ **0356** 2

0357 2 **0358** $-\frac{3}{13}$ **0359** 4 **0360** ④ **0361** $\frac{5}{4}$, $-\frac{15}{8}$

0362 $-\frac{3}{2}$ **0363** ② **0364** ② **0365** ④ **0366** ②

0367 ②, ③ **0368** ④ **0369** $(a^2-b)\times c<0$

0370 16점 **0371** 9 **0372** $-\frac{16}{15}$ **0373** $-\frac{4}{9}$

0374 ③ **0375** $\frac{5}{2}$ **0376** ③ **0377** $-\frac{1}{81}$ **0378** ③

0379 480 **0380** -10 **0381** ⑤ **0382** ㄱ, ㄷ, ㄴ

0383 $-\frac{2}{5}$ **0384** ㉡, $-\frac{10}{3}$ **0385** $\frac{15}{8}$ **0386** ③

0387 ⑤ **0388** ② **0389** ② **0390** 20 **0391** $\frac{17}{7}$ **0392** $\frac{1}{30}$

0393 ④ **0394** (1) $A=\frac{8}{7}$, $B=\frac{7}{8}$ (2) $C=\frac{16}{7}$, $D=\frac{64}{49}$

0395 -6

05 문자의 사용과 식

0396 (1) $(800\times x)$원 (2) $(4\times a)$ cm (3) $10\times x+y$ (4) $(500\times x+1000\times y)$원 (5) $(10000-600\times a)$원 (6) $(70\times x)$ km (7) $\left(a\times\frac{7}{100}\right)$원 (8) $\left(\frac{x}{100}\times y\right)$ g **0397** (1) $0.01ab$ (2) $3a^2b$ (3) $-2x+4y$ (4) $5a(x+y)+z$ **0398** (1) $-\frac{7}{a}$ (2) $-\frac{a}{2b}$ (3) $\frac{x-y}{3}$ (4) $x+\frac{y}{4}$ **0399** (1) $\frac{ab}{5}$ (2) $-\frac{4a}{b}$ (3) $2x-\frac{y}{3}$ (4) $\frac{6z}{x-y}$

0400 (1) $8\times x\times y\times z$ (2) $x\times x\times y\times y$ (3) $(-1)\times a\times b+3\times c$ (4) $0.1\times(a+2\times b)$ **0401** (1) $x\div 4$ (2) $(x+y)\div 2$ (3) $a\div 3-b\div 5$ (4) $c\div(a-b)$ **0402** (1) -2 (2) -18 (3) -7 (4) $-\frac{1}{2}$

0403 (1) 12 (2) 4 (3) 25 (4) 2 **0404** (1) a, -2 (2) $3a$, $\frac{1}{2}b$, -12 (3) x^2, $5x$, 3 (4) $-3x^2$, $-y$, 7 **0405** (1) 8 (2) -4 (3) $-\frac{1}{4}$ (4) 1

0406 (1) a의 계수: 1, b의 계수: 2 (2) a의 계수: 0.5, b의 계수: -0.2 (3) x^2의 계수: -3, y의 계수: 1 (4) y^2의 계수: 9, x의 계수: $-\frac{1}{2}$

0407 (1) 1 (2) 1 (3) 2 (4) 3 **0408** (1) ○ (2) × (3) ○ (4) ×

0409 (1) $14a$ (2) $-4x$ (3) $3b$ (4) $-20y$ **0410** (1) $10a-4$ (2) $-\frac{3}{4}a-3$ (3) $2x+3$ (4) $-6y+15$ **0411** (1) $9a$ (2) $3b$ (3) $\frac{3}{4}x$ (4) $0.5y$
0412 (1) $-5a$ (2) $x+9$ (3) $-2x-9$ (4) $y+\frac{3}{2}$ **0413** (1) $-3x-6$ (2) $-7x-1$ (3) $-12x-3$ (4) $8x-9$ **0414** ①, ⑤ **0415** ⑤
0416 ⑤ **0417** ④ **0418** $(240-15a)$쪽 **0419** $100a+10b+c$
0420 ④, ⑤ **0421** $580-3x-\frac{14}{5}y$ **0422** ㄴ, ㄷ
0423 ④ **0424** $3x+2y$ **0425** $xy-2x$ **0426** $\frac{xy}{8}$원
0427 ④ **0428** ④ **0429** $\left(10000-\frac{4}{5}x-\frac{9}{10}y\right)$원
0430 시속 $\frac{4}{9}a$ km **0431** ② **0432** $\left(\frac{x}{60}+\frac{1}{3}\right)$시간
0433 ① **0434** $\frac{3x}{100}$ g **0435** ③ **0436** ③ **0437** $\frac{3a+4b}{7}$ %
0438 ① **0439** ⑤ **0440** ③ **0441** $\frac{19}{3}$ **0442** ① **0443** ⑤

0444 10 ℃ **0445** 77 °F **0446** ⑤ **0447** ④
0448 29 **0449** ④ **0450** ②, ④ **0451** 5 **0452** 2 **0453** 5
0454 ⑤ **0455** ㄴ, ㄹ **0456** $-15+10x$ **0457** -18
0458 ② **0459** 2 **0460** ④ **0461** 2 **0462** 11 **0463** -1
0464 ② **0465** ④ **0466** $14x-10y$ **0467** -35
0468 $\frac{5}{12}x+\frac{13}{6}$ **0469** 7 **0470** ③ **0471** ⑤ **0472** $-16x+3$
0473 $11x+32$ **0474** ④ **0475** ⑤ **0476** -4
0477 ② **0478** ④ **0479** ③ **0480** $-6x+8$ **0481** $2x+11$
0482 $x+7$ **0483** ④ **0484** $2x-18y$ **0485** $-\frac{5}{6}x+\frac{11}{12}$
0486 ④, ⑤ **0487** ⑤ **0488** ⑤ **0489** ③ **0490** ⑤
0491 25 **0492** ④ **0493** ⑤ **0494** ㄱ, ㄹ, ㅁ, ㅂ **0495** ④
0496 ③ **0497** ⑤ **0498** $\frac{5}{3}x+\frac{1}{6}$ **0499** $9a+10$
0500 ② **0501** $-27x+2$ **0502** -2 **0503** ③
0504 (1) $31.4x$ (2) 157 **0505** 25 **0506** $\frac{1}{6}x+3$
0507 $3x+4$

06 일차방정식의 풀이

0508 (1) × (2) ○ (3) × (4) ○ **0509** (1) $3x-7=8$ (2) $2(x+4)=12$ (3) $4x=16$ **0510** (1) × (2) ○ (3) × (4) ○ **0511** (1) 2 (2) 3 (3) 4 (4) 2
0512 (1) $x=7-2$ (2) $6x+2x=8$ (3) $5x-4x=1+9$ (4) $x+3x=5-4$
0513 (1) ○ (2) × (3) × (4) ○ **0514** (1) $x=6$ (2) $x=\frac{2}{3}$ (3) $x=2$ (4) $x=2$
0515 (1) $x=7$ (2) $x=-5$ (3) $x=-2$ **0516** (1) $x=4$ (2) $x=10$ (3) $x=9$ **0517** ⑤ **0518** ①, ④ **0519** ㄴ, ㄹ, ㅂ **0520** 3
0521 ③ **0522** ③ **0523** ④ **0524** $360(x+10)=800x+80$
0525 ②, ④ **0526** ④ **0527** ⑤ **0528** $x=3$
0529 ⑤ **0530** ㄷ, ㅂ **0531** ③, ④ **0532** ③
0533 ④ **0534** ④ **0535** $-x-10$ **0536** ① **0537** ②
0538 ㄱ, ㄹ, ㅁ **0539** ㄱ, ㄴ, ㄷ, ㅂ **0540** ③ **0541** (가): ㄷ, (나): ㄱ
0542 (가) **0543** (가): x, (나): 8, (다): -4, (라): 4, (마): -1 **0544** 풀이 참조

0545 ④ **0546** ⑤ **0547** ③, ④ **0548** ④ **0549** ㄱ, ㄷ
0550 ①, ③ **0551** $a\neq-1$ **0552** $a\neq2$, $b=3$
0553 ② **0554** ⑤ **0555** ① **0556** ㄹ **0557** 48 **0558** 2
0559 ① **0560** $x=-\frac{8}{3}$ **0561** ⑤ **0562** 84 **0563** ①
0564 12 **0565** ④ **0566** 3 **0567** ① **0568** $x=5$
0569 ③ **0570** -3 **0571** ③ **0572** -2 **0573** ④ **0574** ①
0575 20 **0576** 35 **0577** ⑤ **0578** ⑤ **0579** -4 **0580** -6
0581 ⑤ **0582** ③ **0583** 5 **0584** ③, ⑤ **0585** ④
0586 ① **0587** ④ **0588** ① **0589** ① **0590** -5
0591 $\frac{3}{2}$ **0592** 3 **0593** -10 **0594** -23
0595 풀이 참조 **0596** -4

07 일차방정식의 활용

0597 ❷ $3x$, $x-4$, $3x=x-4$ ❸ -2, -2 ❹ -2, -6, -2, -6
0598 (1) $4x=x+6$, $x=2$ (2) $20-3x=2$, $x=6$
(3) $10x+5=5(x+5)$, $x=4$ (4) $2(x+4)=22$, $x=7$
(5) $500x+800(10-x)=6200$, $x=6$
0599 (1) $\frac{x}{3}$, 2, $\frac{x}{2}$, $\frac{x}{3}+\frac{x}{2}=5$ (2) 6 km
0600 (1) $200+x$, $\frac{4}{100}\times(200+x)$, $\frac{10}{100}\times200=\frac{4}{100}\times(200+x)$
(2) 300 g **0601** ③ **0602** 6 **0603** 7 **0604** ⑤ **0605** 380
0606 ④ **0607** ② **0608** 9 **0609** ④ **0610** 86 **0611** 52
0612 59 **0613** 6 **0614** 20마리 **0615** ④
0616 초콜릿: 12개, 사탕: 8개 **0617** ⑤ **0618** ④ **0619** 5개월 후
0620 3000 **0621** ③ **0622** 30 **0623** 20 **0624** 1500
0625 2300 **0626** 77 **0627** ③ **0628** 582
0629 ③ **0630** ④ **0631** (1) 6 (2) 28 **0632** 57 **0633** 7일

0634 3일 **0635** 36분 **0636** ② **0637** 10 cm
0638 ① **0639** 3 **0640** ① **0641** 8 km **0642** ⑤
0643 6 km **0644** $\frac{8}{5}$ km **0645** 10분 후
0646 5분 후 **0647** 20분 후 **0648** 2 km
0649 120 m **0650** 150 m **0651** 50 g
0652 ④ **0653** 10 % **0654** 800 g **0655** 80 g
0656 15 **0657** 64 g **0658** 172.5 g **0659** ④
0660 39 **0661** 47 **0662** ⑤ **0663** 3개월 후 **0664** ④
0665 ⑤ **0666** 1310명 **0667** ② **0668** 77 cm
0669 2.4 m **0670** ① **0671** 오전 8시 **0672** ⑤
0673 12 % **0674** 4 %의 소금물: 300 g, 19 %의 소금물: 200 g
0675 12000원 **0676** 150 **0677** 54년
0678 오전 9시 8분

08 좌표평면과 그래프

0679 A(-5), B$\left(-\frac{5}{2}\right)$, C$\left(\frac{1}{2}\right)$, D$(3)$

0680

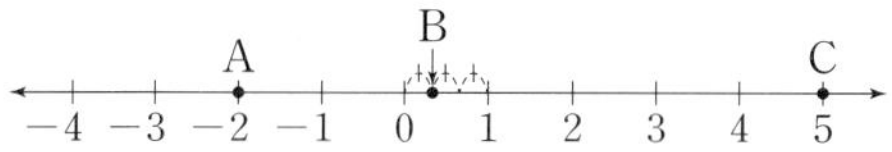

0681 A$(-1, 3)$, B$(-4, -2)$, C$(0, 1)$, D$(2, 1)$, E$(4, -3)$

0682

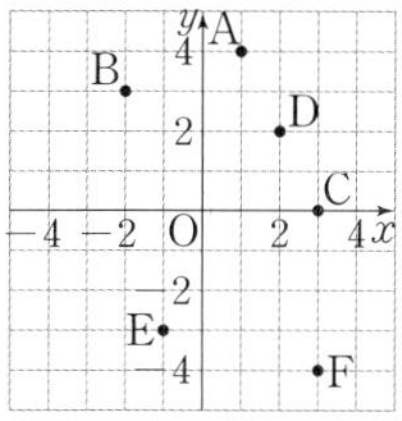

0683 (1) $(2, -6)$ (2) $(-9, -3)$ (3) $(7, 0)$ (4) $(0, -4)$

0684 (1) 제2사분면 (2) 제1사분면 (3) 제4사분면 (4) 제3사분면 (5) 제2사분면 (6) 제4사분면 **0685** (1) Q$(5, 7)$ (2) R$(-5, -7)$ (3) S$(-5, 7)$

0686 (1) 800 m (2) 20분 (3) 80분 **0687** ② **0688** ②

0689 Q(4) **0690** C(-1) **0691** ② **0692** FISH

0693 -9 **0694** ④ **0695** ④ **0696** -2

0697 ② **0698** $-\frac{2}{3}$ **0699** ③ **0700** ⑤ **0701** 33

0702 $\frac{15}{2}$ **0703** ⑤ **0704** ② **0705** ④ **0706** ④

0707 ④ **0708** 점 P: 제4사분면, 점 Q: 제2사분면 **0709** ④ **0710** ③

0711 ③ **0712** ③ **0713** 제1사분면 **0714** ④ **0715** 제2사분면

0716 ② **0717** ④ **0718** 2 **0719** ④ **0720** ④ **0721** 6

0722 제4사분면 **0723** ㄴ **0724** ㉢ **0725** ㄷ **0726** ⑤

0727 ⑤ **0728** ④ **0729** A−ㄷ, B−ㄱ, C−ㄴ **0730** 풀이 참조

0731 (1) 30분 후 (2) 3번 **0732** ㄱ, ㄷ **0733** 15분 후

0734 (1) 20초 후, 35초 후 (2) 50 m (3) 성원 **0735** 2 **0736** ④

0737 ② **0738** 16 **0739** ④ **0740** ③ **0741** ① **0742** ②

0743 ㄴ **0744** ㄱ, ㄷ **0745** ㄴ **0746** 제1사분면

0747 ⑤ **0748** 35분 **0749** 2 **0750** 280

09 정비례와 반비례

0751 (1) 12, 18, 24, 30 (2) $y=6x$ **0752** (1) ○ (2) × (3) ○ (4) ×

0753 (1)

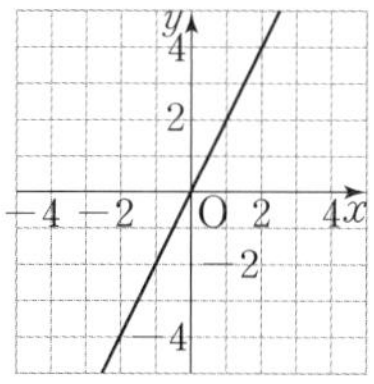

(2)

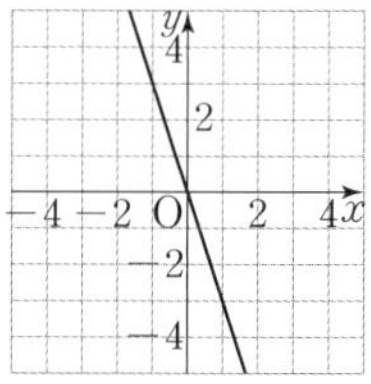

0754 (1) $y=\frac{2}{3}x$ (2) $y=-\frac{5}{2}x$ **0755** (1) $-4, -2, -\frac{8}{5}$ (2) $y=-\frac{8}{x}$

0756 (1) × (2) ○ (3) ○ (4) ×

0757 (1)

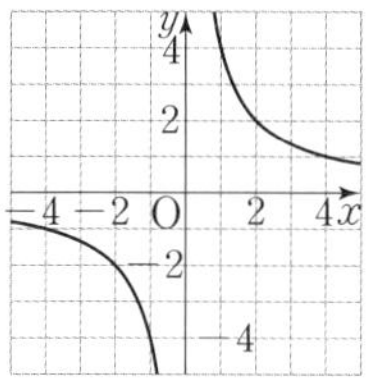

(2)

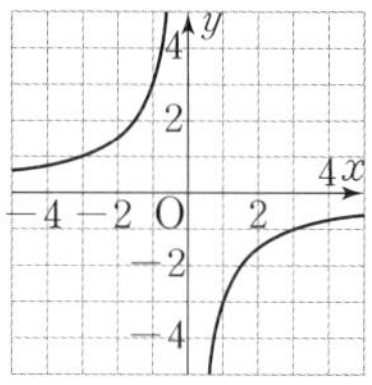

0758 (1) $y=-\frac{9}{x}$ (2) $y=\frac{5}{x}$ **0759** ㄷ, ㅁ **0760** ②, ③

0761 ② **0762** ③ **0763** ① **0764** ① **0765** 36 **0766** -15

0767 (1) $y=80x$ (2) 400회 **0768** (1) $y=\frac{4}{3}x$ (2) 8

0769 8 kg **0770** $\frac{9}{10}$ **0771** ④ **0772** ㄴ, ㄷ

0773 ⑤ **0774** ㄴ **0775** ④ **0776** ① **0777** ③, ④

0778 ③ **0779** ⑤ **0780** 8 **0781** ② **0782** -15

0783 $y=\frac{5}{6}x$ **0784** ③, ⑤ **0785** $-\frac{8}{7}$

0786 -5 **0787** ㄷ, ㅂ **0788** ②, ⑤

0789 ④ **0790** ④ **0791** ⑤ **0792** ㄱ, ㄴ, ㄷ

0793 (1) $y=\frac{240}{x}$ (2) 48분 **0794** (1) $y=\frac{400}{x}$ (2) 2 %

0795 15바퀴 **0796** ④ **0797** ①, ⑤ **0798** ㄴ, ㄷ, ㄹ

0799 ③ **0800** ㄱ, ㄴ **0801** ④ **0802** ① **0803** ④

0804 $a<c<b<d$ **0805** ④ **0806** 2 **0807** ③ **0808** -5

0809 $y=\frac{15}{x}$ **0810** ②, ⑤ **0811** -2 **0812** $y=\frac{24}{x}$

0813 ⑤ **0814** 8 **0815** -12 **0816** 2 **0817** ④

0818 27 **0819** 8 **0820** -7 **0821** ③, ⑤

0822 ㄴ, ㄹ **0823** ③ **0824** ① **0825** ④ **0826** ㄱ, ㄹ

0827 15 **0828** ⑤ **0829** 3 mL **0830** ③ **0831** ③ **0832** 2

0833 ③, ⑤ **0834** $\frac{19}{32}$ **0835** $-\frac{3}{4}$ **0836** 8

01 소인수분해

I. 수와 연산

step 1 개념 익히고,

본문 9, 11쪽

0001 답 (1) 약수: 1, 19, 소수 (2) 약수: 1, 2, 13, 26, 합성수 (3) 약수: 1, 37, 소수 (4) 약수: 1, 11, 121, 합성수

0002 답 (1) ○ (2) × (3) ×

0003 답 (1) 밑: 7, 지수: 3 (2) 밑: $\frac{1}{5}$, 지수: 4

0004 답 (1) $\left(\frac{1}{7}\right)^5$ (2) $2^2\times3^3\times7$ (3) $\left(\frac{1}{3}\right)^3\times\left(\frac{1}{5}\right)^2$

0005 답 (1) 3^3 (2) 2^6 (3) 10^4 (4) $\left(\frac{1}{5}\right)^3$

0006 답 (1) 2, 2, 3, 2, 3 (2) 2, 3, 3, 5, 2, 2

0007 답 (1) 소인수분해: 2×7^2, 소인수: 2, 7
(2) 소인수분해: $2^3\times3\times5$, 소인수: 2, 3, 5

0008 답 (1) $2^2\times5^3$

(2)

×	1	5	5^2	5^3
1	1	5	25	125
2	2	10	50	250
2^2	4	20	100	500

500의 약수: 1, 2, 4, 5, 10, 20, 25, 50, 100, 125, 250, 500

0009 (1) 3^4의 약수는 1, 3, 3^2, 3^3, 3^4이므로
1, 3, 9, 27, 81

(2) 오른쪽 표에 의하여
$3^2\times7$의 약수는
1, 3, 7, 9, 21, 63

×	1	3	3^2
1	1	3	9
7	7	21	63

(3) $48=2^4\times3$이므로 오른쪽 표에 의하여 48의 약수는
1, 2, 3, 4, 6, 8, 12, 16, 24, 48

×	1	2	2^2	2^3	2^4
1	1	2	4	8	16
3	3	6	12	24	48

(4) $100=2^2\times5^2$이므로 오른쪽 표에 의하여 100의 약수는
1, 2, 4, 5, 10, 20, 25, 50, 100

×	1	5	5^2
1	1	5	25
2	2	10	50
2^2	4	20	100

답 (1) 1, 3, 9, 27, 81 (2) 1, 3, 7, 9, 21, 63
(3) 1, 2, 3, 4, 6, 8, 12, 16, 24, 48
(4) 1, 2, 4, 5, 10, 20, 25, 50, 100

0010 (1) $3+1=4$
(2) $(3+1)\times(2+1)=4\times3=12$
(3) $(2+1)\times(4+1)\times(1+1)=3\times5\times2=30$
(4) $144=2^4\times3^2$이므로 144의 약수의 개수는
$(4+1)\times(2+1)=5\times3=15$

답 (1) 4 (2) 12 (3) 30 (4) 15

0011 답 (1) 1, 2, 4, 8, 16 (2) 1, 2, 3, 4, 6, 8, 12, 24
(3) 1, 2, 4, 8 (4) 8 (5) 1, 2, 4, 8

0012 답 (1) 1, 3, 9 (2) 1, 3, 5, 15
(3) 1, 3, 7, 21 (4) 1, 2, 4, 7, 14, 28

0013 (1) 2와 8의 최대공약수가 2이므로 서로소가 아니다.
(2) 12와 33의 최대공약수가 3이므로 서로소가 아니다.
(3) 13과 15의 최대공약수가 1이므로 서로소이다.
(4) 22와 35의 최대공약수가 1이므로 서로소이다.

답 (1) × (2) × (3) ○ (4) ○

0014 (1)
$$2^2\times3$$
$$2\times3^2$$
$$(\text{최대공약수})=2\times3$$

(2)
$$2\times3^3\times5^2$$
$$2\times3^2\times5^2$$
$$(\text{최대공약수})=2\times3^2\times5^2$$

(3)
$$3^2\times5\times7^2$$
$$3\times5^2$$
$$(\text{최대공약수})=3\times5$$

(4)
$$2\times3$$
$$2\times3^2\times5$$
$$3\times5$$
$$(\text{최대공약수})=3$$

답 (1) 2×3 (2) $2\times3^2\times5^2$ (3) 3×5 (4) 3

0015 답 (1) 6, 12, 18, 24, 30, 36, 42, 48, 54, ⋯
(2) 9, 18, 27, 36, 45, 54, ⋯
(3) 18, 36, 54, ⋯ (4) 18 (5) 18, 36, 54, ⋯

0016 답 14, 28, 42, 56

0017 답 27, 54, 81

0018 (1)
$$2\times3$$
$$2\times3^2$$
$$(\text{최소공배수})=2\times3^2$$

(2)
$$2^2\times3\times5^2$$
$$2\times3\times5$$
$$(\text{최소공배수})=2^2\times3\times5^2$$

(3) $2^2\times3\quad\times7$
$3^3\times5$
(최소공배수)$=2^2\times3^3\times5\times7$

(4) 3×5^2
$2\times3\times5$
$3\quad\times7$
(최소공배수)$=2\times3\times5^2\times7$

답 (1) 2×3^2 (2) $2^2\times3\times5^2$
(3) $2^2\times3^3\times5\times7$ (4) $2\times3\times5^2\times7$

0019 (1) $15=3\times5$
$45=3^2\times5$
(최대공약수)$=3\times5=15$
(최소공배수)$=3^2\times5=45$

(2) $140=2^2\times5\times7$
$350=2\times5^2\times7$
(최대공약수)$=2\times5\times7=70$
(최소공배수)$=2^2\times5^2\times7=700$

(3) $75=3\times5^2$
$110=2\times5\times11$
$180=2^2\times3^2\times5$
(최대공약수)$=5$
(최소공배수)$=2^2\times3^2\times5^2\times11=9900$

답 (1) 최대공약수: 15, 최소공배수: 45
(2) 최대공약수: 70, 최소공배수: 700
(3) 최대공약수: 5, 최소공배수: 9900

0020 $A\times B=40\times5=200$ 답 200

0021 $A\times30=120\times6$이므로
$A=24$ 답 24

0022 최소공배수를 L이라 하면
$270=L\times3$
$\therefore L=90$ 답 90

B step 기출 & 변형하면… 본문 12 ~ 27쪽

0023 $57=3\times19$, $91=7\times13$, $133=7\times19$
따라서 소수는 7, 17, 31, 47의 4개이다. 답 ③

0024 ① 21의 약수는 1, 3, 7, 21의 4개이므로 합성수이다.
④ 49의 약수는 1, 7, 49의 3개이므로 합성수이다. 답 ①, ④

0025 약수가 2개인 자연수는 소수이므로 30보다 크고 47보다 작은 자연수 중 소수는 31, 37, 41, 43의 4개이다. 답 4

0026 54에 가장 가까운 소수는 53이므로
$a=53$ … ❶
54에 가장 가까운 합성수는 55이므로
$b=55$ … ❷
$\therefore a+b=53+55=108$ … ❸
답 108

채점 기준	배점
❶ a의 값 구하기	40 %
❷ b의 값 구하기	40 %
❸ $a+b$의 값 구하기	20 %

0027 ① 10의 약수는 1, 2, 5, 10의 4개이므로 합성수이다.
② 2는 소수이지만 짝수이다.
③ 소수의 약수는 1과 자기 자신의 2개이다.
④ 합성수의 약수는 3개 이상이다.
⑤ 5의 배수 중 5는 소수이다.
따라서 옳은 것은 ①, ③이다. 답 ①, ③

0028 ㄱ. 1은 소수도 아니고 합성수도 아니다.
ㄴ. 합성수 9는 홀수이다.
ㄷ. 소수 2는 짝수이므로 홀수가 아닌 소수도 있다.
ㄹ. 7의 배수 중 7은 소수이다.
따라서 옳지 않은 것은 ㄱ, ㄴ, ㄹ이다. 답 ④

0029 ① $2\times2\times2=2^3$
② $4+4=4\times2=2\times2\times2=2^3$
③ $9\times9\times9=9^3$
④ $2\times2\times2\times3=2^3\times3$
답 ⑤

0030 $2\times2\times3\times5\times3\times2=2^3\times3^2\times5$이므로
$x=3$, $y=2$, $z=1$
$\therefore x+y-z=3+2-1=4$ 답 ①

0031 $2^6=64$이므로 $a=64$
$5^3=125$이므로 $b=3$
$\therefore a-b=64-3=61$ 답 ⑤

0032 $\frac{16}{121}\times81=\left(\frac{4}{11}\right)^2\times3^4$이므로
$a=11$, $b=4$
$\therefore a+b=11+4=15$ 답 ③

0033 $2=2^1$, $4=2\times2=2^2$, $8=2\times2\times2=2^3$, …이므로 배양한 지 n일 후의 이 세포의 개수는 2^n이다.
따라서 배양한 지 20일 후의 이 세포의 개수는 2^{20}이므로
$a=20$ 답 ①

0034 페이스트리 반죽을 1번 접으면 2겹, 2번 접으면 $2\times2=2^2$(겹), 3번 접으면 $2\times2\times2=2^3$(겹), …이 만들어진다. 따라서 $128=2\times2\times2\times2\times2\times2\times2=2^7$이므로 128겹의 페이스트리를 만들려면 반죽을 7번 접어야 한다. 답 ④

0035 ③
$$\begin{array}{r|l} 3 & 81 \\ 3 & 27 \\ 3 & 9 \\ & 3 \end{array}$$
$\therefore 81=3^4$ 답 ③

0036
$$\begin{array}{r|l} 2 & 792 \\ 2 & 396 \\ 2 & 198 \\ 3 & 99 \\ 3 & 33 \\ & 11 \end{array}$$
$\therefore 792=2^3\times3^2\times11$ 답 ④

0037 $189=3^3\times7$이므로 $a=3$, $b=1$
$\therefore a+b=3+1=4$ 답 ②

0038 $6500=2^2\times5^3\times13$이므로 $a=2$, $b=3$, $c=13$
$\therefore a+b+c=2+3+13=18$ 답 ⑤

0039 $32\times50=2^5\times(2\times5^2)$
$=(2\times2\times2\times2\times2)\times(2\times5^2)$
$=2^6\times5^2$
이므로 $a=6$, $b=2$
$\therefore a-b=6-2=4$ 답 ③

0040 $432=2^4\times3^3$이므로 … ❶
$a=2$, $b=3$, $m=4$, $n=3$
또는 $a=3$, $b=2$, $m=3$, $n=4$ … ❷
$\therefore m\times n-a\times b=12-6=6$ … ❸
답 6

채점 기준	배점
❶ 432를 소인수분해 하기	40 %
❷ a, b, m, n의 값 각각 구하기	40 %
❸ $m\times n-a\times b$의 값 구하기	20 %

0041 $660=2^2\times3\times5\times11$이므로 660의 소인수는 2, 3, 5, 11이다.
따라서 660의 소인수가 아닌 것은 ④이다. 답 ④

0042 $294=2\times3\times7^2$이므로 … ❶
294의 소인수는 2, 3, 7이다. … ❷
따라서 모든 소인수의 합은 $2+3+7=12$ … ❸
답 12

채점 기준	배점
❶ 294를 소인수분해 하기	40 %
❷ 294의 소인수 구하기	40 %
❸ 294의 모든 소인수의 합 구하기	20 %

0043 ① $24=2^3\times3$이므로 24의 소인수는 2, 3이다.
② $36=2^2\times3^2$이므로 36의 소인수는 2, 3이다.
③ $108=2^2\times3^3$이므로 108의 소인수는 2, 3이다.
④ $144=2^4\times3^2$이므로 144의 소인수는 2, 3이다.
⑤ $150=2\times3\times5^2$이므로 150의 소인수는 2, 3, 5이다.
따라서 소인수가 나머지 넷과 다른 하나는 ⑤이다. 답 ⑤

0044 ㄱ. $28=2^2\times7$이므로 28의 소인수는 2, 7이다.
ㄴ. $84=2^2\times3\times7$이므로 84의 소인수는 2, 3, 7이다.
ㄷ. $126=2\times3^2\times7$이므로 126의 소인수는 2, 3, 7이다.
ㄹ. $147=3\times7^2$이므로 147의 소인수는 3, 7이다.
따라서 소인수가 같은 것은 ㄴ, ㄷ이다. 답 ④

0045 (1) $45=3^2\times5$
(3) 어떤 자연수의 제곱이 되기 위해서는 소인수의 지수가 모두 짝수가 되어야 하므로 곱할 수 있는 자연수는
$5\times(\text{자연수})^2$ 꼴이다.
따라서 곱할 수 있는 가장 작은 자연수는 5이다.
답 (1) $3^2\times5$ (2) 5 (3) 5

0046 $72=2^3\times3^2$에서 2의 지수가 짝수가 되어야 하므로 곱할 수 있는 자연수는 $2\times(\text{자연수})^2$ 꼴이다.
따라서 곱할 수 있는 가장 작은 자연수는 2이다. 답 2

0047 $288=2^5\times3^2$이므로 a는 288의 약수 중 $2\times(\text{자연수})^2$ 꼴이어야 한다.
① $2=2\times1^2$ ② $4=2\times2$ ③ $8=2\times2^2$
④ $18=2\times3^2$ ⑤ $72=2\times6^2$
따라서 a의 값이 될 수 없는 것은 ②이다. 답 ②

0048 96을 소인수분해 하면 $96=2^5\times3$ … ❶
어떤 자연수의 제곱이 되려면 소인수의 지수가 모두 짝수가 되어야 한다.

지수가 홀수인 소인수는 2와 3이므로 나눌 수 있는 가장 작은 자연수 a는

$a=2\times3=6$ … ❷

$96\div6=16=4^2$이므로 $b=4$ … ❸

$\therefore a+b=6+4=10$ … ❹

답 10

채점 기준	배점
❶ 96을 소인수분해 하기	30 %
❷ a의 값 구하기	30 %
❸ b의 값 구하기	30 %
❹ $a+b$의 값 구하기	10 %

0049 $60=2^2\times3\times5$에서 3과 5의 지수가 짝수가 되어야 하므로 곱할 수 있는 자연수는 $3\times5\times(\text{자연수})^2$ 꼴이다.
따라서 곱할 수 있는 가장 작은 자연수는
$3\times5\times1^2=15$
두 번째로 작은 자연수는
$3\times5\times2^2=60$ 답 ⑤

0050 $360=2^3\times3^2\times5$이므로 a는 $2\times5\times(\text{자연수})^2$ 꼴이어야 한다.
① $10=2\times5\times1^2$ ② $20=2\times5\times2$ ③ $40=2\times5\times2^2$
④ $80=2\times5\times2^3$ ⑤ $90=2\times5\times3^2$
따라서 a의 값이 될 수 없는 것은 ②, ④이다. 답 ②, ④

0051 $3^2\times5^2$의 약수는 3^2의 약수 1, 3, 3^2과 5^2의 약수 1, 5, 5^2의 곱이다. 따라서 $3^2\times5^2$의 약수인 것은 ㄱ, ㄴ, ㅁ이다.
답 ㄱ, ㄴ, ㅁ

0052 ① $4=2^2$ ② $6=2\times3$ ③ $8=2^3$
④ $9=3^2$ ⑤ $10=2\times5$
따라서 $2^3\times3\times5^2$의 약수가 아닌 것은 ④이다. 답 ④

0053 ③ (나)에 들어갈 수는 $2^2\times3=12$이므로 (나)에서 12가 108의 약수임을 알 수 있다. 답 ③

0054 ④ (다)에 들어갈 수는 $2^4\times7=112$이다. 답 ④

0055 $2^3\times3^2\times7$의 약수 중 가장 큰 수는 자기 자신인 $2^3\times3^2\times7=504$이고, 두 번째로 큰 수는 $2^3\times3^2\times7$을 가장 작은 소인수인 2로 나눈 수이므로
$(2^3\times3^2\times7)\div2=2^2\times3^2\times7=252$ 답 252

0056 280을 소인수분해 하면
$280=2^3\times5\times7$ … ❶
280이 $2^a\times5^b\times7^c$의 약수이므로 가장 작은 a, b, c의 값은 각각
$a=3$, $b=1$, $c=1$ … ❷
따라서 $a+b+c$의 값 중 가장 작은 값은
$3+1+1=5$ … ❸

답 5

채점 기준	배점
❶ 280을 소인수분해 하기	20 %
❷ 가장 작은 a, b, c의 값 각각 구하기	60 %
❸ $a+b+c$의 값 중 가장 작은 값 구하기	20 %

0057 주어진 각 수의 약수의 개수는 다음과 같다.
① $(2+1)\times(1+1)=3\times2=6$
② $(1+1)\times(2+1)=2\times3=6$
③ $45=3^2\times5$이므로 $(2+1)\times(1+1)=3\times2=6$
④ $50=2\times5^2$이므로 $(1+1)\times(2+1)=2\times3=6$
⑤ $65=5\times13$이므로 $(1+1)\times(1+1)=2\times2=4$
따라서 약수의 개수가 나머지 넷과 다른 하나는 ⑤이다.
답 ⑤

0058 $200=2^3\times5^2$이므로 200의 약수의 개수는
$(3+1)\times(2+1)=4\times3=12$
주어진 각 수의 약수의 개수는 다음과 같다.
① $(5+1)\times(1+1)=6\times2=12$
② $(4+1)\times(3+1)=5\times4=20$
③ $(2+1)\times(2+1)=3\times3=9$
④ $(2+1)\times(1+1)\times(1+1)=3\times2\times2=12$
⑤ $(1+1)\times(1+1)\times(1+1)\times(1+1)$
$=2\times2\times2\times2=16$
따라서 약수의 개수가 200의 약수의 개수와 같은 것은 ①, ④이다. 답 ①, ④

0059 주어진 각 수의 약수의 개수는 다음과 같다.
① $3\times3^2=3^3$이므로 $3+1=4$
② $(5+1)\times(1+1)=12$
③ $(1+1)\times(2+1)\times(3+1)=24$
④ $252=2^2\times3^2\times7$이므로
$(2+1)\times(2+1)\times(1+1)=18$
⑤ $6+1=7$
따라서 옳지 않은 것은 ②이다. 답 ②

0060 ⑤ $260=2^2\times5\times13$이므로 260의 약수의 개수는
$(2+1)\times(1+1)\times(1+1)=12$ 답 ⑤

0061 $\frac{150}{x}$이 자연수가 되도록 하는 자연수 x는 150의 약수이다. … ❶
$150=2\times3\times5^2$이므로 … ❷

150의 약수의 개수는 $(1+1)\times(1+1)\times(2+1)=12$

따라서 구하는 자연수 x의 개수는 12이다. … ❸

답 12

채점 기준	배점
❶ x의 조건 구하기	30 %
❷ 150을 소인수분해 하기	30 %
❸ 자연수 x의 개수 구하기	40 %

0062 $\frac{240}{x}$이 자연수가 되도록 하는 자연수 x는 240의 약수이다.

$240=2^4\times3\times5$이므로 240의 약수의 개수는

$(4+1)\times(1+1)\times(1+1)=20$

따라서 구하는 자연수 x의 개수는 20이다.

답 20

0063 $2^7\times5^a$의 약수의 개수가 24이므로

$(7+1)\times(a+1)=24$, $8\times(a+1)=24$

$a+1=3$ $\therefore a=2$

답 ②

0064 $2^a\times9\times25$의 약수의 개수가 36이고

$2^a\times9\times25=2^a\times3^2\times5^2$이므로

$(a+1)\times(2+1)\times(2+1)=36$

$(a+1)\times3\times3=36$

$(a+1)\times9=36$

$a+1=4$ $\therefore a=3$

답 ①

0065 $24=2^3\times3$이므로

① $24\times5=2^3\times3\times5$의 약수의 개수는

$(3+1)\times(1+1)\times(1+1)=16$

② $24\times9=2^3\times3^3$의 약수의 개수는

$(3+1)\times(3+1)=16$

③ $24\times16=2^7\times3$의 약수의 개수는

$(7+1)\times(1+1)=16$

④ $24\times19=2^3\times3\times19$의 약수의 개수는

$(3+1)\times(1+1)\times(1+1)=16$

⑤ $24\times24=2^6\times3^2$의 약수의 개수는

$(6+1)\times(2+1)=21$

따라서 자연수 a의 값이 될 수 없는 것은 ⑤이다.

답 ⑤

0066 $27=3^3$이므로

① $27\times2=3^3\times2$의 약수의 개수는

$(3+1)\times(1+1)=8$

② $27\times3=3^3\times3=3^4$의 약수의 개수는 $4+1=5$

③ $27\times5=3^3\times5$의 약수의 개수는

$(3+1)\times(1+1)=8$

④ $27\times11=3^3\times11$의 약수의 개수는

$(3+1)\times(1+1)=8$

⑤ $27\times13=3^3\times13$의 약수의 개수는

$(3+1)\times(1+1)=8$

따라서 □ 안에 들어갈 수 없는 수는 ②이다.

답 ②

0067 $15=14+1$ 또는 $15=5\times3=(4+1)\times(2+1)$이므로

(i) □가 2의 거듭제곱 꼴인 경우

$2^4\times□=2^{14}$에서 $□=2^{10}$

(ii) □가 2의 거듭제곱 꼴이 아닌 경우

$2^4\times□=2^4\times a^2$ (a는 2가 아닌 소수)에서

$□=3^2, 5^2, 7^2, \cdots$

(i), (ii)에서 □ 안에 들어갈 수 있는 가장 작은 자연수는 $3^2=9$이다.

답 9

0068 ① $2^2\times3^2\times2=2^3\times3^2$의 약수의 개수는

$(3+1)\times(2+1)=12$

② $2^2\times3^2\times3=2^2\times3^3$의 약수의 개수는

$(2+1)\times(3+1)=12$

③ $2^2\times3^2\times4=2^4\times3^2$의 약수의 개수는

$(4+1)\times(2+1)=15$

④ $2^2\times3^2\times5$의 약수의 개수는

$(2+1)\times(2+1)\times(1+1)=18$

⑤ $2^2\times3^2\times6=2^3\times3^3$의 약수의 개수는

$(3+1)\times(3+1)=16$

따라서 □ 안에 들어갈 수 있는 수는 ④이다.

답 ④

0069 주어진 두 수의 최대공약수는 각각 다음과 같다.

① 3 ② 2 ③ 1 ④ 3 ⑤ 7

따라서 두 수가 서로소인 것은 ③이다.

답 ③

0070 주어진 두 수의 최대공약수는 각각 다음과 같다.

① 1 ② 1 ③ 1 ④ 17 ⑤ 1

따라서 두 수가 서로소가 아닌 것은 ④이다.

답 ④

0071 $9=3^2$이므로 9와 서로소인 수는 3의 배수가 아니다.

따라서 6, 7, 8, …, 19 중 9와 서로소인 수는

7, 8, 10, 11, 13, 14, 16, 17, 19

의 9개이다.

답 ⑤

다른 풀이 $9=3^2$이므로 9와 서로소인 수는 3의 배수가 아니어야 한다. 5보다 크고 20보다 작은 수의 개수는 $20-5-1=14$

이 중 3의 배수는 5개이므로 9와 서로소인 수의 개수는

$14-5=9$

0072 $15=3\times5$이므로 15와 서로소인 수는 3의 배수도 아니고 5의 배수도 아니다.
따라서 15 이하의 자연수 중 15와 서로소인 수는
1, 2, 4, 7, 8, 11, 13, 14
의 8개이다. 답 8

0073
$$\begin{array}{r} 2^3\times5^2 \\ 2^2\times5^3\times7 \\ \hline (\text{최대공약수})=2^2\times5^2 \end{array}$$
답 ②

0074
$$\begin{array}{r} 2^3\times3^2\times5 \\ 2^4\times3^2 \\ 2^5\times3^4\times5^3 \\ \hline (\text{최대공약수})=2^3\times3^2=72 \end{array}$$
답 ④

0075 두 자연수 A, B의 공약수는 두 수의 최대공약수인 12의 약수이므로
1, 2, 3, 4, 6, 12 답 ⑤

0076 두 자연수의 공약수는 두 수의 최대공약수인 $2^2\times3^2$의 약수이므로
$1, 2, 3, 2^2, 2\times3, 3^2, 2^2\times3, 2\times3^2, 2^2\times3^2$
즉, 1, 2, 3, 4, 6, 9, 12, 18, 36
따라서 구하는 합은
$1+2+3+4+6+9+12+18+36=91$ 답 91

0077
$$\begin{array}{r} 2\times3\times5^2 \\ 2^2\times5^3\times7 \\ \hline (\text{최대공약수})=2\times5^2 \end{array}$$
③ $15=3\times5$는 2×5^2의 약수가 아니다. 답 ③

0078
$$\begin{array}{r} 90=2\times3^2\times5 \\ 252=2^2\times3^2\times7 \\ 540=2^2\times3^3\times5 \\ \hline (\text{최대공약수})=2\times3^2 \end{array}$$
⑤ $2\times3^2\times5$는 2×3^2의 약수가 아니다. 답 ⑤

0079
$$\begin{array}{r} 2^2\times5^3 \\ 2^3\times3^2\times5 \\ \hline (\text{최대공약수})=2^2\times5 \end{array}$$
따라서 주어진 두 수의 공약수의 개수는 $2^2\times5$의 약수의 개수와 같으므로
$(2+1)\times(1+1)=6$ 답 6

0080
$$\begin{array}{r} 2\times3^2\times5^2 \\ 3\times5^3\times7 \\ \hline (\text{최대공약수})=3\times5^2 \end{array}$$
… ❶

따라서 주어진 두 수의 공약수는 3×5^2의 약수와 같으므로
공약수 중 가장 큰 수는 3×5^2, 두 번째로 큰 수는 $5^2=25$
… ❷

답 25

채점 기준	배점
❶ 두 수의 최대공약수 구하기	50 %
❷ 두 수의 공약수 중 두 번째로 큰 수 구하기	50 %

0081 $2^a\times5\times11^2$, $2^4\times5^3\times11^b$의 최대공약수가 $2^3\times5\times11$이므로 두 수의 공통인 소인수 2의 지수인 a와 4 중 작은 것이 3이다.
$\therefore a=3$
또, 두 수의 공통인 소인수 11의 지수인 2와 b 중 작은 것이 1이므로 $b=1$
$\therefore a+b=3+1=4$ 답 ③

0082 $3^4\times5^a$, $3^b\times5^3\times7^2$의 최대공약수가 $135=3^3\times5$이므로 두 수의 공통인 소인수 3, 5의 지수 중 작은 것이 각각 3, 1이다.
따라서 $a=1$, $b=3$이므로
$a+b=1+3=4$ 답 4

0083 $3^3\times5^2\times11^4$, $3^5\times5^a\times11^2$, $3^4\times5^3\times11^b$의 최대공약수가 $3^c\times5\times11$이므로 세 수의 공통인 소인수 5, 11의 지수 중 가장 작은 것이 모두 1이다.
$\therefore a=1, b=1$
또, 공통인 소인수 3의 지수 중 가장 작은 것이 3이므로
$c=3$
$\therefore a+b+c=1+1+3=5$ 답 5

0084 $6\times\square=2\times3\times\square$, $2^2\times3^3\times5^3$의 최대공약수가 $90=2\times3^2\times5$이므로 □ 안에 들어갈 수 있는 수는
$3\times5\times a$ (a는 2, 3, 5와 서로소) 꼴이다.
① $12=2^2\times3$ ② $15=3\times5$
③ $25=5^2$ ④ $30=2\times3\times5$
⑤ $42=2\times3\times7$
따라서 □ 안에 들어갈 수 있는 수는 ②이다. 답 ②

0085
$$\begin{array}{r} 2^3\times3 \\ 2^2\times3^2\times5 \\ 2^2\times5^2 \\ \hline (\text{최소공배수})=2^3\times3^2\times5^2 \end{array}$$
답 ⑤

0086

$$176 = 2^4 \times 11$$
$$2^2 \times 5 \times 11$$
$$(\text{최대공약수}) = 2^2 \times 11 = 44$$
$$(\text{최소공배수}) = 2^4 \times 5 \times 11 = 880$$

따라서 $A=44$, $B=880$이므로

$B-A=880-44=836$ 답 836

0087 주어진 두 수의 공배수는 두 수의 최소공배수인 $2^3\times3\times5$의 배수이므로 두 수의 공배수가 아닌 것은 ①, ④이다. 답 ①, ④

0088

$$2 \times 5$$
$$2^3 \times 3^2$$
$$2^2 \times 3^2 \times 7$$
$$(\text{최소공배수}) = 2^3 \times 3^2 \times 5 \times 7$$

주어진 세 수의 공배수는 세 수의 최소공배수인 $2^3\times3^2\times5\times7$의 배수이므로 세 수의 공배수인 것은 ⑤이다. 답 ⑤

0089 두 자연수의 공배수는 두 수의 최소공배수인 32의 배수이다.

이때 $300=32\times9+12$이므로 두 수의 공배수 중 300 이하의 자연수는 9개이다. 답 ⑤

0090 두 자연수 A, B의 공배수는 두 수의 최소공배수인 $3^2\times5$의 배수이므로 두 자연수 A, B의 공배수인 것은 ㄴ, ㄷ이다.

답 ㄴ, ㄷ

0091 세 자연수 A, B, C의 공배수는 세 수의 최소공배수인 12의 배수이다.

이때 $12\times16=192$, $12\times17=204$이므로 세 수의 공배수 중 200에 가장 가까운 자연수는 204이다. 답 204

0092

$$12 = 2^2 \times 3$$
$$15 = 3 \times 5$$
$$21 = 3 \times 7$$
$$(\text{최소공배수}) = 2^2 \times 3 \times 5 \times 7$$ … ❶

세 수의 공배수는 $2^2\times3\times5\times7=420$의 배수이므로

420, 840, 1260, ⋯

따라서 세 수의 공배수 중 가장 큰 세 자리 자연수는 840이다.

… ❷

답 840

채점 기준	배점
❶ 세 수 12, 15, 21의 최소공배수 구하기	50 %
❷ 공배수 중 가장 큰 세 자리 자연수 구하기	50 %

0093 $2^2\times5$, $2^a\times3\times5^2$의 최소공배수가 $2^3\times3\times5^b$이므로 두 수의 공통인 소인수 2의 지수인 2와 a 중 큰 것이 3이다.

$\therefore a=3$

또, 두 수의 공통인 소인수 5의 지수인 1과 2 중 큰 것이 b이므로 $b=2$

$\therefore a+b=3+2=5$ 답 5

0094 $2^a\times3$, $2^2\times3\times7^b$, 2×3^c의 최소공배수가 $2^3\times3^2\times7$이므로 $b=1$

세 수의 공통인 소인수 2의 지수인 a, 2, 1 중 가장 큰 것이 3이므로 $a=3$

또, 세 수의 공통인 소인수 3의 지수인 1, 1, c 중 가장 큰 것이 2이므로 $c=2$

$\therefore a+b+c=3+1+2=6$ 답 ②

0095

$$\begin{array}{r|ccc} x & 3\times x & 6\times x & 10\times x \\ \hline 3 & 3 & 6 & 10 \\ \hline 2 & 1 & 2 & 10 \\ \hline & 1 & 1 & 5 \end{array}$$

$(\text{최소공배수})=x\times3\times2\times1\times1\times5=210$이므로

$x\times30=210$ $\quad\therefore x=7$ 답 ③

0096

$$\begin{array}{r|ccc} x & 5\times x & 6\times x & 9\times x \\ \hline 3 & 5 & 6 & 9 \\ \hline & 5 & 2 & 3 \end{array}$$

$(\text{최소공배수})=x\times3\times5\times2\times3=720$이므로

$x\times90=720$ $\quad\therefore x=8$

따라서 세 자연수의 최대공약수는 8이다. 답 8

주의 세 수의 최대공약수는 세 수 모두 공통인 소인수만 곱하여 구해야 하므로 나눗셈에서 나누어준 수 중 공통인 소인수가 아닌 3은 곱하지 않는다

0097 비가 4 : 5 : 6인 세 자연수를 $4\times x$, $5\times x$, $6\times x$라 하면

$$\begin{array}{r|ccc} x & 4\times x & 5\times x & 6\times x \\ \hline 2 & 4 & 5 & 6 \\ \hline & 2 & 5 & 3 \end{array}$$

$(\text{최소공배수})=x\times2\times2\times5\times3=300$이므로

$x\times60=300$ $\quad\therefore x=5$

따라서 세 자연수 중 가장 작은 수는

$4\times5=20$ 답 20

0098 비가 5 : 7 : 14인 세 자연수를 $5\times x$, $7\times x$, $14\times x$라 하면

$$\begin{array}{r|lll} x & 5\times x & 7\times x & 14\times x \\ \hline 7 & 5 & 7 & 14 \\ \hline & 5 & 1 & 2 \end{array}$$

(최소공배수)$=x\times7\times5\times1\times2=420$이므로

$x\times70=420$ $\therefore x=6$

따라서 세 자연수는 $5\times6=30$, $7\times6=42$, $14\times6=84$이므로 세 자연수의 합은

$30+42+84=156$ 답 ①

0099 최대공약수는 $40=2^3\times5$, 최소공배수는 $720=2^4\times3^2\times5$이므로

$$\begin{array}{r} 2^a \qquad \times5 \\ 2^4\times3^b\times5 \\ \hline (\text{최대공약수})=2^3 \qquad \times5 \\ (\text{최소공배수})=2^4\times3^2\times5 \end{array}$$

즉, $2^a=2^3$, $3^b=3^2$이어야 하므로

$a=3$, $b=2$

$\therefore a+b=3+2=5$ 답 ④

0100

$$\begin{array}{r} 2^a\times3^4 \qquad \\ 2\ \times3^b\times5 \\ \hline (\text{최대공약수})=2\ \times3^3 \qquad \\ (\text{최소공배수})=2^3\times3^4\times5 \end{array}$$

즉, $2^a=2^3$, $3^b=3^3$이어야 하므로

$a=3$, $b=3$

$\therefore a+b=3+3=6$ 답 ④

0101

$$\begin{array}{r} 2^a \qquad \times5^3\times b \\ 2^3\times3^c\times5 \qquad \\ \hline (\text{최대공약수})=2^2 \qquad \times5 \qquad \\ (\text{최소공배수})=2^3\times3^2\times5^3\times7 \end{array}$$

즉, $2^a=2^2$, $b=7$, $3^c=3^2$이어야 하므로

$a=2$, $b=7$, $c=2$

$\therefore a+b-c=2+7-2=7$ 답 ④

0102

$$\begin{array}{r} 2^2\times3^4\times5^2 \qquad \\ 2^a\times3^3 \qquad \times7 \\ 2^2\times3^b\times5 \qquad \\ \hline (\text{최대공약수})=2^2\times3^2 \qquad \qquad \\ (\text{최소공배수})=2^3\times3^4\times5^c\times7 \end{array}$$

즉, $2^a=2^3$, $3^b=3^2$, $5^2=5^c$이어야 하므로

$a=3$, $b=2$, $c=2$

$\therefore a+b+c=3+2+2=7$ 답 7

0103

$$\begin{array}{r} 3^a\times7^3 \qquad \\ 3^2\times7^b\times11^2 \\ \hline (\text{최대공약수})=3\ \times7^2 \qquad \end{array}$$

즉, $3^a=3$, $7^b=7^2$이어야 하므로

$a=1$, $b=2$

따라서 두 수 3×7^3, $3^2\times7^2\times11^2$의 최소공배수는

$3^2\times7^3\times11^2$이다. 답 $3^2\times7^3\times11^2$

0104 최소공배수가 $600=2^3\times3\times5^2$이므로 … ❶

$$\begin{array}{r} 2^2\times3\times a \\ 2^b \qquad \times a \\ 2^2\times3\times a^2 \\ \hline (\text{최소공배수})=2^3\times3\times5^2 \end{array}$$

즉, $a^2=5^2$, $2^b=2^3$이어야 하므로 $a=5$, $b=3$ … ❷

따라서 세 수 $2^2\times3\times5$, $2^3\times5$, $2^2\times3\times5^2$의 최대공약수는

$2^2\times5=20$ … ❸

답 20

채점 기준	배점
❶ 600을 소인수분해 하기	30 %
❷ a, b의 값 각각 구하기	40 %
❸ 세 수의 최대공약수 구하기	30 %

0105 최대공약수를 G라 하면

$2^4\times3^3\times5^3\times7=(2^4\times3^2\times5^2\times7)\times G$

$\therefore G=3\times5=15$ 답 ④

0106 최소공배수를 L이라 하면

$2^6\times5^3\times7^3=L\times(2^2\times5\times7)$

$\therefore L=2^4\times5^2\times7^2$

이때 $2^4\times5^2\times7^2$은 $2^2\times5\times7=140$의 제곱이므로

$N=140$ 답 ⑤

0107 $21=3\times7$이므로

$(3^2\times5\times7)\times A=(3^2\times5\times7^2)\times(3\times7)$

$\therefore A=3\times7^2=147$ 답 ③

0108 $540=2^2\times3^3\times5$이므로

$A\times(2^2\times3\times5)=(2^2\times3^3\times5)\times(2^2\times3)$

$\therefore A=2^2\times3^3=108$ 답 108

0109 두 자연수 A, B $(A>B)$의 최대공약수가 15이므로 $A=15\times a$, $B=15\times b$ (a, b는 서로소인 자연수, $a>b$)라 하자. … ❶

A, B의 최소공배수가 150이므로

$15\times a\times b=150$ $\therefore a\times b=10$

(ⅰ) $a=5$, $b=2$일 때, $A=75$, $B=30$

$\therefore A-B=75-30=45$ … ❷

(ⅱ) $a=10$, $b=1$일 때, $A=150$, $B=15$

$\therefore A-B=150-15=135$ … ❸

답 45, 135

채점 기준	배점
❶ 두 수 A, B를 최대공약수를 이용하여 나타내기	40 %
❷ $A=75$, $B=30$일 때, $A-B$의 값 구하기	30 %
❸ $A=150$, $B=15$일 때, $A-B$의 값 구하기	30 %

0110 두 자연수의 최대공약수가 12이므로 두 수를

$A=12\times a$, $B=12\times b$ (a, b는 서로소, $a<b$)

라 하자. 두 수의 최소공배수가 180이므로

$12\times a\times b=180$

$\therefore a\times b=15$

(ⅰ) $a=1$, $b=15$일 때, $A=12$, $B=180$

$\therefore A+B=12+180=192$

(ⅱ) $a=3$, $b=5$일 때, $A=36$, $B=60$

$\therefore A+B=36+60=96$

이때 두 자연수의 합이 96이므로 두 수는 36과 60이다.

따라서 두 수의 차는 $60-36=24$ 답 ④

0111 자연수 n은 42와 78의 공약수이다.

$$42=2\times3\times7$$
$$78=2\times3\quad\times13$$
$$(\text{최대공약수})=2\times3$$

따라서 42와 78의 최대공약수가 $2\times3=6$이므로 n의 값 중 가장 큰 수는 6이다. 답 6

0112 자연수 n은 15와 20의 공배수이다.

$$15=\quad 3\times5$$
$$20=2^2\quad\times5$$
$$(\text{최소공배수})=2^2\times3\times5$$

따라서 15와 20의 최소공배수가 $2^2\times3\times5=60$이므로 n의 값이 될 수 있는 수는

60, 120, 180, 240, 300, …

이 중 250 이하의 자연수는 4개이다. 답 ③

0113 구하는 자연수는 16과 20의 공배수이다.

$$16=2^4$$
$$20=2^2\times5$$
$$(\text{최소공배수})=2^4\times5$$

따라서 16과 20의 최소공배수가 $2^4\times5=80$이므로 구하는 가장 작은 자연수는 80이다. 답 80

0114 구하는 자연수는 4, 6, 9의 공배수이다.

$$4=2^2$$
$$6=2\times3$$
$$9=\quad 3^2$$
$$(\text{최소공배수})=2^2\times3^2$$

따라서 4, 6, 9의 최소공배수가 $2^2\times3^2=36$이므로 구하는 자연수는

36, 72, 108, 144, 180, 216, …

이 중 200 이하의 자연수는 5개이다. 답 5

0115 $\dfrac{a}{b}=\dfrac{(\text{12와 10의 최소공배수})}{(\text{35와 21의 최대공약수})}$이어야 한다.

$$12=2^2\times3$$
$$10=2\quad\times5$$
$$(\text{최소공배수})=2^2\times3\times5=60$$

$$35=\quad5\times7$$
$$21=3\quad\times7$$
$$(\text{최대공약수})=\quad7$$

따라서 $a=60$, $b=7$이므로

$a+b=60+7=67$ 답 67

0116 $\dfrac{a}{b}=\dfrac{(\text{3, 9, 15의 최소공배수})}{(\text{4, 10, 28의 최대공약수})}$이어야 한다.

$$3=3$$
$$9=3^2$$
$$15=3\times5$$
$$(\text{최소공배수})=3^2\times5=45$$

$\therefore a=45$ … ❶

$$4=2^2$$
$$10=2\times5$$
$$28=2^2\quad\times7$$
$$(\text{최대공약수})=2$$

$\therefore b=2$ … ❷

$\therefore a-b=45-2=43$ … ❸

답 43

채점 기준	배점
❶ a의 값 구하기	40 %
❷ b의 값 구하기	40 %
❸ $a-b$의 값 구하기	20 %

C step 실력 완성!

본문 28 ~ 31쪽

0117 합성수는 8, 20, 39, 51, 69이고, 소수는 3, 17, 43이므로 가장 작은 합성수는 8이고, 가장 큰 소수는 43이다.
따라서 구하는 합은 $8+43=51$ 답 51

0118 ㄱ. 가장 작은 소수는 2이다.
ㄷ. 자연수는 1, 소수, 합성수로 이루어져 있다.
따라서 옳은 것은 ㄴ, ㄹ이다. 답 ④

0119 $\frac{1}{5}\times\frac{1}{7}\times\frac{1}{5}\times\frac{1}{7}\times\frac{1}{5}=\left(\frac{1}{5}\right)^3\times\left(\frac{1}{7}\right)^2$
따라서 $a=3$, $b=2$이므로
$a-b=3-2=1$ 답 1

0120 1시간 후 분열된 세포의 수는 $2=2^1$
2시간 후 분열된 세포의 수는 $4=2^2$
3시간 후 분열된 세포의 수는 $8=2^3$
⋮
따라서 10시간 후 분열된 세포의 수는 2^{10} 답 2^{10}개

0121 $243\times12=3^5\times(2^2\times3)$
$=(3\times3\times3\times3\times3)\times(2^2\times3)$
$=2^2\times3^6$
이므로 $a=2$, $b=6$
$\therefore b-a=6-2=4$ 답 ③

0122 $180=2^2\times3^2\times5$이므로 $a=5$
$b^2=2^2\times3^2\times5\times5=30^2$
이때 $b>0$이므로 $b=30$
$\therefore a+b=5+30=35$ 답 ④

0123 $504=2^3\times3^2\times7$의 약수는 2^3의 약수 1, 2, 2^2, 2^3과 3^2의 약수 1, 3, 3^2과 7의 약수 1, 7의 곱이다.
따라서 504의 약수가 아닌 것은 ③이다. 답 ③

0124 주어진 수의 약수의 개수는 다음과 같다.
① $40=2^3\times5$이므로 $(3+1)\times(1+1)=8$
② $64=2^6$이므로 $6+1=7$
③ $126=2\times3^2\times7$이므로
$(1+1)\times(2+1)\times(1+1)=12$
④ $(2+1)\times(2+1)\times(1+1)=18$
⑤ $(2+1)\times(1+1)\times(1+1)=12$
따라서 약수의 개수가 가장 적은 것은 ②이다. 답 ②

0125 $132=2^2\times3\times11$이므로 132의 약수의 개수는
$(2+1)\times(1+1)\times(1+1)=12$
따라서 $2^a\times7^2$의 약수의 개수가 12이므로
$(a+1)\times(2+1)=12$
$(a+1)\times3=12$
$a+1=4$
$\therefore a=3$ 답 3

0126 ① 23과 46의 최대공약수는 23이므로 서로소가 아니다.
② 서로소인 두 자연수의 공약수는 1이다.
③ 짝수는 2를 약수로 가지므로 서로 다른 두 짝수의 최대공약수는 항상 2 이상이다.
따라서 서로 다른 두 짝수는 서로소가 아니다.
⑤ 3과 5는 서로소이지만 모두 1이 아니다.
따라서 옳은 것은 ④이다. 답 ④

0127 두 자연수 A, B의 공약수의 개수는 두 수의 최대공약수인 168의 약수의 개수와 같다.
이때 $168=2^3\times3\times7$이므로 A, B의 공약수의 개수는
$(3+1)\times(1+1)\times(1+1)=16$ 답 16

0128 $54=2\times3^3$과 a의 최대공약수가 18이어야 한다.
① $36=2^2\times3^2$이므로 54와 36의 최대공약수는
$2\times3^2=18$
② $72=2^3\times3^2$이므로 54와 72의 최대공약수는
$2\times3^2=18$
③ $84=2^2\times3\times7$이므로 54와 84의 최대공약수는
$2\times3=6$
④ $90=2\times3^2\times5$이므로 54와 90의 최대공약수는
$2\times3^2=18$
⑤ $108=2^2\times3^3$이므로 54와 108의 최대공약수는
$2\times3^3=54$
따라서 a의 값이 될 수 없는 것은 ③, ⑤이다. 답 ③, ⑤

0129 $2^4\times5^3$, $2^3\times3^2\times5^a$, $2^b\times5^2\times13$의 최대공약수가 $20=2^2\times5$이므로 세 수의 공통인 소인수 2의 지수인 4, 3, b 중 가장 작은 것이 2이다.
$\therefore b=2$
또, 세 수의 공통인 소인수 5의 지수인 3, a, 2 중 가장 작은 것이 1이므로 $a=1$
$\therefore a+b=1+2=3$ 답 ②

0130

$$\begin{array}{rl} & 2\times5 \\ & 2^3\quad\times7 \\ \hline (\text{최소공배수}) & =2^3\times5\times7 \end{array}$$

두 수의 공배수는 $2^3\times5\times7=280$의 배수이므로

280, 560, 840, ⋯

따라서 두 수의 공배수 중 600 이하의 자연수는 2개이다.

답 2

0131

$$\begin{array}{rl} 35= & \quad5\times7 \\ 50= & 2\times5^2 \\ 140= & 2^2\times5\times7 \\ \hline (\text{최소공배수})= & 2^2\times5^2\times7 \end{array}$$

세 수의 공배수는 $2^2\times5^2\times7=700$의 배수이므로

700, 1400, 2100, ⋯

따라서 세 수의 공배수 중 2000에 가장 가까운 자연수는 2100이다.

답 2100

0132 $45=3^2\times5$이므로

① $6=2\times3$

→ (6과 45의 최소공배수) $=2\times3^2\times5$

② $10=2\times5$

→ (10과 45의 최소공배수) $=2\times3^2\times5$

③ $15=3\times5$

→ (15와 45의 최소공배수) $=3^2\times5$

④ $18=2\times3^2$

→ (18과 45의 최소공배수) $=2\times3^2\times5$

⑤ $30=2\times3\times5$

→ (30과 45의 최소공배수) $=2\times3^2\times5$

따라서 □ 안에 들어갈 수 없는 수는 ③이다.

답 ③

0133 세 자연수를 $2\times x$, $4\times x$, $7\times x$라 하면

$$\begin{array}{r|ccc} x & 2\times x & 4\times x & 7\times x \\ \hline 2 & 2 & 4 & 7 \\ \hline & 1 & 2 & 7 \end{array}$$

(최소공배수) $=x\times2\times1\times2\times7=196$이므로

$x\times28=196$ $\quad\therefore x=7$

따라서 세 자연수의 최대공약수는 7이다.

답 ④

0134 최대공약수는 $24=2^3\times3$, 최소공배수는 $240=2^4\times3\times5$이므로

$$\begin{array}{rl} & 2^3\times3\times a \\ & 2^b\times3^c \\ \hline (\text{최대공약수}) & =2^3\times3 \\ (\text{최소공배수}) & =2^4\times3\times5 \end{array}$$

즉, $a=5$, $2^b=2^4$, $3^c=3$이어야 하므로

$a=5$, $b=4$, $c=1$

$\therefore a+b-c=5+4-1=8$

답 8

0135 최소공배수를 L이라 하면

$2^6\times5^3\times7^2=L\times(2^2\times5\times7)$

$\therefore L=2^4\times5^2\times7$

답 ④

0136 $\dfrac{a}{b}=\dfrac{(7,\ 14,\ 28\text{의 최소공배수})}{(6,\ 15,\ 33\text{의 최대공약수})}$이어야 한다.

$$\begin{array}{rl} 7= & \quad7 \\ 14= & 2\times7 \\ 28= & 2^2\times7 \\ \hline (\text{최소공배수})= & 2^2\times7=28 \end{array}$$

$$\begin{array}{rl} 6= & 2\times3 \\ 15= & \quad3\times5 \\ 33= & \quad3\quad\times11 \\ \hline (\text{최대공약수})= & \quad3 \end{array}$$

따라서 $a=28$, $b=3$이므로

$a+b=28+3=31$

답 31

0137 조건 (나)에서 합이 22인 두 소인수를 구하면

3과 19 또는 5와 17 ⋯ ❶

이때 $3\times19=57$, $5\times17=85$이고, 조건 (가)에서 50보다 크고 60보다 작은 자연수이므로 구하는 수는 57이다. ⋯ ❷

답 57

채점 기준	배점
❶ 조건 (나)를 만족시키는 두 소인수 구하기	50 %
❷ 조건을 모두 만족시키는 자연수 구하기	50 %

0138 세 수의 최대공약수가 15이므로 $A=15\times a$라 하자. ⋯ ❶

이때 $15=15\times1$, $45=15\times3$이고 세 수의 최소공배수가 $225=15\times3\times5$이므로 a의 값이 될 수 있는 수는

5, $3\times5=15$

A의 값이 될 수 있는 수는

$15\times5=75$, $15\times15=225$ ⋯ ❷

따라서 A의 값이 될 수 있는 모든 자연수의 합은

$75+225=300$ ⋯ ❸

답 300

채점 기준	배점
❶ A를 최대공약수를 이용하여 나타내기	30 %
❷ A의 값이 될 수 있는 모든 자연수 구하기	50 %
❸ ❷에서 구한 모든 자연수의 합 구하기	20 %

02 정수와 유리수

I. 수와 연산

A step 개념 익히고,

본문 33, 35쪽

0139 답 (1) $+200$ m, -150 m (2) -3층, $+6$층
(3) $+2500$원, -1000원 (4) $+3$ kg, -5 kg

0140 답 (1) $+7$, 양수 (2) -5, 음수
(3) $-\frac{1}{2}$, 음수 (4) $+4.5$, 양수

0141 답 (1) 12, $+\frac{10}{5}$ (2) -6, -2
(3) -6, -2, 0, 12, $+\frac{10}{5}$

0142 답 (1) 3, $+5$ (2) -7, -4, $-\frac{6}{3}$, 0
(3) 3, $+5$, $+2\frac{1}{2}$ (4) -7, -4, $-\frac{6}{3}$, -3.2
(5) $+2\frac{1}{2}$, -3.2

0143 답 (1) × (2) ○ (3) × (4) ○

0144 답 (1) A: -1, B: $+\frac{1}{2}$, C: $+\frac{10}{3}$
(2)

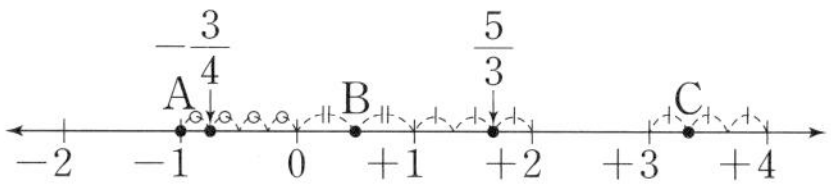

0145 답 (1) 6 (2) 5 (3) $\frac{2}{3}$ (4) 0 (5) 1.5 (6) 5.2

0146 답 (1) 10 (2) 7 (3) $\frac{5}{6}$ (4) 3.2

0147 답 (1) 0 (2) -8, $+8$ (3) -2.5, $+2.5$
(4) $-\frac{7}{10}$, $+\frac{7}{10}$

0148 답

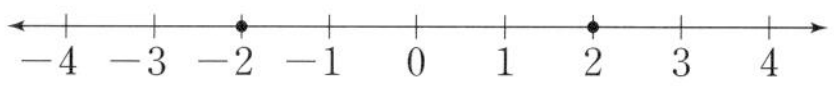

0149 답 (1) > (2) < (3) > (4) >

0150 답 (1) > (2) < (3) < (4) > (5) > (6) <
(7) < (8) >

0151 답 (1) $x>-2$ (2) $x<1.7$ (3) $x\le\frac{1}{6}$ (4) $x\ge-4$

0152 답 (1) $-\frac{1}{3}\le x<5$ (2) $-3<x\le\frac{1}{5}$ (3) $2\le x<7$

0153 답 (1) -1, 0, 1, 2 (2) -1, 0, 1

B step 기출 & 변형하면…

본문 36 ~ 45쪽

0154 ③ '~ 후'는 +로 나타낸다. ➡ $+30$분 답 ③

0155 영상 33 ℃ ➡ $+33$ ℃
70 % 증가 ➡ $+70$ %
15일 전 ➡ -15일
10 % 추가 ➡ $+10$ %
20일 증가 ➡ $+20$일
따라서 '+'를 사용하는 것은 4개이다. 답 4개

0156 정수는 $\frac{20}{4}(=5)$, 0, $+4$, 10의 4개이다. 답 ④

0157 ① $\frac{10}{2}=5$로 정수이지만 2.5는 정수가 아니다.
② $\frac{9}{3}=3$이므로 모두 정수이다.
③ -1.2는 정수가 아니다.
④ $-\frac{4}{2}=-2$, $\frac{6}{2}=3$, $\frac{8}{4}=2$로 정수이지만 $\frac{9}{6}=\frac{3}{2}$이므로 정수가 아니다.
따라서 정수로만 짝 지어진 것은 ②, ⑤이다. 답 ②, ⑤

0158 양의 정수는 $+3$, $\frac{10}{5}(=2)$, 1의 3개이므로
$a=3$ … ❶
음의 정수는 -8, -3의 2개이므로
$b=2$ … ❷
$\therefore a-b=3-2=1$ … ❸
답 1

채점 기준	배점
❶ a의 값 구하기	40 %
❷ b의 값 구하기	40 %
❸ $a-b$의 값 구하기	20 %

0159 $-\frac{6}{3}=-2$, $\frac{8}{2}=4$
이때 음수가 아닌 정수는 0 또는 양의 정수(자연수)이므로 ③, ⑤이다. 답 ③, ⑤

0160 ① 정수는 -8, $\frac{6}{2}$, 0, 4의 4개이다.

② 유리수는 -2.7, -8, $\frac{6}{2}$, 0, $\frac{2}{9}$, $-\frac{1}{4}$, 4의 7개이다.

③ 자연수는 $\frac{6}{2}$, 4의 2개이다.

④ 음의 유리수는 -2.7, -8, $-\frac{1}{4}$의 3개이다.

⑤ 정수가 아닌 유리수는 -2.7, $\frac{2}{9}$, $-\frac{1}{4}$의 3개이다.

따라서 주어진 수에 대한 설명으로 옳은 것은 ④이다.

답 ④

0161 ① $\frac{1}{2}$은 양수이지만 양의 정수는 아니다.

③ 음의 부호는 생략할 수 없다.

④ 0과 음의 유리수는 $\frac{(\text{자연수})}{(\text{자연수})}$ 꼴로 나타낼 수 없다.

따라서 옳은 것은 ②, ⑤이다. 답 ②, ⑤

0162 양의 유리수는 2.6, $\frac{7}{4}$, $\frac{12}{6}$, 1의 4개이므로

$a=4$ … ❶

음의 유리수는 -9, $-\frac{1}{3}$, -3.1의 3개이므로

$b=3$ … ❷

정수는 -9, $\frac{12}{6}$, 1의 3개이므로

$c=3$ … ❸

$\therefore a+b+c=4+3+3=10$ … ❹

답 10

채점 기준	배점
❶ a의 값 구하기	30 %
❷ b의 값 구하기	30 %
❸ c의 값 구하기	30 %
❹ $a+b+c$의 값 구하기	10 %

0163 ① $-\frac{6}{2}=-3$이므로 -4, 0, $-\frac{6}{2}$은 모두 정수이다.

② 2, 1, -5는 모두 정수이다.

③ $\frac{9}{3}=3$으로 정수이지만 $\frac{9}{2}$는 정수가 아니다.

⑤ $-\frac{18}{9}=-2$로 정수이지만 $\frac{2}{7}$, 2.1은 정수가 아니다.

따라서 세 수가 모두 정수가 아닌 유리수인 것은 ④이다.

답 ④

0164 E: $+\frac{5}{3}$ 답 ⑤

0165 네 점 A, B, C, D가 나타내는 수는 다음과 같다.

A: $-\frac{8}{3}$, B: -2, C: $\frac{3}{4}$, D: $\frac{5}{2}$

① 유리수는 $-\frac{8}{3}$, -2, $\frac{3}{4}$, $\frac{5}{2}$의 4개이다.

② 음의 정수는 -2의 1개이다.

③ 점 A가 나타내는 수는 $-\frac{8}{3}$이다.

④ 점 D가 나타내는 수는 2.5이다.

따라서 옳은 것은 ⑤이다. 답 ⑤

0166

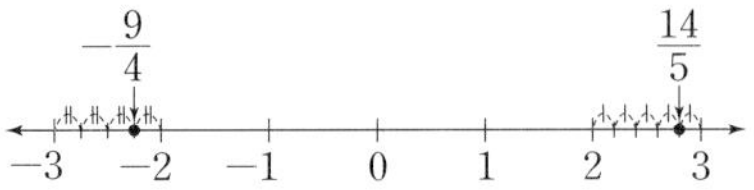

$-\frac{9}{4}$에 가장 가까운 정수는 -2이므로 $a=-2$

$\frac{14}{5}$에 가장 가까운 정수는 3이므로 $b=3$

답 $a=-2$, $b=3$

0167 주어진 수를 수직선 위에 나타내면 다음과 같다.

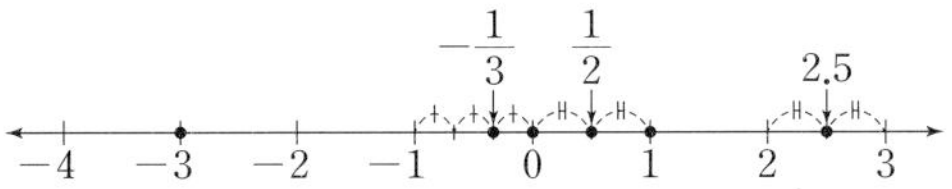

따라서 오른쪽에서 세 번째에 있는 수는 $\frac{1}{2}$이다. 답 $\frac{1}{2}$

0168 다음 그림과 같이 -3과 7을 나타내는 두 점으로부터 같은 거리에 있는 점이 나타내는 수는 2이다.

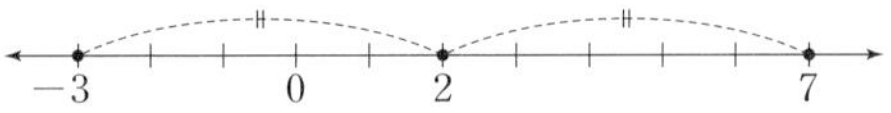

답 2

0169 다음 그림과 같이 1을 나타내는 점으로부터 거리가 4인 두 점이 나타내는 수는 -3과 5이다.

답 -3, 5

0170 다음 그림과 같이 두 점 A, B의 한가운데에 있는 점 M이 나타내는 수는 $\frac{2}{3}$이다.

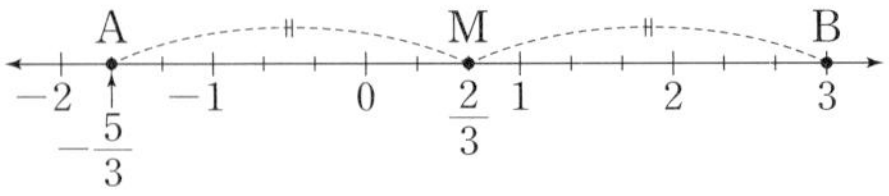

답 $\frac{2}{3}$

0171 두 수 -2, 6을 나타내는 두 점 A, C 사이의 거리가 8이므로 두 점으로부터 같은 거리에 있는 점 B가 나타내는 수는 2이다. 따라서 두 점 B, C 사이의 거리가 4이므로 다음 그림과 같이 점 C에서 오른쪽으로 4만큼 떨어진 점 D가 나타내는 수는 $6+4=10$

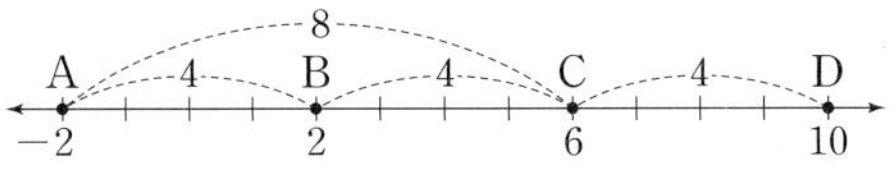

답 10

0172 $-\frac{3}{5}$의 절댓값은 $\frac{3}{5}$이므로 $a=\frac{3}{5}$
절댓값이 7인 수는 -7, 7이고, 이 중 음수는 -7이므로
$b=-7$ 　답 $a=\frac{3}{5}$, $b=-7$

0173 $|-3|+\left|\frac{5}{3}\right|=3+\frac{5}{3}=\frac{14}{3}$ 　답 $\frac{14}{3}$

0174 절댓값이 6인 수는 -6, 6이고, 이 두 수를 수직선 위에 나타내면 오른쪽 그림과 같다.

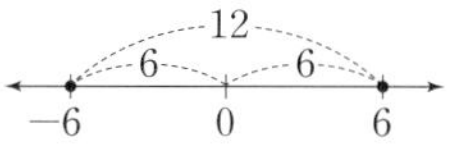

따라서 두 점 사이의 거리는 12이다. 　답 12

0175 절댓값이 3인 수는 -3, 3이고, 이 중 음의 정수는 -3이므로

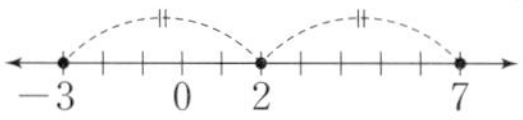

$a=-3$ 　⋯ ❶
두 수 -3, b를 나타내는 두 점으로부터 같은 거리에 있는 점이 나타내는 수가 2이므로 위의 그림에서
$b=7$ 　⋯ ❷
답 $a=-3$, $b=7$

채점 기준	배점
❶ a의 값 구하기	40 %
❷ b의 값 구하기	60 %

0176 ㄴ. 수직선 위에서 원점으로부터 거리가 3인 점이 나타내는 수는 -3과 3이다.
ㄹ. 절댓값은 0 또는 양수이다.
따라서 옳은 것은 ㄱ, ㄷ이다. 　답 ㄱ, ㄷ

0177 ① $a=-2$이면 $|a|=|-2|=2$이므로 $|a|\neq a$이다.
③ $|-2|=|2|$이지만 $-2\neq 2$이다.
따라서 옳지 않은 것은 ①, ③이다. 　답 ①, ③

0178 ① $|1.2|=1.2$ 　② $\left|\frac{5}{3}\right|=\frac{5}{3}\left(=1\frac{2}{3}\right)$
③ $\left|-\frac{5}{2}\right|=\frac{5}{2}\left(=2\frac{1}{2}\right)$ 　④ $|-2|=2$
⑤ $|0|=0$
따라서 $|0|<|1.2|<\left|\frac{5}{3}\right|<|-2|<\left|-\frac{5}{2}\right|$이므로 절댓값이 가장 큰 수는 ③이다. 　답 ③

0179 $|4|=4$, $|0|=0$, $|-1.6|=1.6$, $\left|\frac{2}{3}\right|=\frac{2}{3}$,
$|-2|=2$, $\left|\frac{1}{2}\right|=\frac{1}{2}$이므로 절댓값이 큰 수부터 차례대로 나열하면 4, -2, -1.6, $\frac{2}{3}$, $\frac{1}{2}$, 0이다.
따라서 세 번째에 오는 수는 -1.6이다. 　답 -1.6

0180 $|-2.05|=2.05$, $|+1.75|=1.75$, $|-3|=3$,
$\left|+\frac{5}{2}\right|=\frac{5}{2}$, $\left|-\frac{10}{3}\right|=\frac{10}{3}$
즉, $|+1.75|<|-2.05|<\left|+\frac{5}{2}\right|<|-3|<\left|-\frac{10}{3}\right|$이므로 절댓값이 가장 큰 수는 $-\frac{10}{3}$, 원점으로부터 가장 가까운 수, 즉 절댓값이 가장 작은 수는 $+1.75$이다.
답 $-\frac{10}{3}$, $+1.75$

0181 $|-0.5|<|-1|<|+3|<|-4|<\left|\frac{9}{2}\right|$이므로 원점에서 가장 먼 것은 ⑤이다. 　답 ⑤

0182 절댓값이 같고 부호가 반대인 두 수를 나타내는 두 점 사이의 거리가 10이므로 두 점은 원점으로부터 각각
$10\times\frac{1}{2}=5$만큼 떨어진 점이다.
즉, 절댓값이 5이므로 구하는 두 수는 -5, 5이다. 　답 -5, 5

0183 두 점 사이의 거리가 14이므로 두 점은 원점으로부터 서로 반대 방향으로 각각 $14\times\frac{1}{2}=7$만큼 떨어져 있다.
즉, 두 수는 -7, 7이다.
이때 x를 나타내는 점이 y를 나타내는 점보다 오른쪽에 있으므로 x가 y보다 크다.
$\therefore x=7$, $y=-7$ 　답 $x=7$, $y=-7$

0184 $|a|=|b|$이고, 두 수 a, b를 나타내는 두 점 사이의 거리가 $\frac{5}{2}$이므로 두 점은 원점으로부터 각각 $\frac{5}{2}\times\frac{1}{2}=\frac{5}{4}$만큼 떨어진 점이다.
$\therefore |a|=\frac{5}{4}$ 　답 $\frac{5}{4}$

0185 조건 (가), (나)에서 두 수 a, b를 나타내는 두 점은 원점으로부터 각각 $\frac{10}{3}\times\frac{1}{2}=\frac{5}{3}$만큼 떨어진 점이다. 　⋯ ❶
즉, 두 수의 절댓값이 $\frac{5}{3}$이므로 두 수는 $-\frac{5}{3}$, $\frac{5}{3}$이고 조건 (다)에서 a는 b보다 작으므로
$a=-\frac{5}{3}$, $b=\frac{5}{3}$ 　⋯ ❷
답 $a=-\frac{5}{3}$, $b=\frac{5}{3}$

채점 기준	배점
❶ a, b를 나타내는 두 점과 원점 사이의 거리 구하기	40 %
❷ a, b의 값 각각 구하기	60 %

0186 절댓값이 $\frac{1}{2}$ 이상 $\frac{13}{3}\left(=4\frac{1}{3}\right)$ 미만인 정수의 절댓값은 1, 2, 3, 4이다.
절댓값이 1인 정수는 -1, 1
절댓값이 2인 정수는 -2, 2
절댓값이 3인 정수는 -3, 3
절댓값이 4인 정수는 -4, 4
따라서 절댓값이 $\frac{1}{2}$ 이상 $\frac{13}{3}$ 미만인 정수는 8개이다. 답 8

0187 절댓값이 $\frac{9}{4}\left(=2\frac{1}{4}\right)$보다 큰 정수의 절댓값은 3, 4, 5, …이다.
따라서 주어진 수 중 절댓값이 $\frac{9}{4}$보다 큰 정수는 ①, ⑤이다.
답 ①, ⑤

0188 $\left|-\frac{7}{2}\right|=\frac{7}{2}=3\frac{1}{2}$, $|0|=0$, $|2|=2$,
$\left|\frac{5}{3}\right|=\frac{5}{3}=1\frac{2}{3}$, $|3|=3$, $|-1|=1$
이므로 절댓값이 $\frac{13}{5}\left(=2\frac{3}{5}\right)$ 이하인 수는 0, 2, $\frac{5}{3}$, -1이다.
답 0, 2, $\frac{5}{3}$, -1

0189 $\frac{8}{9}<\left|\frac{a}{3}\right|<\frac{13}{9}$에서
$\frac{8}{9}<\left|\frac{3\times a}{9}\right|<\frac{13}{9}$
즉, $8<|3\times a|<13$이고 a가 정수이면 $|3\times a|$는 3의 배수이므로 $|3\times a|$의 값이 될 수 있는 수는 9, 12이다.
(i) $|3\times a|=9$이면
$a=-3$ 또는 $a=3$
(ii) $|3\times a|=12$이면
$a=-4$ 또는 $a=4$
따라서 정수 a는 -4, -3, 3, 4이므로 이 중 가장 작은 수는 -4이다. 답 -4

0190 a의 절댓값이 $\frac{21}{5}\left(=4\frac{1}{5}\right)$ 미만이고 a는 정수이므로
$|a|=0, 1, 2, 3, 4$
절댓값이 0인 정수는 0
절댓값이 1인 정수는 -1, 1
절댓값이 2인 정수는 -2, 2
절댓값이 3인 정수는 -3, 3
절댓값이 4인 정수는 -4, 4
따라서 정수 a는 9개이다. 답 9

0191 구하는 수는 절댓값이 $\frac{11}{3}\left(=3\frac{2}{3}\right)$ 미만인 정수이므로 절댓값이 0, 1, 2, 3인 정수이다. … ❶
절댓값이 0인 정수는 0
절댓값이 1인 정수는 -1, 1
절댓값이 2인 정수는 -2, 2
절댓값이 3인 정수는 -3, 3
따라서 구하는 수는 -3, -2, -1, 0, 1, 2, 3이다. … ❷
답 -3, -2, -1, 0, 1, 2, 3

채점 기준	배점
❶ 조건을 만족시키는 정수의 절댓값 구하기	40 %
❷ 조건을 만족시키는 정수 구하기	60 %

0192 ① $|-6|<|-10|$이므로 $-6>-10$
② $\frac{7}{3}=2\frac{1}{3}$이므로 $2<\frac{7}{3}$
③ $|-3|=3$이므로 $0<|-3|$
④ (양수)>(음수)이므로 $1.3>-2$
⑤ $\left|-\frac{2}{3}\right|=\frac{2}{3}=\frac{10}{15}$, $\left|\frac{3}{5}\right|=\frac{3}{5}=\frac{9}{15}$이므로
$\left|-\frac{2}{3}\right|>\left|\frac{3}{5}\right|$
따라서 옳은 것은 ②이다. 답 ②

0193 ① $-3>-5$
② $4>-5$
③ $0>-2$
④ $|-2.3|=2.3$이므로 $|-2.3|>1.6$
⑤ $\left|-\frac{3}{2}\right|=\frac{3}{2}=\frac{9}{6}$, $\left|-\frac{4}{3}\right|=\frac{4}{3}=\frac{8}{6}$이므로
$\left|-\frac{3}{2}\right|>\left|-\frac{4}{3}\right|$ $\therefore -\frac{3}{2}<-\frac{4}{3}$
따라서 부등호의 방향이 나머지 넷과 다른 하나는 ⑤이다.
답 ⑤

0194 $|-3|>|-1.8|>\left|-\frac{9}{11}\right|$이므로
$-3<-1.8<-\frac{9}{11}$
또, (음수)<0<(양수)이므로
$-3<-1.8<-\frac{9}{11}<0<\frac{6}{5}\left(=1\frac{1}{5}\right)<2.4$
따라서 세 번째로 작은 수는 $-\frac{9}{11}$이다. 답 $-\frac{9}{11}$

0195 주어진 수를 작은 수부터 차례대로 나열하면
-4.2, $-\frac{1}{3}$, 0, 2, $\frac{12}{5}$, 3.5
④ 절댓값이 가장 작은 수는 0이다.

⑤ 수직선 위에 나타내었을 때, 왼쪽에서 네 번째에 있는 수는 2이다.

따라서 옳지 않은 것은 ④, ⑤이다. 답 ④, ⑤

0196 x는 -2보다 작지 않고 5 미만, 즉 x는 -2보다 크거나 같고 5보다 작으므로

$-2 \le x < 5$ 답 ②

0197 ① $a \ge -5$

② $a \ge 4$

④ $-\frac{1}{3} \le a \le 2$

⑤ $-1 < a \le 3$

따라서 옳은 것은 ③이다. 답 ③

0198 ①, ② $-\frac{2}{3} \le a < 1$

③, ⑤ $-\frac{2}{3} < a \le 1$

④ $-\frac{2}{3} \le a \le 1$

따라서 구하는 것은 ③, ⑤이다. 답 ③, ⑤

0199 ①, ② $-7 \le x < 2$

③ $-7 < x \le 2$

④, ⑤ $-7 \le x \le 2$

따라서 구하는 것은 ①, ②이다. 답 ①, ②

0200 정수 a는 $-2, -1, 0, 1, 2$의 5개이다. 답 ④

0201 ⑤ 주어진 범위에 2가 포함되지 않으므로 2는 x의 값이 될 수 없다. 답 ⑤

0202 -2보다 작지 않고 2.5 미만인 정수는 $-2, -1, 0, 1, 2$의 5개이므로

$a=5$

$-\frac{7}{2}\left(=-3\frac{1}{2}\right)$보다 큰 음의 정수는 $-3, -2, -1$의 3개이므로

$b=3$

$\therefore a-b=5-3=2$ 답 2

0203 조건 (가)에서 x는 $-6 < x \le 2$인 정수이므로

$-5, -4, -3, -2, -1, 0, 1, 2$

이때 조건 (나)에서 $|x| \ge 3$이므로 x는 $-3, -4, -5$의 3개이다. 답 3

0204 $-\frac{5}{2}\left(=-\frac{25}{10}\right)$와 $\frac{1}{5}\left(=\frac{2}{10}\right)$ 사이에 있는 수 중 분모가 10인 기약분수는

$-\frac{23}{10}, -\frac{21}{10}, -\frac{19}{10}, -\frac{17}{10}, -\frac{13}{10}, -\frac{11}{10}, -\frac{9}{10},$

$-\frac{7}{10}, -\frac{3}{10}, -\frac{1}{10}, \frac{1}{10}$

의 11개이다. 답 ④

0205 $|a|=\frac{10}{3}$이므로 $a=-\frac{10}{3}$ 또는 $a=\frac{10}{3}$ … ❶

$|b|=6$이므로 $b=-6$ 또는 $b=6$ … ❷

이때 $a<0<b$이므로 $a=-\frac{10}{3}, b=6$ … ❸

따라서 두 수 $-\frac{10}{3}\left(=-3\frac{1}{3}\right)$과 6 사이에 있는 정수는

$-3, -2, -1, 0, 1, 2, 3, 4, 5$

의 9개이다. … ❹

답 9

채점 기준	배점
❶ 절댓값이 $\frac{10}{3}$인 수 구하기	20 %
❷ 절댓값이 6인 수 구하기	20 %
❸ a, b의 값 각각 구하기	30 %
❹ a, b 사이에 있는 정수의 개수 구하기	30 %

step C 실력 완성!

본문 46 ~ 49쪽

0206 ㉠ '올라가다.'는 +로 나타내므로 $+0.8$ ℃이다.

㉡ '줄어들다.'는 −로 나타내므로 -2.7 %이다.

㉢ '감소'는 −로 나타내므로 -7.4 %이다.

답 ㉠: $+0.8$ ℃, ㉡: -2.7 %, ㉢: -7.4 %

0207 $\frac{29}{4}\left(=7\frac{1}{4}\right)$보다 작은 자연수는 1, 2, 3, 4, 5, 6, 7의 7개이므로

$a=7$

-3.4 이상이고 2보다 크지 않은 정수는 $-3, -2, -1, 0, 1, 2$의 6개이므로

$b=6$

$\therefore a+b=7+6=13$ 답 13

0208 ① $-\frac{2}{3}, -\frac{10}{5}, -9.9, -30$ ➡ 4개

② $6, +3.3, \frac{18}{6}, +1, +\frac{7}{8}$ ➡ 5개

③ $-\frac{10}{5}(=-2)$, -30 ➡ 2개

④ 6, $\frac{18}{6}(=3)$, $+1$ ➡ 3개

⑤ $-\frac{2}{3}$, $+3.3$, -9.9, $+\frac{7}{8}$ ➡ 4개

따라서 옳지 않은 것은 ④이다. 답 ④

0209 □ 안에 들어갈 수는 정수가 아닌 유리수이므로 ②, ⑤ 이다. 답 ②, ⑤

0210 ② 양의 정수가 아닌 정수는 0 또는 음의 정수이다.
④ 0과 1 사이에는 정수가 없다.
따라서 옳지 않은 것은 ②, ④이다. 답 ②, ④

0211 $-\frac{12}{5}$와 $\frac{10}{3}$을 수직선 위에 나타내면 다음과 같다.

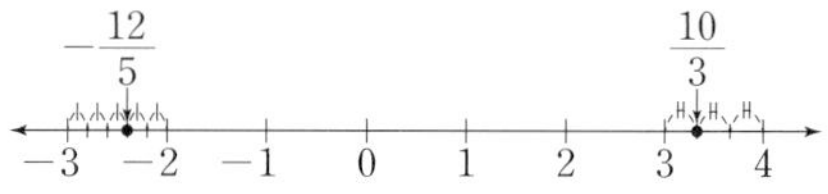

따라서 $-\frac{12}{5}$에 가장 가까운 정수는 -2, $\frac{10}{3}$에 가장 가까운 정수는 3이므로

$a=-2$, $b=3$ 답 $a=-2$, $b=3$

0212 다음 그림과 같이 -3과 5를 나타내는 두 점의 한가운데에 있는 점이 나타내는 수는 1이다.

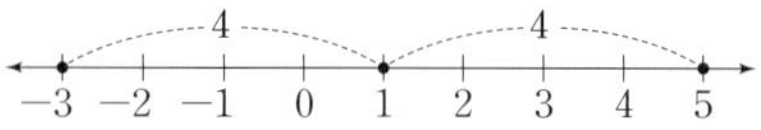

답 ②

0213 절댓값이 7인 수 중 큰 수는 7이므로 $a=7$
절댓값이 4인 수 중 작은 수는 -4이므로 $b=-4$
답 $a=7$, $b=-4$

0214 $|a|+|b|+|c|=\left|\frac{1}{6}\right|+|-2|+\left|-\frac{3}{4}\right|$

$=\frac{1}{6}+2+\frac{3}{4}$

$=\frac{2}{12}+\frac{24}{12}+\frac{9}{12}$

$=\frac{35}{12}$ 답 ③

0215 $|a|=8$이므로 $a=-8$ 또는 $a=8$
$|b|=3$이므로 $b=-3$ 또는 $b=3$
이때 $a<b$이고 a, b를 나타내는 두 점 사이의 거리가 11이므로
$a=-8$, $b=3$ 답 $a=-8$, $b=3$

0216 ② $|-1|=|1|$이지만 $-1\neq1$이다.
③ 절댓값이 클수록 수직선 위에서 원점으로부터 멀어진다.
④ 절댓값이 0인 수는 0으로 1개이다.
⑤ 절댓값이 1보다 작은 정수는 0의 1개이다.
따라서 옳은 것은 ①, ⑤이다. 답 ①, ⑤

0217 ① $|a|=3$이므로 $|a|>2$이다.
② $b<0$, $c>0$이고 절댓값은 0 또는 양수이므로
$|b|\neq b$, $|c|=c$이다.
③ $|a|=3$, $|d|=2.5$이므로 a, d의 절댓값은 같지 않다.
④ $a<b<c<d$이다.
따라서 옳은 것은 ⑤이다. 답 ⑤

0218 $\left|-\frac{5}{4}\right|=\frac{5}{4}\left(=1\frac{1}{4}\right)$, $|1|=1$,
$\left|+\frac{4}{3}\right|=\frac{4}{3}\left(=1\frac{1}{3}\right)$, $\left|\frac{6}{7}\right|=\frac{6}{7}$, $|-2|=2$
따라서 절댓값이 큰 수부터 차례대로 나열하면
-2, $+\frac{4}{3}$, $-\frac{5}{4}$, 1, $\frac{6}{7}$ 답 -2, $+\frac{4}{3}$, $-\frac{5}{4}$, 1, $\frac{6}{7}$

0219 두 점은 원점으로부터 서로 반대 방향으로 각각
$\frac{20}{7}\times\frac{1}{2}=\frac{10}{7}$만큼 떨어져 있다.
따라서 두 수는 $-\frac{10}{7}$, $\frac{10}{7}$이고, 이 중 큰 수는 $\frac{10}{7}$이다.
답 $\frac{10}{7}$

0220 정수 x에 대하여 $|x|<\frac{14}{3}\left(=4\frac{2}{3}\right)$를 만족시키는 $|x|$의 값은 0, 1, 2, 3, 4이다.
절댓값이 0인 정수는 0
절댓값이 1인 정수는 -1, 1
절댓값이 2인 정수는 -2, 2
절댓값이 3인 정수는 -3, 3
절댓값이 4인 정수는 -4, 4
따라서 구하는 정수 x는 9개이다. 답 ⑤

0221 A와 마주 보는 면에 있는 수는 -3.5이고, -3.5와 절댓값이 같고 부호가 반대인 수는 3.5이므로
$A=3.5$
B와 마주 보는 면에 있는 수는 2이고, 2와 절댓값이 같고 부호

가 반대인 수는 -2이므로

$B=-2$

C와 마주 보는 면에 있는 수는 $\frac{3}{5}$이고, $\frac{3}{5}$과 절댓값이 같고 부호가 반대인 수는 $-\frac{3}{5}$이므로

$C=-\frac{3}{5}$

이때 $-2<-\frac{3}{5}<3.5$이므로 A, B, C를 작은 수부터 차례대로 나열하면 B, C, A이다. 답 B, C, A

0222 ① $\left|-\frac{1}{5}\right|=\frac{1}{5}=\frac{3}{15}$, $\left|-\frac{1}{3}\right|=\frac{1}{3}=\frac{5}{15}$이므로

$\left|-\frac{1}{5}\right|<\left|-\frac{1}{3}\right|$

② $|-1|=1$이므로 $|-1|>0$

③ $|-2.3|<|-3|$이므로 $-2.3>-3$

④ $|-1.8|=1.8$이므로 $0.3<|-1.8|$

따라서 옳은 것은 ⑤이다. 답 ⑤

0223 x는 $-\frac{7}{3}$보다 크고 $\frac{8}{9}$보다 작거나 같으므로

$-\frac{7}{3}<x\le\frac{8}{9}$ 답 ①

0224 조건 (가)에서 두 수를 나타내는 두 점 사이의 거리가 16이고, 조건 (나)에서 $a<b$, $|a|=3\times|b|$이므로 다음과 같이 경우를 나누어 생각할 수 있다.

(i) $a<0<b$인 경우

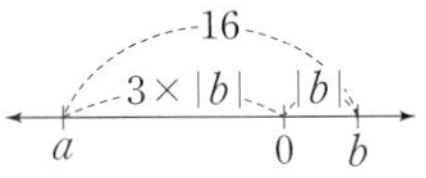

$4\times|b|=16$이므로

$|b|=4$

$b>0$이므로 $b=4$

$|a|=3\times|b|$이므로

$|a|=3\times4=12$

$a<0$이므로 $a=-12$

$\therefore |a|+|b|=|-12|+|4|=12+4=16$

(ii) $a<b<0$인 경우

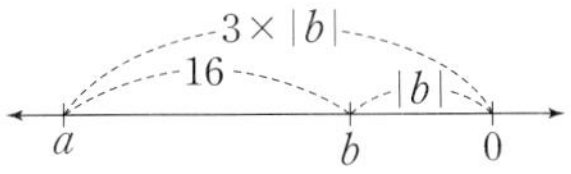

$2\times|b|=16$이므로

$|b|=8$

$b<0$이므로 $b=-8$

$|a|=3\times|b|$이므로

$|a|=3\times8=24$

$a<0$이므로 $a=-24$

$\therefore |a|+|b|=|-24|+|-8|=24+8=32$

이때 조건 (다)에서 $|a|+|b|=32$이므로 조건을 모두 만족시키는 두 수 a, b의 값은

$a=-24$, $b=-8$ 답 $a=-24$, $b=-8$

0225 -5보다 크지 않은 정수는 -5 이하인 정수이므로

$-5, -6, -7, \cdots$

이 중 가장 큰 정수는 -5이므로

$x=[-5]=-5$

$\therefore |x|=|-5|=5$

$\frac{7}{3}$보다 크지 않은 정수는 $\frac{7}{3}$ 이하인 정수이므로

$2, 1, 0, \cdots$

이 중 가장 큰 정수는 2이므로

$y=\left[\frac{7}{3}\right]=2$

$\therefore |y|=|2|=2$

$\therefore |x|-|y|=5-2=3$ 답 3

0226 (1) A: $-\frac{9}{4}$, B: $-\frac{1}{2}$, C: 1, D: $\frac{7}{3}$ … ❶

(2) 양의 정수를 나타내는 점은 C뿐이므로

$a=1$ … ❷

양수가 아닌 유리수를 나타내는 점은 A, B이므로

$b=2$ … ❸

$\therefore a\times b=1\times2=2$ … ❹

답 (1) A: $-\frac{9}{4}$, B: $-\frac{1}{2}$, C: 1, D: $\frac{7}{3}$ (2) 2

채점 기준	배점
❶ 네 점 A, B, C, D가 나타내는 수 각각 구하기	40 %
❷ a의 값 구하기	20 %
❸ b의 값 구하기	30 %
❹ $a\times b$의 값 구하기	10 %

0227 조건 (다)에서 $|a|+|b|=8$이고,

조건 (나)에서 $|b|=4$이므로

$|a|+4=8$ $\therefore |a|=4$ … ❶

조건 (가)에서 $a<0$이므로 $a=-4$ … ❷

조건 (나)에서 $b=-4$ 또는 $b=4$

그런데 a, b는 서로 다른 정수이므로

$b=4$ … ❸

답 $a=-4$, $b=4$

채점 기준	배점
❶ $\lvert a\rvert$의 값 구하기	40 %
❷ a의 값 구하기	30 %
❸ b의 값 구하기	30 %

03 정수와 유리수의 덧셈과 뺄셈

I. 수와 연산

step 1 개념 익히고,

본문 51쪽

0228 (1) $(+7)+(+3)=+(7+3)=+10$

(2) $(-6)+(-10)=-(6+10)=-16$

(3) $(+2)+(-7)=-(7-2)=-5$

(4) $(-5)+(+11)=+(11-5)=+6$

(5) $\left(+\frac{3}{5}\right)+\left(+\frac{1}{4}\right)=\left(+\frac{12}{20}\right)+\left(+\frac{5}{20}\right)$

$=+\left(\frac{12}{20}+\frac{5}{20}\right)=+\frac{17}{20}$

(6) $\left(-\frac{5}{12}\right)+\left(+\frac{3}{8}\right)=\left(-\frac{10}{24}\right)+\left(+\frac{9}{24}\right)$

$=-\left(\frac{10}{24}-\frac{9}{24}\right)=-\frac{1}{24}$

(7) $(-5.8)+(+2.5)=-(5.8-2.5)=-3.3$

(8) $(-1.6)+(-8.4)=-(1.6+8.4)=-10$

답 (1) $+10$ (2) -16 (3) -5 (4) $+6$ (5) $+\frac{17}{20}$ (6) $-\frac{1}{24}$ (7) -3.3 (8) -10

0229 (1) $(-4)+(+9)+(-6)$

$=\{(-4)+(-6)\}+(+9)$

$=(-10)+(+9)=-1$

(2) $\left(+\frac{7}{2}\right)+\left(+\frac{5}{4}\right)+\left(+\frac{3}{2}\right)$

$=\left\{\left(+\frac{7}{2}\right)+\left(+\frac{3}{2}\right)\right\}+\left(+\frac{5}{4}\right)$

$=(+5)+\left(+\frac{5}{4}\right)=+\frac{25}{4}$

(3) $(+0.6)+(-2.2)+(+1.4)$

$=\{(+0.6)+(+1.4)\}+(-2.2)$

$=(+2)+(-2.2)=-0.2$

답 (1) -1 (2) $+\frac{25}{4}$ (3) -0.2

0230 (1) $(+8)-(+4)=(+8)+(-4)=+4$

(2) $(-3)-(-7)=(-3)+(+7)=+4$

(3) $(-5)-(+3)=(-5)+(-3)=-8$

(4) $(+2)-(-9)=(+2)+(+9)=+11$

(5) $\left(+\frac{3}{2}\right)-\left(+\frac{9}{7}\right)=\left(+\frac{3}{2}\right)+\left(-\frac{9}{7}\right)$

$=\left(+\frac{21}{14}\right)+\left(-\frac{18}{14}\right)=+\frac{3}{14}$

(6) $\left(-\frac{3}{8}\right)-\left(+\frac{2}{3}\right)=\left(-\frac{3}{8}\right)+\left(-\frac{2}{3}\right)$

$=\left(-\frac{9}{24}\right)+\left(-\frac{16}{24}\right)=-\frac{25}{24}$

(7) $(-3.7)-(+2.1)=(-3.7)+(-2.1)=-5.8$

(8) $(+0.8)-(-2.7)=(+0.8)+(+2.7)=+3.5$

답 (1) $+4$ (2) $+4$ (3) -8 (4) $+11$ (5) $+\frac{3}{14}$ (6) $-\frac{25}{24}$ (7) -5.8 (8) $+3.5$

0231 (1) $(+6)-(-11)-(+8)$

$=(+6)+(+11)+(-8)$

$=\{(+6)+(+11)\}+(-8)$

$=(+17)+(-8)=+9$

(2) $\left(-\frac{6}{5}\right)-\left(-\frac{1}{4}\right)-\left(+\frac{14}{5}\right)$

$=\left(-\frac{6}{5}\right)+\left(+\frac{1}{4}\right)+\left(-\frac{14}{5}\right)$

$=\left\{\left(-\frac{6}{5}\right)+\left(-\frac{14}{5}\right)\right\}+\left(+\frac{1}{4}\right)$

$=(-4)+\left(+\frac{1}{4}\right)=-\frac{15}{4}$

(3) $(-4.7)-(+2.3)-(-2.5)$

$=(-4.7)+(-2.3)+(+2.5)$

$=\{(-4.7)+(-2.3)\}+(+2.5)$

$=(-7)+(+2.5)=-4.5$

답 (1) $+9$ (2) $-\frac{15}{4}$ (3) -4.5

0232 (1) $(+18)-(-12)+(-11)$

$=(+18)+(+12)+(-11)$

$=\{(+18)+(+12)\}+(-11)$

$=(+30)+(-11)=+19$

(2) $\left(-\frac{7}{4}\right)+\left(+\frac{1}{6}\right)-\left(-\frac{5}{12}\right)$

$=\left(-\frac{7}{4}\right)+\left(+\frac{1}{6}\right)+\left(+\frac{5}{12}\right)$

$=\left(-\frac{7}{4}\right)+\left\{\left(+\frac{2}{12}\right)+\left(+\frac{5}{12}\right)\right\}$

$=\left(-\frac{21}{12}\right)+\left(+\frac{7}{12}\right)=-\frac{7}{6}$

(3) $(+4.5)-(+1.2)+(-3)$

$=(+4.5)+(-1.2)+(-3)$

$=(+4.5)+\{(-1.2)+(-3)\}$

$=(+4.5)+(-4.2)=+0.3$

답 (1) $+19$ (2) $-\frac{7}{6}$ (3) $+0.3$

0233 (1) $7-8+13=(+7)-(+8)+(+13)$
$=(+7)+(-8)+(+13)$
$=\{(+7)+(+13)\}+(-8)$
$=(+20)+(-8)=12$

(2) $-\frac{7}{8}-\frac{3}{4}+\frac{5}{8}=\left(-\frac{7}{8}\right)-\left(+\frac{3}{4}\right)+\left(+\frac{5}{8}\right)$
$=\left(-\frac{7}{8}\right)+\left(-\frac{3}{4}\right)+\left(+\frac{5}{8}\right)$
$=\left\{\left(-\frac{7}{8}\right)+\left(+\frac{5}{8}\right)\right\}+\left(-\frac{3}{4}\right)$
$=\left(-\frac{1}{4}\right)+\left(-\frac{3}{4}\right)=-1$

(3) $-5.6-3.4+2.6$
$=(-5.6)-(+3.4)+(+2.6)$
$=(-5.6)+(-3.4)+(+2.6)$
$=\{(-5.6)+(-3.4)\}+(+2.6)$
$=(-9)+(+2.6)=-6.4$

답 (1) 12 (2) -1 (3) -6.4

step B 기출 & 변형하면… 본문 52 ~ 61쪽

0234 0을 나타내는 점에서 오른쪽으로 3만큼 이동한 후, 다시 왼쪽으로 5만큼 이동한 것이 0을 나타내는 점에서 왼쪽으로 2만큼 이동한 것과 같으므로 수직선으로 설명할 수 있는 덧셈식은
$(+3)+(-5)=-2$ 답 ③

0235 0을 나타내는 점에서 오른쪽으로 8만큼 이동한 후, 다시 왼쪽으로 3만큼 이동한 것이 0을 나타내는 점에서 오른쪽으로 5만큼 이동한 것과 같으므로 수직선으로 설명할 수 있는 덧셈식은
$(+8)+(-3)=+5$ 답 $(+8)+(-3)=+5$

0236 ① $(+6)+(-3)=+(6-3)=+3$
② $(-2)+(+9)=+(9-2)=+7$
③ $(-2.3)+(-4.5)=-(2.3+4.5)=-6.8$
④ $\left(-\frac{3}{4}\right)+\left(-\frac{1}{6}\right)=\left(-\frac{9}{12}\right)+\left(-\frac{2}{12}\right)$
$=-\left(\frac{9}{12}+\frac{2}{12}\right)=-\frac{11}{12}$
⑤ $(+1.5)+\left(-\frac{1}{2}\right)=\left(+\frac{15}{10}\right)+\left(-\frac{5}{10}\right)$
$=+\left(\frac{15}{10}-\frac{5}{10}\right)=+1$
따라서 옳은 것은 ⑤이다. 답 ⑤

0237 ① $(-3)+(+8)=+(8-3)=+5$
② $(+10)+(-5)=+(10-5)=+5$
③ $(+2)+(+3)=+(2+3)=+5$
④ $0+(+5)=+5$
⑤ $(-9)+(+4)=-(9-4)=-5$
따라서 계산 결과가 나머지 넷과 다른 하나는 ⑤이다. 답 ⑤

0238 $a=\left(-\frac{7}{6}\right)+\left(+\frac{2}{3}\right)=\left(-\frac{7}{6}\right)+\left(+\frac{4}{6}\right)$
$=-\left(\frac{7}{6}-\frac{4}{6}\right)=-\frac{1}{2}$ … ❶
$b=\left(+\frac{11}{4}\right)+\left(-\frac{13}{12}\right)=\left(+\frac{33}{12}\right)+\left(-\frac{13}{12}\right)$
$=+\left(\frac{33}{12}-\frac{13}{12}\right)=+\frac{5}{3}$ … ❷
$\therefore a+b=\left(-\frac{1}{2}\right)+\left(+\frac{5}{3}\right)=\left(-\frac{3}{6}\right)+\left(+\frac{10}{6}\right)$
$=+\left(\frac{10}{6}-\frac{3}{6}\right)=+\frac{7}{6}$ … ❸

답 $+\frac{7}{6}$

채점 기준	배점
❶ a의 값 구하기	30 %
❷ b의 값 구하기	30 %
❸ $a+b$의 값 구하기	40 %

0239 큰 수부터 차례대로 나열하면
$+\frac{13}{4}$, $+2$, $+1.3$, $-\frac{15}{7}$, -3.5
이므로 $a=+\frac{13}{4}$, $b=-3.5$
$\therefore a+b=\left(+\frac{13}{4}\right)+(-3.5)$
$=\left(+\frac{13}{4}\right)+\left(-\frac{14}{4}\right)$
$=-\left(\frac{14}{4}-\frac{13}{4}\right)=-\frac{1}{4}$ 답 $-\frac{1}{4}$

0240 답 $-\frac{2}{3}$, $-\frac{2}{3}$, 0, $+\frac{5}{2}$
㉠: 교환법칙, ㉡: 결합법칙

0241 $\left(-\frac{3}{4}\right)+(-3.2)+\left(+\frac{7}{4}\right)$
$=\left\{\left(-\frac{3}{4}\right)+\left(+\frac{7}{4}\right)\right\}+(-3.2)$
$=(+1)+(-3.2)$
$=-2.2$ 답 ④

0242 ② 덧셈의 교환법칙 ③ 덧셈의 결합법칙 답 ②

참고 분수가 포함된 계산에서 덧셈의 교환법칙과 결합법칙을 이용하여 분모가 같은 것끼리 모아서 계산하면 편리하다.

0243 답 ②

0244 ① $(+3)-(+6)=(+3)+(-6)=-3$

② $(-5)-(-7)=(-5)+(+7)=+2$

③ $(+5.7)-(-3.2)=(+5.7)+(+3.2)=+8.9$

④ $\left(+\frac{5}{3}\right)-\left(-\frac{3}{2}\right)=\left(+\frac{5}{3}\right)+\left(+\frac{3}{2}\right)$

$=\left(+\frac{10}{6}\right)+\left(+\frac{9}{6}\right)=+\frac{19}{6}$

⑤ $(-2)-\left(+\frac{7}{4}\right)=(-2)+\left(-\frac{7}{4}\right)$

$=\left(-\frac{8}{4}\right)+\left(-\frac{7}{4}\right)=-\frac{15}{4}$

따라서 계산 결과가 옳은 것은 ④이다. 답 ④

0245 ㄱ. $(+7)-(-4)=(+7)+(+4)=+11$

ㄴ. $\left(-\frac{1}{5}\right)-\left(+\frac{4}{5}\right)=\left(-\frac{1}{5}\right)+\left(-\frac{4}{5}\right)=-1$

ㄷ. $\left(+\frac{5}{6}\right)-\left(+\frac{4}{3}\right)=\left(+\frac{5}{6}\right)+\left(-\frac{4}{3}\right)$

$=\left(+\frac{5}{6}\right)+\left(-\frac{8}{6}\right)=-\frac{1}{2}$

ㄹ. $(+2.6)-(-3.4)=(+2.6)+(+3.4)=+6$

따라서 계산 결과가 음수인 것은 ㄴ, ㄷ이다. 답 ㄴ, ㄷ

0246 $-3<-\frac{5}{2}<-1.5<+\frac{5}{4}<+1.6$이므로 가장 작은 수는 -3이고 가장 큰 수는 $+1.6$이다.

따라서 $a=-3$, $b=+1.6$이므로

$a-b=(-3)-(+1.6)=(-3)+(-1.6)$

$=-4.6$ 답 -4.6

0247 $\left|-\frac{1}{6}\right|=\frac{1}{6}=\frac{7}{42}$, $\left|+\frac{5}{7}\right|=\frac{5}{7}=\frac{30}{42}$,

$\left|+\frac{10}{3}\right|=\frac{10}{3}=3\frac{1}{3}$, $\left|-\frac{9}{4}\right|=\frac{9}{4}=2\frac{1}{4}$, $|-1.9|=1.9$

이므로

$\left|-\frac{1}{6}\right|<\left|+\frac{5}{7}\right|<|-1.9|<\left|-\frac{9}{4}\right|<\left|+\frac{10}{3}\right|$

$\therefore a=+\frac{10}{3}, b=-\frac{1}{6}$ … ❶

$\therefore a-b=\left(+\frac{10}{3}\right)-\left(-\frac{1}{6}\right)=\left(+\frac{10}{3}\right)+\left(+\frac{1}{6}\right)$

$=\left(+\frac{20}{6}\right)+\left(+\frac{1}{6}\right)=+\frac{7}{2}$ … ❷

답 $+\frac{7}{2}$

채점 기준	배점
❶ a, b의 값 각각 구하기	50 %
❷ $a-b$의 값 구하기	50 %

0248 $a=\left(-\frac{1}{2}\right)-\left(+\frac{5}{6}\right)=\left(-\frac{3}{6}\right)+\left(-\frac{5}{6}\right)=-\frac{4}{3}$

$b=\left(-\frac{5}{4}\right)-\left(-\frac{2}{3}\right)=\left(-\frac{15}{12}\right)+\left(+\frac{8}{12}\right)=-\frac{7}{12}$

$\therefore a-b=\left(-\frac{4}{3}\right)-\left(-\frac{7}{12}\right)$

$=\left(-\frac{16}{12}\right)+\left(+\frac{7}{12}\right)=-\frac{3}{4}$ 답 ②

0249 뉴욕: $3.1-(-3.9)=(+3.1)+(+3.9)=7$(℃)

파리: $6.9-2.5=4.4$(℃)

모스크바: $-6.3-(-12.3)=(-6.3)+(+12.3)=6$(℃)

베이징: $1.6-(-9.4)=(+1.6)+(+9.4)=11$(℃)

시드니: $25.8-18.6=7.2$(℃)

따라서 일교차가 가장 큰 도시는 베이징이다. 답 베이징

0250 ① $(-3)+(+5)-(+8)$

$=(-3)+(+5)+(-8)$

$=\{(-3)+(-8)\}+(+5)$

$=(-11)+(+5)=-6$

② $(+7)-(-4)+(-11)$

$=\{(+7)+(+4)\}+(-11)$

$=(+11)+(-11)=0$

③ $(+2.8)-(+5.3)-(-4.4)$

$=(+2.8)+(-5.3)+(+4.4)$

$=\{(+2.8)+(+4.4)\}+(-5.3)$

$=(+7.2)+(-5.3)=+1.9$

④ $\left(-\frac{1}{4}\right)-\left(+\frac{1}{3}\right)+\left(-\frac{7}{12}\right)$

$=\left\{\left(-\frac{3}{12}\right)+\left(-\frac{4}{12}\right)\right\}+\left(-\frac{7}{12}\right)$

$=\left(-\frac{7}{12}\right)+\left(-\frac{7}{12}\right)=-\frac{7}{6}$

⑤ $\left(-\frac{2}{3}\right)+\left(-\frac{5}{6}\right)-\left(+\frac{1}{2}\right)$

$=\left\{\left(-\frac{4}{6}\right)+\left(-\frac{5}{6}\right)\right\}+\left(-\frac{1}{2}\right)$

$=\left(-\frac{3}{2}\right)+\left(-\frac{1}{2}\right)=-2$

따라서 계산 결과가 옳지 않은 것은 ④이다. 답 ④

0251 ① $(-3)+(-4)-(+2)$
$=(-3)+(-4)+(-2)$
$=-(3+4+2)$
$=-9$
② $(+7)-(-1)+(-10)$
$=\{(+7)+(+1)\}+(-10)$
$=(+8)+(-10)$
$=-2$
③ $(-4)+\left(-\frac{2}{5}\right)-\left(-\frac{3}{10}\right)$
$=(-4)+\left(-\frac{2}{5}\right)+\left(+\frac{3}{10}\right)$
$=\left\{\left(-\frac{40}{10}\right)+\left(-\frac{4}{10}\right)\right\}+\left(+\frac{3}{10}\right)$
$=\left(-\frac{44}{10}\right)+\left(+\frac{3}{10}\right)$
$=-\frac{41}{10}$
④ $\left(+\frac{3}{4}\right)+\left(+\frac{5}{6}\right)-\left(+\frac{1}{4}\right)$
$=\left(+\frac{3}{4}\right)+\left(+\frac{5}{6}\right)+\left(-\frac{1}{4}\right)$
$=\left\{\left(+\frac{3}{4}\right)+\left(-\frac{1}{4}\right)\right\}+\left(+\frac{5}{6}\right)$
$=\left(+\frac{1}{2}\right)+\left(+\frac{5}{6}\right)$
$=\left(+\frac{3}{6}\right)+\left(+\frac{5}{6}\right)$
$=+\frac{4}{3}$
⑤ $(+2)-(+2.6)-(-5.2)$
$=(+2)+(-2.6)+(+5.2)$
$=(+2)+\{(-2.6)+(+5.2)\}$
$=(+2)+(+2.6)$
$=+4.6$
따라서 계산 결과가 가장 작은 것은 ①이다. 답 ①

0252 $(+3.3)+(-2.8)-(-4.7)-(+1.2)$
$=(+3.3)+(-2.8)+(+4.7)+(-1.2)$
$=\{(+3.3)+(+4.7)\}+\{(-2.8)+(-1.2)\}$
$=(+8)+(-4)=+4$ 답 $+4$

0253 $\left(-\frac{3}{4}\right)+(-3.6)-(-4.2)+\left(+\frac{5}{4}\right)$
$=\left(-\frac{3}{4}\right)+(-3.6)+(+4.2)+\left(+\frac{5}{4}\right)$
$=\left\{\left(-\frac{3}{4}\right)+\left(+\frac{5}{4}\right)\right\}+\{(-3.6)+(+4.2)\}$
$=\left(+\frac{1}{2}\right)+(+0.6)$
$=(+0.5)+(+0.6)=+1.1$ 답 ①

0254 $\left(+\frac{1}{4}\right)-\left(-\frac{4}{5}\right)+\left(-\frac{7}{10}\right)-(+2)$
$=\left(+\frac{1}{4}\right)+\left(+\frac{4}{5}\right)+\left(-\frac{7}{10}\right)+(-2)$
$=\left\{\left(+\frac{5}{20}\right)+\left(+\frac{16}{20}\right)\right\}+\left\{\left(-\frac{7}{10}\right)+\left(-\frac{20}{10}\right)\right\}$
$=\left(+\frac{21}{20}\right)+\left(-\frac{27}{10}\right)$
$=\left(+\frac{21}{20}\right)+\left(-\frac{54}{20}\right)=-\frac{33}{20}$
따라서 $-\frac{b}{a}=-\frac{33}{20}$이므로 $a=20$, $b=33$
$\therefore b-a=33-20=13$ 답 13

0255 $a=\left(-\frac{1}{6}\right)+\left(-\frac{2}{3}\right)-\left(+\frac{7}{6}\right)$
$=\left(-\frac{1}{6}\right)+\left(-\frac{2}{3}\right)+\left(-\frac{7}{6}\right)$
$=\left\{\left(-\frac{1}{6}\right)+\left(-\frac{7}{6}\right)\right\}+\left(-\frac{2}{3}\right)$
$=\left(-\frac{4}{3}\right)+\left(-\frac{2}{3}\right)$
$=-2$
$b=(+2)-\left(-\frac{3}{4}\right)+\left(-\frac{1}{2}\right)$
$=(+2)+\left(+\frac{3}{4}\right)+\left(-\frac{1}{2}\right)$
$=(+2)+\left\{\left(+\frac{3}{4}\right)+\left(-\frac{2}{4}\right)\right\}$
$=(+2)+\left(+\frac{1}{4}\right)=\left(+\frac{8}{4}\right)+\left(+\frac{1}{4}\right)=+\frac{9}{4}$
$\therefore b-a=\left(+\frac{9}{4}\right)-(-2)=\left(+\frac{9}{4}\right)+(+2)$
$=\left(+\frac{9}{4}\right)+\left(+\frac{8}{4}\right)=+\frac{17}{4}$ 답 $+\frac{17}{4}$

0256 ① $-3-6+4=(-3)-(+6)+(+4)$
$=(-3)+(-6)+(+4)=-5$
② $-\frac{1}{12}-\frac{1}{6}+\frac{5}{12}=\left(-\frac{1}{12}\right)-\left(+\frac{1}{6}\right)+\left(+\frac{5}{12}\right)$
$=\left(-\frac{1}{12}\right)+\left(-\frac{1}{6}\right)+\left(+\frac{5}{12}\right)$
$=\left(-\frac{1}{12}\right)+\left(-\frac{2}{12}\right)+\left(+\frac{5}{12}\right)$
$=\frac{1}{6}$
③ $\frac{3}{2}-\frac{2}{3}-\frac{5}{6}=\left(+\frac{3}{2}\right)-\left(+\frac{2}{3}\right)-\left(+\frac{5}{6}\right)$
$=\left(+\frac{3}{2}\right)+\left(-\frac{2}{3}\right)+\left(-\frac{5}{6}\right)$
$=\left(+\frac{9}{6}\right)+\left(-\frac{4}{6}\right)+\left(-\frac{5}{6}\right)=0$

④ $\frac{5}{4}-2-\frac{5}{2}=\left(+\frac{5}{4}\right)-(+2)-\left(+\frac{5}{2}\right)$

$=\left(+\frac{5}{4}\right)+(-2)+\left(-\frac{5}{2}\right)$

$=\left(+\frac{5}{4}\right)+\left(-\frac{8}{4}\right)+\left(-\frac{10}{4}\right)=-\frac{13}{4}$

⑤ $4.1+\frac{2}{5}-3.5+\frac{1}{10}$

$=(+4.1)+\left(+\frac{2}{5}\right)-(+3.5)+\left(+\frac{1}{10}\right)$

$=(+4.1)+\left(+\frac{2}{5}\right)+(-3.5)+\left(+\frac{1}{10}\right)$

$=\{(+4.1)+(-3.5)\}+\left(+\frac{2}{5}\right)+\left(+\frac{1}{10}\right)$

$=(+0.6)+\left(+\frac{2}{5}\right)+\left(+\frac{1}{10}\right)$

$=\left(+\frac{6}{10}\right)+\left(+\frac{4}{10}\right)+\left(+\frac{1}{10}\right)=\frac{11}{10}$

따라서 계산 결과가 옳은 것은 ②이다.

답 ②

0257 뺄셈에서는 교환법칙이 성립하지 않으므로 처음으로 잘못된 부분은 ㉡이다. 바르게 계산하면

$\frac{9}{8}-\frac{3}{2}+\frac{1}{8}=\left(+\frac{9}{8}\right)-\left(+\frac{3}{2}\right)+\left(+\frac{1}{8}\right)$

$=\left(+\frac{9}{8}\right)+\left(-\frac{3}{2}\right)+\left(+\frac{1}{8}\right)$

$=\left(-\frac{3}{2}\right)+\left\{\left(+\frac{9}{8}\right)+\left(+\frac{1}{8}\right)\right\}$

$=\left(-\frac{3}{2}\right)+\left(+\frac{5}{4}\right)$

$=\left(-\frac{6}{4}\right)+\left(+\frac{5}{4}\right)$

$=-\frac{1}{4}$

답 ㉡, $-\frac{1}{4}$

0258 $8+\frac{1}{3}-\frac{3}{4}-7$

$=(+8)+\left(+\frac{1}{3}\right)-\left(+\frac{3}{4}\right)-(+7)$

$=(+8)+\left(+\frac{1}{3}\right)+\left(-\frac{3}{4}\right)+(-7)$

$=\{(+8)+(-7)\}+\left\{\left(+\frac{1}{3}\right)+\left(-\frac{3}{4}\right)\right\}$

$=(+1)+\left\{\left(+\frac{4}{12}\right)+\left(-\frac{9}{12}\right)\right\}=(+1)+\left(-\frac{5}{12}\right)$

$=\left(+\frac{12}{12}\right)+\left(-\frac{5}{12}\right)=\frac{7}{12}$

답 $\frac{7}{12}$

0259 $3.2-4.1+7.6-5.5$

$=(+3.2)-(+4.1)+(+7.6)-(+5.5)$

$=\{(+3.2)+(+7.6)\}+\{(-4.1)+(-5.5)\}$

$=(+10.8)+(-9.6)=1.2$

① $-10+13-5=(-10)+(+13)-(+5)$

$=\{(-10)+(-5)\}+(+13)$

$=(-15)+(+13)=-2$

② $-\frac{2}{3}-\frac{1}{2}+\frac{5}{4}=\left(-\frac{2}{3}\right)-\left(+\frac{1}{2}\right)+\left(+\frac{5}{4}\right)$

$=\left\{\left(-\frac{4}{6}\right)+\left(-\frac{3}{6}\right)\right\}+\left(+\frac{5}{4}\right)$

$=\left(-\frac{7}{6}\right)+\left(+\frac{5}{4}\right)$

$=\left(-\frac{14}{12}\right)+\left(+\frac{15}{12}\right)=\frac{1}{12}$

③ $\frac{2}{5}-3+\frac{8}{3}=\left(+\frac{2}{5}\right)-(+3)+\left(+\frac{8}{3}\right)$

$=\left\{\left(+\frac{6}{15}\right)+\left(+\frac{40}{15}\right)\right\}+(-3)$

$=\left(+\frac{46}{15}\right)+\left(-\frac{45}{15}\right)=\frac{1}{15}$

④ $1-2.8+\frac{3}{2}=(+1)-(+2.8)+\left(+\frac{3}{2}\right)$

$=\{(+1)+(+1.5)\}+(-2.8)$

$=(+2.5)+(-2.8)=-0.3$

⑤ $\frac{1}{2}-1.5+\frac{7}{3}+0.5$

$=\left(+\frac{1}{2}\right)-(+1.5)+\left(+\frac{7}{3}\right)+(+0.5)$

$=\left\{\left(+\frac{3}{6}\right)+\left(+\frac{14}{6}\right)+\left(+\frac{3}{6}\right)\right\}+\left(-\frac{3}{2}\right)$

$=\left(+\frac{20}{6}\right)+\left(-\frac{9}{6}\right)=\frac{11}{6}\ (=1.8\times\times\times)$

따라서 계산 결과가 1.2보다 큰 것은 ⑤이다.

답 ⑤

0260 $a=-1.3-3.9+1.2$

$=(-1.3)-(+3.9)+(+1.2)$

$=(-1.3)+(-3.9)+(+1.2)$

$=-4$ … ❶

$b=\frac{2}{3}-\frac{5}{6}-\frac{1}{2}+\frac{5}{3}$

$=\left(+\frac{2}{3}\right)-\left(+\frac{5}{6}\right)-\left(+\frac{1}{2}\right)+\left(+\frac{5}{3}\right)$

$=\left(+\frac{2}{3}\right)+\left(-\frac{5}{6}\right)+\left(-\frac{1}{2}\right)+\left(+\frac{5}{3}\right)$

$=\left(+\frac{4}{6}\right)+\left(-\frac{5}{6}\right)+\left(-\frac{3}{6}\right)+\left(+\frac{10}{6}\right)=1$ … ❷

$\therefore a-b=-4-1=(-4)-(+1)$

$=(-4)+(-1)=-5$ … ❸

답 -5

채점 기준	배점
❶ a의 값 구하기	35 %
❷ b의 값 구하기	50 %
❸ $a-b$의 값 구하기	15 %

0261 $1-2+3-4+5-\cdots+99-100$

$=(+1)-(+2)+(+3)-(+4)$

$\qquad+\cdots+(+99)-(+100)$

$=\{(+1)+(-2)\}+\{(+3)+(-4)\}$

$\qquad+\cdots+\{(+99)+(-100)\}$

$=\underbrace{(-1)+(-1)+\cdots+(-1)}_{50\text{개}}=-50$ 　　 답 -50

0262 ① $(-1)+(-9)=-10$

② $2-(-7)=(+2)+(+7)=9$

③ $3+(-8)=(+3)+(-8)=-5$

④ $(-6)-5=(-6)-(+5)=(-6)+(-5)=-11$

⑤ $5-6=(+5)-(+6)=(+5)+(-6)=-1$

따라서 가장 작은 수는 ④이다. 　　 답 ④

0263 ㄱ. $7-(-3)=(+7)+(+3)=10$

ㄴ. $11+(-6)=(+11)+(-6)=5$

ㄷ. $(-1)-(-4)=(-1)+(+4)=3$

ㄹ. $(-3)+\frac{19}{2}=\left(-\frac{6}{2}\right)+\left(+\frac{19}{2}\right)=\frac{13}{2}$

따라서 $3<5<\frac{13}{2}\left(=6\frac{1}{2}\right)<10$이므로 두 번째로 큰 수는 ㄹ이다. 　　 답 ㄹ

0264 $\left(-\frac{2}{7}\right)+\left(-\frac{5}{14}\right)=\left(-\frac{4}{14}\right)+\left(-\frac{5}{14}\right)=-\frac{9}{14}$

답 ①

0265 $a=3+\left(-\frac{13}{6}\right)=\left(+\frac{18}{6}\right)+\left(-\frac{13}{6}\right)=\frac{5}{6}$

$b=\left(-\frac{8}{3}\right)-(-4)=\left(-\frac{8}{3}\right)+(+4)$

$=\left(-\frac{8}{3}\right)+\left(+\frac{12}{3}\right)=\frac{4}{3}$

$\therefore a+b=\frac{5}{6}+\frac{4}{3}=\frac{5}{6}+\frac{8}{6}=\frac{13}{6}$ 　　 답 $\frac{13}{6}$

0266 $a=\frac{2}{5}+\left(-\frac{3}{2}\right)=\left(+\frac{4}{10}\right)+\left(-\frac{15}{10}\right)=-\frac{11}{10}$

따라서 구하는 수는

$\left(-\frac{11}{10}\right)-\left(-\frac{3}{4}\right)=\left(-\frac{11}{10}\right)+\left(+\frac{3}{4}\right)$

$=\left(-\frac{22}{20}\right)+\left(+\frac{15}{20}\right)$

$=-\frac{7}{20}$ 　　 답 $-\frac{7}{20}$

0267 $a=2+\left(-\frac{4}{3}\right)=\left(+\frac{6}{3}\right)+\left(-\frac{4}{3}\right)=\frac{2}{3}$ 　　 … ❶

$b=(-3)-\left(-\frac{1}{2}\right)=\left(-\frac{6}{2}\right)+\left(+\frac{1}{2}\right)=-\frac{5}{2}$ 　　 … ❷

따라서 $-\frac{5}{2}=-2.5$, $\frac{2}{3}=0.6\times\times\times$이므로 $-\frac{5}{2}<x<\frac{2}{3}$를 만족시키는 정수 x는 -2, -1, 0의 3개이다. 　　 … ❸

답 3

채점 기준	배점
❶ a의 값 구하기	40 %
❷ b의 값 구하기	40 %
❸ 조건을 만족시키는 정수의 개수 구하기	20 %

0268 $\square=-\frac{1}{5}+\frac{2}{15}=-\frac{3}{15}+\frac{2}{15}=-\frac{1}{15}$ 　　 답 ②

0269 $a=\frac{13}{6}+\left(-\frac{1}{3}\right)=\frac{13}{6}+\left(-\frac{2}{6}\right)=\frac{11}{6}$

$b=-\frac{15}{4}-(-4)=-\frac{15}{4}+(+4)$

$=-\frac{15}{4}+\left(+\frac{16}{4}\right)=\frac{1}{4}$

$\therefore b-a=\frac{1}{4}-\frac{11}{6}=\frac{3}{12}-\frac{22}{12}=-\frac{19}{12}$ 　　 답 $-\frac{19}{12}$

0270 $-\frac{9}{4}+2-\square=-1$에서 $-\frac{9}{4}+\frac{8}{4}-\square=-1$이므로

$-\frac{1}{4}-\square=-1$

$\therefore \square=-\frac{1}{4}-(-1)=-\frac{1}{4}+\left(+\frac{4}{4}\right)=\frac{3}{4}$ 　　 답 $\frac{3}{4}$

0271 어떤 수를 □라 하면

$\square+\left(-\frac{3}{5}\right)-\,-\frac{2}{3}$ 　　 … ❶

$\therefore \square=-\frac{2}{3}-\left(-\frac{3}{5}\right)$

$=-\frac{10}{15}+\left(+\frac{9}{15}\right)=-\frac{1}{15}$ 　　 … ❷

바르게 계산하면

$-\frac{1}{15}-\left(-\frac{3}{5}\right)=-\frac{1}{15}+\left(+\frac{9}{15}\right)=\frac{8}{15}$ 　　 … ❸

답 $\frac{8}{15}$

채점 기준	배점
❶ 잘못 계산한 식 세우기	30 %
❷ 어떤 수 구하기	30 %
❸ 바르게 계산한 답 구하기	40 %

0272 $|a|=3$이므로 $a=-3$ 또는 $a=3$
$|b|=9$이므로 $b=-9$ 또는 $b=9$
(i) $a=-3$, $b=-9$일 때
$a+b=-3+(-9)=-12$
(ii) $a=-3$, $b=9$일 때
$a+b=-3+9=6$
(iii) $a=3$, $b=-9$일 때
$a+b=3+(-9)=-6$
(iv) $a=3$, $b=9$일 때
$a+b=3+9=12$
(i)~(iv)에서 $a+b$의 값 중 가장 큰 수는 12이다. 답 ④

0273 a, b는 음의 유리수이므로 $a=-\frac{15}{2}$, $b=-4$
$\therefore a-b=-\frac{15}{2}-(-4)=-\frac{15}{2}+(+4)$
$=-\frac{15}{2}+\left(+\frac{8}{2}\right)=-\frac{7}{2}$ 답 $-\frac{7}{2}$

0274 $1<|a|<4$를 만족시키는 정수 a의 값은
$-3, -2, 2, 3$
$|b|<5$를 만족시키는 정수 b의 값은
$-4, -3, -2, -1, 0, 1, 2, 3, 4$
$a=-3$, $b=-4$일 때 $a+b$의 값이 가장 작으므로 구하는 값은
$-3+(-4)=-7$ 답 -7

0275 절댓값이 2인 수를 a, 절댓값이 8인 수를 b라 하면 a, b의 부호가 서로 다르므로
$a=2$, $b=-8$ 또는 $a=-2$, $b=8$
이때 두 수의 합이 양수가 되는 경우는
$a=-2$, $b=8$
따라서 두 수의 합은 $-2+8=6$ 답 ③

0276 a의 절댓값은 3이므로 $a=-3$ 또는 $a=3$
b의 절댓값은 5이므로 $b=-5$ 또는 $b=5$
(i) $a=-3$, $b=-5$일 때
$a-b=-3-(-5)=-3+(+5)=2$
(ii) $a=-3$, $b=5$일 때
$a-b=-3-5=-8$
(iii) $a=3$, $b=-5$일 때
$a-b=3-(-5)=3+(+5)=8$
(iv) $a=3$, $b=5$일 때
$a-b=3-5=-2$
(i)~(iv)에서 $M=8$, $m=-8$이므로 … ❶
$M-m=8-(-8)=8+(+8)=16$ … ❷
답 16

채점 기준	배점
❶ M, m의 값 각각 구하기	80 %
❷ $M-m$의 값 구하기	20 %

0277 $|a|=5$이므로 $a=-5$ 또는 $a=5$
$|b|=7$이므로 $b=-7$ 또는 $b=7$
(i) $a=-5$, $b=-7$일 때
$a+b=-5+(-7)=-12$
(ii) $a=-5$, $b=7$일 때
$a+b=-5+7=2$
(iii) $a=5$, $b=-7$일 때
$a+b=5+(-7)=-2$
(iv) $a=5$, $b=7$일 때
$a+b=5+7=12$
(i)~(iv)에서 $a+b$의 값이 될 수 없는 것은 ②이다. 답 ②

0278 점 A가 나타내는 수는
$-2+\frac{13}{5}-\frac{3}{2}=-\frac{20}{10}+\frac{26}{10}-\frac{15}{10}=-\frac{9}{10}$ 답 ④

0279 점 A가 나타내는 수는
$\frac{3}{2}-\frac{12}{5}+1=\frac{15}{10}-\frac{24}{10}+\frac{10}{10}=\frac{1}{10}$ 답 $\frac{1}{10}$

0280 점 A가 나타내는 수는 $-1-\frac{5}{6}=-\frac{6}{6}-\frac{5}{6}=-\frac{11}{6}$
점 B가 나타내는 수는 $-1+\frac{7}{3}=-\frac{3}{3}+\frac{7}{3}=\frac{4}{3}$
따라서 구하는 합은
$-\frac{11}{6}+\frac{4}{3}=-\frac{11}{6}+\frac{8}{6}=-\frac{1}{2}$ 답 $-\frac{1}{2}$

0281 $-\frac{8}{7}$을 나타내는 점으로부터의 거리가 1인 두 점이 나타내는 수는 각각
$-\frac{8}{7}-1=-\frac{8}{7}-\frac{7}{7}=-\frac{15}{7}$
$-\frac{8}{7}+1=-\frac{8}{7}+\frac{7}{7}=-\frac{1}{7}$
따라서 두 수 중 작은 수는 $-\frac{15}{7}$이다. 답 $-\frac{15}{7}$

0282 한 번에 놓인 네 수의 합은
$1+\left(-\frac{1}{2}\right)+\left(-\frac{3}{2}\right)+3=2$
$-2+a+\frac{4}{3}+3=2$에서 $a+\frac{7}{3}=2$ $\quad\therefore a=-\frac{1}{3}$
$-2+(-3)+b+1=2$에서 $-4+b=2$ $\quad\therefore b=6$
$\therefore a+b=-\frac{1}{3}+6=\frac{17}{3}$ 답 ②

0283 한 변에 놓인 세 수의 합은

$-0.6+\frac{1}{5}+1=-\frac{6}{10}+\frac{2}{10}+1=\frac{6}{10}$

$-0.6+a+\frac{7}{10}=\frac{6}{10}$에서 $-\frac{6}{10}+a+\frac{7}{10}=\frac{6}{10}$

$a+\frac{1}{10}=\frac{6}{10}$　　$\therefore a=\frac{5}{10}$

$\frac{7}{10}+b+(-1.2)=\frac{6}{10}$에서

$\frac{7}{10}+b+\left(-\frac{12}{10}\right)=\frac{6}{10}$

$b+\left(-\frac{5}{10}\right)=\frac{6}{10}$　　$\therefore b=\frac{11}{10}$

$1+c+(-1.2)=\frac{6}{10}$에서 $1+c+\left(-\frac{12}{10}\right)=\frac{6}{10}$

$c+\left(-\frac{2}{10}\right)=\frac{6}{10}$　　$\therefore c=\frac{8}{10}$

$\therefore \frac{5}{10}+\frac{11}{10}+\frac{8}{10}=\frac{24}{10}=\frac{12}{5}(=2.4)$　　답 $\frac{12}{5}(=2.4)$

0284 가로, 세로, 대각선의 세 수의 합은

$3+(-1)+(-5)=-3$

$2+(-5)+b=-3$에서

$-3+b=-3$　　$\therefore b=0$

$a+(-1)+0=-3$에서

$a+(-1)=-3$　　$\therefore a=-2$　　답 $a=-2,\ b=0$

0285 $a+\frac{1}{6}=\frac{1}{12}$이므로 $a+\frac{2}{12}=\frac{1}{12}$

$\therefore a=-\frac{1}{12}$　　… ❶

$b+\left(-\frac{3}{2}\right)=\frac{1}{12}$이므로 $b+\left(-\frac{18}{12}\right)=\frac{1}{12}$

$\therefore b=\frac{19}{12}$　　… ❷

$c+\frac{2}{3}=\frac{1}{12}$이므로 $c+\frac{8}{12}=\frac{1}{12}$

$\therefore c=-\frac{7}{12}$　　… ❸

$\therefore a-b-c=-\frac{1}{12}-\frac{19}{12}-\left(-\frac{7}{12}\right)$

$=-\frac{1}{12}-\frac{19}{12}+\left(+\frac{7}{12}\right)=-\frac{13}{12}$　　… ❹

답 $-\frac{13}{12}$

채점 기준	배점
❶ a의 값 구하기	25 %
❷ b의 값 구하기	25 %
❸ c의 값 구하기	25 %
❹ $a-b-c$의 값 구하기	25 %

0286 $19.5+3.8+3.6-2-5.6=19.3$(℃)　　답 ②

0287 $40-15+8+21-13=41$(분)　　답 41분

0288 첫째 주의 돼지고기 100 g당 가격을 A원이라 하면 넷째 주의 돼지고기 100 g당 가격은

$A+220-340+180=A+60$(원)

즉, 넷째 주에는 첫째 주보다 돼지고기 100 g당 가격이 60원 증가하였으므로 넷째 주에 돼지고기 1 kg(=1000 g)을 구입한 사람은 첫째 주에 돼지고기 1 kg(=1000 g)을 구입한 사람보다

$60\times10=600$(원)

을 더 주고 구입하였다.　　답 600원

0289 4월 1일의 금 1 g의 가격을 A원이라 하면 4월 4일의 금 1 g의 가격은

$A-33.41+130.76+102.62=A+199.97$(원)

따라서 4월 4일에 구입한 사람은 4월 1일에 구입한 사람보다 199.97원을 더 주고 구입하였다.　　답 199.97원

C step 실력 완성!

본문 62 ~ 65쪽

0290 0을 나타내는 점에서 왼쪽으로 4만큼 이동한 후, 다시 왼쪽으로 5만큼 이동한 것이 0을 나타내는 점에서 왼쪽으로 9만큼 이동한 것과 같으므로 수직선으로 설명할 수 있는 덧셈식은

$(-4)+(-5)=-9$　　답 ④

0291 ① $(+2)+(+4)=+(2+4)=6$

② $(-3)+(+9)=+(9-3)=6$

③ $(-7)+(+1)=-(7-1)=-6$

④ $(-6)+(+12)=+(12-6)=6$

⑤ $(+5)+(+1)=+(5+1)=6$

따라서 계산 결과가 나머지 넷과 다른 것은 ③이다.　　답 ③

0292 $\left|-\frac{11}{6}\right|=\frac{11}{6}$, $|+2.7|=2.7$,

$\left|+\frac{25}{8}\right|=\frac{25}{8}$, $|-3|=3$, $|-1.5|=1.5$

이고 $1.5<\frac{11}{6}<2.7<3<\frac{25}{8}$이므로 절댓값이 가장 큰 수는 $+\frac{25}{8}$, 절댓값이 가장 작은 수는 -1.5이다.

따라서 구하는 두 수의 합은

$\left(+\frac{25}{8}\right)+(-1.5)=\left(+\frac{25}{8}\right)+\left(-\frac{3}{2}\right)$

$=\left(+\frac{25}{8}\right)+\left(-\frac{12}{8}\right)=\frac{13}{8}$　　답 $\frac{13}{8}$

0293 ⑤ (마): $\frac{1}{3}$ 답 ⑤

0294 $(-7)+\left(-\frac{3}{4}\right)+(+0.45)+(+2)$
$=(-7)+(-0.75)+(+0.45)+(+2)$
$=\{(-7)+(+2)\}+\{(-0.75)+(+0.45)\}$
$=(-5)+(-0.3)=-5.3$ 답 ③

0295 ① $(-4)-(+9)=(-4)+(-9)=-13$
② $(+1.7)-(-5.3)=(+1.7)+(+5.3)=7$
③ $(+0.8)-(+1)=(+0.8)+(-1)=-0.2=-\frac{1}{5}$
④ $\left(+\frac{4}{7}\right)-\left(-\frac{5}{7}\right)=\left(+\frac{4}{7}\right)+\left(+\frac{5}{7}\right)=\frac{9}{7}$
⑤ $\left(-\frac{3}{4}\right)-\left(-\frac{5}{8}\right)=\left(-\frac{3}{4}\right)+\left(+\frac{5}{8}\right)$
$=\left(-\frac{6}{8}\right)+\left(+\frac{5}{8}\right)=-\frac{1}{8}$
따라서 계산 결과가 옳지 않은 것은 ⑤이다. 답 ⑤

0296 $\left(+\frac{4}{5}\right)+\left(+\frac{2}{3}\right)-\left(-\frac{5}{6}\right)-\left(+\frac{11}{5}\right)$
$=\left(+\frac{4}{5}\right)+\left(+\frac{2}{3}\right)+\left(+\frac{5}{6}\right)+\left(-\frac{11}{5}\right)$
$=\left\{\left(+\frac{4}{5}\right)+\left(-\frac{11}{5}\right)\right\}+\left\{\left(+\frac{4}{6}\right)+\left(+\frac{5}{6}\right)\right\}$
$=\left(-\frac{7}{5}\right)+\left(+\frac{3}{2}\right)=\left(-\frac{14}{10}\right)+\left(+\frac{15}{10}\right)=\frac{1}{10}$ 답 $\frac{1}{10}$

0297 $A=(-10)+(+5)-(-11)$
$=(-10)+(+5)+(+11)=6$
$B=\left(-\frac{7}{15}\right)+\left(-\frac{1}{5}\right)-(-2)$
$=\left(-\frac{7}{15}\right)+\left(-\frac{3}{15}\right)+\left(+\frac{30}{15}\right)=\frac{4}{3}$
$C=(-2.3)-(+4.7)+(-3)$
$=(-2.3)+(-4.7)+(-3)=-10$
따라서 세 수 중 가장 작은 것은 C이다. 답 C

0298 $a=-3+5+7-11$
$=(-3)+(+5)+(+7)-(+11)$
$=(-3)+(+5)+(+7)+(-11)=-2$
$b=-\frac{1}{2}+\frac{4}{3}+\frac{1}{6}-2$
$=\left(-\frac{1}{2}\right)+\left(+\frac{4}{3}\right)+\left(+\frac{1}{6}\right)-(+2)$
$=\left(-\frac{3}{6}\right)+\left(+\frac{8}{6}\right)+\left(+\frac{1}{6}\right)+(-2)$
$=(+1)+(-2)=-1$
$\therefore a-b=(-2)-(-1)=(-2)+(+1)=-1$ 답 -1

0299 $7-\frac{8}{3}+\frac{7}{4}-6$
$=(+7)-\left(+\frac{8}{3}\right)+\left(+\frac{7}{4}\right)-(+6)$
$=(+7)+\left(-\frac{8}{3}\right)+\left(+\frac{7}{4}\right)+(-6)$
$=\{(+7)+(-6)\}+\left\{\left(-\frac{32}{12}\right)+\left(+\frac{21}{12}\right)\right\}$
$=(+1)+\left(-\frac{11}{12}\right)$
$=\left(+\frac{12}{12}\right)+\left(-\frac{11}{12}\right)=\frac{1}{12}$
따라서 $a=12$, $b=1$이므로
$a-b=12-1=11$ 답 11

0300 $a=3+(-8)=-5$
$b=a-\left(-\frac{5}{3}\right)=(-5)-\left(-\frac{5}{3}\right)$
$=\left(-\frac{15}{3}\right)+\left(+\frac{5}{3}\right)=-\frac{10}{3}$
$\therefore |b|=\left|-\frac{10}{3}\right|=\frac{10}{3}$ 답 $\frac{10}{3}$

0301 $a=\frac{5}{3}+(-1)=\frac{5}{3}+\left(-\frac{3}{3}\right)=\frac{2}{3}$
$b=3-\left(-\frac{5}{2}\right)=\frac{6}{2}+\left(+\frac{5}{2}\right)=\frac{11}{2}$
따라서 정수 x에 대하여 $\frac{2}{3}<|x|<\frac{11}{2}$을 만족시키는 $|x|$의 값은 1, 2, 3, 4, 5이므로 정수 x는 -5, -4, -3, -2, -1, 1, 2, 3, 4, 5의 10개이다. 답 10

0302 $a=\frac{1}{3}+(-2)=\frac{1}{3}+\left(-\frac{6}{3}\right)=-\frac{5}{3}$
$b=-1-\left(-\frac{3}{2}\right)=-\frac{2}{2}+\left(+\frac{3}{2}\right)=\frac{1}{2}$
$\therefore a+b=-\frac{5}{3}+\frac{1}{2}=-\frac{10}{6}+\frac{3}{6}=-\frac{7}{6}$ 답 $-\frac{7}{6}$

0303 $a+(-4.8)=-7$에서
$a=-7-(-4.8)=-7+(+4.8)=-2.2$
$b-(-2)=3.7$에서
$b=3.7+(-2)=1.7$
$\therefore a+b=-2.2+1.7=-0.5$ 답 -0.5

0304 절댓값이 10인 수를 a, 절댓값이 7인 수를 b라 하면 a, b의 부호가 서로 다르므로
$a=10$, $b=-7$ 또는 $a=-10$, $b=7$
이때 두 수의 합이 음수가 되는 경우는 $a=-10$, $b=7$
따라서 두 수의 합은 $-10+7=-3$ 답 ①

0305 두 점 A, B 사이의 거리는

$3.4-\left(-\frac{3}{5}\right)=\frac{34}{10}+\left(+\frac{6}{10}\right)=4$ 답 ④

참고 오른쪽 수직선에서

점 A가 나타내는 수가 a,
점 B가 나타내는 수가 b일 때,
두 점 A, B 사이의 거리 ➡ $b-a$ (단, $a<b$)

0306 가로, 세로에 있는 세 수의 합은

$\frac{5}{3}+\left(-\frac{2}{3}\right)+(-2)=-1$

$a+\frac{1}{3}+\frac{5}{3}=-1$에서 $a+2=-1$ $\therefore a=-3$

$-3+\frac{5}{2}+b=-1$에서 $-\frac{6}{2}+\frac{5}{2}+b=-1$

$-\frac{1}{2}+b=-1$ $\therefore b=-\frac{1}{2}$

$-\frac{1}{2}+c+(-2)=-1$에서 $-\frac{1}{2}+c+\left(-\frac{4}{2}\right)=-1$

$c+\left(-\frac{5}{2}\right)=-1$ $\therefore c=\frac{3}{2}$

$\therefore a-b+c=-3-\left(-\frac{1}{2}\right)+\frac{3}{2}$

$=-3+\left(+\frac{1}{2}\right)+\frac{3}{2}=-1$ 답 -1

0307 이웃하는 네 수의 합은

$\frac{5}{4}+3+(-1)+\left(-\frac{1}{4}\right)$

$=\frac{5}{4}+\left(-\frac{1}{4}\right)+3+(-1)=3$

$-1+a+\frac{5}{4}+3=3$에서

$a+\frac{13}{4}=3$ $\therefore a=-\frac{1}{4}$

$3+(-1)+\left(-\frac{1}{4}\right)+b=3$에서

$\frac{7}{4}+b=3$ $\therefore b=\frac{5}{4}$

$\therefore b-a=\frac{5}{4}-\left(-\frac{1}{4}\right)=\frac{5}{4}+\frac{1}{4}=\frac{3}{2}$ 답 $\frac{3}{2}$

0308 (1) 수직선 위에 A의 길이를 나타내는 점을 기준으로 조건에 맞게 B, C, D의 길이를 나타내는 점을 정하면 다음과 같다.

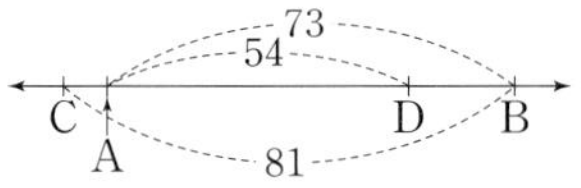

따라서 길이가 짧은 것부터 차례대로 나열하면 C, A, D, B 이다.

(2) A와 C의 길이의 차는 $81-73=8$(cm)

답 (1) C, A, D, B (2) 8 cm

0309 $[3, [\square, 5]]=2$에서 $|3-[\square, 5]|=2$이므로

$3-[\square, 5]=-2$ 또는 $3-[\square, 5]=2$

$\therefore [\square, 5]=5$ 또는 $[\square, 5]=1$

(i) $[\square, 5]=5$일 때, $|\square-5|=5$이므로

$\square-5=-5$ 또는 $\square-5=5$

$\therefore \square=0$ 또는 $\square=10$

(ii) $[\square, 5]=1$일 때, $|\square-5|=1$이므로

$\square-5=-1$ 또는 $\square-5=1$

$\therefore \square=4$ 또는 $\square=6$

(i), (ii)에서 $\square$ 안에 알맞은 수는 0, 4, 6, 10이므로 그 합은

$0+4+6+10=20$ 답 20

0310 $\left|-\frac{1}{10}\right|<\left|\frac{7}{4}\right|<|-2|<\left|-\frac{13}{5}\right|<|3.1|$

이때 원점으로부터 가장 멀리 떨어진 수는 절댓값이 가장 큰 수이므로 $a=3.1$

원점에 가장 가까운 수는 절댓값이 가장 작은 수이므로

$b=-\frac{1}{10}$ … ❶

$\therefore a+b=3.1+\left(-\frac{1}{10}\right)=\frac{31}{10}+\left(-\frac{1}{10}\right)=3$ … ❷

답 3

채점 기준	배점
❶ a, b의 값 각각 구하기	50 %
❷ $a+b$의 값 구하기	50 %

0311 계산한 결과가 가장 작으려면 ㉡에는 세 수 중 가장 큰 수를 넣어야 한다.

이때 $-\frac{1}{2}<\frac{1}{6}<\frac{1}{4}$이므로 ㉡에는 $\frac{1}{4}$을 넣는다. … ❶

따라서 ㉠−㉡+㉢을 계산한 결과 중 가장 작은 값은

$-\frac{1}{2}-\frac{1}{4}+\frac{1}{6}=-\frac{6}{12}-\frac{3}{12}+\frac{2}{12}=-\frac{7}{12}$ … ❷

답 $-\frac{7}{12}$

채점 기준	배점
❶ ㉡에 알맞은 수 구하기	50 %
❷ 주어진 식을 계산한 결과 중 가장 작은 값 구하기	50 %

04 정수와 유리수의 곱셈과 나눗셈

I. 수와 연산

step 1 개념 익히고,

본문 67쪽

0312 (1) $(+3)\times(+5)=+(3\times5)=15$

(2) $(-4)\times(-7)=+(4\times7)=28$

(3) $(+6)\times(-8)=-(6\times8)=-48$

(4) $(-9)\times(+2)=-(9\times2)=-18$

(5) $(+20)\times\left(+\frac{3}{4}\right)=+\left(20\times\frac{3}{4}\right)=15$

(6) $\left(-\frac{4}{3}\right)\times\left(-\frac{9}{8}\right)=+\left(\frac{4}{3}\times\frac{9}{8}\right)=\frac{3}{2}$

(7) $(+2.2)\times(-0.6)=-(2.2\times0.6)=-1.32$

(8) $(-1.4)\times\left(+\frac{3}{7}\right)=-\left(\frac{7}{5}\times\frac{3}{7}\right)=-\frac{3}{5}$

답 (1) 15 (2) 28 (3) -48 (4) -18 (5) 15 (6) $\frac{3}{2}$ (7) -1.32 (8) $-\frac{3}{5}$

0313 (1) $(-6)\times(+7)\times(-5)=+(6\times7\times5)=210$

(2) $\left(-\frac{5}{4}\right)\times\left(-\frac{7}{9}\right)\times\left(+\frac{8}{3}\right)\times\left(-\frac{9}{7}\right)$

$=-\left(\frac{5}{4}\times\frac{7}{9}\times\frac{8}{3}\times\frac{9}{7}\right)=-\frac{10}{3}$

답 (1) 210 (2) $-\frac{10}{3}$

0314 (1) $(-2)^4=(-2)\times(-2)\times(-2)\times(-2)$

$=+(2\times2\times2\times2)=16$

(2) $\left(-\frac{1}{3}\right)^3=\left(-\frac{1}{3}\right)\times\left(-\frac{1}{3}\right)\times\left(-\frac{1}{3}\right)$

$=-\left(\frac{1}{3}\times\frac{1}{3}\times\frac{1}{3}\right)=-\frac{1}{27}$

(3) $-3^2=-(3\times3)=-9$

(4) $-\left(-\frac{1}{2}\right)^5$

$=-\left\{\left(-\frac{1}{2}\right)\times\left(-\frac{1}{2}\right)\times\left(-\frac{1}{2}\right)\times\left(-\frac{1}{2}\right)\times\left(-\frac{1}{2}\right)\right\}$

$=-\left\{-\left(\frac{1}{2}\times\frac{1}{2}\times\frac{1}{2}\times\frac{1}{2}\times\frac{1}{2}\right)\right\}$

$=-\left(-\frac{1}{32}\right)=\frac{1}{32}$

답 (1) 16 (2) $-\frac{1}{27}$ (3) -9 (4) $\frac{1}{32}$

0315 (1) $20\times\left(\frac{7}{5}+\frac{3}{4}\right)=20\times\frac{7}{5}+20\times\frac{3}{4}$

$=28+15=43$

(2) $(-31)\times\frac{4}{5}+26\times\frac{4}{5}=(-31+26)\times\frac{4}{5}$

$=(-5)\times\frac{4}{5}=-4$

답 (1) 43 (2) -4

0316 (1) $(+48)\div(+6)=+(48\div6)=8$

(2) $(-21)\div(+7)=-(21\div7)=-3$

(3) $(+5.1)\div(-3)=-(5.1\div3)=-1.7$

(4) $(-9.6)\div(-3.2)=+(9.6\div3.2)=3$

답 (1) 8 (2) -3 (3) -1.7 (4) 3

0317 (4) $2.5=\frac{5}{2}$이므로 역수는 $\frac{2}{5}$이다.

답 (1) $\frac{7}{4}$ (2) $-\frac{8}{3}$ (3) $-\frac{1}{12}$ (4) $\frac{2}{5}$

0318 (1) $\left(-\frac{7}{12}\right)\div\left(-\frac{7}{3}\right)=\left(-\frac{7}{12}\right)\times\left(-\frac{3}{7}\right)=\frac{1}{4}$

(2) $\left(+\frac{5}{27}\right)\div\left(-\frac{20}{9}\right)=\left(+\frac{5}{27}\right)\times\left(-\frac{9}{20}\right)=-\frac{1}{12}$

(3) $\left(-\frac{6}{5}\right)\div(+8)=\left(-\frac{6}{5}\right)\times\left(+\frac{1}{8}\right)=-\frac{3}{20}$

(4) $(+21)\div\left(+\frac{7}{3}\right)=(+21)\times\left(+\frac{3}{7}\right)=9$

답 (1) $\frac{1}{4}$ (2) $-\frac{1}{12}$ (3) $-\frac{3}{20}$ (4) 9

0319 (1) $\frac{16}{5}\div\left(-\frac{15}{2}\right)\times\frac{25}{12}=\frac{16}{5}\times\left(-\frac{2}{15}\right)\times\frac{25}{12}$

$=-\left(\frac{16}{5}\times\frac{2}{15}\times\frac{25}{12}\right)$

$=-\frac{8}{9}$

(2) $-3-\{4+(-2)^2\times3\}=-3-(4+4\times3)$

$=-3-(4+12)$

$=-3-16=-19$

(3) $-4-\frac{7}{2}\div\left\{3\times\left(-\frac{1}{2}\right)+1\right\}=-4-\frac{7}{2}\div\left(-\frac{3}{2}+1\right)$

$=-4-\frac{7}{2}\div\left(-\frac{1}{2}\right)$

$=-4-\frac{7}{2}\times(-2)$

$=-4+7=3$

답 (1) $-\frac{8}{9}$ (2) -19 (3) 3

B step 기출 & 변형하면… (본문 68 ~ 77쪽)

0320 ① $\left(+\frac{5}{12}\right)\times\left(-\frac{2}{5}\right)=-\left(\frac{5}{12}\times\frac{2}{5}\right)=-\frac{1}{6}$

② $\left(-\frac{8}{25}\right)\times\left(+\frac{15}{4}\right)=-\left(\frac{8}{25}\times\frac{15}{4}\right)=-\frac{6}{5}$

③ $\left(-\frac{9}{28}\right)\times\left(-\frac{14}{3}\right)=+\left(\frac{9}{28}\times\frac{14}{3}\right)=\frac{3}{2}$

④ $\left(+\frac{7}{10}\right)\times\left(-\frac{6}{13}\right)\times\left(+\frac{5}{7}\right)=-\left(\frac{7}{10}\times\frac{6}{13}\times\frac{5}{7}\right)$

$=-\frac{3}{13}$

⑤ $\left(-\frac{2}{3}\right)\times(-6)\times\left(+\frac{9}{4}\right)=+\left(\frac{2}{3}\times6\times\frac{9}{4}\right)=9$

따라서 계산 결과가 옳지 않은 것은 ④이다. 답 ④

0321 ㄱ. $(-4)\times\left(-\frac{5}{2}\right)=+\left(4\times\frac{5}{2}\right)=10$

ㄴ. $\left(-\frac{15}{8}\right)\times\left(+\frac{16}{3}\right)=-\left(\frac{15}{8}\times\frac{16}{3}\right)=-10$

ㄷ. $\left(-\frac{5}{6}\right)\times\left(-\frac{12}{5}\right)\times(+5)=+\left(\frac{5}{6}\times\frac{12}{5}\times5\right)=10$

ㄹ. $(+7)\times\left(-\frac{5}{14}\right)\times(+8)=-\left(7\times\frac{5}{14}\times8\right)=-20$

따라서 계산 결과가 같은 것은 ㄱ, ㄷ이다. 답 ②

0322 $a=(-4)\times(-3)=+(4\times3)=12$

$b=\left(-\frac{6}{5}\right)\times\left(+\frac{15}{8}\right)=-\left(\frac{6}{5}\times\frac{15}{8}\right)=-\frac{9}{4}$

$\therefore a\times b=12\times\left(-\frac{9}{4}\right)=-\left(12\times\frac{9}{4}\right)=-27$ 답 -27

0323 $a=\left(+\frac{9}{2}\right)\times\left(+\frac{4}{15}\right)=+\left(\frac{9}{2}\times\frac{4}{15}\right)=\frac{6}{5}$ … ❶

$b=\left(-\frac{3}{10}\right)\times\left(+\frac{25}{6}\right)\times(-0.5)$

$=\left(-\frac{3}{10}\right)\times\left(+\frac{25}{6}\right)\times\left(-\frac{1}{2}\right)$

$=+\left(\frac{3}{10}\times\frac{25}{6}\times\frac{1}{2}\right)=\frac{5}{8}$ … ❷

$\therefore a\times b=\frac{6}{5}\times\frac{5}{8}=\frac{3}{4}$ … ❸

답 $\frac{3}{4}$

채점 기준	배점
❶ a의 값 구하기	30 %
❷ b의 값 구하기	40 %
❸ $a\times b$의 값 구하기	30 %

0324 답 $+\frac{1}{6}$, $+\frac{1}{6}$, $+4$, -20

㉠: 교환법칙, ㉡: 결합법칙

0325 답 ①

0326 ① $(-4)^2=(-4)\times(-4)=+(4\times4)=16$

② $-2^5=-(2\times2\times2\times2\times2)=-32$

③ $-\left(\frac{1}{3}\right)^2=-\left(\frac{1}{3}\times\frac{1}{3}\right)=-\frac{1}{9}$

④ $\left(-\frac{1}{2}\right)^3=\left(-\frac{1}{2}\right)\times\left(-\frac{1}{2}\right)\times\left(-\frac{1}{2}\right)$

$=-\left(\frac{1}{2}\times\frac{1}{2}\times\frac{1}{2}\right)=-\frac{1}{8}$

⑤ $-\left(-\frac{3}{2}\right)^3=-\left\{\left(-\frac{3}{2}\right)\times\left(-\frac{3}{2}\right)\times\left(-\frac{3}{2}\right)\right\}$

$=-\left\{-\left(\frac{3}{2}\times\frac{3}{2}\times\frac{3}{2}\right)\right\}$

$=-\left(-\frac{27}{8}\right)=\frac{27}{8}$

따라서 계산 결과가 옳지 않은 것은 ⑤이다. 답 ⑤

0327 ① $(-2)^5=-32$

② $-(-2)^4=-16$

③ $-(-2^4)=-(-16)=16$

④ $(-2)^2=4$

⑤ $-(-2)^5=-(-32)=32$

따라서 계산 결과가 가장 큰 것은 ⑤이다. 답 ⑤

0328 $-2^3=-8$, $-(-2)^2=-4$, $(-3)^2=9$,

$-(-3)^3=-(-27)=27$, $(-1)^{99}=-1$

이므로 작은 수부터 차례대로 나열하면

-2^3, $-(-2)^2$, $(-1)^{99}$, $(-3)^2$, $-(-3)^3$

따라서 세 번째에 오는 수는 $(-1)^{99}$이다. 답 ⑤

0329 $-\left(-\frac{1}{2}\right)^2=-\frac{1}{4}$, $-\left(-\frac{1}{2}\right)^5=-\left(-\frac{1}{32}\right)=\frac{1}{32}$,

$-\frac{1}{2^3}=-\frac{1}{8}$, $\left(-\frac{1}{2}\right)^3=-\frac{1}{8}$, $\left(-\frac{1}{2}\right)^4=\frac{1}{16}$ … ❶

이때 $-\frac{1}{4}<-\frac{1}{8}<\frac{1}{32}<\frac{1}{16}$이므로

$a=\frac{1}{16}$, $b=-\frac{1}{4}$ … ❷

$\therefore a\times b=\frac{1}{16}\times\left(-\frac{1}{4}\right)=-\frac{1}{64}$ … ❸

답 $-\frac{1}{64}$

채점 기준	배점
❶ 거듭제곱 계산하기	40 %
❷ a, b의 값 각각 구하기	30 %
❸ $a\times b$의 값 구하기	30 %

0330 ① $-1^5=-1$

② $(-1)^3=-1$

③ $-(-1)^6=-1$

④ $-(-1^5)=-(-1)=1$

⑤ $-(-1)^{11}=-(-1)=1$

따라서 계산 결과가 양수인 것은 ④, ⑤이다. 답 ④, ⑤

0331 $(-1)+(-1)^2+(-1)^3+(-1)^4+\cdots+(-1)^{101}$

$=\{(-1)+1\}+\{(-1)+1\}+\cdots+\{(-1)+1\}+(-1)$

$=0+0+\cdots+0+(-1)=-1$ 답 -1

0332 $a\times(b+c)=a\times b+a\times c$

$=(-8)+5=-3$ 답 -3

0333 $a\times c+b\times c=(a+b)\times c$이므로

$39+15=9\times c$, $54=9\times c$ $\therefore c=6$ 답 6

0334 답 100, 100, 3900, 78, 3978

0335 $(-40)\times\left\{\left(-\frac{3}{5}\right)+\left(+\frac{5}{8}\right)\right\}$

$=(-40)\times\left(-\frac{3}{5}\right)+(-40)\times\left(+\frac{5}{8}\right)$

$=24+(-25)=-1$ 답 -1

0336 $(-0.65)\times(-5)+(-1.35)\times(-5)$

$=\{(-0.65)+(-1.35)\}\times(-5)$

$=(-2)\times(-5)=10$

따라서 $a=-2$, $b=10$이므로

$a\times b=(-2)\times 10=-20$ 답 -20

0337 $3.25\times 28+3.25\times 78-3.25\times 6$

$=3.25\times(28+78-6)$ … ❶

$=3.25\times 100=325$ … ❷

답 325

채점 기준	배점
❶ 분배법칙을 이용하여 식 변형하기	50 %
❷ 식 계산하기	50 %

0338 $a=\frac{2}{5}$, $b=-\frac{5}{6}$이므로

$3\times a\times b=3\times\frac{2}{5}\times\left(-\frac{5}{6}\right)=-1$ 답 -1

0339 ① $1\times 1=1$이므로 두 수는 서로 역수 관계이다.

② $\frac{3}{2}\times\left(-\frac{2}{3}\right)=-1$이므로 두 수는 서로 역수 관계가 아니다.

③ $\left(-\frac{1}{8}\right)\times(-8)=1$이므로 두 수는 서로 역수 관계이다.

④ $0.5\times 2=1$이므로 두 수는 서로 역수 관계이다.

⑤ $-2\frac{1}{3}=-\frac{7}{3}$이고, $\left(-\frac{7}{3}\right)\times\left(-\frac{3}{7}\right)=1$이므로

두 수는 서로 역수 관계이다.

따라서 서로 역수 관계가 아닌 것은 ②이다. 답 ②

0340 $-\frac{5}{12}$의 역수는 $-\frac{12}{5}$

즉, $-\frac{12}{5}=\frac{a}{5}$에서 $a=-12$

b의 역수는 $\frac{1}{b}$

즉, $\frac{1}{b}=\frac{1}{4}$에서 $b=4$

$\therefore a\times b=(-12)\times 4=-48$ 답 ①

0341 $3\frac{3}{4}=\frac{15}{4}$의 역수는 $\frac{4}{15}$이므로 $a=\frac{4}{15}$ … ❶

$1.25=\frac{5}{4}$의 역수는 $\frac{4}{5}$이므로 $b=\frac{4}{5}$ … ❷

$\therefore a+b=\frac{4}{15}+\frac{4}{5}=\frac{4}{15}+\frac{12}{15}=\frac{16}{15}$ … ❸

답 $\frac{16}{15}$

채점 기준	배점
❶ a의 값 구하기	40 %
❷ b의 값 구하기	40 %
❸ $a+b$의 값 구하기	20 %

0342 ① $(+36)\div(-4)=-(36\div 4)=-9$

② $(-9)\div\left(+\frac{3}{2}\right)=(-9)\times\left(+\frac{2}{3}\right)=-\left(9\times\frac{2}{3}\right)=-6$

③ $\left(-\frac{12}{5}\right)\div(-6)=\left(-\frac{12}{5}\right)\times\left(-\frac{1}{6}\right)$

$=+\left(\frac{12}{5}\times\frac{1}{6}\right)=\frac{2}{5}$

④ $\left(+\frac{4}{9}\right)\div\left(+\frac{11}{6}\right)\div\left(-\frac{8}{9}\right)$

$=\left(+\frac{4}{9}\right)\times\left(+\frac{6}{11}\right)\times\left(-\frac{9}{8}\right)$

$=-\left(\frac{4}{9}\times\frac{6}{11}\times\frac{9}{8}\right)=-\frac{3}{11}$

⑤ $\left(-\frac{5}{4}\right)\div(-7)\div\left(+\frac{5}{2}\right)=\left(-\frac{5}{4}\right)\times\left(-\frac{1}{7}\right)\times\left(+\frac{2}{5}\right)$

$=+\left(\frac{5}{4}\times\frac{1}{7}\times\frac{2}{5}\right)=\frac{1}{14}$

따라서 계산 결과가 옳지 않은 것은 ④이다. 답 ④

0343 $\left(+\frac{10}{9}\right)\div\left(-\frac{1}{2}\right)\div\left(-\frac{5}{3}\right)\div\left(+\frac{2}{3}\right)$

$=\left(+\frac{10}{9}\right)\times(-2)\times\left(-\frac{3}{5}\right)\times\left(+\frac{3}{2}\right)$

$=+\left(\frac{10}{9}\times2\times\frac{3}{5}\times\frac{3}{2}\right)=2$ 답 ④

0344 $(-2)^3\times\left(+\frac{5}{2}\right)\div(-12)$

$=(-8)\times\left(+\frac{5}{2}\right)\times\left(-\frac{1}{12}\right)$

$=+\left(8\times\frac{5}{2}\times\frac{1}{12}\right)=\frac{5}{3}$ 답 ④

0345 ① $(-2)^4\times3\div(-12)=16\times3\div(-12)$

$=48\div(-12)=-4$

② $-2^3\times5\div(-10)=(-8)\times5\div(-10)$

$=(-40)\div(-10)=4$

③ $(-2)\times(-18)\div(-3)^2=(-2)\times(-18)\div9$

$=36\div9=4$

④ $-3^3\div(-3)^3\times(-2)^2=(-27)\div(-27)\times4$

$=1\times4=4$

⑤ $(-2)^4\div(-2)^3\times(-2)=16\div(-8)\times(-2)$

$=(-2)\times(-2)=4$

따라서 계산 결과가 나머지 넷과 다른 하나는 ①이다. 답 ①

0346 ① $\left(-\frac{4}{5}\right)\div\left(-\frac{4}{9}\right)\times\left(-\frac{5}{6}\right)$

$=\left(-\frac{4}{5}\right)\times\left(-\frac{9}{4}\right)\times\left(-\frac{5}{6}\right)$

$=-\left(\frac{4}{5}\times\frac{9}{4}\times\frac{5}{6}\right)=-\frac{3}{2}$

② $\left(-\frac{5}{2}\right)\times\left(+\frac{3}{8}\right)\div\left(-\frac{5}{4}\right)=\left(-\frac{5}{2}\right)\times\left(+\frac{3}{8}\right)\times\left(-\frac{4}{5}\right)$

$=+\left(\frac{5}{2}\times\frac{3}{8}\times\frac{4}{5}\right)=\frac{3}{4}$

③ $(+2.8)\div(-2)^2\times(+10)=(+2.8)\div4\times(+10)$

$=\left(+\frac{14}{5}\right)\times\left(+\frac{1}{4}\right)\times(+10)$

$=+\left(\frac{14}{5}\times\frac{1}{4}\times10\right)=7$

④ $(-16)\div(-4)^2\times(+22)=(-16)\div16\times(+22)$

$=(-1)\times(+22)=-22$

⑤ $\left(-\frac{14}{3}\right)\times\left(+\frac{4}{7}\right)\div\left(-\frac{1}{3}\right)^2$

$=\left(-\frac{14}{3}\right)\times\left(+\frac{4}{7}\right)\div\frac{1}{9}=\left(-\frac{14}{3}\right)\times\left(+\frac{4}{7}\right)\times(+9)$

$=-\left(\frac{14}{3}\times\frac{4}{7}\times9\right)=-24$

따라서 계산 결과가 가장 큰 것은 ③이다. 답 ③

0347 ① $\left(-\frac{7}{6}\right)\div\left(+\frac{21}{10}\right)\times\frac{9}{5}$

$=\left(-\frac{7}{6}\right)\times\left(+\frac{10}{21}\right)\times\frac{9}{5}$

$=-\left(\frac{7}{6}\times\frac{10}{21}\times\frac{9}{5}\right)=-1$

② $\left(-\frac{3}{11}\right)\div(-9)\times33=\left(-\frac{3}{11}\right)\times\left(-\frac{1}{9}\right)\times33$

$=+\left(\frac{3}{11}\times\frac{1}{9}\times33\right)=1$

③ $\left(-\frac{16}{7}\right)\div\left(-\frac{2}{3}\right)\times\left(-\frac{7}{12}\right)$

$=\left(-\frac{16}{7}\right)\times\left(-\frac{3}{2}\right)\times\left(-\frac{7}{12}\right)$

$=-\left(\frac{16}{7}\times\frac{3}{2}\times\frac{7}{12}\right)=-2$

④ $\left(-\frac{1}{2}\right)^3\div\left(+\frac{1}{6}\right)\times\left(+\frac{4}{15}\right)$

$=\left(-\frac{1}{8}\right)\times(+6)\times\left(+\frac{4}{15}\right)$

$=-\left(\frac{1}{8}\times6\times\frac{4}{15}\right)=-\frac{1}{5}$

⑤ $\left(-\frac{3}{4}\right)^2\div(-1)^5\times\left(-\frac{4}{9}\right)=\frac{9}{16}\div(-1)\times\left(-\frac{4}{9}\right)$

$=\frac{9}{16}\times(-1)\times\left(-\frac{4}{9}\right)$

$=+\left(\frac{9}{16}\times1\times\frac{4}{9}\right)=\frac{1}{4}$

따라서 계산 결과가 옳지 않은 것은 ③이다. 답 ③

0348 $a=(-4)\div(-3)=\frac{4}{3}$, $b=(-16)\div9=-\frac{16}{9}$

$\therefore a\div b\times\left(-\frac{1}{3}\right)=\frac{4}{3}\div\left(-\frac{16}{9}\right)\times\left(-\frac{1}{3}\right)$

$=\frac{4}{3}\times\left(-\frac{9}{16}\right)\times\left(-\frac{1}{3}\right)$

$=+\left(\frac{4}{3}\times\frac{9}{16}\times\frac{1}{3}\right)=\frac{1}{4}$ 답 $\frac{1}{4}$

0349 $A=(-3)^3\times\left(+\frac{3}{4}\right)\div\left(-\frac{27}{2}\right)$

$=(-27)\times\left(+\frac{3}{4}\right)\times\left(-\frac{2}{27}\right)$

$=+\left(27\times\frac{3}{4}\times\frac{2}{27}\right)=\frac{3}{2}$ … ❶

$B=\left(+\frac{5}{6}\right)\div\left(-\frac{1}{2}\right)^4\div\left(-\frac{10}{9}\right)$

$=\left(+\frac{5}{6}\right)\div\frac{1}{16}\div\left(-\frac{10}{9}\right)$

$=\left(+\frac{5}{6}\right)\times(+16)\times\left(-\frac{9}{10}\right)$

$=-\left(\frac{5}{6}\times16\times\frac{9}{10}\right)=-12$ … ❷

$\therefore A\times B=\frac{3}{2}\times(-12)=-18$ ⋯ ❸

답 -18

채점 기준	배점
❶ A의 값 구하기	40 %
❷ B의 값 구하기	40 %
❸ $A\times B$의 값 구하기	20 %

0350 $a=12\times\left(-\frac{7}{3}\right)=-28$ 답 -28

0351 $a\times\left(-\frac{6}{5}\right)=12$에서

$a=12\div\left(-\frac{6}{5}\right)=12\times\left(-\frac{5}{6}\right)=-10$ ⋯ ❶

$b\div\frac{9}{4}=-\frac{1}{3}$에서

$b=-\frac{1}{3}\times\frac{9}{4}=-\frac{3}{4}$ ⋯ ❷

$\therefore a\times b=(-10)\times\left(-\frac{3}{4}\right)=\frac{15}{2}$ ⋯ ❸

답 $\frac{15}{2}$

채점 기준	배점
❶ a의 값 구하기	40 %
❷ b의 값 구하기	40 %
❸ $a\times b$의 값 구하기	20 %

0352 $\left(-\frac{3}{10}\right)\div\square\times\frac{4}{3}=\frac{1}{3}$에서

$\left(-\frac{3}{10}\right)\div\square=\frac{1}{3}\div\frac{4}{3}$

이때 $\frac{1}{3}\div\frac{4}{3}=\frac{1}{3}\times\frac{3}{4}=\frac{1}{4}$이므로

$\left(-\frac{3}{10}\right)\div\square=\frac{1}{4}$

$\therefore \square=\left(-\frac{3}{10}\right)\div\frac{1}{4}=\left(-\frac{3}{10}\right)\times4=-\frac{6}{5}$ 답 $-\frac{6}{5}$

0353 $\left(-\frac{6}{5}\right)\div\left(-\frac{3}{5}\right)^2\times\square=-20$에서

$\left(-\frac{6}{5}\right)\div\frac{9}{25}\times\square=-20$

$\left(-\frac{6}{5}\right)\times\frac{25}{9}\times\square=-20$, $\left(-\frac{10}{3}\right)\times\square=-20$

$\therefore \square=-20\div\left(-\frac{10}{3}\right)$

$=-20\times\left(-\frac{3}{10}\right)=6$ 답 ⑤

0354 답 ④

0355 (2) $-3+\left\{\left(-\frac{1}{2}\right)^2\times\frac{1}{4}-\left(-\frac{3}{8}\right)\right\}\div\frac{7}{6}$

$=-3+\left\{\frac{1}{4}\times\frac{1}{4}-\left(-\frac{3}{8}\right)\right\}\div\frac{7}{6}$

$=-3+\left\{\frac{1}{16}+\left(+\frac{3}{8}\right)\right\}\div\frac{7}{6}$

$=-3+\left\{\frac{1}{16}+\left(+\frac{6}{16}\right)\right\}\div\frac{7}{6}$

$=-3+\frac{7}{16}\times\frac{6}{7}$

$=-3+\frac{3}{8}$

$=-\frac{24}{8}+\frac{3}{8}$

$=-\frac{21}{8}$ 답 (1) ㉡, ㉢, ㉣, ㉤, ㉠ (2) $-\frac{21}{8}$

0356 $(-4)^2\div\frac{8}{3}-\left[\left\{\left(-\frac{1}{8}\right)+3\right\}\times4-\frac{15}{2}\right]$

$=16\times\frac{3}{8}-\left(\frac{23}{8}\times4-\frac{15}{2}\right)$

$=6-\left(\frac{23}{2}-\frac{15}{2}\right)$

$=6-4=2$ 답 2

0357 $a=\left(-\frac{1}{2}\right)^4\div\left(-\frac{1}{2}\right)^2-3\div\left\{3\times\left(-\frac{1}{2}\right)\right\}$

$=\frac{1}{16}\div\frac{1}{4}-3\div\left(-\frac{3}{2}\right)=\frac{1}{16}\times4-3\times\left(-\frac{2}{3}\right)$

$=\frac{1}{4}-(-2)=\frac{1}{4}+2=\frac{9}{4}$

따라서 $a=\frac{9}{4}=2\frac{1}{4}$에 가장 가까운 자연수는 2이다. 답 2

0358 $A=(-1)^3\times\left[1-\left\{\left(-\frac{2}{3}\right)^2-\left(\frac{5}{2}-\frac{7}{3}\right)\right\}\right]\div\frac{1}{6}$

$=(-1)\times\left[1-\left\{\frac{4}{9}-\left(\frac{5}{2}-\frac{7}{3}\right)\right\}\right]\div\frac{1}{6}$

$=(-1)\times\left[1-\left\{\frac{4}{9}-\left(\frac{15}{6}-\frac{14}{6}\right)\right\}\right]\div\frac{1}{6}$

$=(-1)\times\left\{1-\left(\frac{4}{9}-\frac{1}{6}\right)\right\}\div\frac{1}{6}$

$=(-1)\times\left\{1-\left(\frac{8}{18}-\frac{3}{18}\right)\right\}\div\frac{1}{6}$

$=(-1)\times\left(1-\frac{5}{18}\right)\div\frac{1}{6}$

$=(-1)\times\frac{13}{18}\div\frac{1}{6}$

$=-\left(1\times\frac{13}{18}\times6\right)=-\frac{13}{3}$

따라서 A의 역수는 $-\frac{3}{13}$이다. 답 $-\frac{3}{13}$

0359 $a=11\div\left\{10\times\left(\frac{1}{8}-\frac{3}{10}\right)-1\right\}$

$=11\div\left\{10\times\left(\frac{5}{40}-\frac{12}{40}\right)-1\right\}$

$=11\div\left\{10\times\left(-\frac{7}{40}\right)-1\right\}$

$=11\div\left(-\frac{7}{4}-1\right)=11\div\left(-\frac{11}{4}\right)$

$=11\times\left(-\frac{4}{11}\right)=-4$ … ❶

$b=\frac{3}{7}\div\left\{1-\left(\frac{3}{7}-\frac{1}{14}\right)\right\}=\frac{3}{7}\div\left\{1-\left(\frac{6}{14}-\frac{1}{14}\right)\right\}$

$=\frac{3}{7}\div\left(1-\frac{5}{14}\right)=\frac{3}{7}\div\frac{9}{14}$

$=\frac{3}{7}\times\frac{14}{9}=\frac{2}{3}$ … ❷

따라서 $-4<x<\frac{2}{3}$를 만족시키는 정수 x는 $-3, -2, -1, 0$의 4개이다. … ❸

답 4

채점 기준	배점
❶ a의 값 구하기	50 %
❷ b의 값 구하기	40 %
❸ 정수 x의 개수 구하기	10 %

0360 어떤 수를 □라 하면 $\square\div\left(-\frac{5}{6}\right)=\frac{9}{5}$이므로

$\square=\frac{9}{5}\times\left(-\frac{5}{6}\right)=-\frac{3}{2}$

따라서 바르게 계산하면

$-\frac{3}{2}\times\left(-\frac{5}{6}\right)=\frac{5}{4}$ 답 ④

0361 $A\times\left(-\frac{2}{3}\right)=-\frac{5}{6}$이므로

$A=-\frac{5}{6}\div\left(-\frac{2}{3}\right)=-\frac{5}{6}\times\left(-\frac{3}{2}\right)=\frac{5}{4}$

따라서 바르게 계산하면

$\frac{5}{4}\div\left(-\frac{2}{3}\right)=\frac{5}{4}\times\left(-\frac{3}{2}\right)=-\frac{15}{8}$ 답 $\frac{5}{4}, -\frac{15}{8}$

0362 어떤 수를 □라 하면 $\square+\left(-\frac{3}{4}\right)=\frac{3}{8}$ … ❶

$\therefore \square=\frac{3}{8}-\left(-\frac{3}{4}\right)=\frac{3}{8}+\frac{3}{4}=\frac{3}{8}+\frac{6}{8}=\frac{9}{8}$ … ❷

따라서 바르게 계산하면

$\frac{9}{8}\div\left(-\frac{3}{4}\right)=\frac{9}{8}\times\left(-\frac{4}{3}\right)=-\frac{3}{2}$ … ❸

답 $-\frac{3}{2}$

채점 기준	배점
❶ 잘못 계산한 식 세우기	30 %
❷ 어떤 수 구하기	30 %
❸ 바르게 계산한 답 구하기	40 %

0363 $A-\left(-\frac{1}{6}\right)=\frac{3}{4}$이므로

$A=\frac{3}{4}+\left(-\frac{1}{6}\right)=\frac{9}{12}+\left(-\frac{2}{12}\right)=\frac{7}{12}$

따라서 바르게 계산하면

$B=\frac{7}{12}+\left(-\frac{1}{6}\right)=\frac{7}{12}+\left(-\frac{2}{12}\right)=\frac{5}{12}$

$\therefore A\div B=\frac{7}{12}\div\frac{5}{12}=\frac{7}{12}\times\frac{12}{5}=\frac{7}{5}$ 답 ②

0364 ①, ③ 부호를 알 수 없다.

② $a-b>0$ ④ $a\times b<0$ ⑤ $a\div b<0$

따라서 항상 양수인 것은 ②이다. 답 ②

0365 ① $b-a>0$

② $-a>0$, $b^2>0$이므로 $-a+(-b)^2=-a+b^2>0$

③ $a^2>0$이므로 $a^2\times b>0$

④ $b^2>0$이므로 $a-b^2<0$

⑤ $a^2>0$이므로 $(-a)^2\div b=a^2\div b>0$

따라서 부호가 나머지 넷과 다른 것은 ④이다. 답 ④

0366 ①, ③ 부호를 알 수 없다.

② $-b>0$이므로 $a-b+c>0$

④ $a\times b\div c<0$

⑤ $-b>0$, $-c<0$이므로 $a\times(-b)\div(-c)<0$

따라서 옳은 것은 ②이다. 답 ②

0367 ① $a>0$, $b<0$이고 $|a|>|b|$이므로 $a+b>0$

② $-b>0$이므로 $a-b>0$

③ $-a<0$이므로 $-a+b<0$

④ $-a<0$, $-b>0$이고 $|-a|>|-b|$이므로 $-a-b<0$

⑤ $-b>0$이므로 $a\times(-b)>0$

따라서 옳지 않은 것은 ②, ③이다. 답 ②, ③

0368 $b\div c<0$이므로

$b>0$, $c<0$ 또는 $b<0$, $c>0$

이때 $b-c<0$이므로 $b<0$, $c>0$

$b<0$이고 $a\times b>0$이므로 $a<0$

따라서 옳은 것은 ④이다. 답 ④

0369 $a\times b>0$이므로

$a>0$, $b>0$ 또는 $a<0$, $b<0$ ⋯⋯ ㉠

$b\div c>0$이므로 $b>0$, $c>0$ 또는 $b<0$, $c<0$ ⋯⋯ ㉡

㉠, ㉡에서

$a>0$, $b>0$, $c>0$ 또는 $a<0$, $b<0$, $c<0$

이때 $a+c<0$이므로 $a<0$, $b<0$, $c<0$ ⋯ ❶

따라서 $a^2>0$, $-b>0$, $c<0$이므로

$(a^2-b)\times c<0$ ⋯ ❷

답 $(a^2-b)\times c<0$

채점 기준	배점
❶ a, b, c의 부호 구하기	70 %
❷ $(a^2-b)\times c$의 부호 구하기	30 %

0370 지니는 6번 이기고 4번 졌으므로 지니의 점수는

$6\times(+5)+4\times(-3)=30+(-12)=18$(점)

이한이는 4번 이기고 6번 졌으므로 이한이의 점수는

$4\times(+5)+6\times(-3)=20+(-18)=2$(점)

따라서 지니와 이한이의 점수의 차는

$18-2=16$(점)

답 16점

0371 A에 -8을 입력하여 계산된 값은

$-8\times\frac{3}{4}+\frac{5}{2}=-6+\frac{5}{2}$

$=-\frac{12}{2}+\frac{5}{2}=-\frac{7}{2}$

B에 $-\frac{7}{2}$을 입력하여 계산된 값은

$-\frac{7}{2}\div\left(-\frac{1}{4}\right)-5=-\frac{7}{2}\times(-4)-5$

$=14-5=9$

답 9

0372 두 수 $-\frac{7}{3}$과 $\frac{1}{5}$을 나타내는 두 점 사이의 거리는

$\frac{1}{5}-\left(-\frac{7}{3}\right)=\frac{1}{5}+\frac{7}{3}=\frac{3}{15}+\frac{35}{15}=\frac{38}{15}$

따라서 구하는 수는

$-\frac{7}{3}+\frac{38}{15}\times\frac{1}{2}=-\frac{7}{3}+\frac{19}{15}$

$=-\frac{35}{15}+\frac{19}{15}=-\frac{16}{15}$

답 $-\frac{16}{15}$

0373 두 점 A, B 사이의 거리는

$\frac{1}{3}-\left(-\frac{5}{6}\right)=\frac{1}{3}+\frac{5}{6}=\frac{2}{6}+\frac{5}{6}=\frac{7}{6}$

따라서 구하는 수는

$-\frac{5}{6}+\frac{7}{6}\times\frac{1}{3}=-\frac{5}{6}+\frac{7}{18}$

$=-\frac{15}{18}+\frac{7}{18}=-\frac{4}{9}$

답 $-\frac{4}{9}$

C step 실력 완성!

본문 78 ~ 81쪽

0374 ① $(+3)\times(-1.2)=-(3\times1.2)=-3.6$

② $\left(-\frac{4}{7}\right)\times\left(-\frac{7}{8}\right)=+\left(\frac{4}{7}\times\frac{7}{8}\right)=\frac{1}{2}$

③ $\left(-\frac{5}{33}\right)\times\left(+\frac{11}{10}\right)=-\left(\frac{5}{33}\times\frac{11}{10}\right)=-\frac{1}{6}$

④ $\left(-\frac{14}{3}\right)\times\left(-\frac{8}{21}\right)\times\left(-\frac{9}{4}\right)=-\left(\frac{14}{3}\times\frac{8}{21}\times\frac{9}{4}\right)$

$=-4$

⑤ $\left(-\frac{1}{9}\right)\times\left(+\frac{3}{13}\right)\times\left(+\frac{26}{5}\right)=-\left(\frac{1}{9}\times\frac{3}{13}\times\frac{26}{5}\right)$

$=-\frac{2}{15}$

따라서 계산 결과가 옳은 것은 ③이다.

답 ③

0375 네 수 중 서로 다른 세 수를 뽑아 곱한 값이 가장 크기 위해서는 곱한 값이 양수이어야 한다. 즉, 음수 2개는 모두 뽑고, 양수 2개 중 절댓값이 큰 수를 뽑아야 하므로 뽑을 세 수는 $-\frac{4}{3}$, 6, $-\frac{5}{16}$이다.

따라서 곱한 값 중 가장 큰 수는

$\left(-\frac{4}{3}\right)\times6\times\left(-\frac{5}{16}\right)=+\left(\frac{4}{3}\times6\times\frac{5}{16}\right)$

$=\frac{5}{2}$

답 $\frac{5}{2}$

0376 답 ③

0377 $-\left(-\frac{1}{3}\right)^2=-\frac{1}{9}$, $-\left(-\frac{1}{3^2}\right)=-\left(-\frac{1}{9}\right)=\frac{1}{9}$,

$-\left(\frac{1}{3}\right)^4=-\frac{1}{81}$, $-\frac{1}{3^3}=-\frac{1}{27}$

이때 $-\frac{1}{9}<-\frac{1}{27}<-\frac{1}{81}<\frac{1}{9}$이므로

$a=\frac{1}{9}$, $b=-\frac{1}{9}$

$\therefore a\times b=\frac{1}{9}\times\left(-\frac{1}{9}\right)=-\frac{1}{81}$

답 $-\frac{1}{81}$

0378 $(-1)+(-1)^2+(-1)^3+\cdots+(-1)^{49}+(-1)^{50}$

$=\{(-1)+1\}+\{(-1)+1\}+\cdots+\{(-1)+1\}$

$=0+0+\cdots+0=0$

답 ③

다른 풀이 (i) 지수가 홀수인 것

$(-1)+(-1)^3+(-1)^5+\cdots+(-1)^{49}$

$=(-1)\times25=-25$

(ii) 지수가 짝수인 것

$(-1)^2+(-1)^4+(-1)^6+\cdots+(-1)^{50}$

$=1\times25=25$

$\therefore$ (주어진 식)$=(-25)+25=0$

0379 $\frac{24}{5}\times31+\frac{24}{5}\times73-4.8\times4$

$=\frac{24}{5}\times31+\frac{24}{5}\times73-\frac{24}{5}\times4$

$=\frac{24}{5}\times(31+73-4)$

$=\frac{24}{5}\times100=480$ 답 480

0380 -1의 역수는 -1

$\frac{1}{6}$의 역수는 6

$0.6=\frac{3}{5}$의 역수는 $\frac{5}{3}$

따라서 보이지 않는 세 면에 적힌 수의 곱은

$(-1)\times6\times\frac{5}{3}=-10$ 답 -10

0381 $\left(+\frac{8}{15}\right)\div\left(-\frac{3}{5}\right)\div\left(-\frac{2}{9}\right)\div\left(+\frac{1}{3}\right)$

$=\left(+\frac{8}{15}\right)\times\left(-\frac{5}{3}\right)\times\left(-\frac{9}{2}\right)\times(+3)$

$=+\left(\frac{8}{15}\times\frac{5}{3}\times\frac{9}{2}\times3\right)=12$ 답 ⑤

0382 ㄱ. $\left(-\frac{1}{3}\right)^2\div(-5)\times9=\frac{1}{9}\div(-5)\times9$

$=\frac{1}{9}\times\left(-\frac{1}{5}\right)\times9$

$=-\left(\frac{1}{9}\times\frac{1}{5}\times9\right)=-\frac{1}{5}$

ㄴ. $(-8)\times(-6)\div(-1.2)=(-8)\times(-6)\div\left(-\frac{6}{5}\right)$

$=(-8)\times(-6)\times\left(-\frac{5}{6}\right)$

$=-\left(8\times6\times\frac{5}{6}\right)$

$=-40$

ㄷ. $0.2\times(-1.6)\div\frac{1}{5}=\frac{1}{5}\times\left(-\frac{8}{5}\right)\div\frac{1}{5}$

$=\frac{1}{5}\times\left(-\frac{8}{5}\right)\times5=-\frac{8}{5}$

따라서 계산 결과가 큰 것부터 차례대로 나열하면 ㄱ, ㄷ, ㄴ이다. 답 ㄱ, ㄷ, ㄴ

0383 $\left(-\frac{5}{4}\right)\times\square\div\left(-\frac{1}{6}\right)=-3$에서

$\left(-\frac{5}{4}\right)\times\square\times(-6)=-3$

$\square\times\left\{\left(-\frac{5}{4}\right)\times(-6)\right\}=-3$, $\square\times\frac{15}{2}=-3$

$\therefore\ \square=-3\div\frac{15}{2}=-3\times\frac{2}{15}=-\frac{2}{5}$ 답 $-\frac{2}{5}$

0384 계산 순서를 차례대로 나열하면

㉢, ㉣, ㉤, ㉡, ㉠

이므로 네 번째로 계산해야 하는 것은 ㉡이다.

$-\frac{1}{3}+\frac{4}{5}\times\left\{\left(\frac{1}{3}-\frac{3}{2}\right)\div\frac{2}{3}-2\right\}$

$=-\frac{1}{3}+\frac{4}{5}\times\left\{\left(-\frac{7}{6}\right)\times\frac{3}{2}-2\right\}$

$=-\frac{1}{3}+\frac{4}{5}\times\left(-\frac{7}{4}-2\right)=-\frac{1}{3}+\frac{4}{5}\times\left(-\frac{15}{4}\right)$

$=-\frac{1}{3}+(-3)=-\frac{10}{3}$ 답 ㉡, $-\frac{10}{3}$

0385 $\left(-\frac{1}{2}\right)^3-\frac{2}{5}\times\left\{\left(-\frac{1}{4}\right)\div\left(-\frac{1}{2}\right)^4-\frac{1}{4}\div0.25\right\}$

$=-\frac{1}{8}-\frac{2}{5}\times\left\{\left(-\frac{1}{4}\right)\div\frac{1}{16}-\frac{1}{4}\div\frac{1}{4}\right\}$

$=-\frac{1}{8}-\frac{2}{5}\times\left\{\left(-\frac{1}{4}\right)\times16-\frac{1}{4}\times4\right\}$

$=-\frac{1}{8}-\frac{2}{5}\times\{(-4)-1\}$

$=-\frac{1}{8}-\frac{2}{5}\times(-5)$

$=-\frac{1}{8}+2=\frac{15}{8}$ 답 $\frac{15}{8}$

0386 $A-\left(-\frac{2}{5}\right)=\frac{1}{15}$이므로

$A=\frac{1}{15}+\left(-\frac{2}{5}\right)=\frac{1}{15}+\left(-\frac{6}{15}\right)=-\frac{1}{3}$

따라서 바르게 계산하면

$B=-\frac{1}{3}+\left(-\frac{2}{5}\right)=-\frac{5}{15}+\left(-\frac{6}{15}\right)=-\frac{11}{15}$

$\therefore\ A\div B=\left(-\frac{1}{3}\right)\div\left(-\frac{11}{15}\right)$

$=\left(-\frac{1}{3}\right)\times\left(-\frac{15}{11}\right)=\frac{5}{11}$ 답 ③

0387 $a=-\frac{1}{2}$이라 하면

① $|-a|=\left|-\left(-\frac{1}{2}\right)\right|=\frac{1}{2}$

② $-a=-\left(-\frac{1}{2}\right)=\frac{1}{2}$이므로

$-(-a)=-\frac{1}{2}$

③ $-a^3=-\left(-\frac{1}{2}\right)^3=-\left(-\frac{1}{8}\right)=\frac{1}{8}$

④ $\frac{1}{a}$은 a의 역수이므로 $\frac{1}{a}=-2$

⑤ $-\frac{1}{a}=2$이므로 $\left(-\frac{1}{a}\right)^2=2^2=4$

따라서 가장 큰 수는 ⑤이다. 답 ⑤

0388 ② $a+b$의 부호는 알 수 없다.
따라서 옳지 않은 것은 ②이다. 답 ②

0389 $b\times\frac{1}{c}<0$이므로 $b>0,\ c<0$ 또는 $b<0,\ c>0$
이때 $b-c>0$이므로 $b>0,\ c<0$
$b>0$이고 $b\div a>0$이므로 $a>0$
$\therefore a>0,\ b>0,\ c<0$
따라서 옳은 것은 ②이다. 답 ②

0390 $(\text{부피})=\left(\frac{19}{5}+1\right)\times\frac{5}{27}\times\left(\frac{70}{3}-\frac{5}{6}\right)$
$=\frac{24}{5}\times\frac{5}{27}\times\left(\frac{140}{6}-\frac{5}{6}\right)$
$=\frac{24}{5}\times\frac{5}{27}\times\frac{45}{2}=20$ 답 20

0391 두 점 A, B 사이의 거리는
$\frac{1}{2}-(-3)=\frac{1}{2}+\left(+\frac{6}{2}\right)=\frac{7}{2}$
따라서 세 점 P, Q, R가 나타내는 수는
$p=-3+\frac{7}{2}\times\frac{1}{4}=-3+\frac{7}{8}=-\frac{24}{8}+\frac{7}{8}=-\frac{17}{8}$
$q=-\frac{17}{8}+\frac{7}{2}\times\frac{1}{4}=-\frac{17}{8}+\frac{7}{8}=-\frac{10}{8}$
$r=-\frac{10}{8}+\frac{7}{2}\times\frac{1}{4}=-\frac{10}{8}+\frac{7}{8}=-\frac{3}{8}$
$\therefore p\div(q-r)=\left(-\frac{17}{8}\right)\div\left\{-\frac{10}{8}-\left(-\frac{3}{8}\right)\right\}$
$=\left(-\frac{17}{8}\right)\div\left(-\frac{7}{8}\right)$
$=\left(-\frac{17}{8}\right)\times\left(-\frac{8}{7}\right)=\frac{17}{7}$ 답 $\frac{17}{7}$

0392 $\left(+\frac{1}{2}\right)\div\left(-\frac{3}{2}\right)\div\left(+\frac{4}{3}\right)\div\left(-\frac{5}{4}\right)\div\cdots\div\left(+\frac{30}{29}\right)$
$=\underbrace{\left(+\frac{1}{2}\right)\times\left(-\frac{2}{3}\right)\times\left(+\frac{3}{4}\right)\times\left(-\frac{4}{5}\right)\times\cdots\times\left(+\frac{29}{30}\right)}_{\text{음수가 14(짝수)개}}$
$=+\left(\frac{1}{2}\times\frac{2}{3}\times\frac{3}{4}\times\frac{4}{5}\times\cdots\times\frac{29}{30}\right)$
$=\frac{1}{30}$ 답 $\frac{1}{30}$

0393 $\frac{1}{20}+\frac{1}{30}+\frac{1}{42}+\frac{1}{56}+\frac{1}{72}$에서 처음 두 수를
$\frac{1}{20}=\frac{1}{4\times5}=\frac{1}{4}-\frac{1}{5},\ \frac{1}{30}=\frac{1}{5\times6}=\frac{1}{5}-\frac{1}{6}$
로 변형한 것과 같이 나머지 세 수를 변형하여 계산하면
$\frac{1}{20}+\frac{1}{30}+\frac{1}{42}+\frac{1}{56}+\frac{1}{72}$
$=\frac{1}{4\times5}+\frac{1}{5\times6}+\frac{1}{6\times7}+\frac{1}{7\times8}+\frac{1}{8\times9}$
$=\left(\frac{1}{4}-\frac{1}{5}\right)+\left(\frac{1}{5}-\frac{1}{6}\right)+\left(\frac{1}{6}-\frac{1}{7}\right)+\left(\frac{1}{7}-\frac{1}{8}\right)+\left(\frac{1}{8}-\frac{1}{9}\right)$
$=\frac{1}{4}-\frac{1}{9}=\frac{9}{36}-\frac{4}{36}=\frac{5}{36}$ 답 ④

0394 (1) $A=1-\left\{-\frac{4}{9}+18\times\left(-\frac{1}{3}\right)^4\right\}\times\frac{9}{14}$
$=1-\left(-\frac{4}{9}+18\times\frac{1}{81}\right)\times\frac{9}{14}$
$=1-\left(-\frac{4}{9}+\frac{2}{9}\right)\times\frac{9}{14}$
$=1-\left(-\frac{2}{9}\right)\times\frac{9}{14}$
$=1-\left(-\frac{1}{7}\right)=\frac{8}{7}$ … ❶
따라서 $A=\frac{8}{7}$이고 $A\times B=1$에서 B는 A의 역수이므로
$B=\frac{7}{8}$ … ❷
(2) 주어진 순서에 따라 계산하면
$C\div2=A=\frac{8}{7}$
$\therefore C=\frac{8}{7}\times2=\frac{16}{7}$ … ❸
$A\div D=B$에서 $\frac{8}{7}\div D=\frac{7}{8}$이므로
$D=\frac{8}{7}\div\frac{7}{8}=\frac{8}{7}\times\frac{8}{7}=\frac{64}{49}$ … ❹
답 (1) $A=\frac{8}{7},\ B=\frac{7}{8}$ (2) $C=\frac{16}{7},\ D=\frac{64}{49}$

채점 기준	배점
❶ A의 값 구하기	40 %
❷ B의 값 구하기	20 %
❸ C의 값 구하기	20 %
❹ D의 값 구하기	20 %

0395 $a\times b<0$이므로
$a>0,\ b<0$ 또는 $a<0,\ b>0$ … ❶
(i) $a>0,\ b<0$일 때,
$a=\frac{9}{7},\ b=-\frac{3}{14}$이므로
$a\div b=\frac{9}{7}\div\left(-\frac{3}{14}\right)=\frac{9}{7}\times\left(-\frac{14}{3}\right)=-6$
(ii) $a<0,\ b>0$일 때,
$a=-\frac{9}{7},\ b=\frac{3}{14}$이므로
$a\div b=\left(-\frac{9}{7}\right)\div\frac{3}{14}=\left(-\frac{9}{7}\right)\times\frac{14}{3}=-6$
(i), (ii)에서 $a\div b=-6$ … ❷
답 -6

채점 기준	배점
❶ $a,\ b$의 부호 구하기	30 %
❷ $a\div b$의 값 구하기	70 %

05 문자의 사용과 식

Ⅱ. 문자와 식

step A 개념 익히고,

본문 85, 87쪽

0396 답 (1) $(800\times x)$원 (2) $(4\times a)$ cm
(3) $10\times x+y$
(4) $(500\times x+1000\times y)$원
(5) $(10000-600\times a)$원 (6) $(70\times x)$ km
(7) $\left(a\times\frac{7}{100}\right)$원 (8) $\left(\frac{x}{100}\times y\right)$ g

0397 답 (1) $0.01ab$ (2) $3a^2b$
(3) $-2x+4y$ (4) $5a(x+y)+z$

0398 답 (1) $-\frac{7}{a}$ (2) $-\frac{a}{2b}$ (3) $\frac{x-y}{3}$ (4) $x+\frac{y}{4}$

0399 답 (1) $\frac{ab}{5}$ (2) $-\frac{4a}{b}$ (3) $2x-\frac{y}{3}$ (4) $\frac{6z}{x-y}$

0400 답 (1) $8\times x\times y\times z$ (2) $x\times x\times y\times y$
(3) $(-1)\times a\times b+3\times c$ (4) $0.1\times(a+2\times b)$

0401 답 (1) $x\div 4$ (2) $(x+y)\div 2$
(3) $a\div 3-b\div 5$ (4) $c\div(a-b)$

0402 답 (1) -2 (2) -18 (3) -7 (4) $-\frac{1}{2}$

0403 답 (1) 12 (2) 4 (3) 25 (4) 2

0404 답 (1) a, -2 (2) $3a$, $\frac{1}{2}b$, -12
(3) x^2, $5x$, 3 (4) $-3x^2$, $-y$, 7

0405 답 (1) 8 (2) -4 (3) $-\frac{1}{4}$ (4) 1

0406 답 (1) a의 계수: 1, b의 계수: 2
(2) a의 계수: 0.5, b의 계수: -0.2
(3) x^2의 계수: -3, y의 계수: 1
(4) y^2의 계수: 9, x의 계수: $-\frac{1}{2}$

0407 답 (1) 1 (2) 1 (3) 2 (4) 3

0408 답 (1) ○ (2) × (3) ○ (4) ×

0409 답 (1) $14a$ (2) $-4x$ (3) $3b$ (4) $-20y$

0410 답 (1) $10a-4$ (2) $-\frac{3}{4}a-3$
(3) $2x+3$ (4) $-6y+15$

0411 답 (1) $9a$ (2) $3b$ (3) $\frac{3}{4}x$ (4) $0.5y$

0412 답 (1) $-5a$ (2) $x+9$ (3) $-2x-9$ (4) $y+\frac{3}{2}$

0413 (1) $6(x-3)+3(-3x+4)=6x-18-9x+12$
$=-3x-6$
(2) $-(5x+2)-(2x-1)=-5x-2-2x+1$
$=-7x-1$
(3) $3(-2x+5)-6(x+3)=-6x+15-6x-18$
$=-12x-3$
(4) $6\left(\frac{2}{3}x-\frac{1}{2}\right)-8\left(-\frac{1}{2}x+\frac{3}{4}\right)=4x-3+4x-6$
$=8x-9$
답 (1) $-3x-6$ (2) $-7x-1$
(3) $-12x-3$ (4) $8x-9$

step B 기출 & 변형하면…

본문 88 ~ 99쪽

0414 ② $2\times x\times x\times y\div(-3)\times x$
$=2\times x\times x\times y\times\left(-\frac{1}{3}\right)\times x=-\frac{2}{3}x^3y$
③ $x-y\div 6=x-\frac{y}{6}$
④ $0.1\times x\times x+y=0.1x^2+y$
⑤ $x\times y\div\frac{4}{5}\times y=x\times y\times\frac{5}{4}\times y=\frac{5xy^2}{4}$
따라서 옳은 것은 ①, ⑤이다. 답 ①, ⑤

0415 $x\div(2\div y)\times x+3\times y=x\div\frac{2}{y}\times x+3y$
$=x\times\frac{y}{2}\times x+3y$
$=\frac{x^2y}{2}+3y$ 답 ⑤

0416 ① $x\times y\times z=xyz$
② $x\div y\div z=x\times\frac{1}{y}\times\frac{1}{z}=\frac{x}{yz}$
③ $x\div y\times z=x\times\frac{1}{y}\times z=\frac{xz}{y}$

④ $x\div(y\div z)=x\div\frac{y}{z}=x\times\frac{z}{y}=\frac{xz}{y}$

⑤ $x\times y\div z=x\times y\times\frac{1}{z}=\frac{xy}{z}$

따라서 $\frac{xy}{z}$와 같은 것은 ⑤이다. 답 ⑤

0417 ① $(x\div y)\times z=\frac{x}{y}\times z=\frac{xz}{y}$

② $x\times z\div y=x\times z\times\frac{1}{y}=\frac{xz}{y}$

③ $x\times(z\div y)=x\times\frac{z}{y}=\frac{xz}{y}$

④ $x\times(y\div z)=x\times\frac{y}{z}=\frac{xy}{z}$

⑤ $z\div(y\div x)=z\div\frac{y}{x}=z\times\frac{x}{y}=\frac{xz}{y}$

따라서 나머지 넷과 다른 하나는 ④이다. 답 ④

0418 a일 동안 읽은 쪽수는 $15a$쪽이므로 남은 쪽수는 $(240-15a)$쪽 답 $(240-15a)$쪽

0419 $100\times a+10\times b+1\times c=100a+10b+c$

답 $100a+10b+c$

0420 ① $x\times\frac{10}{100}=\frac{x}{10}$(원)

② (평균)$=\frac{(\text{자료의 총합})}{(\text{자료의 개수})}$이므로 세 수 a, b, c의 평균은

$\frac{a+b+c}{3}$

③ 1 L=1000 mL이므로 2 L의 x %는

$2000\times\frac{x}{100}=20x$(mL)

④ 1시간=60분=3600초이므로 1시간 a초는 $(3600+a)$초

⑤ 1 km=1000 m이므로 x km y m는 $(1000x+y)$ m

답 ④, ⑤

0421 (외동인 남학생 수)$=300\times\frac{x}{100}=3x$

(외동인 여학생 수)$=280\times\frac{y}{100}=\frac{14}{5}y$ … ❶

(전체 학생 수)=(남학생 수)+(여학생 수)

$=300+280=580$ … ❷

따라서 외동이 아닌 학생 수는

(전체 학생 수)−(외동인 남학생 수)−(외동인 여학생 수)

$=580-3x-\frac{14}{5}y$ … ❸

답 $580-3x-\frac{14}{5}y$

채점 기준	배점
❶ 외동인 남학생 수와 여학생 수를 각각 문자를 사용한 식으로 나타내기	50 %
❷ 전체 학생 수 구하기	20 %
❸ 외동이 아닌 학생 수를 문자를 사용한 식으로 나타내기	30 %

0422 ㄱ. (정삼각형의 둘레의 길이)=3×(한 변의 길이)

$=3\times x=3x$(cm)

ㄴ. (직사각형의 둘레의 길이)

=2×{(가로의 길이)+(세로의 길이)}

$=2\times(10+a)=2(10+a)$(cm)

ㄷ. (평행사변형의 넓이)=(밑변의 길이)×(높이)

$=x\times x=x^2$(cm^2)

따라서 옳지 않은 것은 ㄴ, ㄷ이다. 답 ㄴ, ㄷ

0423 (사다리꼴의 넓이)

$=\frac{1}{2}\times$ {(윗변의 길이)+(아랫변의 길이)} × (높이)

$=\frac{1}{2}\times(x+y)\times6$

$=3(x+y)$ 답 ④

0424 오른쪽 그림과 같이 사각형을 두 개의 삼각형으로 나누면 구하는 넓이는

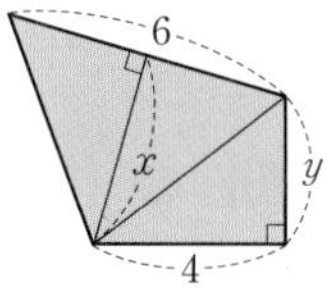

$\frac{1}{2}\times6\times x+\frac{1}{2}\times4\times y=3x+2y$

답 $3x+2y$

0425 (색칠한 부분의 넓이)

=(직사각형의 넓이)−(삼각형의 넓이)

$=x\times y-\frac{1}{2}\times x\times4$

$=xy-2x$ 답 $xy-2x$

0426 (복숭아 한 개의 가격)$=x\div8=\frac{x}{8}$(원)이므로

(복숭아 y개의 가격)

=(복숭아 한 개의 가격)×(복숭아의 개수)

$=\frac{x}{8}\times y=\frac{xy}{8}$(원) 답 $\frac{xy}{8}$원

0427 (빵 한 개의 할인 금액)$=800\times\frac{x}{100}=8x$(원)이므로

(빵 한 개의 판매 가격)=(정가)−(할인 금액)

$=800-8x$(원)

∴ (빵 10개의 가격)

=(빵 한 개의 판매 가격)×(빵의 개수)

$=(800-8x)\times10=10(800-8x)$(원) 답 ④

0428 (할인 금액)$=15000\times\frac{x}{100}=150x$(원)이므로

(판매 가격)=(정가)−(할인 금액)

$=15000-150x$(원)

∴ (거스름돈)=(지불한 돈)−(판매 가격)

$=y-(15000-150x)$(원)

답 ④

0429 a % 할인한 물건의 판매 가격은 정가의 $(100-a)$ %와 같으므로

(공책의 판매 가격)$=x\times\frac{100-20}{100}=x\times\frac{4}{5}=\frac{4}{5}x$ (원)

(볼펜의 판매 가격)$=y\times\frac{100-10}{100}=y\times\frac{9}{10}=\frac{9}{10}y$ (원)

∴ (거스름돈)

=(지불한 돈)−(공책의 판매 가격)−(볼펜의 판매 가격)

$=10000-\frac{4}{5}x-\frac{9}{10}y$(원)

답 $\left(10000-\frac{4}{5}x-\frac{9}{10}y\right)$원

0430 15분$=\frac{15}{60}$시간$=\frac{1}{4}$시간이므로

2시간 15분$=2\frac{1}{4}$시간$=\frac{9}{4}$시간

이때 (속력)$=\frac{(\text{거리})}{(\text{시간})}$=(거리)÷(시간)이므로 문자를 사용한 식으로 나타내면

$a\div\frac{9}{4}=a\times\frac{4}{9}=\frac{4}{9}a$, 즉 시속 $\frac{4}{9}a$ km이다.

답 시속 $\frac{4}{9}a$ km

0431 시속 30 km로 x시간 동안 간 거리는 $30x$ km이므로 남은 거리는 $(96-30x)$ km이다.

답 ②

0432 x km의 거리를 시속 60 km로 갈 때 걸린 시간은 $\frac{x}{60}$시간이고, 20분은 $\frac{20}{60}=\frac{1}{3}$(시간)이므로 전체 걸린 시간은 $\left(\frac{x}{60}+\frac{1}{3}\right)$시간이다.

답 $\left(\frac{x}{60}+\frac{1}{3}\right)$시간

0433 시속 60 km로 y km를 운행하는 데 걸린 시간은 $\frac{y}{60}$시간이고, x분$=\frac{x}{60}$시간이므로 3개의 정류장에 정차한 시간은

$\frac{x}{60}\times3=\frac{x}{20}$(시간)이다.

따라서 차고지에서 출발하여 A 정류장에 도착할 때까지 걸린 시간은 $\left(\frac{x}{20}+\frac{y}{60}\right)$시간이다.

답 ①

0434 $\frac{3}{100}\times x=\frac{3x}{100}$(g)

답 $\frac{3x}{100}$ g

0435 x %의 소금물 300 g에 들어 있는 소금의 양은

$\frac{x}{100}\times300=3x$(g)

y %의 소금물 200 g에 들어 있는 소금의 양은

$\frac{y}{100}\times200=2y$(g)

따라서 두 소금물을 섞어 만든 소금물에 들어 있는 소금의 양은 $(3x+2y)$ g이다.

답 ③

0436 a %의 소금물 400 g에 들어 있는 소금의 양은

$\frac{a}{100}\times400=4a$(g)

(전체 소금물의 양)

=(a %의 소금물의 양)+(더 넣은 물의 양)

$=400+200=600$(g)

따라서 새로 만든 소금물의 농도는

$\frac{4a}{600}\times100=\frac{2a}{3}$(%)

답 ③

0437 a %의 소금물 300 g에 들어 있는 소금의 양은

$\frac{a}{100}\times300=3a$(g) … ❶

b %의 소금물 400 g에 들어 있는 소금의 양은

$\frac{b}{100}\times400=4b$(g) … ❷

따라서 새로 만든 소금물의 농도는

$\frac{3a+4b}{300+400}\times100=\frac{3a+4b}{7}$(%) … ❸

답 $\frac{3a+4b}{7}$ %

채점 기준	배점
❶ a %의 소금물 300 g에 들어 있는 소금의 양 구하기	30 %
❷ b %의 소금물 400 g에 들어 있는 소금의 양 구하기	30 %
❸ 새로 만든 소금물의 농도를 문자를 사용한 식으로 나타내기	40 %

0438 $ab-\frac{8}{a-b}$에 $a=1$, $b=-3$을 대입하면

$1\times(-3)-\frac{8}{1-(-3)}=-3-\frac{8}{4}$

$=-3-2=-5$

답 ①

0439 x^2-2xy에 $x=-3$, $y=5$를 대입하면

$(-3)^2-2\times(-3)\times5=9+30=39$

답 ⑤

0440 주어진 각 식에 $x=-\frac{1}{4}$을 대입하면

① $\frac{1}{x}=1\div x=1\div\left(-\frac{1}{4}\right)=1\times(-4)=-4$

② $-x^2=-\left(-\frac{1}{4}\right)^2=-\frac{1}{16}$

③ $(-x)^2=\left\{-\left(-\frac{1}{4}\right)\right\}^2=\left(\frac{1}{4}\right)^2=\frac{1}{16}$

④ $x^3=\left(-\frac{1}{4}\right)^3=-\frac{1}{64}$

⑤ $\frac{1}{x}=-4$이므로 $-\left(\frac{1}{x}\right)^2=-(-4)^2=-16$

따라서 식의 값이 가장 큰 것은 ③이다. 답 ③

0441 $\frac{x+z}{xz}-\frac{1}{y}$

$=(x+z)\div(x\times z)-(1\div y)$

$=\left(\frac{1}{2}+\frac{3}{4}\right)\div\left(\frac{1}{2}\times\frac{3}{4}\right)-\left\{1\div\left(-\frac{1}{3}\right)\right\}$

$=\frac{5}{4}\times\frac{8}{3}-\{1\times(-3)\}$

$=\frac{10}{3}+3=\frac{19}{3}$ 답 $\frac{19}{3}$

0442 $331+0.6x$에 $x=10$을 대입하면

$331+0.6\times10=331+6=337$(m) 답 ①

0443 $40t-5t^2$에 $t=2$를 대입하면

$40\times2-5\times2^2=80-20=60$(m) 답 ⑤

0444 $\frac{5}{9}(x-32)$에 $x=50$을 대입하면

$\frac{5}{9}\times(50-32)=\frac{5}{9}\times18=10$(°C) 답 10 °C

0445 $\frac{9}{5}x+32$에 $x=25$를 대입하면

$\frac{9}{5}\times25+32=45+32=77$(°F) 답 77 °F

0446 ② 항은 $\frac{a^2}{4}$, $7a$, -5의 3개이다.

⑤ a^2의 계수는 $\frac{1}{4}$, 상수항은 -5이므로 곱은

$\frac{1}{4}\times(-5)=-\frac{5}{4}$

따라서 옳지 않은 것은 ⑤이다. 답 ⑤

0447 ㄱ. x^2-1에서 항은 x^2, -1의 2개이다.

ㄷ. $-x+y-4$에서 x의 계수는 -1이다.

따라서 옳은 것은 ㄴ, ㄹ이다. 답 ④

0448 다항식의 차수는 3이므로 $A=3$

x의 계수는 6이므로 $B=6$

상수항은 -11이므로 $C=-11$ … ❶

$AB-C$에 $A=3$, $B=6$, $C=-11$을 대입하면

$AB-C=3\times6-(-11)=18+11=29$ … ❷

답 29

채점 기준	배점
❶ A, B, C의 값 각각 구하기	70 %
❷ $AB-C$의 값 구하기	30 %

0449 다항식의 차수는 2이므로 $a=2$

y의 계수는 $-\frac{1}{2}$이므로 $b=-\frac{1}{2}$

상수항은 -1이므로 $c=-1$

$4abc$에 $a=2$, $b=-\frac{1}{2}$, $c=-1$을 대입하면

$4abc=4\times2\times\left(-\frac{1}{2}\right)\times(-1)=4$ 답 ④

0450 ① $x-x^2$ ➡ 차수가 2이므로 일차식이 아니다.

③ $\frac{4}{x}+x$ ➡ $\frac{4}{x}$의 분모에 문자가 있으므로 다항식이 아니다.

따라서 일차식이 아니다.

⑤ $0\times x-10=-10$ ➡ 상수항이므로 일차식이 아니다.

따라서 일차식은 것은 ②, ④이다. 답 ②, ④

0451 $\frac{1}{y}$은 다항식이 아니므로 일차식이 아니다.

$5x^2-0.4$, $y-y^2$은 차수가 2이므로 일차식이 아니다.

따라서 일차식은 x, $7x-3$, $0.1\times x-5$, $10-y$, $\frac{x}{9}$의 5개이다.

답 5

0452 일차식이 되려면 x^2의 계수가 0이어야 하므로

$a-2=0$에서 $a=2$ 답 2

0453 일차식이 되려면 x^2의 계수가 0이어야 하므로

$a-5=0$에서 $a=5$ 답 5

0454 ⑤ $\left(\frac{1}{3}x-\frac{1}{2}\right)\times(-6)$

$=\frac{1}{3}x\times(-6)+\left(-\frac{1}{2}\right)\times(-6)=-2x+3$

따라서 옳지 않은 것은 ⑤이다. 답 ⑤

0455 ㄱ. $-3a\times(-3)=9a$

ㄴ. $9x\div\left(-\frac{3}{5}\right)=9x\times\left(-\frac{5}{3}\right)=-15x$

ㄷ. $-4\left(2-\frac{1}{6}a\right)=(-4)\times2+(-4)\times\left(-\frac{1}{6}a\right)$

$=-8+\frac{2}{3}a$

ㄹ. $(5x+2)\div\frac{1}{3}=(5x+2)\times3=15x+6$

따라서 옳은 것은 ㄴ, ㄹ이다. 답 ㄴ, ㄹ

0456 $(12-8x)\div\left(-\frac{4}{5}\right)$

$=(12-8x)\times\left(-\frac{5}{4}\right)$

$=12\times\left(-\frac{5}{4}\right)+(-8x)\times\left(-\frac{5}{4}\right)$

$=-15+10x$ 답 $-15+10x$

0457 $\left(6x-\frac{1}{3}\right)\times(-3)=6x\times(-3)+\left(-\frac{1}{3}\right)\times(-3)$

$=-18x+1$

따라서 $a=-18$, $b=1$이므로

$ab=(-18)\times1=-18$ 답 -18

0458 $6(-2x+3)=-12x+18$에서 상수항은 18이고,

$(5x+4)\div\frac{1}{2}=(5x+4)\times2=10x+8$에서 상수항은 8이다.

따라서 두 식의 상수항의 합은 $18+8=26$ 답 ②

0459 $-10\left(-\frac{3}{5}x+3\right)=6x-30$에서 x의 계수는 6이므로

$a=6$ … ❶

$(9x-4)\div\left(-\frac{1}{3}\right)=(9x-4)\times(-3)=-27x+12$에서

상수항은 12이므로 $b=12$ … ❷

$\therefore \frac{b}{a}=\frac{12}{6}=2$ … ❸

답 2

채점 기준	배점
❶ a의 값 구하기	40 %
❷ b의 값 구하기	40 %
❸ $\frac{b}{a}$의 값 구하기	20 %

0460 ① $-2x$, $2x^2$ ➡ 차수가 다르므로 동류항이 아니다.

② $\frac{1}{4}a$, $\frac{1}{4}b$ ➡ 문자가 다르므로 동류항이 아니다.

③ $8xy$, $9y$ ➡ 문자와 차수가 다르므로 동류항이 아니다.

⑤ $\frac{1}{x}$, x ➡ $\frac{1}{x}$은 다항식이 아니다.

따라서 동류항끼리 짝 지은 것은 ④이다. 답 ④

0461 $-3b$와 문자와 차수가 각각 같은 것을 찾으면

$\frac{b}{2}$, $-0.5b$의 2개이다. 답 2

0462 $2(3x+4)-(2x-7)=6x+8-2x+7=4x+15$

따라서 $a=4$, $b=15$이므로

$b-a=15-4=11$ 답 11

0463 $\frac{2}{3}(6x-9)-(10x-4)\div\frac{2}{5}$

$=4x-6-(10x-4)\times\frac{5}{2}$

$=4x-6-25x+10=-21x+4$

따라서 $a=-21$, $b=4$이므로

$a+5b=-21+5\times4=-1$ 답 -1

0464 ① $(2x+1)+(5x+7)=2x+1+5x+7$

$=7x+8$

② $(7x-3)-(-x+1)=7x-3+x-1$

$=8x-4$

③ $3(2x-3)-5(x-7)=6x-9-5x+35$

$=x+26$

④ $(3x-1)-\frac{4}{7}(7x+14)=3x-1-4x-8$

$=-x-9$

⑤ $\frac{1}{2}(2x+6)+16\left(\frac{5}{4}x-\frac{3}{4}\right)=x+3+20x-12$

$=21x-9$

따라서 옳지 않은 것은 ②이다. 답 ②

0465 ① $(2-x)+(6x+5)=2-x+6x+5$

$=5x+7$

② $4(x+4)-6(x-7)=4x+16-6x+42\ \ =-2x+58$

③ $-2(2x-1)+5(3x+2)=-4x+2+15x+10$

$=11x+12$

④ $-(4x+3)-2(3x+7)=-4x-3-6x-14$

$=-10x-17$

⑤ $\frac{1}{2}(4x-2)-\frac{1}{3}(9x+3)=2x-1-3x-1$

$=-x-2$

따라서 옳지 않은 것은 ④이다. 답 ④

0466 $8x-[7y-\{4x+2y-(-2x+5y)\}]$

$=8x-\{7y-(4x+2y+2x-5y)\}$

$=8x-\{7y-(6x-3y)\}$

$=8x-(7y-6x+3y)=8x-(-6x+10y)$

$=8x+6x-10y=14x-10y$ 답 $14x-10y$

0467 $6x-[5x-\{3x-5-(2-x)\}]$
$=6x-\{5x-(3x-5-2+x)\}$
$=6x-\{5x-(4x-7)\}$
$=6x-(5x-4x+7)$
$=6x-(x+7)$
$=6x-x-7$
$=5x-7$ ··· ❶
따라서 $a=5$, $b=-7$이므로
$ab=5\times(-7)=-35$ ··· ❷

답 -35

채점 기준	배점
❶ 주어진 식을 간단히 하기	70 %
❷ ab의 값 구하기	30 %

0468 $\frac{3x+2}{4}-\frac{x-5}{3}$
$=\frac{3(3x+2)}{12}-\frac{4(x-5)}{12}$
$=\frac{9x+6-4x+20}{12}=\frac{5x+26}{12}$
$=\frac{5}{12}x+\frac{13}{6}$

답 $\frac{5}{12}x+\frac{13}{6}$

0469 $\frac{5x+3}{2}-\frac{2-x}{6}-3x=\frac{3(5x+3)}{6}-\frac{2-x}{6}-\frac{18x}{6}$
$=\frac{15x+9-2+x-18x}{6}$
$=\frac{-2x+7}{6}=-\frac{1}{3}x+\frac{7}{6}$
따라서 $a=-\frac{1}{3}$, $b=\frac{7}{6}$이므로
$-18ab=-18\times\left(-\frac{1}{3}\right)\times\frac{7}{6}=7$

답 7

0470 $3A-2B=3(-x+4)-2(3x-4)$
$=-3x+12-6x+8=-9x+20$

답 ③

0471 $6(A+B)-3B=6A+6B-3B$
$=6A+3B$
$=6\left(2x-\frac{5}{6}\right)+3\left(\frac{2}{3}x+2\right)$
$=12x-5+2x+6$
$=14x+1$

답 ⑤

0472 $A=4(3x-1)-2x=12x-4-2x=10x-4$
$\therefore -(-3A+B)-5A=3A-B-5A=-2A-B$
$=-2(10x-4)-(5-4x)$
$=-20x+8-5+4x$
$=-16x+3$

답 $-16x+3$

0473 $A=\left(\frac{4}{9}x+\frac{2}{3}\right)\div\left(-\frac{1}{18}\right)$
$=\left(\frac{4}{9}x+\frac{2}{3}\right)\times(-18)=-8x-12$
$B=\frac{x+1}{2}-\frac{x-3}{4}=\frac{2(x+1)}{4}-\frac{x-3}{4}$
$=\frac{2x+2-x+3}{4}=\frac{x+5}{4}=\frac{1}{4}x+\frac{5}{4}$
$\therefore 5-\{-7A-4(-2A+3B)\}$
$=5-(-7A+8A-12B)$
$=5-(A-12B)$
$=5-A+12B$
$=5-(-8x-12)+12\left(\frac{1}{4}x+\frac{5}{4}\right)$
$=5+8x+12+3x+15$
$=11x+32$

답 $11x+32$

0474 $2x-5+a(3-x)=2x-5+3a-ax$
$=(2-a)x-5+3a$
이 식이 x에 대한 일차식이 되려면
$2-a\neq0$이어야 하므로
$a\neq2$

답 ④

0475 $0.5(8x-4)-\frac{1}{5}(ax+10)=4x-2-\frac{a}{5}x-2$
$=\left(4-\frac{a}{5}\right)x-4$
이 식이 x에 대한 일차식이 되려면
$4-\frac{a}{5}\neq0$이어야 하므로
$a\neq20$

답 ⑤

0476 $ax^2-5x-1+4x^2+6x+2=(a+4)x^2+x+1$
이 식이 x에 대한 일차식이 되려면
$a+4=0$이어야 하므로
$a=-4$

답 -4

0477 $-2x^2+4x-a+bx^2-7x+5$
$=(-2+b)x^2-3x+(5-a)$
이 식이 x에 대한 일차식이 되려면
$-2+b=0$이어야 하므로 $b=2$
상수항은 -3이므로
$5-a=-3$ $\therefore a=8$
$\therefore a-b=8-2=6$

답 ②

0478 $\square+(8-4a)=5a-9$에서
$\square=5a-9-(8-4a)$
$=5a-9-8+4a=9a-17$

답 ④

0479 $-4x+5+\square=x-2$에서

$\square=x-2-(-4x+5)$

$=x-2+4x-5$

$=5x-7$

답 ③

0480 어떤 다항식을 $\square$라 하면

$\square+(4x-9)=-2x-1$

$\therefore \square=-2x-1-(4x-9)$

$=-2x-1-4x+9$

$=-6x+8$

답 $-6x+8$

0481 조건 (가)에서 $A+(x-8)=5x-9$이므로

$A=5x-9-(x-8)$

$=5x-9-x+8$

$=4x-1$ … ❶

조건 (나)에서 $B-2(x+5)=-4x+2$이므로

$B=-4x+2+2(x+5)$

$=-4x+2+2x+10$

$=-2x+12$ … ❷

$\therefore A+B=(4x-1)+(-2x+12)$

$=4x-1-2x+12$

$=2x+11$ … ❸

답 $2x+11$

채점 기준	배점
❶ 다항식 A 구하기	40 %
❷ 다항식 B 구하기	40 %
❸ $A+B$ 구하기	20 %

0482 어떤 다항식을 $\square$라 하면

$\square+(x-3)=3x+1$

$\therefore \square=3x+1-(x-3)$

$=3x+1-x+3$

$=2x+4$

따라서 바르게 계산한 식은

$2x+4-(x-3)=2x+4-x+3$

$=x+7$

답 $x+7$

주의 다항식을 구한 다음 바르게 계산한 식까지 구한다.

0483 어떤 다항식을 $\square$라 하면

$\square-(4x-3)=6x+5$

$\therefore \square=6x+5+(4x-3)$

$=6x+5+4x-3$

$=10x+2$

따라서 바르게 계산한 식은

$10x+2+(4x-3)=10x+2+4x-3$

$=14x-1$

답 ④

0484 어떤 식을 $\square$라 하면

$\square-3(x-2y)=-\frac{2}{3}(6x+9y)$

$\therefore \square=-\frac{2}{3}(6x+9y)+3(x-2y)$

$=-4x-6y+3x-6y$

$=-x-12y$

따라서 바르게 계산한 식은

$-x-12y+3(x-2y)=-x-12y+3x-6y$

$=2x-18y$

답 $2x-18y$

0485 어떤 다항식을 $\square$라 하면

$\frac{-x+2}{3}+\square=\frac{1}{6}x+\frac{5}{12}$

$\therefore \square=\frac{1}{6}x+\frac{5}{12}-\frac{-x+2}{3}$

$=\frac{1}{6}x+\frac{5}{12}-\left(-\frac{1}{3}x+\frac{2}{3}\right)$

$=\frac{1}{6}x+\frac{5}{12}+\frac{1}{3}x-\frac{2}{3}$

$=\left(\frac{1}{6}+\frac{2}{6}\right)x+\left(\frac{5}{12}-\frac{8}{12}\right)$

$=\frac{1}{2}x-\frac{1}{4}$

따라서 바르게 계산한 식은

$\frac{-x+2}{3}-\left(\frac{1}{2}x-\frac{1}{4}\right)$

$=-\frac{1}{3}x+\frac{2}{3}-\frac{1}{2}x+\frac{1}{4}$

$=\left(-\frac{2}{6}-\frac{3}{6}\right)x+\left(\frac{8}{12}+\frac{3}{12}\right)$

$=-\frac{5}{6}x+\frac{11}{12}$

답 $-\frac{5}{6}x+\frac{11}{12}$

C step 실력 완성!

본문 100 ~ 103쪽

0486 ④ $x\times(y+1)\div\frac{1}{2}=x\times(y+1)\times2=2x(y+1)$

⑤ $x\div(x-2)\times y+y\div\frac{1}{3}$

$=x\times\frac{1}{x-2}\times y+y\times3$

$=\frac{xy}{x-2}+3y$

따라서 옳지 않은 것은 ④, ⑤이다.

답 ④, ⑤

0487 ① 1 L=1000 mL이므로 3 L의 x %는

$3000\times\frac{x}{100}=30x(\text{mL})$

③ $(\text{평균})=\frac{(\text{자료의 총합})}{(\text{자료의 개수})}$이므로 국어가 x점, 수학이 y점일 때, 두 과목의 점수의 평균은 $\frac{x+y}{2}$점이다.

④ (삼각형의 넓이)$=\frac{1}{2}\times$(밑변의 길이)$\times$(높이)이므로 밑변의 길이가 4 cm, 높이가 h cm인 삼각형의 넓이는

$\frac{1}{2}\times4\times h=2h(\text{cm}^2)$

⑤ (거리)=(속력)×(시간)이므로 시속 6 km의 속력으로 x시간 동안 간 거리는 $6\times x=6x(\text{km})$

따라서 옳지 않은 것은 ⑤이다. 답 ⑤

0488 a %의 소금물 100 g에 들어 있는 소금의 양은

$\frac{a}{100}\times100=a(\text{g})$

소금 20 g을 더 넣었을 때 소금의 양은 $(a+20)$ g

따라서 새로 만든 소금물 120 g의 농도는

$\frac{a+20}{120}\times100=\frac{5a+100}{6}(\%)$ 답 ⑤

0489 주어진 각 식에 $a=-1$, $b=5$를 대입하면

① $-2ab=-2\times(-1)\times5=10$

② $-\frac{ab}{5}=-\frac{(-1)\times5}{5}=1$

③ $a^3=(-1)^3=-1$

④ $\frac{b^3}{5}=\frac{5^3}{5}=\frac{125}{5}=25$

⑤ $-a^2+b=-(-1)^2+5=-1+5=4$

따라서 식의 값이 가장 작은 것은 ③이다. 답 ③

0490 $\frac{9}{a}-\frac{8}{b}+\frac{10}{c}=9\div a-8\div b+10\div c$

$=9\div\left(-\frac{1}{3}\right)-8\div\left(-\frac{1}{4}\right)+10\div\frac{1}{5}$

$=9\times(-3)-8\times(-4)+10\times5$

$=-27+32+50=55$ 답 ⑤

0491 180 cm=1.8 m이므로

$\frac{x}{y^2}$에 $x=81$, $y=1.8$을 대입하면

$\frac{81}{1.8^2}=81\div1.8^2=81\div\left(\frac{9}{5}\right)^2=81\times\frac{25}{81}=25$ 답 25

0492 $50t-5t^2$에 $t=3$을 대입하면

$50\times3-5\times3^2=150-45=105(\text{m})$ 답 ④

0493 ① 항은 $\frac{1}{2}x^2$, $-\frac{1}{3}x$, -6이다.

② 다항식의 차수가 2이므로 일차식이 아니다.

③ x의 계수는 $-\frac{1}{3}$이다.

④ x^2의 계수는 $\frac{1}{2}$이다.

⑤ x^2의 계수는 $\frac{1}{2}$, 상수항은 -6이므로 곱은

$\frac{1}{2}\times(-6)=-3$

따라서 주어진 다항식에 대한 설명으로 옳은 것은 ⑤이다. 답 ⑤

0494 ㄱ. $0.2x+0.5$ ➡ 일차식

ㄴ. x^2+x ➡ 차수가 2이므로 일차식이 아니다.

ㄷ. $\frac{3}{x}+1$ ➡ $\frac{3}{x}$의 분모에 문자가 있으므로 다항식이 아니다. 따라서 일차식이 아니다.

ㄹ. $\frac{x}{2}+2$ ➡ 일차식

ㅁ. $0\times x^2-x-3=-x-3$ ➡ 일차식

ㅂ. $\frac{2x+3}{6}=\frac{1}{3}x+\frac{1}{2}$ ➡ 일차식

따라서 일차식인 것은 ㄱ, ㄹ, ㅁ, ㅂ이다. 답 ㄱ, ㄹ, ㅁ, ㅂ

0495 ① 차수가 다르므로 동류항이 아니다.

② 문자와 차수가 다르므로 동류항이 아니다.

③, ⑤ 문자가 다르므로 동류항이 아니다.

따라서 동류항끼리 짝 지은 것은 ④이다. 답 ④

0496 $2(x+5)-5(x-3)=2x+10-5x+15$

$=-3x+25$ 답 ③

0497 $3-[4x-5-\{5x-6(-2x+3)\}]$

$=3-\{4x-5-(5x+12x-18)\}$

$=3-\{4x-5-(17x-18)\}$

$=3-(4x-5-17x+18)$

$=3-(-13x+13)$

$=3+13x-13=13x-10$

따라서 $a=13$, $b=10$이므로

$a+b=13+10=23$ 답 ⑤

0498 $\frac{2x+5}{3}-\frac{3-2x}{2}=\frac{2(2x+5)}{6}-\frac{3(3-2x)}{6}$

$=\frac{4x+10-9+6x}{6}$

$=\frac{10x+1}{6}=\frac{5}{3}x+\frac{1}{6}$

답 $\frac{5}{3}x+\frac{1}{6}$

0499 (둘레의 길이)$=2\left\{(3a+2)+\left(\frac{3}{2}a+3\right)\right\}$

$=2\left(3a+2+\frac{3}{2}a+3\right)$

$=2\left(\frac{9}{2}a+5\right)=9a+10$ 　답 $9a+10$

0500 $3A-2B+4=3(4-x)-2(2x-3)+4$

$=12-3x-4x+6+4$

$=-7x+22$ 　답 ②

0501 $A=\left(\frac{3}{2}x+\frac{1}{2}\right)\div\left(-\frac{1}{4}\right)$

$=\left(\frac{3}{2}x+\frac{1}{2}\right)\times(-4)=-6x-2$

$B=\frac{2x+1}{3}-\frac{x-6}{6}=\frac{2(2x+1)}{6}-\frac{x-6}{6}$

$=\frac{4x+2-x+6}{6}=\frac{3x+8}{6}=\frac{1}{2}x+\frac{4}{3}$

$\therefore 4-\{-8A-3(-A+2B)\}$

$=4-(-8A+3A-6B)$

$=4-(-5A-6B)$

$=4+5A+6B$

$=4+5(-6x-2)+6\left(\frac{1}{2}x+\frac{4}{3}\right)$

$=4-30x-10+3x+8$

$=-27x+2$ 　답 $-27x+2$

0502 $2x^2+3x-7+ax^2-5x+4=(2+a)x^2-2x-3$

이 식이 x에 대한 일차식이 되려면

$2+a=0$이어야 하므로 $a=-2$ 　답 -2

0503 어떤 식을 □라 하면

□$+4(3x-2)=2x+5$

$\therefore$ □$=2x+5-4(3x-2)$

$=2x+5-12x+8=-10x+13$ 　답 ③

0504 (1) (원의 둘레의 길이)$=$(지름의 길이)$\times$(원주율)이고 색칠한 부분의 둘레의 길이는 세 원의 둘레의 길이의 합과 같으므로

$2x\times3.14+3x\times3.14+5x\times3.14$

$=(2x+3x+5x)\times3.14$

$=10x\times3.14=31.4x$

(2) $31.4x$에 $x=5$를 대입하면

$31.4\times5=157$ 　답 (1) $31.4x$ (2) 157

0505 x의 계수가 5인 일차식을 $5x+a$ (a는 상수)라 하면

$x=2$일 때, $5x+a=5\times2+a=10+a$이므로

$A=10+a$

$x=-3$일 때, $5x+a=5\times(-3)+a=-15+a$이므로

$B=-15+a$

$\therefore A-B=(10+a)-(-15+a)$

$=10+a+15-a$

$=25$ 　답 25

0506 $\frac{A-B}{2}-\frac{B-C}{3}+\frac{C-A}{6}$

$=\frac{3(A-B)}{6}-\frac{2(B-C)}{6}+\frac{C-A}{6}$

$=\frac{3A-3B-2B+2C+C-A}{6}$

$=\frac{2A-5B+3C}{6}$ … ❶

$=\frac{2(1-3x)-5(x-5)+3(4x-3)}{6}$ … ❷

$=\frac{2-6x-5x+25+12x-9}{6}$

$=\frac{x+18}{6}$

$=\frac{1}{6}x+3$ … ❸

답 $\frac{1}{6}x+3$

채점 기준	배점
❶ $\frac{A-B}{2}-\frac{B-C}{3}+\frac{C-A}{6}$를 간단히 하기	40 %
❷ A, B, C에 주어진 식 대입하기	20 %
❸ 주어진 식을 x에 대한 식으로 나타내기	40 %

0507 어떤 다항식을 □라 하면

□$+2(4x-6)=9x-5$ … ❶

$\therefore$ □$=9x-5-2(4x-6)$

$=9x-5-8x+12$

$=x+7$ … ❷

따라서 바르게 계산한 식은

$x+7+\frac{1}{2}(4x-6)=x+7+2x-3$

$=3x+4$ … ❸

답 $3x+4$

채점 기준	배점
❶ 잘못 계산한 식 세우기	30 %
❷ 어떤 다항식 구하기	40 %
❸ 바르게 계산한 식 구하기	30 %

06 일차방정식의 풀이

Ⅱ. 문자와 식

step A 개념 익히고,

본문 105쪽

0508 답 (1) × (2) ○ (3) × (4) ○

0509 답 (1) $3x-7=8$ (2) $2(x+4)=12$ (3) $4x=16$

0510 답 (1) × (2) ○ (3) × (4) ○

0511 답 (1) 2 (2) 3 (3) 4 (4) 2

0512 답 (1) $x=7-2$ (2) $6x+2x=8$
(3) $5x-4x=1+9$ (4) $x+3x=5-4$

0513 답 (1) ○ (2) × (3) × (4) ○

0514 (1) $2+x=8$에서 $x=8-2=6$

(2) $-4x+1=-3+2x$에서 $-6x=-4$ $\quad\therefore x=\frac{2}{3}$

(3) $3(x-1)=-x+5$에서 괄호를 풀면
$3x-3=-x+5$, $4x=8$ $\quad\therefore x=2$

(4) $-2(3-2x)=7(2-x)+2$에서 괄호를 풀면
$-6+4x=14-7x+2$, $11x=22$ $\quad\therefore x=2$

답 (1) $x=6$ (2) $x=\frac{2}{3}$ (3) $x=2$ (4) $x=2$

0515 (1) $x-0.6=1.2x-2$의 양변에 10을 곱하면
$10x-6=12x-20$, $-2x=-14$ $\quad\therefore x=7$

(2) $0.7(x-2)=x+0.1$의 양변에 10을 곱하면
$7(x-2)=10x+1$, $7x-14=10x+1$
$-3x=15$ $\quad\therefore x=-5$

(3) $0.4(x+3)=-0.1(x-2)$의 양변에 10을 곱하면
$4(x+3)=-(x-2)$, $4x+12=-x+2$
$5x=-10$ $\quad\therefore x=-2$

답 (1) $x=7$ (2) $x=-5$ (3) $x=-2$

0516 (1) $\frac{2}{3}x+1=-\frac{1}{3}x+5$의 양변에 3을 곱하면
$2x+3=-x+15$, $3x=12$ $\quad\therefore x=4$

(2) $\frac{3x-2}{4}=7$의 양변에 4를 곱하면
$3x-2=28$, $3x=30$ $\quad\therefore x=10$

(3) $\frac{x}{2}-\frac{2x-3}{5}=\frac{3}{2}$의 양변에 10을 곱하면
$5x-2(2x-3)=15$, $5x-4x+6=15$ $\quad\therefore x=9$

답 (1) $x=4$ (2) $x=10$ (3) $x=9$

step B 기출 & 변형하면…

본문 106 ~ 116쪽

0517 ⑤ 다항식이다.
따라서 등식이 아닌 것은 ⑤이다. 답 ⑤

0518 ②, ⑤ 부등호가 있으므로 등식이 아니다.
③ 다항식이다.
따라서 등식인 것은 ①, ④이다. 답 ①, ④

0519 ㄱ, ㅁ. 부등호가 있으므로 등식이 아니다.
ㄷ. 다항식이다.
따라서 등식인 것은 ㄴ, ㄹ, ㅂ이다. 답 ㄴ, ㄹ, ㅂ

0520 ㄴ. 다항식이다.
ㄷ, ㅁ. 부등호가 있으므로 등식이 아니다.
따라서 등식인 것은 ㄱ, ㄹ, ㅂ의 3개이다. 답 3

0521 ③ $4(x-3)=x+9$
따라서 옳지 않은 것은 ③이다. 답 ③

0522 ① $5x+7=x+10$
② $x-7=9-x$ ③ $40x>120$
④ $800x=9600$ ⑤ $7x=63$
따라서 등식으로 나타낼 수 없는 것은 ③이다. 답 ③

0523 (지불한 금액)−(아이스크림 3개의 가격)=(거스름돈)
이므로 $2000-3x=200$ 답 ④

0524 (연필 한 자루의 할인 금액)$=400\times\frac{10}{100}=40$(원)
이므로 (연필 한 자루의 판매 가격)$=400-40=360$(원)
∴ (연필을 사고 지불한 금액)$=360(x+10)$(원) … ❶
또, (공책을 사고 지불한 금액)$=800x$(원)이므로 … ❷
주어진 문장을 등식으로 나타내면
$360(x+10)=800x+80$ … ❸

답 $360(x+10)=800x+80$

채점 기준	배점
❶ 연필을 사고 지불한 금액을 문자를 사용한 식으로 나타내기	40 %
❷ 공책을 사고 지불한 금액을 문자를 사용한 식으로 나타내기	30 %
❸ 주어진 문장을 등식으로 나타내기	30 %

0525 주어진 방정식에 [ ] 안의 수를 각각 대입하면

① $3\times(-1)+4\neq-2$　　② $15-2\times3=3\times3$

③ $4\times(3-1)\neq5\times3+4$　　④ $-\frac{4}{7}\times\left(-\frac{7}{2}\right)=2$

⑤ $\frac{5}{6}\times2\neq\frac{1}{3}$

따라서 [ ] 안의 수가 주어진 방정식의 해인 것은 ②, ④이다.

답 ②, ④

0526 주어진 방정식에 [ ] 안의 수를 각각 대입하면

① $9-4\times2=1$

② $-8\times(-2)=-2\times(-2)+12$

③ $\frac{1}{3}\times(2\times2-1)=1$

④ $4\times(-2+1)\neq-(-2-2)$

⑤ $3\times2-10=-\frac{4}{3}\times(2+1)$

따라서 [ ] 안의 수가 주어진 방정식의 해가 아닌 것은 ④이다.

답 ④

0527 주어진 방정식에 $x=1$을 각각 대입하면

① $1-7\neq-8$　　② $\frac{3}{5}\times1-\frac{1}{5}\neq\frac{4}{5}$

③ $1-\frac{1}{4}\neq-\frac{3}{4}$　　④ $2\times1-1\neq-3$

⑤ $1-6=-2\times1-3$

따라서 해가 $x=1$인 것은 ⑤이다.　　답 ⑤

0528 x가 3 이하의 자연수이므로 $x=1, 2, 3$

주어진 방정식에 $x=1$을 대입하면 $3\times1-6\neq-3\times(1-4)$

$x=2$를 대입하면 $3\times2-6\neq-3\times(2-4)$

$x=3$을 대입하면 $3\times3-6=-3\times(3-4)$

따라서 주어진 방정식의 해는 $x=3$이다.　　답 $x=3$

0529 ①, ②, ③, ④ 방정식이다.

⑤ (좌변)$=3x-6+1=3x-5$에서 (좌변)$=$(우변)이므로 항등식이다.

따라서 항등식인 것은 ⑤이다.　　답 ⑤

0530 ㄱ. 등식이 아니다.

ㄴ, ㄹ, ㅁ. 방정식이다.

ㄷ. (좌변)$=2x-8$에서 (좌변)$=$(우변)이므로 항등식이다.

ㅂ. (좌변)$=2-\frac{2}{3}x$에서 (좌변)$=$(우변)이므로 항등식이다.

따라서 항등식인 것은 ㄷ, ㅂ이다.　　답 ㄷ, ㅂ

0531 x의 값에 관계없이 항상 참인 등식은 항등식이다.

③ (좌변)$=$(우변)이므로 항등식이다.

④ (우변)$=6x-2+4=6x+2$에서 (좌변)$=$(우변)이므로 항등식이다.

따라서 항상 참인 등식은 ③, ④이다.　　답 ③, ④

0532 x의 값에 따라 참이 되기도 하고 거짓이 되기도 하는 등식은 방정식이다.

① (좌변)$=4x$에서 (좌변)$=$(우변)이므로 항등식이다.

②, ④ 등식이 아니다.

⑤ (좌변)$=-\frac{1}{3}x+\frac{1}{2}$에서 (좌변)$=$(우변)이므로 항등식이다.

따라서 방정식은 ③이다.　　답 ③

0533 $3x+7=ax-2+b$가 항등식이 되려면

$3=a$, $7=-2+b$이어야 하므로 $a=3$, $b=9$　　답 ④

0534 $3(4-6x)=12-3ax$에서 $12-18x=12-3ax$

이 등식이 항등식이 되려면 $-18=-3a$이어야 하므로

$a=6$　　답 ④

0535 $-2(x+3)+1=-(x-5)+A$에서

$-2x-6+1=-x+5+A$

$-2x-5=-x+5+A$　　… ❶

$\therefore A=-x-10$　　… ❷

답 $-x-10$

채점 기준	배점
❶ 주어진 식의 양변을 각각 간단히 하기	50 %
❷ 일차식 A 구하기	50 %

0536 $2(x-1)=-x+\square$에서

$2x-2=-x+\square$　　$\therefore \square=3x-2$　　답 ①

0537 ② $a=1$, $b=2$, $c=0$이면 $1\times0=2\times0$이므로 $ac=bc$이지만 $1\neq2$이므로 $a\neq b$이다.

③ $a=b$의 양변을 3으로 나누면 $\frac{a}{3}=\frac{b}{3}$

이 식의 양변에 c를 더하면 $\frac{a}{3}+c=\frac{b}{3}+c$

⑤ $a=3b$의 양변을 6으로 나누면 $\frac{a}{6}=\frac{3b}{6}$, 즉 $\frac{a}{6}=\frac{b}{2}$

따라서 옳지 않은 것은 ②이다.　　답 ②

0538 ㄱ. $a=b$의 양변에서 7을 빼면 $a-7=b-7$

ㄴ. $\frac{a}{4}=\frac{b}{5}$의 양변에 20을 곱하면 $5a=4b$

ㄷ. $a=2b$의 양변에 3을 더하면 $a+3=2b+3$
ㄹ. $a-2=b-1$의 양변에 2를 더하면 $a=b+1$
ㅁ. $2(a-3)=2(b-3)$의 양변을 2로 나누면 $a-3=b-3$
이 식의 양변에 3을 더하면 $a=b$
ㅂ. $5a=4b$의 양변을 20으로 나누면
$\frac{a}{4}=\frac{b}{5}$, 즉 $\frac{a}{4}-\frac{b}{5}=0$
따라서 옳은 것은 ㄱ, ㄹ, ㅁ이다. 답 ㄱ, ㄹ, ㅁ

0539 ㄹ. $a=b$의 양변에서 1을 빼면 $a-1=b-1$
ㅁ. $c\neq0$일 때만 양변을 c로 나눌 수 있다.
따라서 옳은 것은 ㄱ, ㄴ, ㄷ, ㅂ이다. 답 ㄱ, ㄴ, ㄷ, ㅂ

0540 ① $5a+3=2$의 양변에서 3을 빼면 $5a=-1$
② $5a+3=2$의 양변에 2를 더하면 $5a+5=4$
③ $5a+3=2$의 양변에 3을 곱하면 $15a+9=6$
④ $5a+3=2$의 양변을 2로 나누면 $\frac{5}{2}a+\frac{3}{2}=1$
⑤ $5a+3=2$의 양변을 5로 나누면 $a+\frac{3}{5}=\frac{2}{5}$
따라서 옳지 않은 것은 ③이다. 답 ③

0541 $\frac{x-1}{5}=2$
양변에 5를 곱한다. (ㄷ)
$x-1=10$
양변에 1을 더한다. (ㄱ)
$\therefore x=11$
답 (가): ㄷ, (나): ㄱ

0542 (가) 양변에 4를 곱한다.
(나) 양변에서 20을 뺀다.
주어진 그림에서 설명하는 등식의 성질은 '등식의 양변에 같은 수를 곱해도 등식은 성립한다.'이다.
따라서 그림에서 설명하는 등식의 성질을 이용한 곳은 (가)이다.
답 (가)

0543 $3x+8=4-x$에서
$3x+8+\boxed{x}=4-x+\boxed{x}$
$4x+8=4$
$4x+8-\boxed{8}=4-\boxed{8}$
$4x=\boxed{-4}$
$\frac{4x}{\boxed{4}}=\frac{\boxed{-4}}{\boxed{4}}$ $\therefore x=\boxed{-1}$
답 (가): x, (나): 8, (다): -4, (라): 4, (마): -1

0544 $0.3x+0.6=2.1$의 양변에 10을 곱하면 $3x+6=21$
따라서 ㉠은 21이고, 이때 (가)에서 이용한 등식의 성질은 '등식의 양변에 같은 수를 곱해도 등식은 성립한다.'이다. … ❶
$3x+6=21$의 양변에서 6을 빼면 $3x=15$
따라서 ㉡은 15이고, 이때 (나)에서 이용한 등식의 성질은 '등식의 양변에서 같은 수를 빼도 등식은 성립한다.'이다. … ❷
$3x=15$의 양변을 3으로 나누면 $x=5$
따라서 ㉢은 5이고, 이때 (다)에서 이용한 등식의 성질은 '등식의 양변을 0이 아닌 같은 수로 나누어도 등식은 성립한다.'이다.
… ❸
답 풀이 참조

채점 기준	배점
❶ ㉠을 구하고 (가)에서 이용한 등식의 성질 쓰기	40 %
❷ ㉡을 구하고 (나)에서 이용한 등식의 성질 쓰기	30 %
❸ ㉢을 구하고 (다)에서 이용한 등식의 성질 쓰기	30 %

0545 ① $3x+4=-1$ ➡ $3x=-1-4$
② $5x-6=-2x$ ➡ $5x+2x=6$
③ $11-2x=7x+4$ ➡ $-2x-7x=4-11$
⑤ $-6x+7=1-2x$ ➡ $-6x+2x=1-7$
따라서 바르게 이항한 것은 ④이다. 답 ④

0546 ① $x+1=4$ ➡ $x=4-1$
② $7+x=-7$ ➡ $x=-7-7$
③ $x=-3x-1$ ➡ $x+3x=-1$
④ $-7x-11=-2x$ ➡ $-7x+2x=11$
따라서 바르게 이항한 것은 ⑤이다. 답 ⑤

0547 ① 등식이 아니다.
② $\frac{1}{x}-3x+1=0$ ③ $x+9=0$
④ $-7x+5=0$ ⑤ $-11=0$
따라서 일차방정식인 것은 ③, ④이다. 답 ③, ④

0548 ㄴ. $-3x-4=0$ ㄷ. $2x-7=0$
ㄹ. $x^2+3x+3=0$ ㅁ. $-\frac{5}{2}x-3=0$
ㅂ. $-4=0$
따라서 일차방정식은 ㄱ, ㄴ, ㄷ, ㅁ의 4개이다. 답 ④

0549 ㄱ. $\frac{x+35}{2}=40$이므로 $x+35=80$
$\therefore x-45=0$ ➡ 일차방정식이다.
ㄴ. $x^2=49$이므로 $x^2-49=0$ ➡ 일차방정식이 아니다.
ㄷ. $4x=1360$이므로 $4x-1360=0$ ➡ 일차방정식이다.
ㄹ. $4x=5x-x$이므로 $4x-5x+x=0$
$\therefore 0\times x=0$ ➡ 일차방정식이 아니다.
따라서 일차방정식인 것은 ㄱ, ㄷ이다. 답 ㄱ, ㄷ

0550 ① $x+4=x^2$이므로 $-x^2+x+4=0$
② $5x=9000$이므로 $5x-9000=0$

③ $4x \geq 10000$

④ $3x=24$이므로 $3x-24=0$

⑤ $2x+800\times4=4200$이므로 $2x-1000=0$

따라서 일차방정식이 아닌 것은 ①, ③이다. 답 ①, ③

0551 $x+6=2-ax$에서 $(1+a)x+4=0$

이 방정식이 x에 대한 일차방정식이 되려면

$1+a\neq0$ $\therefore a\neq-1$ 답 $a\neq-1$

0552 $-3x^2+4ax=-bx^2+8x-1$에서

$(-3+b)x^2+(4a-8)x+1=0$ … ❶

이 등식이 일차방정식이 되려면

$-3+b=0$, $4a-8\neq0$

이어야 하므로 $a\neq2$, $b=3$ … ❷

답 $a\neq2$, $b=3$

채점 기준	배점
❶ 이항하여 등식을 간단히 하기	50 %
❷ 일차방정식이 되기 위한 조건 구하기	50 %

0553 $2(x+3)=4+3(x+1)$에서

$2x+6=4+3x+3$, $-x=1$ $\therefore x=-1$ 답 ②

0554 $3(x+2)-3(5-x)=9$에서

$3x+6-15+3x=9$, $6x=18$ $\therefore x=3$

① $4x+5=-3$에서 $4x=-8$ $\therefore x=-2$

② $2(x-5)+7=3x$에서

$2x-10+7=3x$, $-x=3$ $\therefore x=-3$

③ $-(1-x)+2x=11$에서

$-1+x+2x=11$, $3x=12$ $\therefore x=4$

④ $2(x+2)=3(x+1)$에서

$2x+4=3x+3$, $-x=-1$ $\therefore x=1$

⑤ $2(x+3)-2(5-x)=8$에서

$2x+6-10+2x=8$, $4x=12$ $\therefore x=3$

따라서 주어진 방정식과 해가 같은 것은 ⑤이다. 답 ⑤

0555 ① $-(x+2)=2x-3$에서

$-x-2=2x-3$, $-3x=-1$ $\therefore x=\frac{1}{3}$

② $4x+6=2(6-x)$에서

$4x+6=12-2x$, $6x=6$ $\therefore x=1$

③ $3(x-3)=7-(x+4)$에서

$3x-9=7-x-4$, $4x=12$ $\therefore x=3$

④ $10-(2x-3)=5x-8$에서

$10-2x+3=5x-8$, $-7x=-21$ $\therefore x=3$

⑤ $-2(x-1)+5=4(3-2x)+1$에서

$-2x+2+5=12-8x+1$, $6x=6$ $\therefore x=1$

따라서 해가 가장 작은 것은 ①이다. 답 ①

0556 ㄱ. $x+3=-(2x+1)$에서

$x+3=-2x-1$, $3x=-4$ $\therefore x=-\frac{4}{3}$

ㄴ. $3x+2=2(4-x)$에서

$3x+2=8-2x$, $5x=6$ $\therefore x=\frac{6}{5}$

ㄷ. $3(2x-1)=9-(3x+1)$에서

$6x-3=9-3x-1$, $9x=11$ $\therefore x=\frac{11}{9}$

ㄹ. $11-(1-x)=6x$에서

$11-1+x=6x$, $-5x=-10$ $\therefore x=2$

따라서 해가 가장 큰 것은 ㄹ이다. 답 ㄹ

0557 $5(6-x)+3x=1-3(2x+1)$에서

$30-5x+3x=1-6x-3$, $4x=-32$

$\therefore x=-8$ … ❶

따라서 $a=-8$이므로

$a^2+2a=(-8)^2+2\times(-8)=48$ … ❷

답 48

채점 기준	배점
❶ 일차방정식의 해 구하기	70 %
❷ a^2+2a의 값 구하기	30 %

0558 $3x-2=8(x+1)$에서

$3x-2=8x+8$, $-5x=10$

$\therefore x=-2$ $\therefore a=-2$

$-(2x+5)=3(x+5)$에서

$-2x-5=3x+15$, $-5x=20$

$\therefore x=-4$ $\therefore b=-4$

$\therefore a-b=-2-(-4)=2$ 답 2

0559 $3.5x+2.5=-2+0.5(x-5)$의 양변에 10을 곱하면

$35x+25=-20+5(x-5)$

$35x+25=-20+5x-25$

$30x=-70$ $\therefore x=-\frac{7}{3}$ 답 ①

0560 $\frac{1}{3}-\frac{2-x}{2}=\frac{3}{4}x$의 양변에 12를 곱하면

$4-6(2-x)=9x$, $4-12+6x=9x$

$-3x=8$ $\therefore x=-\frac{8}{3}$ 답 $x=-\frac{8}{3}$

0561 $\frac{1}{2}x+\frac{2-x}{6}=0.25(x+3)$의 양변에 12를 곱하면

$6x+2(2-x)=3(x+3)$, $6x+4-2x=3x+9$

$\therefore x=5$ 답 ⑤

0562 $\frac{2}{3}x+0.8=\frac{1}{6}x+1.4$의 양변에 30을 곱하면

$20x+24=5x+42$, $15x=18$ $\quad\therefore x=\frac{6}{5}$

$\therefore a=\frac{6}{5}$ ⋯ ❶

$\frac{3(x-2)}{2}=1.2x-\frac{2(4-x)}{5}$의 양변에 10을 곱하면

$15(x-2)=12x-4(4-x)$

$15x-30=12x-16+4x$, $-x=14$

$\therefore x=-14 \quad \therefore b=-14$ ⋯ ❷

$\therefore -5ab=-5\times\frac{6}{5}\times(-14)=84$ ⋯ ❸

답 84

채점 기준	배점
❶ a의 값 구하기	40 %
❷ b의 값 구하기	40 %
❸ $-5ab$의 값 구하기	20 %

0563 $(0.5x+3):6=\frac{1}{6}(x-3):4$에서

$4(0.5x+3)=x-3$, $2x+12=x-3$

$\therefore x=-15$

답 ①

0564 $0.4(x-2):3=\frac{1}{4}(2x-1):5$에서

$2(x-2)=\frac{3}{4}(2x-1)$

양변에 4를 곱하면 $8(x-2)=3(2x-1)$

$8x-16=6x-3$, $2x=13$ $\quad\therefore x=\frac{13}{2}$

따라서 $a=\frac{13}{2}$이므로 $2a-1=2\times\frac{13}{2}-1=12$

답 12

0565 $5(x-2a)=3(x-a)+4$에 $x=4$를 대입하면

$5(4-2a)=3(4-a)+4$, $20-10a=12-3a+4$

$-7a=-4 \quad\therefore a=\frac{4}{7}$

답 ④

0566 $3(-x+a)=5x-7$에 $x=2$를 대입하면

$3(-2+a)=10-7$, $-6+3a=3$

$3a=9 \quad\therefore a=3$

답 3

0567 $\frac{5x+2a}{4}-\frac{2}{3}=\frac{7x-a}{3}$에 $x=-1$을 대입하면

$\frac{-5+2a}{4}-\frac{2}{3}=\frac{-7-a}{3}$

양변에 12를 곱하면 $3(-5+2a)-8=4(-7-a)$

$-15+6a-8=-28-4a$

$10a=-5 \quad\therefore a=-\frac{1}{2}$

답 ①

0568 $2x-\frac{x-a}{3}=3a+1$에 $x=3$을 대입하면

$6-\frac{3-a}{3}=3a+1$

양변에 3을 곱하면

$18-(3-a)=9a+3$, $18-3+a=9a+3$

$-8a=-12 \quad\therefore a=\frac{3}{2}$ ⋯ ❶

$4(2-ax)+3x=-7$에 $a=\frac{3}{2}$을 대입하면

$4\left(2-\frac{3}{2}x\right)+3x=-7$, $8-6x+3x=-7$

$-3x=-15 \quad\therefore x=5$ ⋯ ❷

답 $x=5$

채점 기준	배점
❶ a의 값 구하기	50 %
❷ $4(2-ax)+3x=-7$의 해 구하기	50 %

0569 $\frac{1}{2}x-1=\frac{x-4}{3}$의 양변에 6을 곱하면

$3x-6=2(x-4)$, $3x-6=2x-8$ $\quad\therefore x=-2$

$2(x-a)=3x+1$에 $x=-2$를 대입하면

$2(-2-a)=-6+1$, $-4-2a=-5$

$-2a=-1 \quad\therefore a=\frac{1}{2}$

답 ③

0570 $\frac{x+1}{2}=3(x-2)+4$의 양변에 2를 곱하면

$x+1=6(x-2)+8$, $x+1=6x-12+8$

$-5x=-5 \quad\therefore x=1$

$4-ax=x-2a$에 $x=1$을 대입하면

$4-a=1-2a \quad\therefore a=-3$

답 -3

0571 $0.2(x-3)=0.3(x+2)-1$의 양변에 10을 곱하면

$2(x-3)=3(x+2)-10$

$2x-6=3x+6-10$, $-x=2$ $\quad\therefore x=-2$

$\frac{1}{3}(x+3)=\frac{x-2}{4}+a$에 $x=-2$를 대입하면

$\frac{1}{3}\times(-2+3)=\frac{-2-2}{4}+a$

$\frac{1}{3}=-1+a \quad\therefore a=\frac{4}{3}$

답 ③

0572 $0.2x+0.4=-0.17(x+2)$의 양변에 100을 곱하면

$20x+40=-17(x+2)$

$20x+40=-17x-34$

$37x=-74 \quad\therefore x=-2$

$a-\frac{x}{2}-\frac{ax+4}{4}=-3$에 $x=-2$를 대입하면

$a+1-\frac{-2a+4}{4}=-3$

양변에 4를 곱하면 $4a+4+2a-4=-12$

$6a=-12$ $\therefore a=-2$ 답 -2

0573 $2x-(x+a)=4x-10$에서

$2x-x-a=4x-10$, $-3x=a-10$ $\therefore x=\frac{10-a}{3}$

이때 $\frac{10-a}{3}$가 자연수가 되려면 $10-a$가 3의 배수가 되어야 하므로 $a=1, 4, 7$

따라서 가장 큰 자연수 a의 값은 7이다. 답 ④

0574 $2x-\frac{1}{3}(x+5a)=-5$의 양변에 3을 곱하면

$6x-x-5a=-15$, $5x=5a-15$ $\therefore x=a-3$

따라서 $a-3$이 음의 정수가 되도록 하는 자연수 a의 값은 1, 2이다. 답 ①

0575 $3(x-7)=2x-a$에서

$3x-21=2x-a$ $\therefore x=21-a$

따라서 $21-a$가 자연수가 되도록 하는 자연수 a는 1, 2, 3, ⋯, 20의 20개이다. 답 20

0576 $2(8-x)=a+x$에서

$16-2x=a+x$, $-3x=a-16$ $\therefore x=\frac{16-a}{3}$ ⋯ ❶

이때 $\frac{16-a}{3}$가 자연수가 되려면 $16-a$가 3의 배수가 되어야 하므로 $a=1, 4, 7, 10, 13$ ⋯ ❷

따라서 구하는 합은 $1+4+7+10+13=35$ ⋯ ❸

답 35

채점 기준	배점
❶ 일차방정식의 해를 a를 사용한 식으로 나타내기	40 %
❷ a의 값 모두 구하기	50 %
❸ 모든 a의 값의 합 구하기	10 %

0577 $ax-4=x+b$에서 $(a-1)x=b+4$

이 방정식의 해가 무수히 많으므로

$a-1=0$, $b+4=0$ $\therefore a=1, b=-4$

$\therefore a-b=1-(-4)=5$ 답 ⑤

0578 $5-ax=2x+b$에서 $(-a-2)x=b-5$

이 방정식의 해가 무수히 많으므로

$-a-2=0$, $b-5=0$ $\therefore a=-2, b=5$ 답 ⑤

0579 $\frac{3x+2}{3}-\frac{3-ax}{2}=-x+\frac{1}{6}$의 양변에 6을 곱하면

$2(3x+2)-3(3-ax)=-6x+1$

$6x+4-9+3ax=-6x+1$ $\therefore (3a+12)x=6$

이 방정식의 해가 존재하지 않으므로

$3a+12=0$, $3a=-12$ $\therefore a=-4$ 답 -4

0580 $\frac{x+1}{3}-\frac{1}{6}=\frac{ax-3}{6}$의 양변에 6을 곱하면

$2(x+1)-1=ax-3$, $2x+2-1=ax-3$

$\therefore (2-a)x=-4$

이 방정식의 해가 없으므로 $2-a=0$ $\therefore a=2$ ⋯ ❶

$2(1-bx)=-2(3x+c)$에서 $2-2bx=-6x-2c$

$\therefore (6-2b)x=-2c-2$

이 방정식의 해가 무수히 많으므로 $6-2b=0$, $-2c-2=0$

$\therefore b=3, c=-1$ ⋯ ❷

$\therefore abc=2\times3\times(-1)=-6$ ⋯ ❸

답 -6

채점 기준	배점
❶ a의 값 구하기	40 %
❷ b, c의 값 각각 구하기	50 %
❸ abc의 값 구하기	10 %

step C 실력 완성!

본문 117 ~ 119쪽

0581 ⑤ (소금물의 농도)$=\frac{(\text{소금의 양})}{(\text{소금물의 양})}\times100(\%)$이므로

$\frac{x}{200+x}\times100=8$

따라서 옳지 않은 것은 ⑤이다. 답 ⑤

0582 주어진 방정식에 [ ] 안의 수를 각각 대입하면

① $-(-3)+4\neq3+(-3)$ ② $2\times(-2)+3\neq7$

③ $\frac{9+2\times3}{3}=3\times3-4$ ④ $6\times(0+1)-5\neq7$

⑤ $2\times(3-1)\neq5\times1+2$

따라서 [ ] 안의 수가 주어진 방정식의 해인 것은 ③이다.

답 ③

0583 $ax+10=3x-5b$가 항등식이 되려면

$a=3$, $10=-5b$이어야 하므로 $a=3, b=-2$

$\therefore a-b=3-(-2)=5$ 답 5

0584 ① $-2a=b$의 양변에 7을 더하면 $7-2a=7+b$

② $5a=3b$의 양변을 15로 나누면 $\frac{a}{3}=\frac{b}{5}$

③ $4a+5=4b+5$의 양변에서 5를 빼면 $4a=4b$
$4a=4b$의 양변을 4로 나누면 $a=b$

④ $\frac{a}{2}=\frac{b}{3}$의 양변에 6을 곱하면 $3a=2b$
$3a=2b$의 양변에서 7을 빼면 $3a-7=2b-7$

⑤ $a=3b$의 양변에서 8을 빼면 $a-8=3b-8$

따라서 옳지 않은 것은 ③, ⑤이다. 답 ③, ⑤

0585 ① $x^2+x+8=0$ ② $-2=0$
③ $x^2+6=0$ ④ $2x-2=0$ ⑤ $-1=0$
따라서 일차방정식인 것은 ④이다. 답 ④

0586 $\frac{x+1}{2}-\frac{5-2x}{3}=\frac{5x-4}{4}$의 양변에 12를 곱하면
$6(x+1)-4(5-2x)=3(5x-4)$
$6x+6-20+8x=15x-12$, $-x=2$ $\therefore x=-2$ 답 ①

0587 $0.2(x+4)=\frac{-x+12}{3}$의 양변에 15를 곱하면
$3(x+4)=5(-x+12)$, $3x+12=-5x+60$
$8x=48$ $\therefore x=6$
따라서 $a=6$이므로 6보다 작은 자연수는 1, 2, 3, 4, 5의 5개이다. 답 ④

0588 $(2x+1):5=(x-1):4$에서
$4(2x+1)=5(x-1)$, $8x+4=5x-5$
$3x=-9$ $\therefore x=-3$ 답 ①

0589 $4x+a=5(x-3)$에 $x=2$를 대입하면
$8+a=-5$ $\therefore a=-13$ 답 ①

0590 $x+2=\frac{x}{3}$의 양변에 3을 곱하면
$3x+6=x$, $2x=-6$ $\therefore x=-3$
따라서 일차방정식 $1-x=a-3(x+2)$의 해가 $x=-6$이므로 $x=-6$을 대입하면 $1-(-6)=a-3\times(-6+2)$
$7=a+12$, $-a=5$ $\therefore a=-5$ 답 -5

0591 $0.9x-0.5=0.7x+0.1$의 양변에 10을 곱하면
$9x-5=7x+1$, $2x=6$ $\therefore x=3$
$\frac{5-x}{2}=\frac{2}{3}(x-a)$에 $x=3$을 대입하면 $\frac{5-3}{2}=\frac{2}{3}(3-a)$
$1=2-\frac{2}{3}a$, $\frac{2}{3}a=1$ $\therefore a=\frac{3}{2}$ 답 $\frac{3}{2}$

0592 $3(5-2x)+a=bx-3$에서 $15-6x+a=bx-3$
$\therefore (-6-b)x=-a-18$
이 방정식의 해가 무수히 많으므로 $-6-b=0$, $-a-18=0$
$\therefore a=-18$, $b=-6$ $\therefore \frac{a}{b}=\frac{-18}{-6}=3$ 답 3

0593 $2kx+3b=4ak-5x$에 $x=-2$를 대입하면
$-4k+3b=4ak+10$
이 식이 k에 대한 항등식이므로 $-4=4a$, $3b=10$
$\therefore a=-1$, $b=\frac{10}{3}$
$\therefore 3ab=3\times(-1)\times\frac{10}{3}=-10$ 답 -10

0594 $ax-8=-2(5x+2)$에서 $ax-8=-10x-4$
$(a+10)x=4$ $\therefore x=\frac{4}{a+10}$
$\frac{4}{a+10}$가 양의 정수가 되려면 $a+10$이 4의 약수이어야 하므로 $a+10$의 값은 1 또는 2 또는 4이어야 한다.
(i) $a+10=1$일 때, $a=-9$
(ii) $a+10=2$일 때, $a=-8$
(iii) $a+10=4$일 때, $a=-6$
(i)~(iii)에서 모든 정수 a의 값의 합은
$-9+(-8)+(-6)=-23$ 답 -23

0595 $\frac{2}{3}x-\frac{1}{2}=\frac{5}{6}$의 양변에 6을 곱하면 $4x-3=5$
따라서 ㉠은 5이고, 이때 ㈎에서 이용한 등식의 성질은 '등식의 양변에 같은 수를 곱해도 등식은 성립한다.'이다. … ❶
$4x-3=5$의 양변에 3을 더하면 $4x=8$
따라서 ㉡은 8이고, 이때 ㈏에서 이용한 등식의 성질은 '등식의 양변에 같은 수를 더해도 등식은 성립한다.'이다. … ❷
$4x=8$의 양변을 4로 나누면 $x=2$
따라서 ㉢은 2이고, 이때 ㈐에서 이용한 등식의 성질은 '등식의 양변을 0이 아닌 같은 수로 나누어도 등식은 성립한다.'이다. … ❸

답 풀이 참조

채점 기준	배점
❶ ㉠을 구하고 ㈎에서 이용한 등식의 성질 쓰기	40 %
❷ ㉡을 구하고 ㈏에서 이용한 등식의 성질 쓰기	30 %
❸ ㉢을 구하고 ㈐에서 이용한 등식의 성질 쓰기	30 %

0596 $2◎x=3(2+x)-2x=6+3x-2x=x+6$
$\therefore (2◎x)◎(-1)=(x+6)◎(-1)$
$=3\{x+6+(-1)\}-(x+6)\times(-1)$
$=3(x+5)+x+6$
$=3x+15+x+6=4x+21$ … ❶
따라서 $(2◎x)◎(-1)=5$에서
$4x+21=5$, $4x=-16$ $\therefore x=-4$ … ❷

답 -4

채점 기준	배점
❶ $(2◎x)◎(-1)$을 x에 대한 식으로 나타내기	70 %
❷ x의 값 구하기	30 %

07 일차방정식의 활용 Ⅱ. 문자와 식

step A 개념 익히고,

본문 121쪽

0597 답 ❷ $3x$, $x-4$, $3x=x-4$ ❸ -2, -2
❹ -2, -6, -2, -6

0598 답 (1) $4x=x+6$, $x=2$
(2) $20-3x=2$, $x=6$
(3) $10x+5=5(x+5)$, $x=4$
(4) $2(x+4)=22$, $x=7$
(5) $500x+800(10-x)=6200$, $x=6$

0599 답 (1)

	거리 (km)	속력 (km/h)	걸린 시간 (시간)
갈 때	x	3	$\frac{x}{3}$
올 때	x	2	$\frac{x}{2}$

$\frac{x}{3}+\frac{x}{2}=5$

(2) 6 km

0600 답 (1)

	물을 넣기 전	물을 넣은 후
농도(%)	10	4
소금물의 양(g)	200	$200+x$
소금의 양(g)	$\frac{10}{100}\times200$	$\frac{4}{100}\times(200+x)$

$\frac{10}{100}\times200=\frac{4}{100}\times(200+x)$

(2) 300 g

step B 기출 & 변형하면…

본문 122 ~ 131쪽

0601 어떤 수를 x라 하면 $\frac{1}{2}x=2(x-5)-2$
$x=4(x-5)-4$, $x=4x-20-4$, $-3x=-24$ $\therefore x=8$
따라서 어떤 수는 8이다. 답 ③

0602 어떤 수를 x라 하면 $4(x-3)=2x$
$4x-12=2x$, $2x=12$ $\therefore x=6$
따라서 어떤 수는 6이다. 답 6

0603 작은 수를 x라 하면 큰 수는 $40-x$이므로
$40-x=4x+5$, $-5x=-35$ $\therefore x=7$
따라서 작은 수는 7이다. 답 7

0604 작은 수를 x라 하면 큰 수는 $32-x$이므로
$32-x=5x+2$, $-6x=-30$ $\therefore x=5$
따라서 작은 수가 5이므로 큰 수는 $32-5=27$ 답 ⑤

0605 연속하는 두 자연수를 x, $x+1$이라 하면
$x+(x+1)=39$, $2x=38$ $\therefore x=19$
따라서 두 자연수는 19, 20이므로 곱은
$19\times20=380$ 답 380

0606 연속하는 두 짝수를 x, $x+2$라 하면
$x+(x+2)=3x-8$
$2x+2=3x-8$, $-x=-10$ $\therefore x=10$
따라서 두 짝수 중 작은 수는 10이다. 답 ④

0607 연속하는 세 자연수를 $x-1$, x, $x+1$이라 하면
$(x-1)+x+(x+1)=123$, $3x=123$ $\therefore x=41$
따라서 세 수 중 가장 작은 수는 $41-1=40$ 답 ②

0608 연속하는 세 홀수를 $x-2$, x, $x+2$라 하면
$3(x-2)=x+(x+2)-1$ … ❶
$3x-6=2x+1$ $\therefore x=7$
따라서 세 홀수 중 가장 큰 수는 $7+2=9$ … ❷
답 9

채점 기준	배점
❶ 방정식 세우기	50 %
❷ 가장 큰 수 구하기	50 %

0609 일의 자리의 숫자를 x라 하면 십의 자리의 숫자가 4이므로 두 자리 자연수는 $40+x$
이 자연수가 각 자리의 숫자의 합의 4배와 같으므로
$40+x=4(4+x)$
$40+x=16+4x$, $-3x=-24$ $\therefore x=8$
따라서 이 자연수는 $40+8=48$ 답 ④

0610 처음 수의 십의 자리의 숫자를 x라 하면 일의 자리의 숫자가 6이므로 처음 수는 $10x+6$
십의 자리의 숫자와 일의 자리의 숫자를 바꾼 수는 $60+x$
바꾼 수는 처음 수보다 18만큼 작으므로
$60+x=(10x+6)-18$, $-9x=-72$ $\therefore x=8$
따라서 처음 수는 $80+6=86$ 답 86

0611 십의 자리의 숫자를 x라 하면 일의 자리의 숫자는 $x-3$이므로 두 자리 자연수는 $10x+(x-3)=11x-3$

이 자연수가 각 자리의 숫자의 합의 5배보다 17만큼 크므로

$11x-3=5\{x+(x-3)\}+17$

$11x-3=5(2x-3)+17$

$11x-3=10x-15+17 \qquad \therefore x=5$

따라서 이 자연수는 $11\times5-3=52$ 답 52

0612 처음 수의 십의 자리의 숫자를 x라 하면 일의 자리의 숫자는 $14-x$이므로 처음 수는

$10x+(14-x)=9x+14$ … ❶

이 자연수의 일의 자리의 숫자와 십의 자리의 숫자를 바꾼 수는

$10(14-x)+x=140-10x+x=140-9x$ … ❷

바꾼 수는 처음 수보다 36만큼 크므로

$140-9x=(9x+14)+36$ … ❸

$140-9x=9x+50,\ -18x=-90 \qquad \therefore x=5$

따라서 처음 수는 $9\times5+14=59$ … ❹

답 59

채점 기준	배점
❶ 십의 자리의 숫자를 x라 하고 처음 수를 x에 대한 식으로 나타내기	20 %
❷ 바꾼 수를 x에 대한 식으로 나타내기	20 %
❸ 방정식 세우기	30 %
❹ 처음 수 구하기	30 %

0613 2점짜리 슛을 x개 넣었다고 하면 3점짜리 슛은 $(12-x)$개 넣었으므로 $2x+3(12-x)=30$

$2x+36-3x=30,\ -x=-6 \qquad \therefore x=6$

따라서 이 선수가 넣은 2점짜리 슛은 6개이다. 답 6

0614 염소가 x마리 있다고 하면 닭은 $(62-x)$마리 있다. 다리의 수의 합이 164개이므로 $4x+2(62-x)=164$

$4x+124-2x=164,\ 2x=40 \qquad \therefore x=20$

따라서 염소는 20마리 있다. 답 20마리

0615 장미를 x송이 샀다고 하면 튤립은 $(15-x)$송이 샀으므로

$800(15-x)+1000x=15000-1800$

$12000-800x+1000x=13200$

$200x=1200 \qquad \therefore x=6$

따라서 구입한 장미는 6송이이다. 답 ④

0616 초콜릿을 x개 샀다고 하면 사탕은 $(20-x)$개 샀으므로

$500x+300(20-x)+800=9200$ … ❶

$500x+6000-300x+800=9200$

$200x=2400 \qquad \therefore x=12$

따라서 초콜릿은 12개, 사탕은 $20-12=8$(개) 샀다. … ❷

답 초콜릿: 12개, 사탕: 8개

채점 기준	배점
❶ 초콜릿을 x개 샀다고 하고 방정식 세우기	50 %
❷ 초콜릿과 사탕을 각각 몇 개씩 샀는지 구하기	50 %

0617 x일 후에 언니와 동생의 저금통에 들어 있는 금액이 같아진다고 하면 $5000+400x=3600+600x$

$-200x=-1400 \qquad \therefore x=7$

따라서 7일 후에 언니와 동생의 저금통에 들어 있는 금액이 같아진다. 답 ⑤

0618 x일 후에 민우가 가지고 있는 돈이 수아가 가지고 있는 돈의 3배가 된다고 하면

$40000-2000x=3(32000-2000x)$

$40000-2000x=96000-6000x$

$4000x=56000 \qquad \therefore x=14$

따라서 14일 후에 민우가 가지고 있는 돈이 수아가 가지고 있는 돈의 3배가 된다. 답 ④

0619 x개월 후에 태민이의 예금액이 은지의 예금액의 2배가 된다고 하면 $2(12000+3000x)=39000+3000x$

$24000+6000x=39000+3000x$

$3000x=15000 \qquad \therefore x=5$

따라서 5개월 후에 태민이의 예금액이 은지의 예금액의 2배가 된다. 답 5개월 후

0620 10개월 후에 형의 예금액의 2배와 동생의 예금액의 3배가 같아지므로 $2(20000+4000\times10)=3(10000+10x)$

$120000=30000+30x,\ -30x=-90000$

$\therefore x=3000$ 답 3000

0621 원가를 x원이라 하면

$(\text{정가})=(\text{원가})+(\text{이익})=x+\frac{10}{100}x=\frac{11}{10}x(\text{원})$

$(\text{판매 가격})=(\text{정가})-500=\frac{11}{10}x-500(\text{원})$

이익이 원가의 5 %이므로

$(\text{판매 가격})-(\text{원가})=(\text{원가})\times\frac{5}{100}$에서

$\left(\frac{11}{10}x-500\right)-x=x\times\frac{5}{100}$

$\frac{1}{10}x-500=\frac{1}{20}x,\ 2x-10000=x \qquad \therefore x=10000$

따라서 이 상품의 원가는 10000원이다. 답 ③

0622 원가에 x %의 이익을 붙여 정가를 정했으므로

$(\text{정가})=(\text{원가})+(\text{이익})$

$=20000+20000\times\frac{x}{100}=200x+20000(\text{원})$

(판매 가격)=(정가)−(할인 금액)

$=(200x+20000)-(200x+20000)\times\frac{20}{100}$

$=200x+20000-40x-4000$

$=160x+16000$(원)

이익이 800원이므로 (판매 가격)−(원가)=800에서

$(160x+16000)-20000=800$

$160x=4800$ $\therefore x=30$ 답 30

0623 배의 구입 원가는 $1000\times300=300000$(원)

배 한 개의 정가는 $1000+1000\times\frac{40}{100}=1400$(원)이고 정가로 판매한 배의 개수는 $300\times\frac{70}{100}=210$

배 한 개의 정가에서 x % 할인한 가격은

$1400-1400\times\frac{x}{100}=1400-14x$(원)이고 할인한 가격으로 판매한 배의 개수는 $300-210=90$

이때 전체 이익금이 94800원이므로

$\{1400\times210+(1400-14x)\times90\}-300000=94800$

$294000+126000-1260x-300000=94800$

$-1260x=-25200$ $\therefore x=20$ 답 20

0624 처음 구입한 형광펜의 개수를 x라 하자.

형광펜 1개의 도매 가격은 $\frac{1500}{5}=300$(원)이므로 구입 원가는 $300x$원이다.

구입한 형광펜의 개수의 60 %의 1개당 판매 가격은

$\frac{800}{2}=400$(원)이고 판매 개수는 $x\times\frac{60}{100}=\frac{3}{5}x$

나머지 형광펜의 1개당 판매 가격은 $\frac{600}{3}=200$(원)이고

판매 개수는 $\frac{2}{5}x$

이때 전체 이익금이 30000원이므로

$400\times\frac{3}{5}x+200\times\frac{2}{5}x-300x=30000$

$20x=30000$ $\therefore x=1500$

따라서 문구점에서 처음 구입한 형광펜의 개수는 1500이다.

답 1500

0625 작년 입사 지원자 수를 x라 하면

$x+\frac{10}{100}x=2530$, $100x+10x=253000$

$110x=253000$ $\therefore x=2300$

따라서 작년 입사 지원자 수는 2300이다. 답 2300

0626 작년 여자 회원 수를 x라 하면

(올해 증가한 여자 회원 수)$=\frac{10}{100}x=\frac{1}{10}x$

(올해 증가한 전체 회원 수)$=\frac{2}{100}\times150=3$

이므로 $-4+\frac{1}{10}x=3$, $\frac{1}{10}x=7$ $\therefore x=70$

따라서 올해 여자 회원 수는 $70+\frac{1}{10}\times70=77$ 답 77

0627 작년 남학생 수를 x라 하면 여학생 수는 $600-x$이다.

(올해 증가한 남학생 수)$=\frac{3}{100}x$

(올해 감소한 여학생 수)$=\frac{5}{100}(600-x)$

올해 감소한 전체 학생이 6명이므로

$\frac{3}{100}x-\frac{5}{100}(600-x)=-6$

$3x-5(600-x)=-600$, $3x-3000+5x=-600$

$8x=2400$ $\therefore x=300$

따라서 올해 남학생 수는 $300+\frac{3}{100}\times300=309$ 답 ③

0628 작년 남학생 수를 x라 하면 여학생 수는 $1220-x$이다.

(올해 감소한 남학생 수)$=\frac{3}{100}x$

(올해 증가한 여학생 수)$=\frac{5}{100}(1220-x)=61-\frac{1}{20}x$

(올해 증가한 전체 학생 수)$=1233-1220=13$

이므로 $-\frac{3}{100}x+\left(61-\frac{1}{20}x\right)=13$ … ❶

$-3x+6100-5x=1300$, $-8x=-4800$

$\therefore x=600$ … ❷

따라서 올해 남학생 수는 $600-\frac{3}{100}\times600=582$ … ❸

답 582

채점 기준	배점
❶ 작년 남학생 수를 x라 하고 방정식 세우기	50 %
❷ 방정식 풀기	30 %
❸ 올해 남학생 수 구하기	20 %

0629 학생 수를 x라 하면 $3x+6=5x-2$

$-2x=-8$ $\therefore x=4$

따라서 초콜릿의 수는 $3\times4+6=18$ 답 ③

0630 학생 수를 x라 하면 $2x+4=3x-6$

$-x=-10$ $\therefore x=10$

따라서 공책의 수는 $2\times10+4=24$ 답 ④

0631 (1) 텐트의 수를 x라 하면 한 텐트에 5명씩 잘 경우 5명이 모두 자는 텐트의 수는 $x-1$이므로

$4x+4=5(x-1)+3$ … ❶

$4x+4=5x-5+3$, $-x=-6$ $\therefore x=6$

따라서 텐트의 수는 6이다. … ❷

(2) (지우네 반 학생 수)$=4\times6+4=28$ … ❸

답 (1) 6 (2) 28

채점 기준	배점
❶ 텐트의 수를 x라 하고 방정식 세우기	50 %
❷ 텐트의 수 구하기	30 %
❸ 지우네 반 학생 수 구하기	20 %

0632 긴 의자의 수를 x라 하면 한 의자에 8명씩 앉는 경우 8명이 모두 앉는 의자의 수는 $x-2$이므로

$6x+3=8(x-2)+1$, $6x+3=8x-16+1$

$-2x=-18$ $\therefore x=9$

따라서 학생 수는 $6\times9+3=57$ 답 57

0633 전체 일의 양을 1이라 하면 A, B가 하루 동안 할 수 있는 일의 양은 각각 $\frac{1}{10}$, $\frac{1}{14}$이다.

B가 x일 동안 일하였다고 하면 $\frac{1}{10}\times5+\frac{1}{14}x=1$

$\frac{1}{14}x=\frac{1}{2}$ $\therefore x=7$

따라서 B는 7일 동안 일하였다. 답 7일

0634 전체 일의 양을 1이라 하면 A, B가 하루 동안 할 수 있는 일의 양은 각각 $\frac{1}{12}$, $\frac{1}{4}$이다.

A와 B가 x일 동안 같이 하여 일을 완성한다고 하면

$\left(\frac{1}{12}+\frac{1}{4}\right)x=1$, $\frac{1}{3}x=1$ $\therefore x=3$

따라서 이 일을 A와 B가 같이 하여 완성하려면 3일이 걸린다.

답 3일

0635 전체 대청소의 양을 1이라 하면 형과 동생이 1시간 동안 할 수 있는 청소의 양은 각각 $\frac{1}{2}$, $\frac{1}{3}$이다.

형과 동생이 함께 청소한 시간을 x시간이라 하면

$\frac{1}{2}\times1+\left(\frac{1}{2}+\frac{1}{3}\right)x=1$, $\frac{5}{6}x=\frac{1}{2}$ $\therefore x=\frac{3}{5}$

따라서 형과 동생이 함께 청소한 시간은 $\frac{3}{5}$시간, 즉

$\frac{3}{5}\times60=36$(분)이다. 답 36분

0636 물탱크의 용량을 1이라 하면 A, B 두 호스로 1시간 동안 받을 수 있는 물의 양은 각각 $\frac{1}{5}$, $\frac{1}{3}$이다.

A, B 두 호스로 동시에 물을 받아야 할 시간을 x시간이라 하면

$\frac{1}{3}\times1+\left(\frac{1}{5}+\frac{1}{3}\right)x=1$, $\frac{8}{15}x=\frac{2}{3}$ $\therefore x=\frac{5}{4}$

따라서 두 호스로 동시에 $\frac{5}{4}$시간, 즉 1시간 15분 동안 물을 받아야 한다. 답 ②

0637 세로의 길이를 x cm라 하면 가로의 길이는 $(x-3)$ cm이므로

$2\{x+(x-3)\}=34$

$2(2x-3)=34$, $2x-3=17$

$2x=20$ $\therefore x=10$

따라서 세로의 길이는 10 cm이다. 답 10 cm

0638 직육면체의 높이를 x cm라 하면 겉넓이가 108 cm^2이므로

$2(4\times3+4\times x+3\times x)=108$

$2(7x+12)=108$, $7x+12=54$

$7x=42$ $\therefore x=6$

따라서 직육면체의 높이가 6 cm이므로 부피는

$4\times3\times6=72(cm^3)$ 답 ①

0639 (정사각형의 한 변의 길이)$=20\div4=5$(cm) … ❶

(늘인 가로의 길이)$=5+x$(cm)

(줄인 세로의 길이)$=5-2=3$(cm)

직사각형의 넓이가 24 cm^2이므로

$3(5+x)=24$ … ❷

$5+x=8$ $\therefore x=3$ … ❸

답 3

채점 기준	배점
❶ 정사각형의 한 변의 길이 구하기	20 %
❷ x에 대한 방정식 세우기	50 %
❸ x의 값 구하기	30 %

0640 가로의 길이와 세로의 길이의 비가 5 : 2이므로 가로의 길이를 $5x$ cm라 하면 세로의 길이는 $2x$ cm이다.

직사각형의 둘레의 길이가 42 cm이므로

$2(5x+2x)=42$

$7x=21$ $\therefore x=3$

따라서 직사각형의 가로의 길이는 $5\times3=15$(cm), 세로의 길이는 $2\times3=6$(cm)이므로 넓이는

$15\times6=90(cm^2)$ 답 ①

0641 두 지점 A, B 사이의 거리를 x km라 하면

(갈 때 걸린 시간)+(올 때 걸린 시간)=(총 걸린 시간)

이므로 $\frac{x}{4}+\frac{x}{2}=6$

$x+2x=24$, $3x=24$

$\therefore x=8$

따라서 두 지점 A, B 사이의 거리는 8 km이다. 답 8 km

0642 정우네 집에서 할머니 댁까지의 거리를 x m라 하면
(동생이 이동한 시간)−(정우가 이동한 시간)
$=1$시간 10분$=70$분
이므로 $\frac{x}{120}-\frac{x}{150}=70$
$5x-4x=42000$ $\therefore x=42000$
따라서 정우네 집에서 할머니 댁까지의 거리는 42000 m, 즉 42 km이다.
답 ⑤

0643 내려올 때 걸은 거리를 x km라 하면 올라갈 때 걸은 거리는 $(x-1)$ km이다.
(올라갈 때 걸린 시간)+(내려올 때 걸린 시간)
=(총 걸린 시간)
이므로 $\frac{x-1}{3}+\frac{x}{4}=3\frac{10}{60}$
$\frac{x-1}{3}+\frac{x}{4}=\frac{19}{6}$
$4(x-1)+3x=38$
$4x-4+3x=38$, $7x=42$ $\therefore x=6$
따라서 내려올 때 걸은 거리는 6 km이다.
답 6 km

0644 은수네 집에서 마트까지의 거리를 x km라 하면
(갈 때 걸린 시간)+(물건을 산 시간)+(올 때 걸린 시간)
=(총 걸린 시간)
이므로 $\frac{x}{3}+\frac{40}{60}+\frac{x}{2}=2$
$2x+4+3x=12$, $5x=8$ $\therefore x=\frac{8}{5}$
따라서 은수네 집에서 마트까지의 거리는 $\frac{8}{5}$ km이다.
답 $\frac{8}{5}$ km

0645 언니와 동생이 출발한 지 x분 후에 처음으로 다시 만난다고 하면
(언니가 걸은 거리)−(동생이 걸은 거리)
=(트랙의 둘레의 길이)
이므로 $120x-80x=400$
$40x=400$ $\therefore x=10$
따라서 언니와 동생이 처음으로 다시 만나는 것은 출발한 지 10분 후이다.
답 10분 후

0646 동생이 출발한 지 x분 후에 형을 만난다고 하면
(동생이 자전거를 타고 달린 거리)=(형이 걸은 거리)
이므로 $210x=70(x+10)$
$210x=70x+700$
$140x=700$ $\therefore x=5$
따라서 동생은 출발한 지 5분 후에 형을 만나게 된다.
답 5분 후

0647 2.6 km$=$2600 m이고, 두 사람이 출발한 지 x분 후에 처음으로 다시 만난다고 하면
(지우가 걸은 거리)+(승호가 걸은 거리)
=(호수의 둘레의 길이)
이므로 $60x+70x=2600$
$130x=2600$ $\therefore x=20$
따라서 두 사람이 처음으로 다시 만나는 것은 출발한 지 20분 후이다.
답 20분 후

0648 B가 달린 거리를 x km라 하면 A가 걸은 거리는 $(3.2-x)$ km이다.
(A가 이동한 시간)=(B가 이동한 시간)이므로
$\frac{3.2-x}{3}=\frac{x}{5}$ … ❶
$5(3.2-x)=3x$, $16-5x=3x$
$-8x=-16$ $\therefore x=2$
따라서 B가 달린 거리는 2 km이다. … ❷
답 2 km

채점 기준	배점
❶ B가 달린 거리를 x km라 하고 방정식 세우기	50 %
❷ B가 달린 거리 구하기	50 %

다른 풀이 두 사람이 출발한 지 x시간 후에 만난다고 하면
(A가 걸은 거리)+(B가 달린 거리)=3.2 km이므로
$3x+5x=3.2$, $8x=3.2$ $\therefore x=0.4$
따라서 B가 달린 거리는 $5\times0.4=2$(km)

0649 열차의 길이를 x m라 하면
$\frac{x+1500}{45}=36$
$x+1500=1620$ $\therefore x=120$
따라서 열차의 길이는 120 m이다.
답 120 m

0650 열차의 길이를 x m라 하면 속력이 일정하므로
$\frac{x+1600}{70}=\frac{x+600}{30}$
$3(x+1600)=7(x+600)$
$3x+4800=7x+4200$
$-4x=-600$ $\therefore x=150$
따라서 열차의 길이는 150 m이다.
답 150 m

0651 증발시킬 물의 양을 x g이라 하면
$\frac{10}{100}\times300=\frac{12}{100}\times(300-x)$
$3000=3600-12x$
$12x=600$ $\therefore x=50$
따라서 증발시킬 물의 양은 50 g이다.
답 50 g

0652 더 넣을 물의 양을 x g이라 하면

$\frac{6}{100}\times300=\frac{4}{100}\times(300+x)$

$1800=1200+4x$

$-4x=-600$ $\quad\therefore x=150$

따라서 더 넣을 물의 양은 150 g이다. 답 ④

0653 처음 소금물의 농도를 x %라 하면 나중 소금물의 농도는 $4x$ %이다.

(처음 소금물의 소금의 양)+(더 넣은 소금의 양)

=(나중 소금물의 소금의 양)

이므로 $\frac{x}{100}\times300+150=\frac{4x}{100}\times450$

$300x+15000=1800x$

$-1500x=-15000$

$\therefore x=10$

따라서 처음 소금물의 농도는 10 %이다. 답 10 %

0654 15 %의 소금물의 양을 x g이라 하면

$\frac{15}{100}\times x+50=\frac{20}{100}\times(x+50)$ … ❶

$15x+5000=20x+1000$

$-5x=-4000$ $\quad\therefore x=800$

따라서 15 %의 소금물의 양은 800 g이다. … ❷

답 800 g

채점 기준	배점
❶ 15 %의 소금물의 양을 x g이라 하고 방정식 세우기	50 %
❷ 15 %의 소금물의 양 구하기	50 %

0655 15 %의 소금물의 양을 x g이라 하면 10 %의 소금물의 양은 $(200-x)$ g이므로

$\frac{10}{100}\times(200-x)+\frac{15}{100}\times x=\frac{12}{100}\times200$

$2000-10x+15x=2400$

$5x=400$ $\quad\therefore x=80$

따라서 15 %의 소금물의 양은 80 g이다. 답 80 g

0656 $\frac{x}{100}\times120+\frac{10}{100}\times180=\frac{12}{100}\times300$

$120x+1800-3600$

$120x=1800$ $\quad\therefore x=15$ 답 15

0657 더 넣은 물의 양을 x g이라 하면 10 %의 소금물의 양은 $(180-x)$ g이므로

$\frac{8}{100}\times100+\frac{10}{100}\times(180-x)=\frac{7}{100}\times280$ … ❶

$800+1800-10x=1960$

$-10x=-640$ $\quad\therefore x=64$

따라서 더 넣은 물의 양은 64 g이다. … ❷

답 64 g

채점 기준	배점
❶ 더 넣은 물의 양을 x g이라 하고 방정식 세우기	50 %
❷ 더 넣은 물의 양 구하기	50 %

0658 처음 덜어낸 8 %의 소금물의 양을 x g이라 하면 추가로 더 넣은 4 %의 소금물의 양은

$620-(500-x+x)=120$(g)이므로

$\frac{8}{100}\times(500-x)+\frac{4}{100}\times120=\frac{5}{100}\times620$

$4000-8x+480=3100$

$-8x=-1380$

$\therefore x=172.5$

따라서 처음 덜어낸 8 %의 소금물의 양은 172.5 g이다.

답 172.5 g

step C 실력 완성!

본문 132 ~ 135쪽

0659 어떤 자연수를 x라 하면

$4(x-3)=3x+1$

$4x-12=3x+1$ $\quad\therefore x=13$

따라서 어떤 자연수는 13이다. 답 ④

0660 연속하는 세 자연수를 $x-1$, x, $x+1$이라 하면

$3x=(x-1)+(x+1)+13$

$3x=2x+13$

$\therefore x=13$

따라서 세 자연수는 12, 13, 14이므로 세 자연수의 합은

$12+13+14=39$ 답 39

0661 십의 자리의 숫자를 x라 하면 일의 자리의 숫자는 7이므로 두 자리 자연수는

$10x+7$

이 자연수는 각 자리의 숫자의 합의 4배보다 3만큼 크므로

$10x+7=4(x+7)+3$

$10x+7=4x+28+3$

$6x=24$ $\quad\therefore x=4$

따라서 구하는 자연수는 47이다. 답 47

0662 은비가 맞힌 4점짜리 문제의 수를 x라 하면 은비가 맞힌 5점짜리 문제의 수는 $20-x$이다.
은비가 받은 점수가 82점이므로
$4x+5(20-x)=82$, $4x+100-5x=82$
$-x=-18 \qquad \therefore x=18$
따라서 은비가 맞힌 4점짜리 문제는 18개이다. 답 ⑤

0663 x개월 후에 강인이의 예금액이 희주의 예금액의 3배가 된다고 하면
$3(10000+2000x)=42000+2000x$
$30000+6000x=42000+2000x$
$4000x=12000 \qquad \therefore x=3$
따라서 3개월 후에 강인이의 예금액이 희주의 예금액의 3배가 된다. 답 3개월 후

0664 원가를 x원이라 하면
(정가)=(원가)+(이익)
$=x+\frac{20}{100}x=\frac{6}{5}x$(원)
(할인 금액)$=\frac{6}{5}x\times\frac{10}{100}=\frac{3}{25}x$(원)
(판매 가격)=(정가)−(할인 금액)
$=\frac{6}{5}x-\frac{3}{25}x=\frac{27}{25}x$(원)
(판매 가격)−(원가)=(이익)이고 이익이 2000원이므로
$\frac{27}{25}x-x=2000$
$\frac{2}{25}x=2000 \qquad \therefore x=25000$
따라서 이 물건의 원가는 25000원이다. 답 ④

0665 작년 남학생 수를 x명이라 하면 여학생 수는 $(850-x)$명이므로
$\frac{7}{100}x-\frac{4}{100}(850-x)=10$
$7x-3400+4x=1000$, $11x=4400$
$\therefore x=400$
따라서 올해 남학생 수는
$400+\frac{7}{100}\times400=428$(명) 답 ⑤

0666 긴 의자의 수를 x개라 하면 한 의자에 21명씩 앉는 경우 21명이 모두 앉는 의자의 수는 $(x-3)$개이므로
$20x+10=21(x-3)+8$
$20x+10=21x-63+8$
$-x=-65 \qquad \therefore x=65$
따라서 사람 수는 $20\times65+10=1310$(명) 답 1310명

0667 전체 조립하는 양을 1이라 하면 태우와 준수가 하루 동안 조립할 수 있는 양은 각각 $\frac{1}{10}$, $\frac{1}{20}$이므로 둘이 함께 x일 동안 조립했다고 하면
$\left(\frac{1}{10}+\frac{1}{20}\right)x+\frac{1}{20}\times5=1$
$\frac{3}{20}x+\frac{1}{4}=1$, $3x+5=20$
$3x=15 \qquad \therefore x=5$
따라서 두 사람이 함께 조립한 기간은 5일이다. 답 ②

0668 그림의 세로의 길이를 x cm라 하면 가로의 길이는 $(x-24)$ cm이므로
$2\{x+(x-24)\}=260$
$2x-24=130$, $2x=154 \qquad \therefore x=77$
따라서 그림의 세로의 길이는 77 cm이다. 답 77 cm

0669 닭장의 세로의 길이를 x m라 하면 가로의 길이는 $(x+0.8)$ m이다.
철망의 길이가 8 m이므로
$(x+0.8)+2x=8$
$3x+0.8=8$
$3x=7.2 \qquad \therefore x=2.4$
따라서 이 닭장의 세로의 길이는 2.4 m이다. 답 2.4 m

0670 시속 6 km로 이동한 거리를 x km라 하면 시속 4 km로 이동한 거리는 $(3-x)$ km이다.
집에서 학교까지 가는 데 걸린 시간은 40분, 즉
$\frac{40}{60}=\frac{2}{3}$(시간)이므로
$\frac{x}{6}+\frac{3-x}{4}=\frac{2}{3}$
$2x+3(3-x)=8$
$2x+9-3x=8$
$-x=-1 \qquad \therefore x=1$
따라서 시속 6 km로 이동한 거리는 1 km이다. 답 ①

0671 동생이 출발한 지 x분 후에 다은이를 만난다고 하면 다은이가 $(20+x)$분 동안 간 거리와 동생이 x분 동안 간 거리가 같으므로
$60(20+x)=180x$
$1200+60x=180x$
$-120x=-1200 \qquad \therefore x=10$
따라서 동생이 출발한 지 10분 후인 오전 8시에 두 사람이 만난다. 답 오전 8시

0672 열차의 길이를 x m라 하면 열차가 800 m 길이의 철교를 완전히 통과할 때까지 달린 거리는 $(800+x)$ m이고
1100 m 길이의 터널을 완전히 통과할 때까지 달린 거리는
$(1100+x)$ m이다.
열차의 속력은 일정하므로
$\frac{800+x}{40}=\frac{1100+x}{50}$
$5(800+x)=4(1100+x)$
$4000+5x=4400+4x$
$\therefore x=400$
따라서 열차의 길이는 400 m이다.

답 ⑤

0673 처음 소금물의 농도를 x %라 하면 나중 소금물의 농도는 $2x$ %이다.
(처음 소금물의 소금의 양)+(더 넣은 소금의 양)
=(나중 소금물의 소금의 양)
이므로 $\frac{x}{100}\times300+60=\frac{2x}{100}\times(300+40+60)$
$300x+6000=800x$
$-500x=-6000$ $\therefore x=12$
따라서 처음 소금물의 농도는 12 %이다.

답 12 %

0674 4 %의 소금물을 x g 섞는다고 하면 19 %의 소금물은 $(500-x)$ g 섞어야 하므로
$\frac{4}{100}\times x+\frac{19}{100}\times(500-x)=\frac{10}{100}\times500$
$4x+9500-19x=5000$
$-15x=-4500$
$\therefore x=300$
따라서 4 %의 소금물을 300 g, 19 %의 소금물을
$500-300=200$ (g) 섞어야 한다.

답 4 %의 소금물: 300 g, 19 %의 소금물: 200 g

0675 윤지가 매달 받는 용돈을 $3x$원이라 하면 영준이가 매달 받는 용돈은 $4x$원이다.
또, (지출한 금액)=(용돈)−(남은 돈)이므로 윤지가 지출한 금액은 $(3x-6000)$원, 영준이가 지출한 금액은
$(4x-6000)$원이다.
지출한 금액의 비가 3 : 5이므로
$(3x-6000):(4x-6000)=3:5$
$5(3x-6000)=3(4x-6000)$
$15x-30000=12x-18000$
$3x=12000$ $\therefore x=4000$
따라서 윤지가 매달 받는 용돈은
$3\times4000=12000$(원)

답 12000원

0676 (i) A 병의 소금물 100 g을 B 병에 넣고 섞은 후의 B 병의 소금물의 농도를 a %라 하면
$\frac{12}{100}\times300+\frac{20}{100}\times100=\frac{a}{100}\times400$
$3600+2000=400a$
$\therefore a=14$
(ii) B 병의 소금물 x g을 A 병에 넣고 섞은 후의 A 병의 소금물의 농도가 18 %이므로
$\frac{20}{100}\times300+\frac{14}{100}\times x=\frac{18}{100}\times(300+x)$
$6000+14x=5400+18x$
$-4x=-600$
$\therefore x=150$

답 150

0677 세종 대황의 일생을 x년이라 하면 조선의 제4대 임금으로 등극할 때까지의 기간은 $\frac{7}{18}x$년, 집현전을 설치한 후 한글을 창제할 때까지의 기간은 $\frac{4}{9}x$년이므로
$\frac{7}{18}x+2+\frac{4}{9}x+3+4=x$ … ❶
$7x+36+8x+54+72=18x$
$-3x=-162$
$\therefore x=54$
따라서 세종 대왕의 일생은 54년이다. … ❷

답 54년

채점 기준	배점
❶ 방정식 세우기	50 %
❷ 세종 대왕의 일생이 몇 년이었는지 구하기	50 %

0678 두 사람이 출발한 지 x분 후 처음으로 다시 만난다고 하면 두 사람이 x분 동안 걸은 거리의 합이 3.6 km, 즉 3600 m 이므로
$90x+60x=3600$ … ❶
$150x=3600$
$\therefore x=24$
즉, 두 사람이 출발한 지 24분 후 처음으로 다시 만난다. … ❷
따라서 두 번째로 다시 만나는 시각은 출발한 지 48분 후인 오전 9시 8분이다. … ❸

답 오전 9시 8분

채점 기준	배점
❶ 두 사람이 걸은 거리의 관계에 대한 방정식 세우기	50 %
❷ 두 사람이 몇 분 후 첫 번째로 다시 만나는지 구하기	30 %
❸ 두 사람이 두 번째로 다시 만나는 시각 구하기	20 %

08 좌표평면과 그래프

Ⅲ. 좌표평면과 그래프

step A 개념 익히고,

본문 139쪽

0679 답 $\mathrm{A}(-5)$, $\mathrm{B}\left(-\frac{5}{2}\right)$, $\mathrm{C}\left(\frac{1}{2}\right)$, $\mathrm{D}(3)$

0680 답

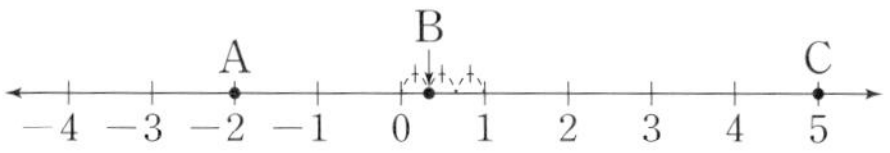

0681 답 $\mathrm{A}(-1, 3)$, $\mathrm{B}(-4, -2)$, $\mathrm{C}(0, 1)$, $\mathrm{D}(2, 1)$, $\mathrm{E}(4, -3)$

0682 답

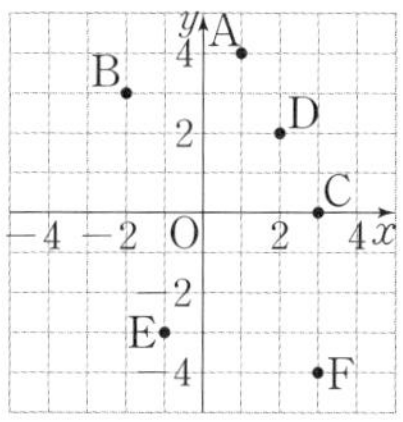

0683 답 (1) $(2, -6)$　(2) $(-9, -3)$
(3) $(7, 0)$　(4) $(0, -4)$

0684 답 (1) 제2사분면　(2) 제1사분면
(3) 제4사분면　(4) 제3사분면
(5) 제2사분면　(6) 제4사분면

0685 답 (1) $\mathrm{Q}(5, 7)$　(2) $\mathrm{R}(-5, -7)$
(3) $\mathrm{S}(-5, 7)$

0686 답 (1) 800 m　(2) 20분
(3) 80분

step B 기출 & 변형하면…

본문 140 ~ 148쪽

0687 $\mathrm{A}\left(-\frac{7}{2}\right)$, $\mathrm{B}\left(\frac{5}{3}\right)$이므로 $a=-\frac{7}{2}$, $b=\frac{5}{3}$

$\therefore 6ab=6\times\left(-\frac{7}{2}\right)\times\frac{5}{3}=-35$　답 ②

0688 ② $\mathrm{B}\left(-\frac{7}{3}\right)$

따라서 옳지 않은 것은 ②이다.　답 ②

0689

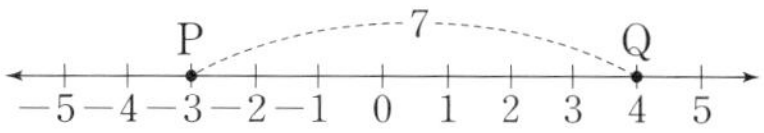

따라서 점 Q의 좌표는 Q(4)이다.　답 Q(4)

0690

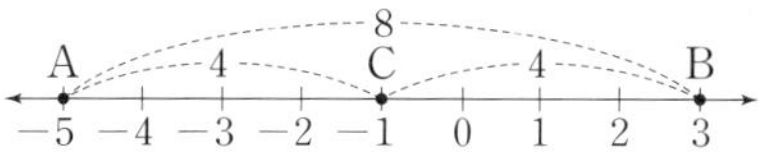

두 점 A, B 사이의 거리가 8이므로 점 C는 점 A에서 오른쪽으로 4만큼 떨어져 있다.

$\therefore \mathrm{C}(-1)$　답 $\mathrm{C}(-1)$

0691 ② $\mathrm{B}(-2, 0)$

따라서 옳지 않은 것은 ②이다.　답 ②

0692 답 FISH

0693 $a+1=-4$, $b-2=2$이므로 $a=-5$, $b=4$

$\therefore a-b=-5-4=-9$　답 -9

0694 $6-5a=3a-10$에서 $-8a=-16$　$\therefore a=2$

$2+3b=7-2b$에서 $5b=5$　$\therefore b=1$

$\therefore a-b=2-1=1$　답 ④

0695 답 ④

0696 $a=5$, $b=0$, $c=0$, $d=-7$이므로

$a+b+c+d=5+0+0+(-7)=-2$　답 -2

0697 점 (a, b)가 y축 위에 있으므로 $a=0$

이때 점 (a, b)가 원점이 아니므로 $b\neq0$　답 ②

보충 TIP

점 (a, b)가 ① 원점이 아닌 경우: $a\neq0$ 또는 $b\neq0$
② x축 위의 점인 경우: $b=0$
③ y축 위의 점인 경우: $a=0$

0698 점 $\mathrm{A}(-1-3a, 4-6a)$가 x축 위에 있으므로

$4-6a=0$　$\therefore a=\frac{2}{3}$　… ❶

점 $\mathrm{B}(3b+4, 5-b)$가 y축 위에 있으므로

$3b+4=0$　$\therefore b=-\frac{4}{3}$　… ❷

$\therefore a+b=\frac{2}{3}+\left(-\frac{4}{3}\right)=-\frac{2}{3}$　… ❸

답 $-\frac{2}{3}$

채점 기준	배점
❶ a의 값 구하기	40 %
❷ b의 값 구하기	40 %
❸ $a+b$의 값 구하기	20 %

0699 세 점 $A(-3, 2)$, $B(-3, -3)$, $C(1, 1)$을 좌표평면 위에 나타내면 오른쪽 그림과 같으므로

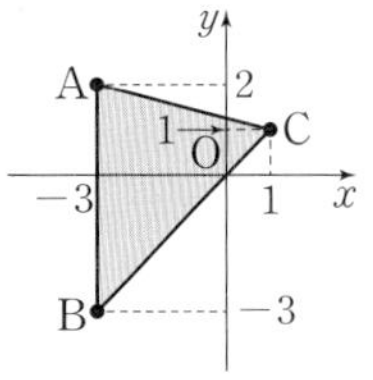

(삼각형 ABC의 넓이)

$=\frac{1}{2}\times\{2-(-3)\}\times\{1-(-3)\}$

$=\frac{1}{2}\times5\times4=10$

답 ③

0700 네 점 $A(0, 4)$, $B(-2, 0)$, $C(0, -4)$, $D(2, 0)$을 좌표평면 위에 나타내면 오른쪽 그림과 같으므로

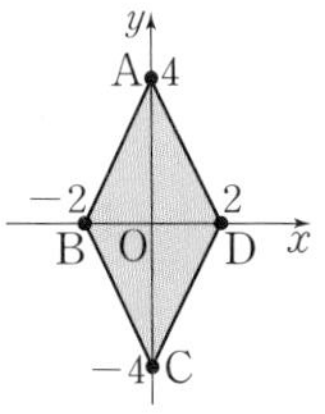

(사각형 ABCD의 넓이)

$=\frac{1}{2}\times\{2-(-2)\}\times\{4-(-4)\}$

$=\frac{1}{2}\times4\times8=16$

답 ⑤

0701 네 점 $A(-2, 4)$, $B(-1, -2)$, $C(4, -2)$, $D(4, 4)$를 좌표평면 위에 나타내면 오른쪽 그림과 같으므로

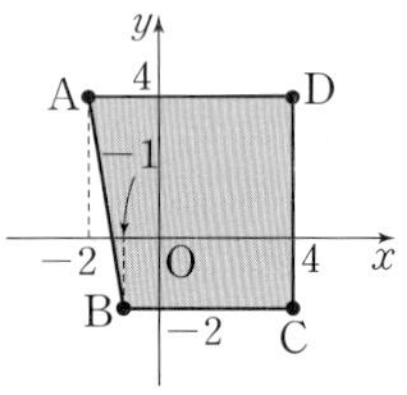

(사각형 ABCD의 넓이)

$=\frac{1}{2}\times[\{4-(-2)\}+\{4-(-1)\}]\times\{4-(-2)\}$

$=\frac{1}{2}\times(6+5)\times6$

$=33$

답 33

0702 세 점 $P(-1, 2)$, $Q(-2, -2)$, $R(2, -1)$을 좌표평면 위에 나타내면 오른쪽 그림과 같으므로 … ❶

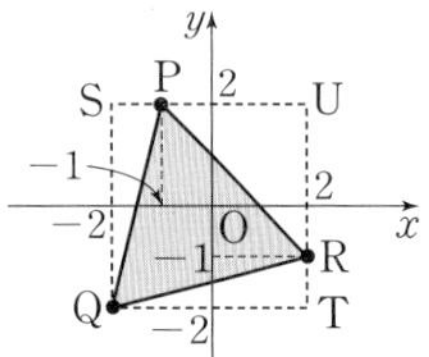

(삼각형 PQR의 넓이)

=(사각형 SQTU의 넓이)
 −(삼각형 PSQ의 넓이)−(삼각형 QTR의 넓이)
 −(삼각형 PRU의 넓이) … ❷

$=\{2-(-2)\}\times\{2-(-2)\}$

$-\frac{1}{2}\times\{-1-(-2)\}\times\{2-(-2)\}$

$-\frac{1}{2}\times\{2-(-2)\}\times\{-1-(-2)\}$

$-\frac{1}{2}\times\{2-(-1)\}\times\{2-(-1)\}$

$=4\times4-\frac{1}{2}\times1\times4-\frac{1}{2}\times4\times1-\frac{1}{2}\times3\times3$

$=16-2-2-\frac{9}{2}$

$=\frac{15}{2}$ … ❸

답 $\frac{15}{2}$

채점 기준	배점
❶ 세 점을 좌표평면 위에 나타내기	30 %
❷ 삼각형 PQR의 넓이 구하는 방법 이해하기	30 %
❸ 삼각형 PQR의 넓이 구하기	40 %

0703 ⑤ x축 위의 점이므로 어느 사분면에도 속하지 않는다.
따라서 옳지 않은 것은 ⑤이다. 답 ⑤

0704 ② 점 $B(-5, 0)$은 x축 위에 있으므로 어느 사분면에도 속하지 않는다.
따라서 옳지 않은 것은 ②이다. 답 ②

0705 ① 제3사분면
② 제1사분면
③ 제4사분면
⑤ x축 위의 점이므로 어느 사분면에도 속하지 않는다.
따라서 제2사분면 위의 점은 ④이다. 답 ④

0706 제4사분면 위의 점 ➡ $(+, -)$ 답 ④

0707 $ab>0$이므로 $a>0$, $b>0$ 또는 $a<0$, $b<0$
이때 $a+b<0$이므로 $a<0$, $b<0$
따라서 $-a>0$, $b<0$이므로 점 $(-a, b)$는 제4사분면 위의 점이다. 답 ④

0708 $ab>0$이므로 $a>0$, $b>0$ 또는 $a<0$, $b<0$
이때 $a+b>0$이므로 $a>0$, $b>0$ … ❶
$\frac{b}{a}>0$, $-a<0$이므로 점 $P\left(\frac{b}{a}, -a\right)$는 제4사분면 위의 점이다. … ❷
$-b<0$, $a>0$이므로 점 $Q(-b, a)$는 제2사분면 위의 점이다. … ❸

답 점 P: 제4사분면, 점 Q: 제2사분면

채점 기준	배점
❶ a, b의 부호 구하기	40 %
❷ 점 P가 어느 사분면 위의 점인지 구하기	30 %
❸ 점 Q가 어느 사분면 위의 점인지 구하기	30 %

0709 $ab<0$이므로 $a>0$, $b<0$ 또는 $a<0$, $b>0$
이때 $a<b$이므로 $a<0$, $b>0$
① $-b<0$, $-a>0$이므로 점 $(-b, -a)$는 제2사분면 위의 점이다.
② $b>0$, $-a>0$이므로 점 $(b, -a)$는 제1사분면 위의 점이다.

③ $-a>0$, $-b<0$이므로 점 $(-a, -b)$는 제4사분면 위의 점이다.
④ $a<0$, $-b<0$이므로 점 $(a, -b)$는 제3사분면 위의 점이다.
⑤ $a<0$, $b>0$이므로 점 (a, b)는 제2사분면 위의 점이다.
따라서 제3사분면 위의 점은 ④이다. 답 ④

0710 $ab<0$이므로
$a>0$, $b<0$ 또는 $a<0$, $b>0$
이때 $a>b$이므로 $a>0$, $b<0$
$-a<0$, $-\frac{b}{a}>0$이므로 점 $\left(-a, -\frac{b}{a}\right)$는 제2사분면 위의 점이다.
① 제1사분면 ② 제3사분면 ③ 제2사분면
④ 제4사분면 ⑤ 어느 사분면에도 속하지 않는다. 답 ③

0711 점 (a, b)가 제4사분면 위의 점이므로
$a>0$, $b<0$
① $a-b>0$ ② 알 수 없다.
④ $\frac{b}{a}<0$ ⑤ $b-a<0$ 답 ③

0712 점 $(-a, b)$가 제3사분면 위의 점이므로
$-a<0$, $b<0$, 즉 $a>0$, $b<0$
① $a>0$, $b<0$이므로 점 (a, b)는 제4사분면 위의 점이다.
② $a>0$, $-b>0$이므로 점 $(a, -b)$는 제1사분면 위의 점이다.
③ $-a<0$, $-b>0$이므로 점 $(-a, -b)$는 제2사분면 위의 점이다.
④ $\frac{a}{b}<0$, $b-a<0$이므로 점 $\left(\frac{a}{b}, b-a\right)$는 제3사분면 위의 점이다.
⑤ $-ab>0$, $a-b>0$이므로 점 $(-ab, a-b)$는 제1사분면 위의 점이다.
따라서 제2사분면 위의 점은 ③이다. 답 ③

0713 점 $A(-4, a)$가 제3사분면 위의 점이므로
$a<0$
점 $B(2, -b)$가 제1사분면 위의 점이므로
$-b>0$ $\therefore b<0$
따라서 $-a>0$, $ab>0$이므로 점 $P(-a, ab)$는 제1사분면 위의 점이다. 답 제1사분면

0714 점 (a, b)는 제3사분면 위의 점이므로
$a<0$, $b<0$
점 (c, d)는 제2사분면 위의 점이므로
$c<0$, $d>0$
따라서 $ac>0$, $b-d<0$이므로 점 $(ac, b-d)$는 제4사분면 위의 점이다. 답 ④

0715 점 $(a+b, ab)$가 제2사분면 위의 점이므로
$a+b<0$, $ab>0$
$ab>0$이므로
$a>0$, $b>0$ 또는 $a<0$, $b<0$
이때 $a+b<0$이므로
$a<0$, $b<0$
따라서 $a<0$, $-b>0$이므로 점 $(a, -b)$는 제2사분면 위의 점이다. 답 제2사분면

0716 점 $(ab, a-b)$가 제2사분면 위의 점이므로
$ab<0$, $a-b>0$
$ab<0$이므로 $a>0$, $b<0$ 또는 $a<0$, $b>0$
이때 $a-b>0$이므로 $a>0$, $b<0$
따라서 $-\frac{a}{2}<0$, $-b>0$이므로 점 $\left(-\frac{a}{2}, -b\right)$는 제2사분면 위의 점이다. 답 ②

0717 답 ④

0718 점 $(3, -5)$와 x축에 대하여 대칭인 점의 좌표는 $(3, 5)$이므로
$a=3$, $b=5$
$\therefore b-a=5-3=2$ 답 2

0719 두 점 $(6-5a, -b+3)$, $(-1, -7-3b)$가 y축에 대하여 대칭이므로
$6-5a=1$, $-b+3=-7-3b$
$\therefore a=1$, $b=-5$ 답 ④

0720 두 점 $(a\quad 5, 5)$, $(-4, b-2)$가 y축에 대하여 대칭이므로
$a-5=4$, $5=b-2$
$\therefore a=9$, $b=7$
$\therefore a-b=9-7=2$ 답 ④

0721 점 $(a-2, -3)$과 x축에 대하여 대칭인 점의 좌표는 $(a-2, 3)$
점 $(-5, 7-4b)$와 y축에 대하여 대칭인 점의 좌표는 $(5, 7-4b)$
따라서 $a-2=5$, $3=7-4b$이므로
$a=7$, $b=1$
$\therefore a-b=7-1=6$ 답 6

0722 두 점 $(2-a,\ 7b+4)$, $(6,\ 10)$이 x축에 대하여 대칭이므로

$2-a=6$, $7b+4=-10$

$\therefore a=-4$, $b=-2$ … ❶

따라서 점 P의 좌표는 $(2,\ -4)$이므로 점 P는 제4사분면 위의 점이다. … ❷

답 제4사분면

채점 기준	배점
❶ a, b의 값 각각 구하기	60 %
❷ 점 P가 어느 사분면 위의 점인지 구하기	40 %

0723 물의 온도가 점점 느리게 감소하다가 어느 순간 변화 없이 일정하므로 알맞은 그래프는 ㄴ이다. 답 ㄴ

0724 강수량이 일정한 속도로 증가하다가 더 빠르게 일정한 속도로 증가하는 그래프를 찾으면 ㉢이다. 답 ㉢

0725 집에서 출발한 후부터 집으로부터의 거리가 점점 멀어지다가 수영장에서 수영을 하는 동안에는 집으로부터의 거리가 변함이 없고, 돌아올 때는 집으로부터의 거리가 점점 가까워진다. 답 ㄷ

0726 건물 옥상에서 지면으로 공을 던지면 공이 지면에 닿았다가 다시 튀어 오르는 것을 반복하다가 멈추게 된다. 답 ⑤

0727 오른쪽 그림에서 ㉠, ㉡, ㉢ 부분의 수면의 반지름의 길이가 각각 일정하므로 각 부분에서 물의 높이는 일정하게 증가한다.

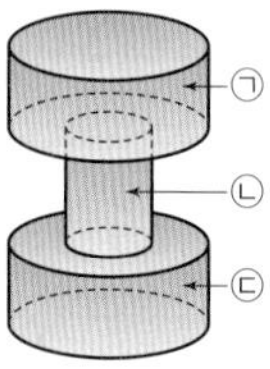

이때 ㉠과 ㉢ 부분의 수면의 반지름의 길이가 같고, ㉡ 부분의 수면의 반지름의 길이가 ㉠(또는 ㉢) 부분보다 짧으므로 물의 높이는 ㉡ 부분에서 가장 빠르게 증가한다.

따라서 구하는 그래프는 ⑤이다. 답 ⑤

0728 병의 폭이 위로 갈수록 점점 넓어지다 점점 좁아지므로 주스의 높이가 처음에는 점점 느리게 증가하다가 점점 빠르게 증가한다.

따라서 알맞은 그래프는 ④이다. 답 ④

0729 세 그릇의 부피는 모두 같고, 밑면의 반지름의 길이가 긴 것부터 나열하면 C, B, A이므로 일정한 속도로 주스를 모두 빼낼 때, 주스의 높이는 A, B, C의 순서로 같은 시간 동안 빠르게 낮아진다. 답 A－ㄷ, B－ㄱ, C－ㄴ

0730 용기 A: ㉠, 용기 B: ㉢, 용기 C: ㉡ … ❶

• 이유: 세 용기 A, B, C의 폭은 각각 일정하므로 물의 높이는 용기의 밑면의 반지름의 길이가 짧을수록 빠르게 증가한다.
따라서 물의 높이는 밑면의 반지름의 길이가 가장 짧은 용기 A가 가장 빠르게 증가하고, 밑면의 반지름의 길이가 두 번째로 짧은 용기 C가 그 다음으로 빨리 증가한다. 마지막으로 밑면의 반지름의 길이가 가장 긴 용기 B가 가장 느리게 증가한다.
이때 높이가 가장 빠르게 증가하는 그래프는 ㉠, 그 다음으로 빠르게 증가하는 그래프는 ㉡, 가장 느리게 증가하는 그래프는 ㉢이다. … ❷

답 풀이 참조

채점 기준	배점
❶ 용기 A, B, C에 알맞은 그래프 찾기	60 %
❷ 이유 설명하기	40 %

0731 (1) 윤호와 은지가 만나는 것은 두 사람 사이의 거리, 즉 y의 값이 0일 때이다.
따라서 윤호와 은지는 동시에 출발한 지 30분 후에 처음으로 다시 만난다.

(2) 동시에 출발한 지 30분 후, 60분 후, 90분 후로 모두 3번 만난다.

답 (1) 30분 후 (2) 3번

0732 ㄱ. 자동차가 정지했을 때의 속력은 0이고, 출발한 후 5시간부터 5시간 30분까지 30분 동안의 속력이 0이다. 즉, 자동차는 한 번 정지해 있었다.

ㄴ. 자동차는 출발해서 1시간 30분 동안 점점 빠른 속력으로 달렸다.

따라서 옳은 것은 ㄱ, ㄷ이다. 답 ㄱ, ㄷ

0733 서점까지 갈 때 형이 자전거를 타고 간 시간은 25분이고, 동생이 걸어간 시간은 40분이다.

따라서 형이 서점에 도착한 지 $40-25=15$(분) 후에 동생이 서점에 도착하였다. 답 15분 후

0734 (1) 두 그래프가 만나는 점의 x좌표가 20, 35이므로 두 사람의 순위가 바뀌는 것은 출발한 지 20초 후, 35초 후이다. … ❶

(2) 출발한 지 40초 후 출발점으로부터 민우는 350 m, 성원이는 400 m 떨어져 있으므로 두 사람 사이의 거리는
$400-350=50$(m) … ❷

(3) 성원이는 45초가 걸리고 민우는 55초가 걸렸으므로 결승점에 먼저 도착한 사람은 성원이다. … ❸

답 (1) 20초 후, 35초 후 (2) 50 m (3) 성원

채점 기준	배점
❶ 두 사람의 순위가 바뀌는 것은 몇 초 후인지 구하기	30 %
❷ 출발한 지 40초 후 두 사람 사이의 거리 구하기	40 %
❸ 결승점에 먼저 도착한 사람 말하기	30 %

C step 실력 완성!

본문 149 ~ 151쪽

0735 $-3a-1=a+3$에서 $-4a=4$ $\quad\therefore a=-1$

$b+5=-2b-1$에서 $3b=-6$ $\quad\therefore b=-2$

$\therefore ab=(-1)\times(-2)=2$ 답 2

0736 ① A$(-3, 2)$ ② B$(0, 3)$

③ C$(-1, 0)$ ⑤ E$(4, -1)$ 답 ④

0737 점 $(2a+3, 3a-2)$가 x축 위에 있는 점이므로

$3a-2=0$ $\quad\therefore a=\frac{2}{3}$

따라서 x좌표는

$2a+3=2\times\frac{2}{3}+3=\frac{13}{3}$ 답 ②

0738 네 점 A$(-1, 2)$, B$(-1, -2)$, C$(3, -2)$, D$(3, 2)$를 좌표평면 위에 나타내면 오른쪽 그림과 같으므로

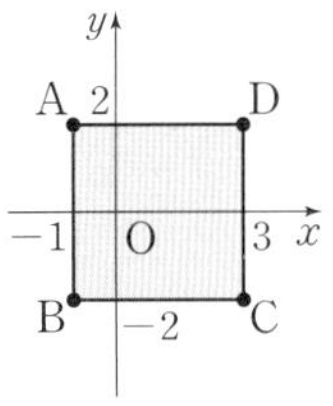

(사각형 ABCD의 넓이)

$=\{3-(-1)\}\times\{2-(-2)\}$

$=4\times4=16$ 답 16

0739 ④ 점 $(-3, 2)$는 제2사분면 위의 점이고, 점 $(2, -3)$은 제4사분면 위의 점이므로 같은 사분면 위에 있지 않다. 답 ④

0740 $ab<0$이므로 $a>0$, $b<0$ 또는 $a<0$, $b>0$

이때 $a>b$이므로 $a>0$, $b<0$

① $a>0$, $b<0$이므로 점 (a, b)는 제4사분면 위의 점이다.

② $a>0$, $-b>0$이므로 점 $(a, -b)$는 제1사분면 위의 점이다.

③ $-a<0$, $-b>0$이므로 $(-a, -b)$는 제2사분면 위의 점이다.

④ $b<0$, $-a<0$이므로 점 $(b, -a)$는 제3사분면 위의 점이다.

⑤ $-b>0$, $a>0$이므로 점 $(-b, a)$는 제1사분면 위의 점이다. 답 ③

0741 점 $(-a, b)$가 제2사분면 위의 점이므로

$-a<0$, $b>0$ $\quad\therefore a>0$, $b>0$

따라서 $a+b>0$, $\frac{a}{b}>0$이므로 점 $\left(a+b, \frac{a}{b}\right)$는 제1사분면 위의 점이다. 답 ①

0742 지수네 집의 좌표는 점 $(5, -2)$와 원점에 대하여 대칭인 점의 좌표이므로 $(-5, 2)$이다. 답 ②

0743 처음에는 일정한 속력으로 걸어갔으므로 시간의 축에 평행한 그래프가 그려진다. 또, 중간에 속력을 일정하게 올리며 뛰어갔으므로 중간부터 오른쪽 위로 향하는 직선 모양의 그래프가 그려진다.

따라서 알맞은 그래프는 ㄴ이다. 답 ㄴ

0744 ㄴ. 진수가 집에서 출발하여 학교까지 가는 데 총 이동한 거리는

$300+300+800=1400$(m) ➡ 1.4 km

따라서 옳은 것은 ㄱ, ㄷ이다. 답 ㄱ, ㄷ

0745 ㄱ. 5세 때 수진이의 몸무게가 민정이의 몸무게보다 더 무겁다.

ㄷ. 두 그래프가 4번 만나므로 수진이와 민정이의 몸무게가 같았을 때는 4번 있었다.

따라서 옳은 것은 ㄴ뿐이다. 답 ㄴ

0746 점 $(ab, a+b)$가 제4사분면 위의 점이므로

$ab>0$, $a+b<0$

$ab>0$이므로 $a>0$, $b>0$ 또는 $a<0$, $b<0$

이때 $a+b<0$이므로 $a<0$, $b<0$

또, $|a|<|b|$이므로 $a-b>0$, $-a>0$

따라서 점 $(a-b, -a)$는 제1사분면 위의 점이다.

답 제1사분면

0747 점 B는 점 A와 y축에 대하여 대칭이므로 B$(-a, b)$

점 C는 점 A와 원점에 대하여 대칭이므로 C$(-a, -b)$

점 D는 점 A와 x축에 대하여 대칭이므로 D$(a, -b)$

점 A가 제1사분면 위의 점이라 하면 오른쪽 그림의 사각형 ABCD는 가로의 길이가 $2|a|$, 세로의 길이가 $2|b|$인 직사각형이므로

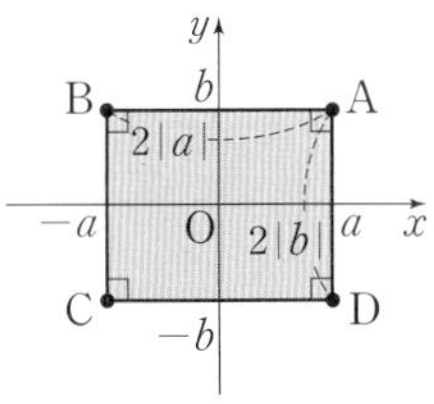

$2(2|a|+2|b|)=36$

$\therefore |a|+|b|=9$

따라서 점 A(a, b)에 대하여 $|a|+|b|=9$가 될 수 없는 것은 ⑤이다. 답 ⑤

참고 점 A(a, b)에 대하여 $a \neq 0$, $b \neq 0$이므로 점 A는 좌표축 위에 있는 점이 아니다. 이때 점 A가 어느 사분면 위에 있더라도 만들어지는 직사각형 ABCD의 가로의 길이는 $2|a|$, 세로의 길이는 $2|b|$이다.

0748 두 호스 A, B로 물을 넣으면 20분 동안 180 L를 넣을 수 있으므로 1분 동안 $180 \div 20 = 9$(L)를 넣을 수 있다.
A 호스로만 물을 넣으면 10분 동안 $210-180=30$(L)를 넣을 수 있으므로 1분 동안 $30 \div 10 = 3$(L)를 넣을 수 있다.
따라서 B 호스로만 물을 넣으면 1분 동안 $9-3=6$(L)를 넣을 수 있으므로 이 물통을 가득 채우는 데 걸리는 시간은
$210 \div 6 = 35$(분)

답 35분

0749 네 점 A$(1, 1)$, B$(5, 1)$, C$(6, a)$, D$(2, a)$를 좌표평면 위에 나타내면 오른쪽 그림과 같다. … ❶

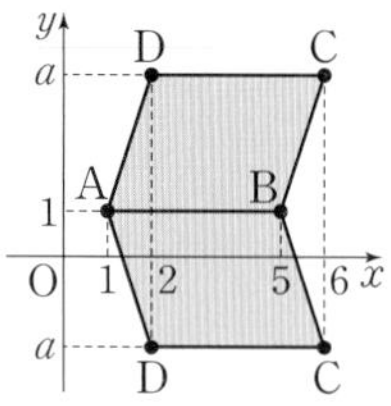

평행사변형 ABCD에서 밑변을 선분 AB로 생각하면 밑변의 길이가 4일 때 높이는 $|a-1|$, 넓이는 12이므로
$4 \times |a-1| = 12$
즉, $|a-1|=3$에서
$a-1=3$ 또는 $a-1=-3$
$\therefore a=4$ 또는 $a=-2$ … ❷
따라서 가능한 모든 a의 값의 합은
$4+(-2)=2$ … ❸

답 2

채점 기준	배점
❶ 네 점을 좌표평면 위에 나타내기	40 %
❷ 모든 a의 값 구하기	40 %
❸ 모든 a의 값의 합 구하기	20 %

0750 해수면으로부터의 높이가 가장 높은 곳은 주어진 그래프에서 높이가 가장 큰 값을 갖는 곳이다.
따라서 그 높이는 70 m이므로
$a=70$ … ❶
오르막길은 높이가 점점 높아지는 길이므로 주어진 그래프에서 오른쪽 위로 올라가며 그려지는 구간이다.
따라서 이러한 구간은 총 4회 나타나므로
$b=4$ … ❷
$\therefore ab = 70 \times 4 = 280$ … ❸

답 280

채점 기준	배점
❶ a의 값 구하기	40 %
❷ b의 값 구하기	50 %
❸ ab의 값 구하기	10 %

09 정비례와 반비례

Ⅲ. 좌표평면과 그래프

step 1 개념 익히고,

본문 153쪽

0751 답 (1)

x	1	2	3	4	5
y	6	12	18	24	30

(2) $y=6x$

0752 답 (1) ○ (2) × (3) ○ (4) ×

0753 답 (1)

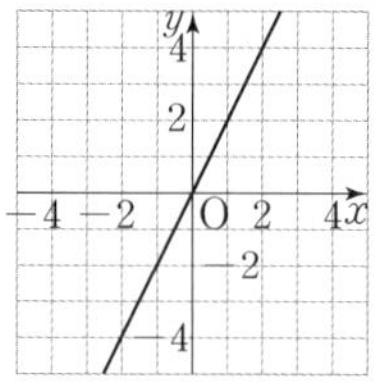

(2)

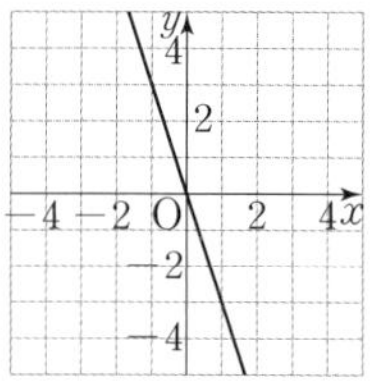

0754 (1) 관계식을 $y=ax\,(a \neq 0)$로 놓고 $x=3$, $y=2$를 대입하면

$2=3a \qquad \therefore a=\frac{2}{3}$

$\therefore y=\frac{2}{3}x$

(2) 관계식을 $y=ax\,(a \neq 0)$로 놓고 $x=-2$, $y=5$를 대입하면

$5=-2a \qquad \therefore a=-\frac{5}{2}$

$\therefore y=-\frac{5}{2}x$

답 (1) $y=\frac{2}{3}x$ (2) $y=-\frac{5}{2}x$

0755 답 (1)

x	1	2	3	4	5
y	-8	-4	$-\frac{8}{3}$	-2	$-\frac{8}{5}$

(2) $y=-\frac{8}{x}$

0756 답 (1) × (2) ○ (3) ○ (4) ×

0757 답 (1)

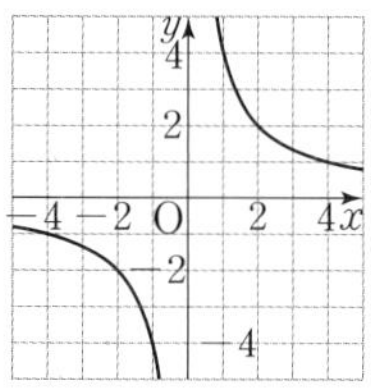

(2)

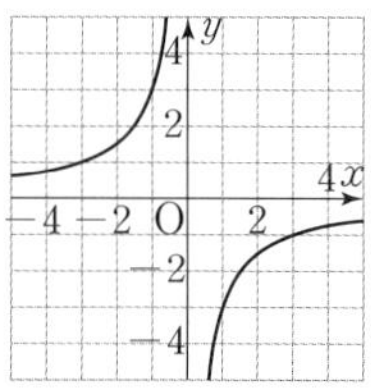

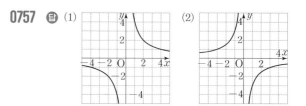

0758 (1) 관계식을 $y=\frac{a}{x}$ $(a\neq0)$로 놓고 $x=-3$, $y=3$을 대입하면

$3=\frac{a}{-3}$ $\therefore a=-9$

$\therefore y=-\frac{9}{x}$

(2) 관계식을 $y=\frac{a}{x}$ $(a\neq0)$로 놓고 $x=1$, $y=5$를 대입하면

$5=\frac{a}{1}$ $\therefore a=5$

$\therefore y=\frac{5}{x}$

답 (1) $y=-\frac{9}{x}$ (2) $y=\frac{5}{x}$

step B 기출 & 변형하면…

본문 154 ~ 164쪽

0759 ㄹ. $xy=20$에서 $y=\frac{20}{x}$

ㅁ. $\frac{y}{x}=\frac{1}{4}$에서 $y=\frac{1}{4}x$

따라서 y가 x에 정비례하는 것은 ㄷ, ㅁ이다. 답 ㄷ, ㅁ

0760 x와 y 사이의 관계는 정비례 관계이다.

② $xy=9$에서 $y=\frac{9}{x}$

④ $\frac{y}{x}=11$에서 $y=11x$ 답 ②, ③

0761 ① $xy=200$, 즉 $y=\frac{200}{x}$ ➡ y가 x에 정비례하지 않는다.

② $y=3x$ ➡ y가 x에 정비례한다.

③ $xy=100$, 즉 $y=\frac{100}{x}$ ➡ y가 x에 정비례하지 않는다.

④ $y=\frac{40}{x}$ ➡ y가 x에 정비례하지 않는다.

⑤ $y=\frac{2}{x}$ ➡ y가 x에 정비례하지 않는다. 답 ②

0762 ㄴ. $x=100$일 때, $y=-\frac{100}{5}=-20$

ㄷ. x의 값이 2배가 되면 y의 값도 2배가 된다.

따라서 옳은 것은 ㄱ, ㄴ이다. 답 ③

0763 관계식을 $y=ax$ $(a\neq0)$로 놓고 $x=-5$, $y=15$를 대입하면

$15=-5a$ $\therefore a=-3$

$\therefore y=-3x$ 답 ①

0764 관계식을 $y=ax$ $(a\neq0)$로 놓고 $x=\frac{1}{2}$, $y=-4$를 대입하면

$-4=\frac{1}{2}a$ $\therefore a=-8$

$y=-8x$에 $x=2$를 대입하면

$y=-8\times2=-16$ 답 ①

0765 관계식을 $y=ax(a\neq0)$로 놓고 $x=\frac{1}{4}$, $y=1$을 대입하면

$1=\frac{1}{4}a$ $\therefore a=4$

$\therefore y=4x$ … ❶

$y=4x$에 $x=-3$, $y=A$를 대입하면

$A=4\times(-3)=-12$

$y=4x$에 $x=6$, $y=B$를 대입하면

$B=4\times6=24$

$y=4x$에 $x=C$, $y=-\frac{1}{2}$을 대입하면

$-\frac{1}{2}=4C$ $\therefore C=-\frac{1}{8}$ … ❷

$\therefore ABC=(-12)\times24\times\left(-\frac{1}{8}\right)=36$ … ❸

답 36

채점 기준	배점
❶ x와 y 사이의 관계식 구하기	30 %
❷ A, B, C의 값 각각 구하기	60 %
❸ ABC의 값 구하기	10 %

0766 관계식을 $y=ax$ $(a\neq0)$로 놓고 $x=-\frac{1}{8}$, $y=1$을 대입하면

$1=-\frac{1}{8}a$ $\therefore a=-8$

$\therefore y=-8x$

$y=-8x$에 $x=-4$, $y=A$를 대입하면

$A=-8\times(-4)=32$

$y=-8x$에 $x=B$, $y=-\frac{1}{4}$을 대입하면

$-\frac{1}{4}=-8B$ $\therefore B=\frac{1}{32}$

$y=-8x$에 $x=2$, $y=C$를 대입하면

$C=-8\times2=-16$

$\therefore AB+C=32\times\frac{1}{32}+(-16)=-15$ 답 -15

0767 (1) 준영이의 맥박 수는 1분에 80회이므로 x분 동안의 맥박 수는 $80x$회이다.

따라서 x와 y 사이의 관계식은 $y=80x$

(2) $y=80x$에 $x=5$를 대입하면

$y=80\times5=400$

따라서 5분 동안의 맥박 수는 400회이다.

답 (1) $y=80x$ (2) 400회

0768 (1) (A의 톱니의 개수)×(A의 회전 수)
=(B의 톱니의 개수)×(B의 회전 수)

이므로 $40x=30y$ $\therefore y=\frac{4}{3}x$

(2) $y=\frac{4}{3}x$에 $x=6$을 대입하면

$y=\frac{4}{3}\times6=8$

따라서 톱니바퀴 A가 6바퀴 회전하는 동안 톱니바퀴 B는 8바퀴 회전한다.

답 (1) $y=\frac{4}{3}x$ (2) 8

0769 지구에서의 무게가 x kg인 물체의 달에서의 무게를 y kg이라 하면 y는 x에 정비례하므로 x와 y 사이의 관계식을 $y=ax\,(a\neq0)$로 놓자.

$y=ax$에 $x=30$, $y=5$를 대입하면

$5=30a$ $\therefore a=\frac{1}{6}$

$\therefore y=\frac{1}{6}x$

$y=\frac{1}{6}x$에 $x=48$을 대입하면

$y=\frac{1}{6}\times48=8$

따라서 지구에서 48 kg인 사람의 달에서의 무게는 8 kg이다.

답 8 kg

0770 강인이와 효주가 1시간 동안 하는 일의 양은 각각 $\frac{1}{4}$, $\frac{1}{5}$이므로 강인이와 효주가 함께 1시간 동안 하는 일의 양은

$\frac{1}{4}+\frac{1}{5}=\frac{9}{20}$이다.

강인이와 효주가 함께 x시간 동안 하는 일의 양을 y라 하면

$y=\frac{9}{20}x$

$y=\frac{9}{20}x$에 $x=2$를 대입하면

$y=\frac{9}{20}\times2=\frac{9}{10}$

따라서 강인이와 효주가 함께 2시간 동안 하는 일의 양은 $\frac{9}{10}$이다.

답 $\frac{9}{10}$

0771 ④ $y=-\frac{3}{4}x$에 $x=2$, $y=\frac{3}{2}$을 대입하면 $\frac{3}{2}\neq-\frac{3}{4}\times2$이므로 그래프는 점 $\left(2, \frac{3}{2}\right)$을 지나지 않는다.

답 ④

0772 ㄱ. 점 $(1, a)$를 지난다.

ㄹ. $a>0$일 때, x의 값이 증가하면 y의 값도 증가한다.

따라서 옳은 것은 ㄴ, ㄷ이다.

답 ㄴ, ㄷ

0773 $y=\frac{2}{3}x$의 그래프는 원점과 점 $(3, 2)$를 지나는 직선이다.

답 ⑤

0774 ㄱ. $x=5$일 때 $y=5$이므로 $y=x$의 그래프는 원점과 점 $(5, 5)$를 지나는 직선이다.

ㄴ. $x=-4$일 때 $y=-\frac{5}{2}\times(-4)=10$이므로 $y=-\frac{5}{2}x$의 그래프는 원점과 점 $(-4, 10)$을 지나는 직선이다.

ㄷ. $x=6$일 때 $y=\frac{1}{3}\times6=2$이므로 $y=\frac{1}{3}x$의 그래프는 원점과 점 $(6, 2)$를 지나는 직선이다.

따라서 옳지 않은 것은 ㄴ이다.

답 ㄴ

0775 $y=ax$의 그래프는 a의 절댓값이 작을수록 x축에 가깝다.

$|-5|>|3|>\left|-\frac{5}{3}\right|>|-1|>\left|\frac{1}{4}\right|$이므로 x축에 가장 가까운 것은 ④이다.

답 ④

0776 $y=ax$의 그래프는 a의 절댓값이 클수록 y축에 가깝다.

$|-2|>\left|\frac{7}{4}\right|>|1|>\left|-\frac{2}{3}\right|>\left|\frac{1}{6}\right|$이므로 y축에 가장 가까운 것은 ①이다.

답 ①

0777 $\frac{2}{5}<a<3$이어야 하므로 상수 a의 값이 될 수 있는 것은 ③, ④이다.

답 ③, ④

0778 $a<0$인 그래프는 ①, ②, ③이고, a의 절댓값이 클수록 y축에 가까우므로 a의 값이 가장 작은 것은 ③이다.

답 ③

0779 ⑤ $y=5x$에 $x=3$, $y=12$를 대입하면 $12\neq5\times3$이므로 점 $(3, 12)$는 $y=5x$의 그래프 위의 점이 아니다.

답 ⑤

0780 $y=-\frac{3}{2}x$에 $x=a$, $y=-4-a$를 대입하면

$-4-a=-\frac{3}{2}a$, $\frac{1}{2}a=4$ $\therefore a=8$

답 8

0781 $y=ax$에 $x=-6$, $y=-3$을 대입하면

$-3=-6a$ $\therefore a=\frac{1}{2}$

② $y=\frac{1}{2}x$에 $x=-4$, $y=-2$를 대입하면 $-2=\frac{1}{2}\times(-4)$ 이므로 점 $(-4, -2)$는 $y=\frac{1}{2}x$의 그래프 위의 점이다.

답 ②

0782 $y=-\frac{1}{2}x$에 $x=-2$, $y=a$를 대입하면

$a=-\frac{1}{2}\times(-2)=1$ … ❶

$y=-\frac{1}{2}x$에 $x=b$, $y=-8$을 대입하면

$-8=-\frac{1}{2}b$ $\quad\therefore b=16$ … ❷

$\therefore a-b=1-16=-15$ … ❸

답 -15

채점 기준	배점
❶ a의 값 구하기	40 %
❷ b의 값 구하기	40 %
❸ $a-b$의 값 구하기	20 %

0783 원점과 점 $(6, 5)$를 지나는 직선이므로 구하는 식을 $y=ax\ (a\neq0)$로 놓고 $x=6$, $y=5$를 대입하면

$5=6a$ $\quad\therefore a=\frac{5}{6}$

$\therefore y=\frac{5}{6}x$

답 $y=\frac{5}{6}x$

0784 원점과 점 $(-1, 2)$를 지나는 직선이므로 그래프가 나타내는 식을 $y=ax\ (a\neq0)$로 놓고 $x=-1$, $y=2$를 대입하면

$2=-a$ $\quad\therefore a=-2$

$\therefore y=-2x$

③ $y=-2x$에 $x=\frac{1}{2}$, $y=1$을 대입하면

$1\neq-2\times\frac{1}{2}$

⑤ $y=-2x$에 $x=3$, $y=6$을 대입하면

$6\neq-2\times3$

답 ③, ⑤

0785 원점과 점 $(4, 7)$을 지나는 직선이므로 그래프가 나타내는 식을 $y=ax\ (a\neq0)$로 놓고 $x=4$, $y=7$을 대입하면

$7=4a$ $\quad\therefore a=\frac{7}{4}$

$\therefore y=\frac{7}{4}x$

이 그래프가 점 $(m, -2)$를 지나므로 $y=\frac{7}{4}x$에 $x=m$, $y=-2$를 대입하면

$-2=\frac{7}{4}m$ $\quad\therefore m=-\frac{8}{7}$

답 $-\frac{8}{7}$

0786 정비례 관계 $y=ax$의 그래프가 점 $(4, -8)$을 지나므로 $y=ax$에 $x=4$, $y=-8$을 대입하면

$-8=4a$ $\quad\therefore a=-2$ … ❶

$y=-2x$의 그래프가 점 $(b, 6)$을 지나므로 $y=-2x$에 $x=b$, $y=6$을 대입하면

$6=-2b$ $\quad\therefore b=-3$ … ❷

$\therefore a+b=-2+(-3)=-5$ … ❸

답 -5

채점 기준	배점
❶ a의 값 구하기	40 %
❷ b의 값 구하기	40 %
❸ $a+b$의 값 구하기	20 %

0787 ㄹ. $\frac{x}{y}=8$에서 $y=\frac{1}{8}x$

ㅂ. $xy=-7$에서 $y=-\frac{7}{x}$

따라서 y가 x에 반비례하는 것은 ㄷ, ㅂ이다.

답 ㄷ, ㅂ

0788 x와 y 사이의 관계는 반비례 관계이다.

③ $xy=\frac{3}{4}$에서 $y=\frac{3}{4x}$

⑤ $\frac{y}{x}=17$에서 $y=17x$

답 ②, ⑤

0789 ① $y=8x$ ➡ y가 x에 정비례한다.

② $y=10x$ ➡ y가 x에 정비례한다.

③ $y=3000-3000\times\frac{x}{100}$, 즉 $y=3000-30x$

④ $y=\frac{50}{x}$ ➡ y가 x에 반비례한다.

⑤ $y=\frac{x}{100}\times400$, 즉 $y=4x$ ➡ y가 x에 정비례한다.

답 ④

0790 ㄴ. $xy=-18$에서 $y=-\frac{18}{x}$이므로 $x=-9$일 때,

$y=-\frac{18}{-9}=2$

따라서 옳은 것은 ㄱ, ㄷ이다.

답 ④

0791 관계식을 $y=\frac{a}{x}\ (a\neq0)$로 놓고 $x=-6$, $y=-2$를 대입하면

$-2=\frac{a}{-6}$ $\quad\therefore a=12$

$y=\frac{12}{x}$에 $x=3$을 대입하면

$y=\frac{12}{3}=4$

답 ⑤

0792 관계식을 $y=\frac{a}{x}$ $(a\neq0)$로 놓고 $x=-4$, $y=\frac{3}{2}$을 대입하면

$\frac{3}{2}=\frac{a}{-4}$ $\therefore a=-6$

$\therefore y=-\frac{6}{x}$

ㄹ. $y=-\frac{6}{x}$에 $y=12$를 대입하면

$12=-\frac{6}{x}$ $\therefore x=-\frac{1}{2}$

따라서 옳은 것은 ㄱ, ㄴ, ㄷ이다. 답 ㄱ, ㄴ, ㄷ

0793 (1) 매분 x L씩 물을 넣어 수족관에 물을 가득 채우는 데 y분이 걸리므로

$xy=240$ $\therefore y=\frac{240}{x}$

(2) 매분 5 L씩 흘러나오는 수돗물을 이용하여 물을 가득 채우므로 $y=\frac{240}{x}$에 $x=5$를 대입하면

$y=\frac{240}{5}=48$

따라서 물을 가득 채우는 데 걸리는 시간은 48분이다.

답 (1) $y=\frac{240}{x}$ (2) 48분

0794 (1) (소금의 양)$=\frac{(\text{소금물의 농도})}{100}\times$(소금물의 양)이므로

$4=\frac{x}{100}\times y$ $\therefore y=\frac{400}{x}$

(2) $y=\frac{400}{x}$에 $y=200$을 대입하면

$200=\frac{400}{x}$ $\therefore x=2$

따라서 소금물이 200 g일 때의 농도는 2 %이다.

답 (1) $y=\frac{400}{x}$ (2) 2 %

0795 톱니가 30개인 톱니바퀴 A가 20바퀴 회전할 때 맞물린 톱니는 (30×20)개이다. 톱니바퀴 B는 톱니가 x개이고 1분 동안 y바퀴 회전한다고 하면 톱니가 x개인 톱니바퀴 B가 y바퀴 회전할 때 맞물린 톱니는 $(x\times y)$개이다.

두 톱니바퀴 A, B가 1분 동안 회전할 때 맞물린 톱니의 개수가 같으므로 x와 y 사이의 관계식은

$30\times20=x\times y$ $\therefore y=\frac{600}{x}$

$y=\frac{600}{x}$에 $x=40$을 대입하면

$y=\frac{600}{40}=15$

따라서 톱니바퀴 B의 톱니가 40개일 때, 톱니바퀴 B는 15바퀴 회전한다. 답 15바퀴

0796 (거리)$=$(속력)$\times$(시간)이므로 x와 y 사이의 관계식은

$1800=x\times y$ $\therefore y=\frac{1800}{x}$

$y=\frac{1800}{x}$에 $x=120$을 대입하면

$y=\frac{1800}{120}=15$

따라서 태풍이 시속 120 km로 이동한다면 우리나라에 15시간 만에 도착한다. 답 ④

0797 ① 원점을 지나는 직선은 정비례 관계의 그래프이다.
⑤ 각 사분면에서 x의 값이 증가하면 y의 값은 감소한다.

답 ①, ⑤

0798 ㄱ. 점 $(1, a)$를 지나는 한 쌍의 매끄러운 곡선이다.
따라서 옳은 것은 ㄴ, ㄷ, ㄹ이다. 답 ㄴ, ㄷ, ㄹ

0799 반비례 관계 $y=-\frac{8}{x}$의 그래프는 제2사분면과 제4사분면을 지나고, 점 $(2, -4)$를 지나는 한 쌍의 매끄러운 곡선이다. 답 ③

0800 ㄱ. $y=-\frac{3}{x}$에서 $-3<0$이므로 그래프는 제2사분면과 제4사분면을 지나는 한 쌍의 매끄러운 곡선이다.

ㄴ. $y=-\frac{12}{x}$에서 $-12<0$이므로 그래프는 제2사분면과 제4사분면을 지나는 한 쌍의 매끄러운 곡선이다.

또, $x=-6$일 때 $y=-\frac{12}{-6}=2$이므로 점 $(-6, 2)$를 지난다.

ㄷ. $y=\frac{8}{x}$에서 $8>0$이므로 그래프는 제1사분면과 제3사분면을 지나는 한 쌍의 매끄러운 곡선이다.

또, $x=-2$일 때 $y=\frac{8}{-2}=-4$이므로 점 $(-2, -4)$를 지난다.

따라서 옳지 않은 것은 ㄱ, ㄴ이다. 답 ㄱ, ㄴ

0801 반비례 관계 $y=\frac{a}{x}$ $(a\neq0)$의 그래프는 a의 절댓값이 클수록 원점에서 멀고, a의 절댓값이 작을수록 원점에 가깝다.

$|-12|>|10|>|-7|>|-3|>|1|$이므로 원점에 가장 가까운 것은 ④이다. 답 ④

0802 반비례 관계 $y=\frac{a}{x}$ $(a\neq0)$의 그래프는 a의 절댓값이 클수록 원점에서 멀고, a의 절댓값이 작을수록 원점에 가깝다.
$|-11|>|9|>|-5|>|3|>|-1|$이므로 원점에서 가장 먼 것은 ①이다.
답 ①

0803 $y=\frac{a}{x}$의 그래프가 제1사분면과 제3사분면을 지나므로
$a>0$
이때 $y=\frac{a}{x}$의 그래프가 $y=\frac{3}{x}$의 그래프보다 원점에 가까우므로
$0<a<3$
답 ④

0804 $y=\frac{b}{x}$, $y=\frac{d}{x}$의 그래프는 제1사분면과 제3사분면을 지나므로
$b>0$, $d>0$
이때 $y=\frac{b}{x}$의 그래프가 원점에 더 가까우므로 $b<d$
$\therefore 0<b<d$ …… ㉠ … ❶
$y=\frac{a}{x}$, $y=\frac{c}{x}$의 그래프는 제2사분면과 제4사분면을 지나므로
$a<0$, $c<0$
이때 $y=\frac{c}{x}$의 그래프가 원점에 더 가까우므로 $|c|<|a|$
$\therefore a<c<0$ …… ㉡ … ❷
따라서 ㉠, ㉡에서 $a<c<b<d$ … ❸
답 $a<c<b<d$

채점 기준	배점
❶ b, d의 대소 관계를 부등호를 사용하여 나타내기	40 %
❷ a, c의 대소 관계를 부등호를 사용하여 나타내기	40 %
❸ a, b, c, d의 대소 관계를 부등호를 사용하여 나타내기	20 %

0805 ④ $y=-\frac{6}{x}$에 $x=18$, $y=\frac{1}{3}$을 대입하면 $\frac{1}{3}\neq-\frac{6}{18}$이므로 점 $\left(18, \frac{1}{3}\right)$은 $y=-\frac{6}{x}$의 그래프 위의 점이 아니다.
답 ④

0806 $y=-\frac{2}{x}$에 $x=-1$, $y=3a-4$를 대입하면
$3a-4=-\frac{2}{-1}$, $3a-4=2$, $3a=6$ $\therefore a=2$
답 2

0807 $y=\frac{a}{x}$에 $x=4$, $y=-7$을 대입하면
$-7=\frac{a}{4}$ $\therefore a=-28$
③ $y=-\frac{28}{x}$에 $x=-2$, $y=14$를 대입하면 $14=-\frac{28}{-2}$이므로 점 $(-2, 14)$는 $y=-\frac{28}{x}$의 그래프 위의 점이다.
답 ③

0808 $y=-\frac{10}{x}$에 $x=4$, $y=a$를 대입하면
$a=-\frac{10}{4}=-\frac{5}{2}$
$y=-\frac{10}{x}$에 $x=-b$, $y=5$를 대입하면
$5=-\frac{10}{-b}$ $\therefore b=2$
$\therefore ab=-\frac{5}{2}\times2=-5$
답 -5

0809 그래프가 좌표축에 한없이 가까워지는 매끄러운 곡선이므로 구하는 식을 $y=\frac{a}{x}$ $(a\neq0)$로 놓자.
이 그래프가 점 $(3, 5)$를 지나므로 $y=\frac{a}{x}$에 $x=3$, $y=5$를 대입하면
$5=\frac{a}{3}$ $\therefore a=15$
따라서 구하는 식은 $y=\frac{15}{x}$이다.
답 $y=\frac{15}{x}$

0810 그래프가 나타내는 식을 $y=\frac{a}{x}$ $(a\neq0)$로 놓고 $x=3$, $y=-4$를 대입하면
$-4=\frac{a}{3}$ $\therefore a=-12$
$\therefore y=-\frac{12}{x}$
② $y=-\frac{12}{x}$에 $x=-4$, $y=3$을 대입하면
$3=-\frac{12}{-4}$
⑤ $y=-\frac{12}{x}$에 $x=6$, $y=-2$를 대입하면
$-2=-\frac{12}{6}$
답 ②, ⑤

0811 그래프가 나타내는 식을 $y=\frac{a}{x}$ $(a\neq0)$로 놓고 $x=-4$, $y=1$을 대입하면
$1=\frac{a}{-4}$ $\therefore a=-4$
$\therefore y=-\frac{4}{x}$
이 그래프가 점 $(2, m)$을 지나므로 $y=-\frac{4}{x}$에 $x=2$, $y=m$을 대입하면
$m=-\frac{4}{2}=-2$
답 -2

0812 그래프가 나타내는 식을 $y=\frac{a}{x}$ $(a\neq0)$로 놓자.

$y=\frac{a}{x}$에 $x=4$를 대입하면

$y=\frac{a}{4}$ $\therefore A\left(4, \frac{a}{4}\right)$

$y=\frac{a}{x}$에 $x=6$을 대입하면

$y=\frac{a}{6}$ $\therefore B\left(6, \frac{a}{6}\right)$

두 점 A, B의 y좌표의 차가 2이므로

$\frac{a}{4}-\frac{a}{6}=2$, $\frac{a}{12}=2$ $\therefore a=24$

따라서 구하는 식은 $y=\frac{24}{x}$ 답 $y=\frac{24}{x}$

0813 $y=3x$에 $x=3$을 대입하면

$y=3\times3=9$ $\therefore A(3, 9)$

$y=\frac{a}{x}$에 $x=3$, $y=9$를 대입하면

$9=\frac{a}{3}$ $\therefore a=27$ 답 ⑤

0814 $y=2x$에 $x=2$를 대입하면

$y=2\times2=4$ $\therefore A(2, 4)$

$y=\frac{a}{x}$에 $x=2$, $y=4$를 대입하면

$4=\frac{a}{2}$ $\therefore a=8$ 답 8

0815 $y=-\frac{5}{2}x$에 $x=b$, $y=5$를 대입하면

$5=-\frac{5}{2}b$ $\therefore b=-2$ … ❶

$y=\frac{a}{x}$에 $x=-2$, $y=5$를 대입하면

$5=\frac{a}{-2}$ $\therefore a=-10$ … ❷

$\therefore a+b=-10+(-2)=-12$ … ❸

답 -12

채점 기준	배점
❶ b의 값 구하기	40 %
❷ a의 값 구하기	40 %
❸ $a+b$의 값 구하기	20 %

0816 $y=\frac{4}{3}x$에 $x=3$, $y=b$를 대입하면

$b=\frac{4}{3}\times3=4$

$\therefore A(3, 4)$

$y=\frac{a}{x}$에 $x=3$, $y=4$를 대입하면

$4=\frac{a}{3}$ $\therefore a=12$

$\therefore y=\frac{12}{x}$

$y=\frac{12}{x}$에 $x=c$, $y=2$를 대입하면

$2=\frac{12}{c}$ $\therefore c=6$

$\therefore a-b-c=12-4-6=2$ 답 2

0817 점 A의 y좌표가 4이므로 $y=-\frac{1}{2}x$에 $y=4$를 대입하면

$4=-\frac{1}{2}x$ $\therefore x=-8$

$\therefore A(-8, 4)$

점 B의 y좌표가 4이므로 $y=2x$에 $y=4$를 대입하면

$4=2x$ $\therefore x=2$

$\therefore B(2, 4)$

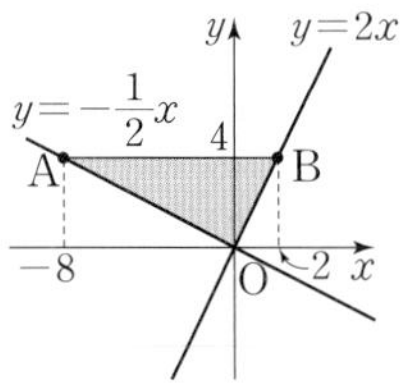

따라서 삼각형 AOB의 넓이는

$\frac{1}{2}\times\{2-(-8)\}\times4=20$ 답 ④

0818 점 Q는 정비례 관계 $y=2x$의 그래프 위의 점이므로

$y=2x$에 $x=6$을 대입하면

$y=2\times6=12$ $\therefore Q(6, 12)$ … ❶

점 R는 정비례 관계 $y=\frac{1}{2}x$의 그래프 위의 점이므로

$y=\frac{1}{2}x$에 $x=6$을 대입하면

$y=\frac{1}{2}\times6=3$ $\therefore R(6, 3)$ … ❷

따라서 삼각형 ORQ의 넓이는

$\frac{1}{2}\times(12-3)\times6=27$ … ❸

답 27

채점 기준	배점
❶ 점 Q의 좌표 구하기	30 %
❷ 점 R의 좌표 구하기	30 %
❸ 삼각형 ORQ의 넓이 구하기	40 %

0819 점 A(3, 0)과 점 P의 x좌표가 같으므로 $y=\frac{a}{x}$에 $x=3$을 대입하면

$y=\frac{a}{3}$ $\therefore P\left(3, \frac{a}{3}\right)$

직사각형 OAPB의 넓이가 8이므로

$3\times\frac{a}{3}=8$ $\therefore a=8$ 답 8

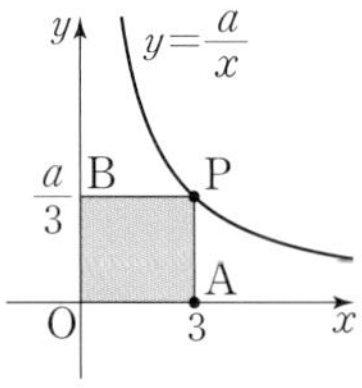

0820 점 A의 x좌표가 -2이므로 $y=\frac{a}{x}$에 $x=-2$를 대입하면

$y=-\frac{a}{2}$ $\therefore A\left(-2, -\frac{a}{2}\right)$

점 C가 점 A와 원점에 대하여 대칭이므로 $C\left(2, \frac{a}{2}\right)$

직사각형 ABCD의 넓이가 28이므로

$\{2-(-2)\}\times\left(-\frac{a}{2}-\frac{a}{2}\right)=28$

$-4a=28 \qquad \therefore a=-7$

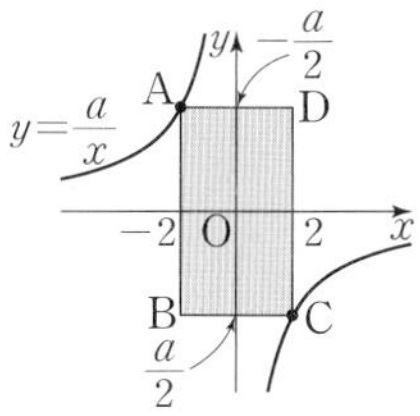

답 -7

step C 실력 완성!

본문 165 ~ 167쪽

0821 ④ $xy=-6$에서 $y=-\frac{6}{x}$

⑤ $\frac{y}{x}=\frac{3}{8}$에서 $y=\frac{3}{8}x$

답 ③, ⑤

0822 x와 y 사이의 관계식을 $y=ax\ (a\neq 0)$로 놓고

$x=7, y=2$를 대입하면 $2=7a \qquad \therefore a=\frac{2}{7}$

$\therefore y=\frac{2}{7}x$

ㄱ. 원점을 지나는 직선이다.

ㄷ. 제1사분면과 제3사분면을 지난다.

따라서 옳은 것은 ㄴ, ㄹ이다.

답 ㄴ, ㄹ

0823 배터리를 x시간 충전할 때 주행할 수 있는 거리를 y km라 하면 y는 x에 정비례하므로 x와 y 사이의 관계식을 $y=ax\ (a\neq 0)$로 놓자.

$y=ax$에 $x=2, y=150$을 대입하면 $150=2a \qquad \therefore a=75$

$\therefore y=75x$

$y=75x$에 $y=600$을 대입하면 $600=75x \qquad \therefore x=8$

따라서 배터리를 최소한 8시간 충전해야 한다.

답 ③

0824 $y=ax, y=bx$의 그래프는 제2사분면과 제4사분면을 지나므로 $a<0, b<0$

이때 $y=ax$의 그래프가 $y=bx$의 그래프보다 y축에 더 가까우므로 $|a|>|b| \qquad \therefore a<b<0$ …… ㉠

$y=cx, y=dx$의 그래프는 제1사분면과 제3사분면을 지나므로 $c>0, d>0$

이때 $y=dx$의 그래프가 $y=cx$의 그래프보다 y축에 더 가까우므로 $|d|>|c| \qquad \therefore 0<c<d$ …… ㉡

따라서 ㉠, ㉡에서 $a<b<c<d$

답 ①

0825 ① $y=\frac{1}{2}\times x\times 8=4x$ ② $y=500x$

③ $y=10x$ ④ $y=\frac{24}{x}$

⑤ $y=4\times 5\times x=20x$

답 ④

0826 정비례 관계 $y=ax\ (a\neq 0)$의 그래프는 $a>0$일 때 x의 값이 증가하면 y의 값도 증가한다.

반비례 관계 $y=\frac{b}{x}\ (b\neq 0)$의 그래프는 $b<0$일 때 각 사분면에서 x의 값이 증가하면 y의 값도 증가한다.

따라서 $x<0$일 때 x의 값이 증가하면 y의 값도 증가하는 것은 ㄱ, ㄹ이다.

답 ㄱ, ㄹ

0827 관계식을 $y=\frac{a}{x}\ (a\neq 0)$로 놓고 $x=-2, y=9$를 대입하면 $9=\frac{a}{-2} \qquad \therefore a=-18$

$\therefore y=-\frac{18}{x}$

$y=-\frac{18}{x}$에 $x=3, y=A$를 대입하면 $A=-\frac{18}{3}=-6$

$y=-\frac{18}{x}$에 $x=B, y=-\frac{6}{7}$을 대입하면

$-\frac{6}{7}=-\frac{18}{B} \qquad \therefore B=21$

$\therefore A+B=-6+21=15$

답 15

0828 ⑤ 그래프가 원점을 지나는 직선이므로 그래프가 나타내는 식을 $y=ax\ (a\neq 0)$로 놓자.

이 그래프가 점 $(2, -1)$을 지나므로 $y=ax$에 $x=2$, $y=-1$을 대입하면 $-1=2a \qquad \therefore a=-\frac{1}{2}$

$\therefore y=-\frac{1}{2}x$

답 ⑤

0829 관계식을 $y=\frac{a}{x}\ (a\neq 0)$로 놓고 $x=4, y=6$을 대입하면

$6=\frac{a}{4} \qquad \therefore a=24$

$\therefore y=\frac{24}{x}$

$y=\frac{24}{x}$에 $x=8$을 대입하면 $y=\frac{24}{8}=3$

따라서 압력이 8기압일 때의 부피는 3 mL이다.

답 3 mL

0830 반비례 관계 $y=-\frac{6}{x}$의 그래프는 제2사분면과 제4사분면을 지나고, 점 $(-3, 2)$를 지나는 한 쌍의 매끄러운 곡선이다.

답 ③

0831 $y=\frac{a}{x}$의 그래프가 제2사분면과 제4사분면을 지나므로 $a<0$

이때 $y=\frac{a}{x}$의 그래프가 $y=-\frac{4}{x}$의 그래프보다 원점에 가까우므로 $-4<a<0$

답 ③

0832 $y=\frac{2}{3}x$에 $x=6$, $y=b$를 대입하면

$b=\frac{2}{3}\times 6=4$

$\therefore$ A(6, 4)

$y=\frac{a}{x}$에 $x=6$, $y=4$를 대입하면

$4=\frac{a}{6}$ $\therefore a=24$

$\therefore y=\frac{24}{x}$

$y=\frac{24}{x}$에 $x=8$, $y=c$를 대입하면

$c=\frac{24}{8}=3$

$\therefore \frac{a}{bc}=\frac{24}{4\times 3}=2$ 답 2

0833 주어진 그래프에서 물을 매분 40 L씩 10분 동안 채우면 물탱크가 가득 채워지므로

$40\times 10=x\times y$

$\therefore y=\frac{400}{x}$ (④)

① 물을 매분 40 L씩 10분 동안 채우면 물탱크가 가득 채워지므로 물탱크의 용량은
$40\times 10=400$(L)

② $y=\frac{400}{x}$에 $x=50$을 대입하면 $y=\frac{400}{50}=8$이므로 물을 매분 50 L씩 채우면 물을 가득 채우는 데 8분이 걸린다.

③ $y=\frac{400}{x}$에 $y=20$을 대입하면 $20=\frac{400}{x}$에서 $x=20$이므로 20분 만에 물을 가득 채우려면 물을 매분 20 L씩 채워야 한다.

⑤ y는 x에 반비례하므로 x의 값이 2배가 되면 y의 값은 $\frac{1}{2}$배가 된다. 답 ③, ⑤

0834 오른쪽 그림에서

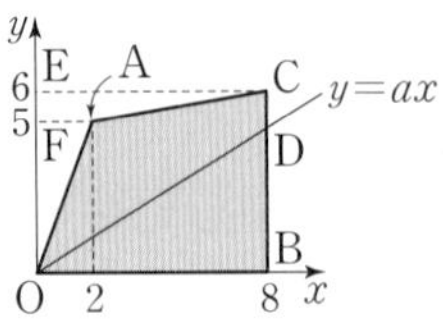

(사각형 AOBC의 넓이)

=(직사각형 OBCE의 넓이)

−(삼각형 AFO의 넓이)

−(사다리꼴 ACEF의 넓이)

$=8\times 6-\frac{1}{2}\times 5\times 2-\frac{1}{2}\times(8+2)\times 1$

$=48-5-5=38$

$y=ax$의 그래프와 선분 BC가 만나는 점을 D라 하면 점 D의 x좌표가 8이므로 $y=ax$에 $x=8$을 대입하면

$y=8a$ $\therefore$ D(8, $8a$)

$y=ax$의 그래프가 사각형 AOBC의 넓이를 이등분하므로

(삼각형 DOB의 넓이)$=\frac{1}{2}\times$(사각형 AOBC의 넓이)

$\frac{1}{2}\times 8\times 8a=\frac{1}{2}\times 38$

$32a=19$ $\therefore a=\frac{19}{32}$ 답 $\frac{19}{32}$

0835 $y=ax$의 그래프가 점 (2, −2)를 지나므로

$-2=2a$ $\therefore a=-1$ … ❶

$y=-\frac{1}{x}$의 그래프가 점 $(-4, b)$를 지나므로

$b=-\frac{1}{-4}=\frac{1}{4}$ … ❷

$\therefore a+b=-1+\frac{1}{4}=-\frac{3}{4}$ … ❸

답 $-\frac{3}{4}$

채점 기준	배점
❶ a의 값 구하기	40 %
❷ b의 값 구하기	40 %
❸ $a+b$의 값 구하기	20 %

0836 그래프가 원점에 대하여 대칭이고 좌표축에 한없이 가까워지는 한 쌍의 매끄러운 곡선이므로 그래프가 나타내는 식을 $y=\frac{a}{x}$ $(a\neq 0)$로 놓자. … ❶

이 그래프가 점 (7, −3)을 지나므로 $y=\frac{a}{x}$에 $x=7$, $y=-3$을 대입하면

$-3=\frac{a}{7}$ $\therefore a=-21$

$\therefore y=-\frac{21}{x}$ … ❷

$y=-\frac{21}{x}$의 그래프 위의 점 중 x좌표, y좌표가 모두 정수인 점은

(−21, 1), (−7, 3), (−3, 7), (−1, 21),

(1, −21), (3, −7), (7, −3), (21, −1)

의 8개이다. … ❸

답 8

채점 기준	배점
❶ 그래프가 나타내는 식의 꼴 알기	20 %
❷ 그래프가 나타내는 식 구하기	30 %
❸ x좌표와 y좌표가 모두 정수인 점의 개수 구하기	50 %

NE능률 수학교육연구소

NE능률 수학교육연구소는 전문성과 탁월성을 기반으로
수학교육 트렌드를 선도합니다.

필요충분한 수학유형서

펴 낸 날	2024년 7월 5일(초판 1쇄)
펴 낸 이	주민홍
펴 낸 곳	(주)NE능률

지 은 이	NE능률 수학교육연구소
	류용수, 이충안, 이민호, 정다운, 류재권, 홍성현, 오민호, 김정훈, 이혜수
개발책임	차은실
개 발	최진경, 김미연, 최신욱
디자인책임	오영숙
디 자 인	김효민
제작책임	한성일

등록번호	제1-68호
I S B N	979-11-253-4744-6

대표전화	02 2014 7114
홈페이지	www.neungyule.com
주 소	서울시 마포구 월드컵북로 396(상암동) 누리꿈스퀘어 비즈니스타워 10층